物联网技术及应用

朱雪斌　林裴文　王周林　主编

清華大学出版社
北京

内 容 简 介

物联网技术及应用是物联网技术原理与实践应用的综合性专业课程，本书主要讲述了有关物联网的前沿技术及应用场景。本书共分为 10 章，分别介绍了物联网体系架构设计、物联网的战略意义与现状分析、传感器与检测的实现、射频识别技术应用的开发、物联网通信技术应用的开发、无线传感器网络技术应用与案例、基于物联网的公交车收费系统设计、基于物联网的环境监测报警系统设计、基于物联网的智能泊车系统设计、应用层及其应用。

本书将理论知识与应用实践相结合，内容由浅入深，实例丰富，可读性强，涉及面广。本书适合物联网爱好者作为参考书阅读使用，也适合高校相关专业的师生作为教材使用。

图书在版编目(CIP)数据

物联网技术及应用/朱雪斌，林裴文，王周林主编. —北京：清华大学出版社，2022.10
ISBN 978-7-302-61788-4

Ⅰ. ①物… Ⅱ. ①朱… ②林… ③王… Ⅲ. ①物联网 Ⅳ. ①TP393.4 ②TP18

中国版本图书馆 CIP 数据核字(2022)第 165253 号

责任编辑：魏 莹
封面设计：李 坤
责任校对：吕丽娟
责任印制：曹婉颖
出版发行：清华大学出版社
网 址：http://www.tup.com.cn, http://www.wqbook.com
地 址：北京清华大学学研大厦 A 座 邮 编：100084
社 总 机：010-83470000 邮 购：010-62786544
投稿与读者服务：010-62776969, c-service@tup.tsinghua.edu.cn
质量反馈：010-62772015, zhiliang@tup.tsinghua.edu.cn
课件下载：http://www.tup.com.cn, 010-62791865
印 装 者：三河市君旺印务有限公司
经 销：全国新华书店
开 本：185mm×260mm 印 张：19.5 字 数：468 千字
版 次：2022 年 12 月第 1 版 印 次：2022 年 12 月第 1 次印刷
定 价：59.80 元

产品编号：094875-01

前　言

如今物联网已经得到了飞速发展，相关技术层出不穷，我们虽然享受着物联网带来的便捷，但并不了解物联网背后运作的相关原理。本书内容简洁易懂，既有一定的科普性质，又有一定深度。通过阅读本书能够加深读者对物联网的了解，从而进一步认识物联网。

本书重点介绍物联网的主要应用技术，如物联网的架构与现状，传感器、射频、蓝牙、Wi-Fi、ZigBee 技术与云计算技术。本书与其他同类图书的不同之处在于它设置了丰富的操作流程图，可以让读者更加明晰地梳理技术和应用的流程。

本书共分为 10 章，具体内容如下所述。

第 1 章为物联网体系架构设计，主要介绍了物联网以及物联网的现状和体系架构等问题。

第 2 章为物联网的战略意义与现状分析，对物联网的战略意义进行了具体解析，介绍了目前物联网所拥有的关键技术以及遇到的相关瓶颈。

第 3 章为传感器与检测的实现，从多角度介绍了传感器的基础知识，还在其后列举并介绍了各种类型的传感器原理和应用领域。

第 4 章为射频识别技术应用的开发，主要分析 RFID 的工作原理及组成结构，并介绍了两种常见的耦合系统。

第 5 章为物联网通信技术应用的开发，主要介绍了物联网的通信技术，如蓝牙、GPRS、ZigBee 和 Wi-Fi 技术。

第 6 章为无线传感器网络技术应用与案例，主要讲解了无线传感器的基础知识和系统结构，并深入讲解了如何构建无线传感器协议及技术实践等内容。

第 7 章为基于物联网的公交车收费系统设计，主要讲解了设计公交车收费硬件和软件系统的相关知识。

第 8 章为基于物联网的环境监测报警系统，主要分析环境监测报警系统的需求，以及系统的整体和细节设计。

第 9 章为基于物联网的智能泊车系统设计，主要介绍智能泊车系统的概要，以及如何设计系统模块结构和界面。

第 10 章为应用层及其应用，主要介绍云计算和大数据在物联网上的应用，以及其对于物联网的促进作用。

本书由广东科学技术职业学院朱雪斌、林裴文、王周林老师担任主编。由于编者水平有限，书中难免存在疏漏和不妥之处，欢迎广大读者和同人提出宝贵意见。

编　者

目　　录

第 1 章 物联网体系架构设计

体系架构可以精确地定义系统的各组成部件及其相互关系，指导开发人员遵循一致的原则实现系统，并保证最终建立的系统符合预期的设想。因此，物联网体系架构的研究与设计关系到整个物联网系统的发展。本章将对物联网体系架构的设计进行分析说明。

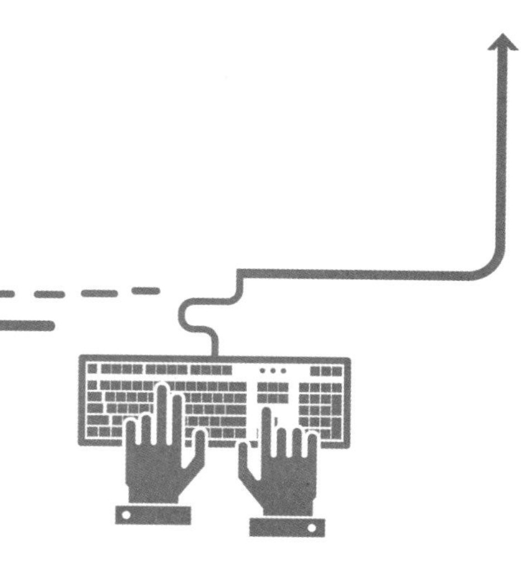

1.1　物联网概述

近年来，我国越来越重视物联网产业的发展，陆续制定了“物联网专项”“强基工程”“智能制造专项”等一系列产业政策。同时，构建了不同体制的研发机构和公共服务等配套体系，促进了产业生态体系的建设与完善，推进了我国新型工业化发展战略的实施，对推动产业结构调整和转型升级发挥了积极作用。

物联网作为一个形式多样的复杂系统，涉及信息技术的每个层面，具有产业链条长、涉及领域广泛、应用场景复杂等特征，以及使世间万物联结在一起的功能，如图 1-1 所示。

图 1-1　万物互联

从整体上来看，物联网可分为软件、硬件两大部分。软件是物联网的思想理念、系统规模、功能定位、模式创新、方案内容等技术应用的灵魂，犹如人体的血液，贯穿于整个物联网的各个物理层。硬件包括平台，由符合设计要求和功能的所有物理实体构件组成了完整的系统结构。

1.1.1　国外物联网的发展现状

世界发达国家的信息化起步较早，信息技术与网络技术在各领域已有相当广泛的应用。这些应用主要表现在两个方面：一方面是在城市规划、建设和管理领域，包括工程咨询业、建筑业、房地产等行业，因其起步较早，又经过多年的发展，城市地理信息系统已成为城市现代化的标志，是重要的城市基础设施建设之一，并广泛应用于城市规划、市政建设、交通设施、公共服务、动态监测等方面；另一方面是现在以数字地球、数字城市、智能城市等城市建设信息化的发展与建设为长远发展目标，如火如荼地向城市可持续发展的数字化信息建设方向发展。

全球金融危机爆发后，主要发达国家纷纷把发展物联网等新兴产业作为应对危机和占领未来竞争制高点的重要举措，制定各种战略规划并出台扶持政策。全球范围内物联网核心技术持续发展，标准和产业体系逐步建立，传感器与无线射频识别(RFID)等感知制造业

初步形成了规模。RFID 运行原理如图 1-2 所示。网络设备与通信模块、机器到机器(M2M)终端与 2011 运营服务形成基础设施服务、软件与集成服务等产业链，全球物联网产业规模超过 1345 亿美元。M2M 平台运行原理如图 1-3 所示。发达国家凭借信息技术和社会信息化方面的优势，在物联网应用及产业发展上具备了较强的竞争力。

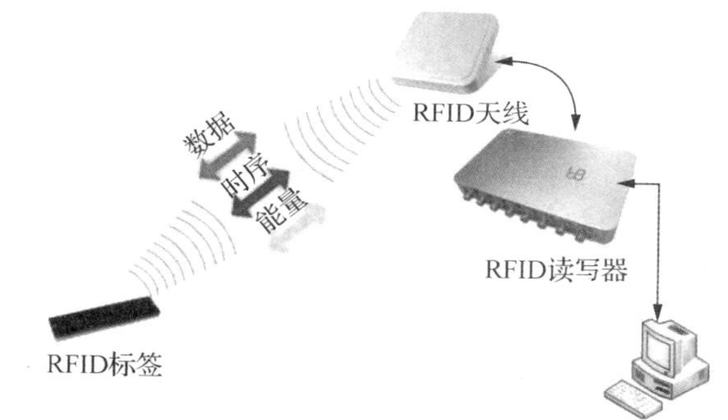

图 1-2　RFID 运行原理

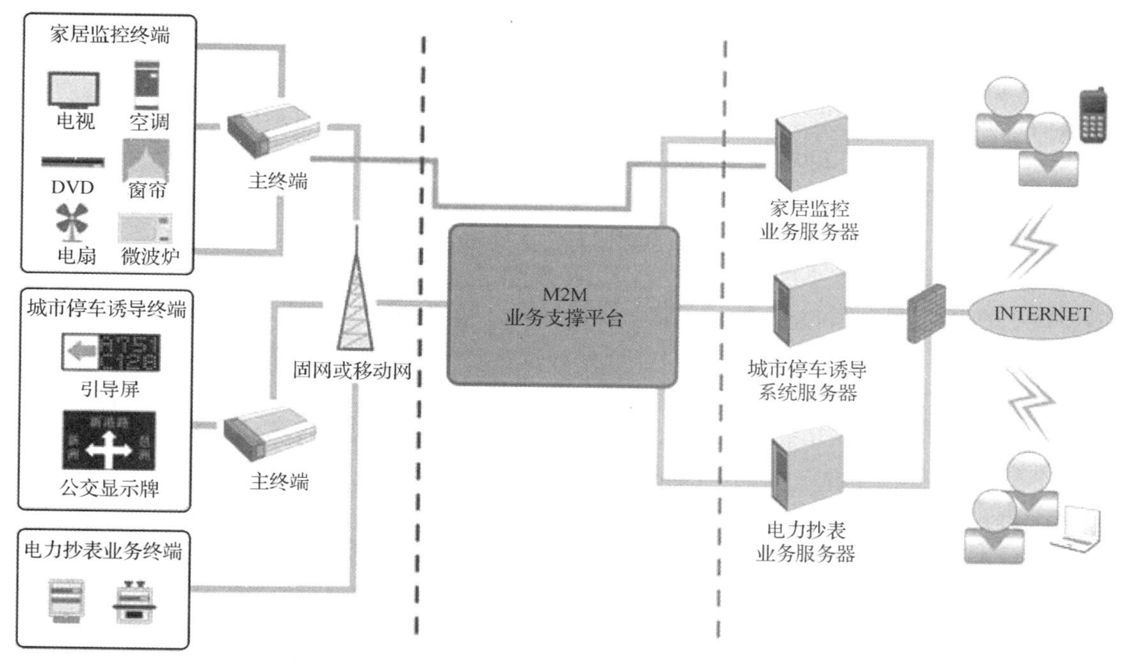

图 1-3　M2M 平台运行原理

当前，世界各国的物联网基本都处于技术研究与试验阶段：美、日、韩、欧盟等都正投入巨资深入研究探索物联网，并启动了以物联网为基础的“智慧地球”“U-Japan”“U-Korea”“物联网行动计划”等国家性区域战略规划。2009 年 1 月，在时任美国总统奥巴马与美国工商领袖的“圆桌会议”上，IBM 公司的 CEO 提出“智慧地球”的概念，即把传感器放到电网、铁路、桥梁和公路等物体中，让能量极其强大的计算机群能够对整个网

络内部的人员和物体实施管理与控制。这样，人们就可以通过动态控制的方式更加精确地管理生产活动和生活方式，达到“智慧”的状态。

2009 年 5 月 7 日至 8 日，欧洲各国的官员、企业领袖和科学家在布鲁塞尔就物联网进行专题讨论，并将讨论结果作为振兴欧洲经济的思路。欧盟委员会信息社会与媒体中心主任鲁道夫·施特曼迈尔说“物联网及其技术是我们的未来”。2009 年 6 月，欧洲联盟发布了新时期下物联网的行动计划。

日本和韩国分别提出了“U-Japan”“U-Korea”的计划和构想。“U”来自拉丁文“Ubiquitous”，意为“无所不在”。日本将物联网建设列为国家重点战略之一；韩国出台了《基于 IP 的传感器网基础设施构建基本规划》，将物联网确定为新增长动力。

(资料来源：国外物联网发展综述，CSDN 博客，略有改动)

1.1.2 国内物联网发展现状

1. 总体情况

我国在物联网领域的布局较早，中国科学院(以下简称中科院)很早就启动了传感网研究计划，中科院上海微系统与信息技术研究所、南京航空航天大学、西北工业大学等科研单位，目前正在抓紧研发“物联网”技术。2009 年 10 月，中国研发出首个物联网核心芯片——“唐芯一号”。2009 年 11 月 7 日，总投资额超过亿元的 11 个物联网项目在无锡成功签约，项目研发领域覆盖传感网络智能技术研发、传感网络应用研究、传感网络系统集成等物联网产业内的多个前沿领域。2010 年，工信部和国家发改委出台了一系列政策支持物联网产业化发展，到 2020 年之前我国已经规划了 3.86 万亿元的资金用于物联网产业化的发展。在国家重大科技专项、国家自然科学基金和“863”计划的支持下，国内新一代宽带无线通信、高性能计算与大规模并行处理技术、光子和微电子器件与集成系统技术、传感网技术、物联网体系架构及其演进技术等研究与开发取得重大进展，先后建立了传感技术国家重点实验室、传感器网络实验室和传感器产业基地等一批专业研究机构和产业化基地，启动了一批具有示范意义的重大应用项目。目前，北京、上海、江苏、浙江、无锡和深圳等地都在开展物联网发展战略研究活动，制定物联网产业发展规划，出台扶持产业发展的相关优惠政策。从全国来看，物联网产业正在逐步成为各地战略性新兴产业发展的重要领域。

2. 发展优势

1) 技术优势

在物联网这个全新产业中，我国的技术研发水平处于世界前列，具有重大的影响力。中科院早在 1999 年就启动了传感网研究，该院组成 2000 多人的团队，先后投入数亿元，在无线智能传感器网络通信技术、微型传感器、传感器终端机和移动基站等方面取得重大进展，目前已拥有从材料、技术、器件和系统到网络的完整产业链。在世界物联网领域，中国是国际标准制定的主导国(中、德、美、韩)之一，其影响力举足轻重。此外，我国还在通信、网络等领域申请了大量具有自主知识产权的技术专利。这些技术方面的积累，为我国物联网技术在未来取得长足的发展奠定了坚实的软实力基础。

2) 政策优势

我国政府非常重视物联网的发展。2006 年我国制定了信息化发展战略，2007 年党的十七大报告提出工业化和信息化融合发展的构想，2009 年“感知中国”的新兴命题又迅速地进入了国家政策的议事日程，2010 年《政府工作报告》正式将“加快物联网的研发应用”纳入重点产业振兴计划，一些城市和地区也相继提出了物联网发展的规划和设想。可以毫不夸张地说，在短短几年内，物联网在我国政府的大力支持下，已经由一个单纯的科学术语变成了活生生的产业现实。2009 年 9 月，我国传感网标准工作组成立，随后又在上海的浦东国际机场和世博园区建造了世界上最大的物联网技术系统。此外，在北京、无锡和杭州等城市，在当地政府的支持下，有一大批科学家和专业人士从事中国物联网的研究和开发。可以说，国家宏观政策的支持与引导是我国物联网发展不可或缺的政策优势。

3) 市场优势

近年来，我国互联网产业发展迅速，网民数量居全球第一，为未来物联网产业的发展奠定了坚实的基础。物联网可将所有物品连接到互联网，达到远程控制的目的，实现人和物或物和物之间的信息交换。当前，物联网行业的应用需求和领域非常广泛，潜在市场规模巨大。物联网产业在发展的同时还将带动传感器、微电子、视频识别系统等一系列产业的同步发展，可获得巨大的产业集群效益。

1.1.3　物联网的应用

物联网的应用领域多种多样，非常广泛，如图 1-4 所示。下面主要介绍几个常见的应用领域。

图 1-4　物联网的应用

1. 智慧城市

利用物联网、人工智能、云计算、大数据挖掘分析、机器学习和深度学习等技术，以及三维可视化大数据平台、物联网云平台、移动终端和智能硬件设备，可以实现城市物联

感知、城市管理、城市服务等功能，提高政府监管服务、决策的智能化水平，形成高效、便捷、便民的新型管理模式，为城市构建智能型、管理型的决策平台。智慧城市的主要应用功能包括智能交通系统、智慧能源系统、智慧物流及建筑服务系统、城市指挥中心、智慧医疗、城市公共安全、城市环境管理、政府公共服务平台等。

建设智慧城市，也是转变城市发展方式、提升城市发展质量的客观要求。通过建设智慧城市，及时传递、整合、交流、使用城市经济、文化、公共资源、管理服务、市民生活、生态环境等各类信息，强化物与物、物与人、人与人的互联互通，全面感知和利用信息能力，从而极大地提高政府管理和服务的水平，极大地提升人民群众的物质和文化生活水平，如图 1-5 所示。建设智慧城市，会让城市发展更全面、更协调、更可持续，会让城市生活变得更健康、更和谐、更美好。

图 1-5　智慧城市

新一代信息技术的发展使得城市形态在数字化基础上进一步实现智能化成为现实。依托物联网可实现智能化感知、识别、定位、跟踪和监管；借助云计算及智能分析技术可实现大量信息的处理和决策支持。同时，伴随知识社会环境下创新 2.0 形态的逐步展现，现代信息技术在对工业时代各类产业完成面向效率提升的数字化改造之后，逐步衍生出一些新的产业业态、组织形态，使人们对信息技术创新形态演变、社会变革有了更真切的体会，对“科技创新以人为本”有了更深入的理解，对现代科技发展下的城市形态演化也有了新的认识。

2. 智慧农业

智慧农业是指基于物联网技术，通过各种无线传感器实时采集农业生产现场的光照、温度、湿度等参数及农产品生长状况等信息而进行生产环境远程监控，并将采集的各类参数信息进行数字化和转化后，实时传输至网络进行汇总整合，利用农业专家智能系统进行定时、定量、定位云计算处理，及时精确地遥控农业设备的自动开启或关闭，如图 1-6 所示。智慧农业是物联网技术在现代农业领域的应用，主要有监控功能系统、监测功能系统、实时图像与视频监控功能。

图 1-6　智慧农业

(1) 监控功能系统。根据无线网络获取植物的生长环境信息，如监测土壤水分、土壤温度、空气温度、空气湿度、光照强度、植物养分含量等参数。其他参数也可以选配，如土壤中的 pH 值、电导率等。信息收集、负责接收无线传感汇聚节点发来的数据及存储、显示和数据管理，实现所有基地测试点信息的获取、管理、动态显示和分析处理，以直观的图表和曲线的方式显示给用户，并根据以上各类信息的反馈对农业园区进行自动灌溉、自动降温、自动卷膜、自动进行液体肥料施肥、自动喷药等自动控制。

(2) 监测功能系统。在农业园区内实现自动信息检测与控制，通过配备无线传感节点，太阳能供电系统、信息采集和信息路由设备配备无线传感传输系统，每个基点配置无线传感节点，每个无线传感节点可监测土壤水分、土壤温度、空气温度、空气湿度、光照强度、植物养分含量等参数。根据种植作物的需求提供各种声光报警信息和短信报警信息。

(3) 实时图像与视频监控功能。农业物联网是实现农业作物与环境、土壤及肥力间物物相连的关系网络，通过多维信息与多层次处理实现农作物的最佳生长环境调理及施肥管理。对管理农业生产的人员而言，仅仅是数值化的物物相连并不能完全提供作物的最佳生长条件。实时图像与视频监控为物与物之间的关联提供了更直观的呈现方式。比如，哪块地缺水了，在物联网单层数据上仅仅能看到水分数据偏低，土壤应该灌溉到什么程度不能生搬硬套地仅仅根据这一个数据来做决策。农业生产环境的多样性决定了农业信息获取上的一些困难，这很难通过单纯的技术手段进行突破。视频监控可以直观地反映农作物生长的实时状态；实时图像与视频监控，既可以直观地反映一些农作物的生长态势，也可以侧面地反映出农作物生长的整体状态及营养水平，还可以从整体上为农户提供更加科学的种植决策理论依据。

3. 智慧交通

智慧交通系统是将先进的电子传感技术、信息技术、数据通信传输技术、控制技术、计算机技术以及物联网技术等有效地集成运用于整个交通管理的一个体系，建立起一种能在大范围、多方面发挥作用的，实时、准确、高效的综合交通管理系统，可以将路况、天气实时展现出来，以方便人们的出行，如图 1-7 所示。

图 1-7　智慧交通

智慧交通是在整个交通运输领域充分利用物联网、空间感知、云计算、移动互联网等新一代信息技术，综合运用交通科学、系统方法、人工智能、知识挖掘等理论与工具，以全面感知、深度融合、主动服务、科学决策为目标，通过建设实时的动态信息服务体系，深度挖掘交通运输的相关数据，形成问题分析模型，实现行业资源配置优化能力、公共决策能力、行业管理能力、公众服务能力的提升，推动交通运输更安全、更高效、更便捷、更经济、更环保、更舒适地运行和发展，带动交通运输相关产业的转型和升级。

1.2　物联网体系架构

物联网是新一代信息技术的重要组成部分，也是信息化时代的重要发展阶段。物联网通过智能感知、识别技术与普适计算等通信感知技术，广泛应用于网络的融合中，也因此被称为继计算机、互联网之后世界信息产业发展的第三次浪潮。

物联网是互联网的应用和拓展，与其说物联网是网络，不如说物联网是业务和应用。因此，应用创新是物联网发展的核心，以用户体验为核心的创新 2.0 是物联网发展的灵魂。下文将详细介绍物联网的体系结构。

1.2.1　物联网的 RFID 体系结构

1. RFID 的定义和组成

射频识别(RFID)技术是 20 世纪 90 年代兴起的一种非接触式的自动识别技术，它通过射频信号自动识别目标对象并获取相关数据，识别工作无须人工干预，可工作于各种恶劣环境条件下。RFID 技术可识别高速运动物体并可同时识别多个标签，操作快捷方便。

RFID 系统一般由阅读器、应答器(标签)和应用系统三部分组成，通过电波在响应媒介和询问媒介间传输信息。阅读器一般是一台内含天线和芯片解码器的阅读(有时还可以写入)设备，可设计为手持式或固定式；阅读器可无接触地读取并识别电子标签中所保存的电子数据，从而达到自动识别物体的目的。将阅读器与计算机相连，所读取的标签信息就会被传送至计算机进行下一步处理。应用系统一般是由计算机支撑的有线或无线管理系统，视不

同应用要求，对于实时型的智能型控制器，不一定必须配备后台应用系统。标签，主要是射频标签，响应端内含天线，两者组成所谓的“雷达收发机”，以卡、标签等形式存在。

2. RFID 的基本工作原理和类型

RFID 的基本工作原理是阅读器发射一段特定频率的无线电波能量给应答器，用以驱动转发器电路将内部的数据送出，此时阅读器便会依序接收解读数据，再送到应用平台做相应的处理。以 RFID 卡片阅读器及电子标签之间的通信及能量感应方式来看，RFID 可以分为感应耦合(inductive coupling)及后向散射耦合(backscatter coupling)两种类型。一般低频 RFID 采用感应耦合方式进行通信，而高频和超高频大多采用后向散射耦合方式进行通信。

3. RFID 技术的应用领域

(1) 工业领域。RFID 技术应用在制造业供应链管理、生产过程工艺优化、产品设备监控管理、环保监测及能源管理、工业安全生产管理等方面。它可大幅提高制造效率，改善产品质量，降低产品成本和资源消耗，将传统工业提升到智能工业的新阶段。

(2) 智能家居领域。RFID 技术将各种家庭设备通过程序设置，使设备具有自动功能，通过中国电信的宽带、固话和 4G、5G 无线网络，可以实现对家庭设备的远程操控。与普通家居相比，智能家居不仅可以营造舒适宜人且高品位的家庭生活空间，还能构建更智能的家庭安防系统。

(3) 医疗领域。智能医疗系统借助简易实用的家庭医疗传感设备，可对家中病人或老人的生理指标进行自测，并将生成的生理指标数据通过中国电信的固定网络或 4G、5G 无线网络传送到护理人或有关医疗单位。

(4) 环境监测领域。环境监测领域应用是通过实施对地表水水质的自动监测，实现水质的实时连续监测和远程监控，及时掌握主要流域重点断面水体的水质状况，预警预报重大或流域性水质污染事故，解决跨行政区域的水污染事故纠纷，监督总量控制制度的落实情况。

(5) 智能司法领域。智能司法是一个集监控、管理、定位、矫正于一身的管理系统，能够帮助各地、各级司法机构降低刑罚成本、提高刑罚效率。为工作人员的日常工作提供信息化、智能化的高效管理平台。

(6) 智能校园领域。中国电信的校园手机一卡通和金色校园业务，促进了校园的信息化和智能化。手机一卡通帮助学校实现了学生管理电子化、老师排课办公无纸化和学校管理的系统化。

1.2.2　物联网的 EPC 体系结构

1. EPC 系统的构成

一个完整的 EPC 体系结构由 EPC 标签、解读器、神经网络软件(savant 服务器)、ONS(对象名称解析)服务器、PML(物理标记语言)服务器以及众多的数据库组成。

1) EPC 标签

自 20 世纪 90 年代物联网概念出现以来，越来越多的人对其产生了兴趣。物联网是在计算机互联网的基础上，利用射频识别、无线数据通信、计算机等技术，构造一个覆盖世界上万事万物的实物互联网。物联网内每个产品都有一个唯一的产品电子编码，叫作 EPC(electronic product code)编码，通常 EPC 编码被存入硅芯片做成的电子标签内，附在被标识产品上，称为 EPC 标签，被高层的信息处理软件识别、传递、查询，进而在互联网的基础上形成专为供应链企业服务的各种信息。一条 EPC 编码中包含多种信息，因为 EPC 编码由版本号、产品域名管理、产品分类和序列号四个字段组成，如图 1-8 所示。

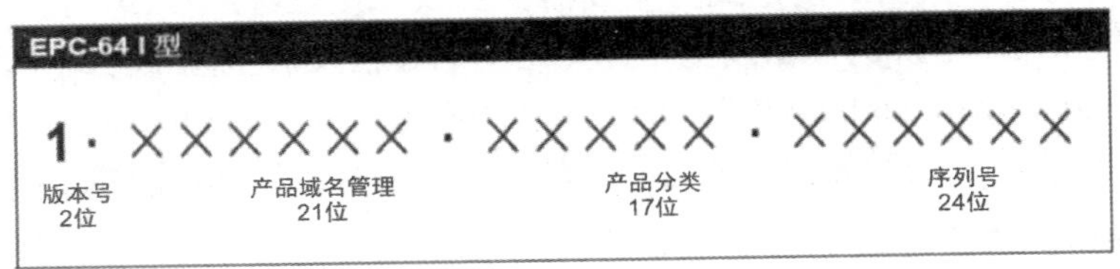

图 1-8　EPC 编码

2) 解读器

解读器是利用射频技术读取标签信息或将信息写入标签的设备。解读器读出的标签信息通过计算机及网络系统进行管理和信息传输。

3) 神经网络软件

神经网络软件(savant)是物联网系统的一个“中间件”，可用来处理从一个或多个解读器发出的标签流或传感器数据，之后将处理过的数据发往特定的请求方。

4) 对象名称解析服务

EPC 标签对于一个开放式的、全球性的追踪物品的网络需要一种特殊的网络结构。因为标签中只存储了产品电子代码，计算机还需要将一些产品电子代码匹配到相应商品信息的方法。这个角色就由对象名称解析服务(object name service，ONS)担任，它是一个自动的网络服务系统，类似于域名解析服务(DNS)，DNS 是将一台计算机定位到万维网上的某一个具体地点的服务程序。ONS 的工作原理，如图 1-9 所示。

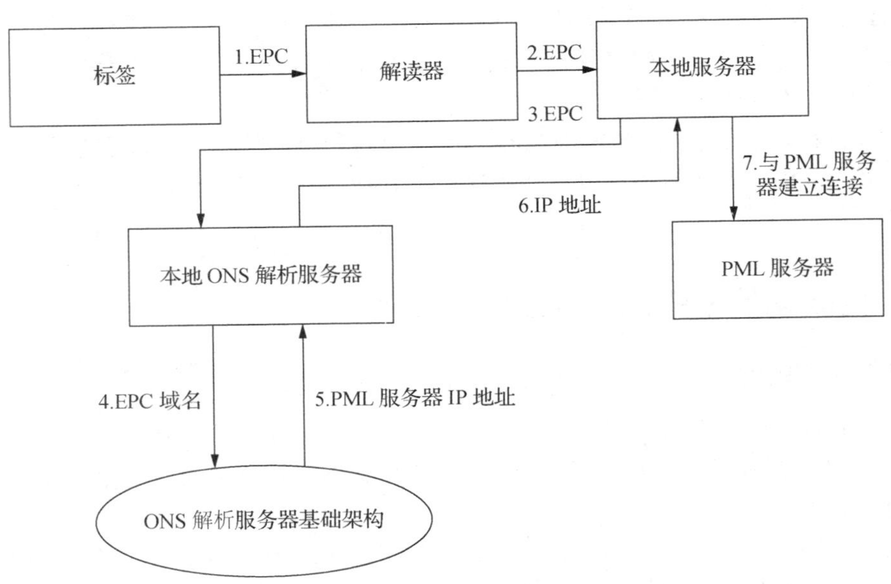

图 1-9　ONS 工作原理

5) 物理标记语言

物理标记语言(physical markup language，PML)通过一种通用的、标准的方法来描述我们所在的物理世界。PML 的目标是为物理实体的远程监控和环境监控提供一种简单、通用的描述语言，可广泛应用于存货跟踪、自动处理事务、供应链管理、机器控制和物对物通信等方面。

2. EPC 系统的运行过程

解读器读出的 EPC 只是一个信息参考(指针)，由这个信息参考从 Internet 找到 IP 地址并获取该地址中存储的相关物品信息，并采用分布式 Savant 软件系统处理和管理由解读器读取的一连串 EPC 信息。由于在标签上只有一个 EPC 代码，因此计算机需要知道与该 EPC 匹配的其他信息，这就需要 ONS 来提供一种自动化的网络数据库服务，Savant 将 EPC 传递给 ONS，ONS 指示 Savant 到一个保存着产品文件的 PML 服务器查找，该文件可由 Savant 复制，因而文件中的产品信息就能传到供应链上，其工作原理如图 1-10 所示。

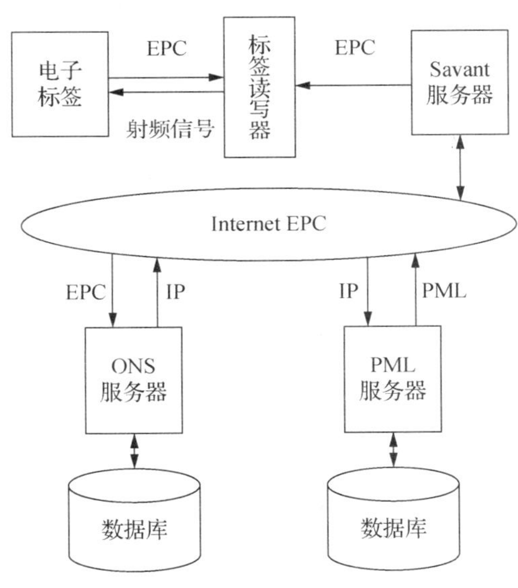

图 1-10　EPC 系统工作原理

3. EPC 系统的特点

1) 开放的体系结构

EPC 系统采用全球最大的、公用的 Internet 网络系统。这既避免了系统的复杂性，又大大降低了系统的成本，并且还有利于系统的增值。梅特卡夫(Metcalfe)定律表明，开放的结构体系远比复杂的多重结构更有价值。

2) 独立的平台和高度的互动性

EPC 系统识别的对象是一个十分广泛的实体对象，因此不可能有哪一种技术适用所有的识别对象。同时，不同地区、不同国家的射频识别技术标准也不相同，所以开放的结构体系必须具有独立的平台和高度的交互操作性。EPC 系统网络建立在 Internet 网络系统上，可以与 Internet 网络所有可能的组成部分协同工作。

3) 灵活的可持续发展体系

EPC 系统是一个灵活的、开放的、可持续发展的体系，在不替换原有体系的情况下就可以做到系统升级。

1.2.3 物联网的 UID 技术体系结构

1. 背景介绍

从传统意义上说，物联网的 UID 技术是指应答器技术。应答器其实就是物联网的一种电子模块，它有两个主要功能：一是传输信息；二是回复信息。经过多年的发展，应答器具备了新的定义和含义，现在人们称其为电子标签或智能标签，而应答器的这种改变与物联网领域其他技术的发展有关，其中射频技术的发展对应答器的影响最大。

在世界范围内，电子标签发展水平最高的国家当数日本。日本对电子标签的研究较早，可以追溯到 20 世纪 80 年代。当时，日本提出了实时嵌入式系统，也就是物联网领域常说的 TRON，其核心体系是 T-Engine。2003 年 3 月，日本东京大学在日本政府和 T-Engine 论坛的支持下成立了 UID 中心，该中心不仅受到日本国内大型企业的关注，同时也受到国际大企业的关注。由于物联网发展的大势所趋，国内外的科技大企业也纷纷加入 UID 中心，东京大学 UID 中心刚成立不久，其支持企业就达 20 多家，其中包括索尼、三菱、微软、夏普、东芝、日电、J-Phone、日立等。UID 中心的成立对发展物联网具有重要意义，日本大力组建 UID 中心和各国企业支持组建 UID 中心，都是因为组建 UID 中心具有两个重要作用：第一是建立自动识别“物品”的基础技术，不断完善物联网的初期物理设施，实现传感器的全面覆盖；第二是普及 UID 的相关知识，培养用于物联网体系构建的优秀应用型人才。在这两个作用的推动下，日本正在努力建立一种全面实现物联网的理想环境，一旦建成，万事万物都能在网络“云脑”的计算之中。

作为一种比较开放的技术体系，UID 主要由以下几种硬件构成，即信息系统服务器、泛在通信器(UG)、uCode 解析服务器以及泛在识别码(uCode)。泛在识别码用于标识现实中的各种物品和不同场所，相当于一种电子标签。UID 与 PDA 终端很像，它可以利用泛在识别码的这种标识功能来获取物品的状态信息，当这种数据信息足够充足时，UID 便可以对物品进行控制和管理。

UID 的应用领域很广泛，从某种意义上说，它就像一根连接现实和虚拟空间的线，现实世界中能利用泛在识别码标识的物品，它都能对其进行辨识和连接。这种连接是虚拟和现实的连接，UID 的一端是已标识的各种物品，另一端则是虚拟互联网。利用 UID 就可以将物品的状态信息与虚拟互联网中的相关信息紧密相连，构建物物相连的网络体系。

2. 物联网的 UID 技术体系构成

1) 嵌入式技术

在物联网应用技术中，嵌入式技术是至关重要的。物联网时代的到来，不管是行业应用，还是智能硬件的开发，抑或是大数据等，各种嵌入式技术都得到了发展。简单来说，嵌入式技术是以应用为中心，以计算机技术为基础，并且软硬件可裁剪，适用于应用系统对功能、可靠性、成本、体积、功耗有严格要求的专用计算机系统技术。

嵌入式技术多应用于掌上终端设备，如智能手机、平板电脑等。这类设备的功能日渐强大，而体形却逐渐趋于小巧。常用的嵌入式系统有 Linux、Android 等，而在控制器的选择上多倾向于 Cortex、ARM 及 DSP 等。ARM 嵌入式控制器如图 1-11 所示。

图 1-11　ARM 嵌入式控制器

2) RFID 技术

RFID 技术，即射频识别技术。RFID 技术操作方便，且效率很高，它可以在同一时间对多个电子标签进行识别，既可以识别静止状态下的物体，又可以识别高速运动状态下的物体，并且它可以在恶劣环境条件下稳定工作，很少受到温度、湿度以及雨雪等恶劣天气的影响。RFID 射频识别不受人力干预，是一种无线自动识别技术。在没有任何接触的前提下，人们可以利用 RFID 技术，通过射频信号自动识别已标识的各种物品，并采集与这些物品相关的数据信息。RFID 工作原理如图 1-12 所示。

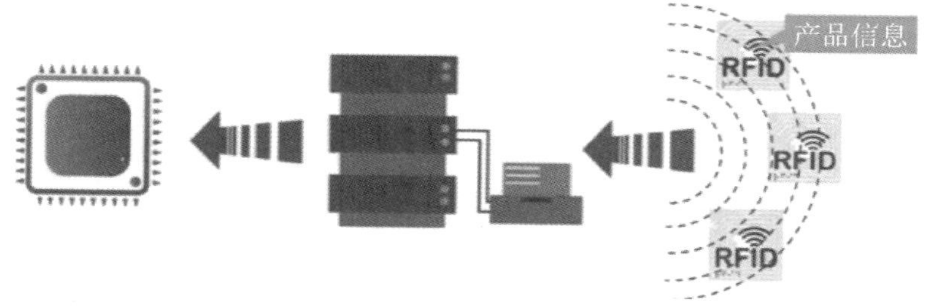

图 1-12　RFID 工作原理

RFID 电子电梯合格证的阅读器又名读写器，这种阅读器可以连接信号塔和 RFID 的电子标签，实现无线通信。阅读器是一种用来读出和写入数据的电子单元，利用阅读器既可以实现对标签识别码的读出和写入操作，又可以实现无线网络内存数据的读出和写入操作。目前，阅读器已被应用于 RFID 技术的多个方面，其主要结构包括高频模块(发送器和接收器)、阅读器天线以及控制单元。

在无线系统中，RFID 的结构较为简单，只包含两种基本器件：第一种是询问器，又称阅读器，每个 RFID 中一般只有一个询问器；第二种是应答器，又称电子标签，一般情况下，每个 RFID 中会有多个应答器。射频识别系统的作用主要有三个：第一是检测物体；第二是跟踪物体；第三是控制物体。

作为一种突破性的技术，RFID 技术在 UID 技术中的地位十分重要。

埃森哲实验室首席科学家弗格森对 RFID 技术做过总结性的阐述，他认为，RFID 技术至少具有三个重要优点。第一，与条形码相比，RFID 技术的功能更具广泛性。因为条形码一般只能识别一类物体，而人们通过 RFID 技术却能识别一个具体的物体，比如，人们将一种条形码规定为树的标识，那么当人们利用这种条形码无论标识哪种树木，都只会显示树的信息；而利用 RFID 技术却能识别出标识的树木是桃树、杨树还是槐树。第二，与条形码相比，RFID 技术接收信号更方便。因为利用条形码识别一类物体，需要利用激光对条形码进行扫描读取；而 RFID 技术却可以不受这种限制，它可以利用无线电射频透过物体的外部材料获取物体的内部信息。第三，与条形码相比，RFID 技术的效率更高。因为一个条形码代表一条信息，人们如果想获取多种信息，就要利用激光扫描仪对条形码一个一个地读取，而 RFID 技术则可以同时作用于多个物体，并在同一时间对它们进行信息读取。

3) 无线技术

无线技术极大地拓展了物联网 UID 技术的应用空间。目前，无线技术主要有两种技术，一种是无线通信技术，另一种是无线充电技术，利用这两种技术，人们可以将自己的感知无限延伸。随着技术的发展，无线技术的瓶颈被打破，宽带的速度变得越来越快，无线网的覆盖范围越来越广泛，信号变得越来越稳定，无线基础设施变得越来越可靠。这些变化将使无线技术的作用不断扩大，甚至成为人类赖以生存的核心技术。

4) 信息融合集成技术

一个集体的任务，需要每一个集体成员共同协作才能完成。同样，要实现多种信息的融合和利用，也需要多种技术的衔接和配合。例如，录制一段视频，就需要视觉传感器、听觉传感器等同时配合才能完成。多种技术的衔接和配合可以使信息的采集更高效、更丰富、更有质量。

(资料来源：物联网的 UID 技术体系结构，百恒物联，略有改动)

1.2.4　构建物联网体系结构的原则

1. 可扩展性

预计到 2025 年，全球物联网连接设备将产生 79.4 ZB 的数据，其中大部分是非结构化的数据。对于如此庞大的数据，应该使用基于微服务的体系结构来组织、可扩展和可重用。这使得轻松分发应用成为可能，其中每个服务相互独立，并且可以在不干扰其他服务的情况下创建、升级和扩展。对于物联网体系结构的架构，应该具有一定的扩展性设计，以便最大限度地利用现有的网络通信基础设施保护已投资利益。

2. 安全性

物物互联之后，物联网的安全性将比计算机互联网的安全性更为重要，因此物联网的体系结构应能够防御大范围内的网络攻击。

每种物联网设备都应该有一个安全的网关终端，并且数据应该具有动态和静态加密功能。传输层和通信层之间应确保适当的网络防火墙设计和通信安全，定期进行数据和网络安全审计以识别异常和威胁是绝对必要的。

3. 高可用性

有许多关键的物联网系统，比如医疗保健系统，它们的停机可能会导致生命危险。为了减少停机，它们需要具有高容错体系结构并在高可用性(HA)环境中运行。应在多个位置备份和分发数据，以防止在发生灾难性事件时丢失数据。备份解决方案应保持数据的完整性，并且应易于恢复。此外，应该制定故障转移策略，将最终用户的请求重新定向到备用状态，并且应该尽可能做到无缝衔接。

4. 多样性原则

物联网体系结构必须根据物联网的服务类型、节点的不同，分别设计多种类型的体系结构，不能也没有必要建立统一的标准体系结构。

5. 时空性原则

物联网尚在发展之中，其体系结构应能满足物联网在时间、空间和能源方面的需求。

6. 互联性原则

物联网体系结构需要与互联网实现互联互通；如果试图另行设计一套互联通信协议及其描述语言将是不现实的。

1.2.5　实用的层次性物联网体系架构

按照自下向上的思路，目前主流的物联网体系架构可以被分为三层，即感知层、网络层和应用层。根据不同的划分思路，也可将物联网系统分为五层，即信息感知层、物联接入层、网络传输层、智能处理层和应用接口层。

另外，还有一些其他的设计方法，如由美国麻省理工学院 Auto ID 实验室提出的 networked Auto ID，由日本东京大学发起的非营利标准化组织 UID 中心构建的物联网体系架构 IDIoT，由美国弗吉尼亚大学的 Vicaire 等人针对多用户、多环境下管理与规划异构传感和执行资源的问题，提出的一个分层物联网体系架构 physical-net，欧洲电信标准组织(ETSI)正在构建的 M2M 等其他体系架构。

1.3　物联网体系架构详解

物联网体系架构一般可分为三层，即感知层、网络层和应用层。在物联网的整体结构中，感知层是作为基础而存在的，有着非常重要的作用；网络层是以当前的互联网系统为依托组建而成的，主要负责对于采集到的数据进行传输；物联网发展的最终目的就是应用，所以应用层是物联网体系结构的核心。

1.3.1　感知层

感知层是物联网三层体系架构中最基础的一层。感知层的作用是通过传感器对物质属

性、行为态势、环境状态等各类信息进行大规模的、分布式的获取与状态辨识，然后采用协同处理的方式，针对具体的感知任务对多种感知到的信息进行在线计算与控制并做出反馈，这是一个万物交互的过程。感知层被看作实现物联网全面感知的核心层，主要完成信息的采集、传输、加工及转换等任务。

感知层主要由传感网及各种传感器构成，传感网主要包括以 NB IoT 和 LoRa 等为代表的低功耗广域网(LPWAN)，传感器包括 RFID 标签、传感器、二维码等。通常把传感网划分于传感层中，传感网被看作随机分布的集成传感器、数据处理单元和通信单元的微小节点，这些节点可以通过自组织、自适应的方式组建无线网络。传感层的通信技术主要是以低功耗广域网为代表的传感网，主要解决物联网低带宽、低功耗、远距离、连接量大等问题，以 NB-IoT、SigFox、LoRa、eMTC 等为代表。此外，还包括 ZigBee、Wi-Fi、蓝牙、Z-wave 等短距离通信技术。关于感知层常见的关键技术详细介绍如下。

1. 传感器技术

传感器是物联网中获得信息的主要设备，它最大的作用是帮助人们完成对物品的自动检测和自动控制。目前，传感器的相关技术已经相对成熟，常见的类型包括温度、湿度、压力、光电传感器等，各式传感器如图 1-13 所示，它们被应用于多个领域，比如地质勘探、智慧农业、医疗诊断、商品质检、交通安全、文物保护、机械工程等。作为一种检测装置，传感器会预先感知外界信息，然后将这些信息通过特定规则转换为电信号，最后由传感网传输到计算机上，供人们或人工智能分析和利用。

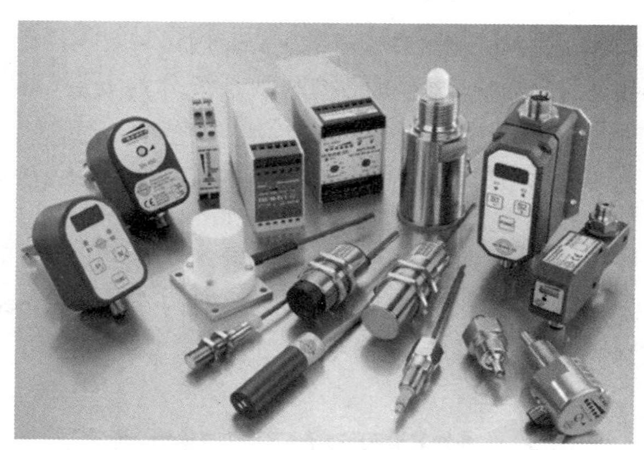

图 1-13　各式传感器

传感器的物理组成包括敏感元件、转换元件以及电子线路三部分。敏感元件可以直接感受对应的物品；转换元件也叫传感元件，主要作用是将其他形式的数据信号转换为电信号；电子线路作为转换电路可以调节信号，将电信号转换为可供人和计算机处理、管理的有用电信号。

2. RFID 技术

RFID 技术，又称为电子标签技术，是无线非接触式的自动识别技术。它可以通过无线电信号识别特定目标并读写相关数据，可用来为物联网中的各物品建立唯一的身份标识。

物联网中的感知层通常都要建立一个 RFID 系统，该识别系统由电子标签、读写器以及中央信息系统三部分组成。其中，电子标签一般安装在物品的表面或者内嵌在物品内层，标签内存储着物品的基本信息，以便于被物联网设备识别。读写器有三个作用：一是读取电子标签中有关待识别物品的信息；二是修改电子标签中待识别物品的信息；三是将所获取的物品信息传输到中央信息系统中进行处理。中央信息系统的作用是分析和管理读写器从电子标签中读取的数据信息。

3. 二维码技术

二维码技术(2-dimensional barcode)又称二维条码技术、二维条形码技术，是一种信息识别技术。二维码通过黑白相间的图形记录信息，这些黑白相间的图形按照特定的规律分布在二维平面上，图形与计算机中的二进制数相对应，人们通过对应的光电识别设备就能将二维码输入计算机进行数据的识别和处理。

二维码有两类，一类是堆叠式(行排式)二维码，另一类是矩阵式二维码。堆叠式二维码与矩阵式二维码在形态上有所区别，前者是由一维码堆叠而成，后者是以矩阵的形式组成，如图 1-14 所示。两者虽然在形态上有所不同，但都采用了共同的原理，即每一个二维码都有特定的字符集，都有相应宽度的“黑条”和“空白”来代替不同的字符，都有校验码等。

图 1-14　堆叠式二维码和矩阵式二维码

4. 蓝牙技术

蓝牙技术是典型的短距离无线通信技术，其在物联网感知层得到了广泛应用，是物联网感知层重要的短距离信息传输技术之一。蓝牙技术既可在移动设备之间配对使用，也可在固定设备之间配对使用，还可在固定设备和移动设备之间配对使用。该技术将计算机技术与通信技术相结合，解决了在无电线、无电缆的条件下进行短距离信息传输的问题。

蓝牙集合了时分多址、高频跳段等多种先进技术，既能实现点对点的信息交流，又能实现点对多点的信息交流。蓝牙在技术标准化方面已经相对成熟，相关的国际标准已经出台。例如，蓝牙传输频段就采用了国际统一标准 2.4 GHz 频段。另外，该频段之外还有间隔为 1 MHz 的特殊频段。蓝牙设备在使用不同功率时，通信的距离有所不同，若功率为 0 dBm 和 20 dBm，对应的通信距离分别是 10 m 和 100 m。

5. ZigBee 技术

ZigBee 是指 IEEE 802.15.4 协议，它与蓝牙技术一样，也是一种短距离无线通信技术。从这种技术的相关特性来看，它介于蓝牙技术和无线标记技术之间，因此它与蓝牙技术并不等同。

ZigBee 传输信息的距离较短、功率较低，日常生活中的一些小型电子设备之间多采用这种低功耗的通信技术。与蓝牙技术相同，ZigBee 所采用的公共无线频段也是 2.4 GHz，同时也采用了跳频、分组等技术。但 ZigBee 可使用的频段只有三个，分别是 2.4 GHz(公共无线频段)、868 MHz(欧洲使用频段)、915 MHz(美国使用频段)。ZigBee 的基本速率是 250 Kbps，低于蓝牙的速率，但比蓝牙成本低，使用也更简单。ZigBee 的速率与传输距离并不成正比，当传输距离扩大到 134 m 时，其速率只有 28 Kbps。值得一提的是，当 ZigBee 处于该速率时其传输可靠性会变得更高。采用 ZigBee 技术的应用系统可以实现几百个网络节点相连，最多可达 254 个。这些特性决定了 ZigBee 技术能够在一些特定领域比蓝牙技术表现得更好，这些特定领域包括消费精密仪器、消费电子、家居自动化等。然而，ZigBee 只能完成短距离、小量级的数据流量传输，因为它的速率较低且通信范围较小。

ZigBee 元件可以嵌入多种电子设备，并能实现对这些电子设备的短距离信息传输和自动化控制。

1.3.2 网络层

网络层作为整个体系架构的中枢，具有承上启下的作用。网络层解决的是感知层在一定范围及一定时间内所获得的数据传输问题，通常以解决长距离传输问题为主，而这些数据可以通过企业内部网、通信网、互联网、各类专用通用网、小型局域网等网络进行传输交换。

网络层关键长距离通信技术主要包括有线、无线通信技术及网络技术等，以 3G、4G 等为代表的通信技术为主，可以预见未来 5G 技术将成为物联网技术的一大核心，如图 1-15 所示。5G 网络可以实现物物间更快的数据传输，物联网的网络层基本上综合了已有的全部网络形式，构建出更加广泛的“互联”体系。每种网络都有自己的特点和应用场景，互相组合才能发挥出最大的作用，因此在实际应用中，信息往往经由任何一种网络或几种网络组合的形式进行传输。

图 1-15　5G 网络

而物联网的网络层承担着巨大的数据量传输任务，并且面临着更高的服务质量要求。物联网需要对现有网络进行融合和扩展，利用新技术以实现更加广泛且更高效的互联功能。物联网的网络层，自然也成为各种新技术的舞台，如 3G/4G 通信网络、IPv6、Wi-Fi、WiMAX、蓝牙、ZigBee 等。在本质上，网络层使用的新技术与传统互联网之间没有太大差别，各方面技术相对来说已经很成熟了。

1.3.3　应用层

应用层位于三层架构的最顶层，主要解决的是信息处理、人机交互等相关问题，通过对数据的分析处理，为用户提供丰富特定的服务。应用层的主要功能包括数据及应用两个方面的内容。首先，应用层需要完成数据的管理和数据的处理；其次，要发挥这些数据的价值还必须与应用层相结合。例如，在电力行业中的智能电网远程抄表：部署于用户家中的读表器可以被看作感知层中的传感器，这些传感器在收集到用户用电的信息后，经过网络发送并汇总到相应应用系统的处理器中，该处理器及其对应相关工作就是建立在应用层上的，它将完成对用户用电信息的分析及处理，并自动采集相关信息。

从结构上划分，物联网应用层包括以下三个部分。

1. 物联网中间件

物联网中间件是一种独立的系统软件或服务程序，中间件可将各种可以公用的能力进行统一封装，提供给物联网应用或使用。中间件处于操作系统软件与用户应用软件的中间，可为上层的应用软件提供运行与开发的环境并帮助用户开发和集成应用软件。它不仅要实现互联，还要实现应用之间的相互操作，网络通信功能是其最突出的特点。中间件是一种应用于分布式系统的基础软件，位于应用层与操作系统、数据库之间，主要用于解决分布式环境条件下数据传输、数据访问、应用调度、系统构建、系统集成、流程管理等问题。

2. 物联网应用

物联网应用就是用户直接使用的各种应用，如智能操控、安防、电力抄表、远程医疗、智能农业等。

3. 云计算

云计算可以助力物联网海量数据的存储和分析，云计算服务器如图 1-16 所示。依据云计算的服务类型可以将云计算分为基础架构即服务(IaaS)、平台即服务(PaaS)、服务和软件即服务(SaaS)。云计算是实现物联网的核心。运用云计算模式，可使物联网中数以兆计的各类物品的实时动态管理、智能分析变为可能。物联网可将射频识别技术、传感器技术、纳米技术等新技术充分运用在各行各业。从物联网的结构看，云计算已成为物联网的重要环节。物联网与云计算的结合必将通过对各种能力资源共享、信息价值深度挖掘等多方面的促进，从而带动整个产业链和价值链的升级与跃进。

图 1-16　云计算服务器

练　习　题

一、填空题

1. 物联网作为一个形式多样的复杂系统，涉及信息技术自上而下的每个层面，具有________、________、________等特征。

2. 世界发达国家信息化起步________，信息技术与网络技术在建设领域已有相当广泛的应用，我国在物联网领域的布局________，中科院 10 年前就启动了传感网研究，________与________、南京航空航天大学、西北工业大学等科研单位，目前正抓紧研发“物联网”技术。

3. 一个完整的 EPC 体系结构由________、________、________、________、________、PML(物理标记语言)服务器以及众多的数据库组成。

4. 物联网的 UID 技术体系结构包括的技术有________、________、________、________。

5. 构建物联网体系结构的原则是________、________、________、________、________、________。

6. 物联网的体系架构可以分为三层，即________、________和________。

二、单选题

1. 手机钱包的概念是由(　　)提出来的。

A. 中国　　B. 日本　　C. 美国　　D. 德国

2. (　　)给出的物联网概念最权威。

A. 微软　　B. IBM　　C. 三星　　D. 国际电信联盟

3. (　　)年中国把物联网发展写入了《政府工作报告》。

A. 2000　　B. 2008　　C. 2009　　D. 2010

4. 第三次信息技术革命是指(　　)。

A. 互联网　　B. 物联网　　C. 智慧地球　　D. 感知中国

5. 智慧地球是(　　)提出来的。

A. 德国　B. 日本　C. 法国　D. 美国

6. 物联网在中国发展将经历(　　)。

A. 三个阶段　B. 四个阶段　C. 五个阶段　D. 六个阶段

7. 2009 年 10 月(　　)提出了“智慧地球”的概念。

A. IBM　B. 微软　C. 三星　D. 国际电信联盟

8. 物联网体系结构可划分为四层，传输层在(　　)。

A. 第一层　B. 第二层　C. 第三层　D. 第四层

9. 物联网的基本架构不包括(　　)。

A. 感知层　B. 传输层　C. 数据层　D. 会话层

10. 感知层在(　　)。

A. 第一层　B. 第二层　C. 第三层　D. 第四层

11. IBM 提出的物联网架构结构类型是(　　)。

A. 三层　B. 四层　C. 八横四纵　D. 五层

12. 物联网的(　　)是核心。

A. 感知层　B. 传输层　C. 数据层　D. 应用层

13. (　　)不是物联网的组成系统。

A. EPC 编码体系　B. EPC 解码体系

C. 射频识别技术　D. EPC 信息网络系统

14. 利用 RFID 、传感器、二维码等随时随地获取物体的信息，是指(　　)。

A. 可靠传递　B. 全面感知　C. 智能处理　D. 互联网

15. RFID 属于物联网的(　　)。

A. 感知层　B. 网络层　C. 业务层　D. 应用层

三、判断题

1. 感知层可用来识别物体采集信息，其主要功能是识别物体、采集信息。(　　)

2. 物联网的感知层主要包括二维码标签、读写器、RFID 标签、摄像头、GPS 传感器、M2M 终端。(　　)

3. 应用层相当于人的神经中枢和大脑，负责传递和处理感知层获取的信息。(　　)

4. 物联网标准体系可以根据物联网技术体系的框架进行划分，即可分为感知延伸层标准、网络层标准、应用层标准和共性支撑标准。(　　)

5. 物联网中间件平台可用于支撑泛在应用的其他平台，例如，封装和抽象网络及业务能力，向应用层提供统一开放的接口等。(　　)

6. 物联网应用层主要包含应用支撑子层和应用服务子层，在技术方面主要用于支撑信息的智能化处理和开放的业务环境，以及各种行业和公众的具体应用。(　　)

7. 物联网信息开放平台可将各种信息和数据进行统一汇聚、整合、分类和交换，并在安全范围内开放给各种应用服务。(　　)

8. 物联网公共服务是满足公众的普遍需求，由跨行业的企业主体提供的综合性服务，如智能家居等。(　　)

9. 物联网包括感知层、网络层和应用层三个层次。 ( )

10. 感知延伸层技术是保证物联网络感知和获取物理世界信息的首要环节，并可将现有网络接入能力向物理世界进行延伸。 ( )

四、简答题

1. 简述我国发展物联网的优势。
2. 简述你所知道的所有关于物联网的应用。
3. 简述 EPC 系统运行的原理。
4. 简述感知层在物联网架构中所发挥的作用。

第 2 章
物联网的战略意义与现状分析

物联网是当前各国政府都寄予极大希望的未来增长领域，因而都制定了各种激励和扶持政策。我国政府也高度重视这一领域的发展，已经将其列入国家重点支持的新兴产业之一。从物联网的概念诞生到现在，学术界、产业界、地方政府和传媒对于物联网的期望和热度一浪高过一浪。然而，迄今为止，物联网的发展并没有达到人们的期望，三大运营商的物联网业务收入扣除视频监控业务后仅剩余约 3 亿元，离人们的期望值相差巨大。因此，有必要对物联网的内涵、特征、市场、定位、策略等一系列基本问题做一次认真的梳理，以促进物联网的健康发展。

物联网泛指“物物相连之网”，是利用二维码标签、射频识别标签、各类传感器/敏感器件等技术和设备，通过互联网与电信网实现物与物、物与人之间的信息交互，支持智能的信息化应用，实现信息基础设施与物理基础设施的全面融合，最终形成全社会统一的智能基础设施。在此需要指出，按照 ITU-T 对于泛在网(含物联网)的定义，泛在网/物联网是指人和(或)设备接入服务与通信的能力，即物联网不是网，或者说不是一个物理上独立存在的完整网络，而是一种架构在现有或下一代公网或专网基础上的联网应用和通信能力，强调的是应用层面上的智能应用。

在网络范畴方面，物联网可以理解为从现有网络向泛在边缘拓展，即“公网/专网+传感网”。在可预见的未来，物联网主要涉及与电信网的通信接口、业务应用处理控制平台等，并不涉及独立建网或大网改造问题。当然，为了适配某些高价值物联网应用，需要对网络本身进行一些优化和适配。

2.1 物联网的战略意义

1. 物联网的战略意义

物联网的提出体现了大融合理念，突破了将物理基础设施和信息基础设施分开的传统思维，具有重大的战略意义。在实践上，也期望物联网能够助力交通、电力和医疗等行业的发展。

从通信的角度来看，现有通信主要是人与人的通信，目前全球已经有 60 多亿用户，离总人口数已经相差不远，发展空间有限。而物联网涉及的通信对象更多的是“物”，仅就目前涉及的物联网行业应用而言，有交通、教育、医疗、物流、能源、环保、安全等；涉及的个人电子设备有电子书阅读器、音乐播放器、DVD 播放器、游戏机、数码相机、家用电器等。如果将这些所谓的“物”都纳入物联网通信应用范畴，其潜在可能涉及的通信连接数可达数百亿个，这就为通信领域的扩展提供了巨大的应用空间。

考虑到物联网潜在的巨大通信连接数目和极具吸引力的融合理念，有人将物联网称为除了万维网和移动互联网之后的互联网变革的第三阶段，还有人将其称为除了大型机、PC 机、互联网之后的计算模式变革的第四阶段。简而言之，以物联网为代表的新型产业革命为大家开启了巨大的想象空间，各国政府和产业界都对其未来发展寄予极大的希望。但是需要指出的是，这种战略上的巨大市场潜力要真正转化为现实的、有分量的市场收入，还需要经过几十年长期不懈的努力和脚踏实地的工作才有可能实现，绝不能有不切实际、急功近利的幻想和冲动。

2. 物联网的市场空间辨析

物联网的市场空间究竟有多大？通信连接数的巨大扩展能否同步带来业务收入的巨大增长？物联网能否成为电信业之后下一个万亿元级的服务市场？首先引证几个咨询公司的预测，例如，Alexander Resources 曾预测 2010 年全球物联网中的 M2M 市场价值为 2700 亿美元，法国 IDATE 则预测为 2200 亿欧元。一个最惊人的，也是业界最常引用的重要依据来自美国 ITG 公司在 10 年前组织的 Forrester 与哈佛大学的 Berkman 中心研讨会的一份预测材料。该材料预测全球在 2010 年的物联网花费接近 3 万亿美元，超过全球电信业的市场，从而提出可能出现电信业之后下一个万亿元级服务市场的预测。

显然，这样一个极其巨大的市场空间对于当前面临全球经济低迷的各国政府无疑是一剂难得的强心针，具有无与伦比的诱惑力，从而催发了各国政府的巨大想象空间，并纷纷出台扶持政策。然而，且不说面临这样一个日新月异的多变世界的发展，怎么能将一个十几年前的预测作为今天决策的依据？即便就其对于 2010 年的近 3 万亿美元的预测而言，也比其他咨询公司的预测至少多 10 倍，比现实的 1000 亿美元的市场空间大 30 倍。其预测的误差之大不仅太不靠谱，而且近乎儿戏般的荒唐。

(资料来源：物联网的战略意义，文档网，略有改动。)

即便在有限的物联网市场空间中，绝大部分也是传感器市场，真正运营商的服务市场不到其中的 1%，绝对谈不上是一个巨大的服务市场，更谈不上是万亿元级的市场。以中

国为例，2010 年几大运营商在传感网和 RFID 上的服务收入约为 3 亿美元，占其业务收入的 0.03%，即便算上全球眼等视频监控系统的收入，也不到 30 亿美元，占其业务收入 0.3%。由此在 2010 年时有人曾说所谓的下一个万亿元级服务市场纯粹是空中馅饼，可望而不可即，并预计下一个十年绝无可能成为能与电信业匹敌的服务市场。但是，目前物联网的市场规模已达万亿元，可见物联网发展之迅速。

3. 物联网的行业特征和运营商的角色定位

物联网行业有三个最重要的特征。第一个特征是国家和政府驱动，而非直接的市场驱动。面对世界经济的低迷，从国家的经济发展引擎、信息化、节能环保等战略考虑，很多国家都高度重视物联网并给予政策支持。第二个特征是物联网产业链复杂而分散，不存在单一责任主体。第三个特征是标准化严重滞后，物联网不存在统一的标准体系，涉及的行业、国内外标准组织及标准都多，仅 RFID 器件就有 30 个国际组织推出了 250 个标准。

在这样的一种行业大背景下，一个基本的事实是在现有整个物联网市场，占绝对主导地位的是传感器市场，全球约有 2 万种花样繁多的传感器，数不清的制造厂家。在这一产业链中，不存在单一责任主体，而是一大群互不相干的传感器厂家在各自专业领域中发挥着主导作用。而运营商服务市场在整个物联网市场中仅仅是个零头，在可预见的未来，也不会太多，运营商无法按传统电信模式掌控物联网，不可能主导这一产业链。运营商负责提供传感网的远程互联互通，只是中间角色而已。

综上所述，运营商在物联网产业链中的角色定位首先应该是物联网重点行业应用的集成者，面对大量千差万别的小众薄利市场，不可能也不值得全面介入，而应根据市场需求，结合自身资源和效益等要素，聚焦若干重点行业。此外，运营商可以作为物联网通信管道的提供者，运营商的优势在网络，缺乏直接面向物联网最终用户运营的基础和优势，要着重提供基于网关的智能管道，并且将来可能需要扩展现网向泛在边缘渗透，还要积极探索有别于传统业务的盈利模式。运营商应该作为物联网能力平台的提供者和运营者，物联网能力平台主要实现物与物互联中数据的聚合、挖掘分析、共享和开放的功能。通过平台的构建，可以使运营商不局限于物联网管道提供者的角色，而同时具备物联网业务的服务提供能力。

4. 物联网对网络的影响

物联网业务种类极其广泛，其流量特征差异很大，有些尚待开发的业务流量特征还处于完全未知的状态。面对物联网千差万别的流量特征，网络该怎么办？这是电信行业最关心的大事。

从近期来看，对于电信运营商而言，目前的物联网业务收入仅为实际电信业务收入的零头，无论从哪一个角度看，电信运营商都不会为了获得这样的长尾业务而对网络大动干戈，而会利用网络(包括现有的固定网、移动网、卫星网等资源)空闲容量，或者仅仅做一些必要的适配和优化来支持一些高价值的特殊物联网应用。因此，在可预见的未来，现有网络基本架构不会发生变化，对于某些高价值的特殊物联网应用，可以通过网络优化和适配等手段来应对。

从长远来看，物联网业务的多样性决定了对网络要求的多样性。随着业务的大规模发展和收入的持续增长，网络需要做进一步的优化和适配，甚至可能需要考虑为高价值的物联网应用建立独立的、略薄的业务承载层。首先，现有网络需要向泛在周边扩展，以便为物联网终端提供随时随地接入的通信能力。其次，物联网需要有海量终端标识，对于起码在数百亿量级的 M2M 连接，需要 IPv6 地址的支持。同时，物联网需要有业务感知能力，因而网管范围需要扩展到物联网节点。对于某些实时性低延时业务，需要有 QoS 机制来保障网络性能，因而对网络性能的要求并不低。另外，物联网需要有海量存储与计算能力，因而可以利用云计算来大幅度提升数据的存储、计算、处理甚至辅助决策能力。最后，物联网涉及网络安全、信息安全和隐私权，也需要制订妥善合理的处理方案。

5. 运营商的物联网发展策略

首先是运营商的物联网的业务发展策略。其总体思路应该以行业为主，重点切入，有效投入，利用规模效应。具体有三类业务形态：第一是通道型业务，这是基础，重在基于网关智能管道；第二是能力型业务，重在可大规模推广的共性能力建设；第三是行业应用型业务，需要针对具体情况，选择少数基础较好、应用较迫切、回收有保障、门槛不高的领域，例如政务监管、交通物流、教育和能源等行业应用就符合这一要求。就商业模式而言，运营商的运营应该以面向 M2M 服务提供商和提供批发业务为主，避免直接面向最终用户。因而除了极少数领域外，运营商主要依靠与 M2M 服务提供商的合作来开展业务。

其次是运营商的网络发展策略。运营商的网络发展策略在近期收入很少的前提下比较容易确定，即主要利用现有的固定、移动、卫星等空闲网络资源，网络架构基本不变。对于某些特殊高价值物联网应用，可以通过网络优化和适配等手段来满足其需要。从长远角度来看，需要结合 FTTH、IPv6、LTE 等下一代网络技术的演进，加强地址码、信号、频谱、安全、QoS 等问题的系统性研究。随着物联网市场的扩大和收入的增加，再来考虑某些特殊高价值应用的网络需要，从而可以根据投入产出的原则决定网络改造的范围、力度和深度。

6. 物联网的挑战

物联网所面临的挑战主要来自四个方面。第一方面是技术挑战。目前缺乏在统一框架内融合虚拟网络世界和现实物理世界的理论、技术架构和标准体系。同时，我们也没有掌握核心芯片和传感器技术。另外，传感器成本居高不下，80%以上靠进口芯片，因此可靠性差，安全性和隐私性令人担忧。最后，整体技术落后，例如，落后的 RFID 单信道体制在某些应用领域需要升级换代。

第二方面是标准挑战。目前，物联网没有统一的标准体系和顶层技术架构设计，物联网标准涉及大量国际标准化组织，很难协调。同时，专业性和专有性太强，公众性和公用性较弱，标准化程度低，互通性差。

第三方面是市场挑战。物联网整体上处于萌芽阶段，产业链复杂而分散，主要分布在薄利小众市场，集中度低、不稳定、不成规模，导致成本居高不下。同时，行业门槛和壁垒高，高端难介入，低端收入微薄。另外，物联网商业模式复杂，运营商擅长一对一服务关系，即一个用户、一个终端、一份账单，而物联网的本质是多点连接，且涉及终端范围广，数量巨大。

第四方面是社会挑战。归根结底，物联网能否扩大发展完全取决于未来能否带动经济发展和社会进步，确保个人安全和生活质量，而不是给社会、经济、政治、军事、文化和个人带来负面影响乃至危害。

7. 物联网的未来

要预测物联网的未来发展趋势是十分困难的，但大体可以从两个维度来考察。从时间维度看，物联网发展的速度取决于国家宏观政策的取向和支持力度，以及技术的发展，产业链的形成、协同和壮大；否则，将是一个十分漫长的、自生自灭的随机过程。从空间维度看，物联网的渗透广度和深度取决于能否为社会与个人生活带来文明的进步及有价值的变化，能否妥善解决社会和公众对于安全性与私有性的担忧；否则，只能受限于少数专业化行业市场应用，例如政务监管、交通、教育、电力、医疗、制造、环境、安全等，不大可能成为人们所期望的一应俱全的巨大公共市场。

2.1.1　物联网应用实例与效益

1. 背景介绍

1999 年，美国麻省理工学院(MIT)与物品编码组织 EAN.UCC 共同开展了一个研究项目，创造了“物联网”一词。该项目和全球产品电子编码管理中心的成立促生了 RFID 为基础的解决方案，使供应链发生了革命性的变化。采用这种技术和手段，将使供应链成本降低 10%，还能使我们同家庭中的日常生活物品相互连接。在我们去超市的时候，家里的冰箱会告诉我们缺少些什么，食品会告诉我们它们什么时候过期，商品会自行防盗，我们则不必在超市的收款台前排队。因此我们预测，带有 RFID 标识的物体和物联网将会无处不在。

从社会经济方面看，保健、环境、合法监听、隐私、安全、技术的获取和包容以及政府的作用，都将影响到物联网的应用，但未来物联网推广的最重要因素是商业案例，没有商业案例就没有商业。

关于物联网的争论，一般是围绕着什么时候技术才会无处不在的问题进行的，却没有考虑如果实现技术的无所不在，那么范围会有多大、哪些是核心技术等问题。物联网的架构实际上与现在的一些假设是不同的，它更具结构性、更实用，具有金字塔式的通信能力和选择能力，它不是通过 RFID 器件互相连接的物体。

2. 物联网的概念

智能产品是一种物理的、以信息为基础的零售商品，其具有以下几个特征。

(1) 具有独特的身份。

(2) 能够有效地同周边环境连接。

(3) 能够保留和存储数据。

(4) 能描述产品特点，使用标准的语言。

(5) 能持续地参与或决定与产品相关的行为。

MIT 的研究是针对供应链的，它提出的“每个东西都贴上标签”并不意味着“所有的

东西”都贴上标签。MIT 的教授麦克法兰说得很清楚，它们是以信息为基础的零售商品。花园里的鼹鼠、树上的知更鸟和亚马孙雨林中的树木并不在这“每样东西”的范畴之内。他们所做的切合实际的排除表明，物联网的初始概念是很清楚的，是人为限定的，是有范围的，它只适应于供应链上传送的东西。

全球产品电子编码管理中心和 RFID 产业领域的相关人士已经认识到，这种限制会使他们错失良机，会降低物联网的应用范围和影响。这与“计算机无须人的帮助就能理解世界”的概念显然是不符的，因为人们不能假定每样东西都是零售商品，这种假定是不可能的，而且永远不可能。目前最重要的是根据可能做到的事情重新评价和定义这个概念。

要建立全面的或局部的物联网，需要有投资，在很多情况下，这种投资的规模很大。只有有了适宜的商业范例，才会有投资，而目前所缺少的正是商业范例。

3. 商业范例假设

物联网不仅是一个学术概念，而且有市场需求，了解这一点至关重要。物联网是一种真正的颠覆性创新，它能对社会产生巨大影响。但物联网要获得成功，必须创造出实实在在的应用案例，不能只宣传它如何了不起，或者觉得它会带来多大的股票价值。

物联网的推广目前还受限于技术，而现在可用的技术是 RFID。过去，在供应链和其他一些商务模型(如资产管理)中主要采用一维条形码，这是一种综合性标识符，不能区分具体的物品。二维条形码含有更多的数据，一旦印刷上去，就不能更新。RFID 发射器、近场通信移动电话、采用脉冲无线电(UWB)通信技术的定位系统、蓝牙或 ZigBee 无线传感器和其他计算机技术能持续地从周边环境中采集数据并进行处理，这些技术可以为商业应用案例带来优势。

虽然物联网的开发是围绕 RFID 的应用进行的，但构成物联网的是连续和密集的实时数据流，并不是 RFID 器件本身，物联网是物理世界的反映，同物理世界一样，物联网用户市场中商务案例的成功是商务推广的先决条件。

1999 年开始建立物联网时，MIT 曾预测，到 2005 年会出现物联网 RFID 标签无处不在的应用，到 2006 年标签的价格会降低到 5 美分。学术界的预测总是过于乐观，从经济学的角度看，这个预测其实是靠不住的。

当然，MIT 可以有理有据地指出，今天的标签比他们当时设想的标签要复杂，但标签设计中任何增加的功能都是用户需要的，没有这样的进步，就没有投资的效益。但价格毕竟决定设计的合理性，限制标签的普及和应用。

如果没人以 MIT 预测的价格大量购买这些标签，就不会有用户应用案例。

MIT 所描述的物联网是在超市中无处不在地使用标签，MIT 预计，所有的零售商品、家庭用品和办公用品都会被贴上标签，它们能够相互通信，至少在询问时能够应答。

2003 年，威廉姆斯在《产品标识的未来》一文中指出，当商店中的商品以低于 0.5 美元的价格促销时，标签的成本无论是 0.28 美元还是 5 美分，都将是极大的成本负担，这种情况一般会导致商品利润低于 10%，在这个价格水平上使用 RFID 标签就不划算了。将 MIT 所预测的标签价格下降(为达到市场普及)同预测的标签使用量相比较，可以看出，在很多年内，标签的整体商业价值很难增长。标签厂商投入很多的资金，承担很大的风险，卖出大量的标签，却只能赚到很少的钱。标签厂商以现在的价格每年只能卖出几百万个标

签，这种商业模式是行不通的，而且永远行不通，因为标签制造厂商在目前商业模式的生命周期内是不会把标签的价格降低到微不足道的水平。

这些实际因素对物联网的建立和效益的发挥有巨大的影响。也就是说，在每件物品上贴上标签，也许只是一种空想，永远不可能成为现实。尽管人们提出的物联网的概念和架构有某些缺陷，但它还是有很大的潜在效益。

4. 物联网依托的技术不仅仅是 RFID 技术

物联网依托的技术不仅仅是 RFID 技术，在可预见的未来建立可行的物联网架构至关重要。那种认为给遍布各处的每个物体都贴上 RFID 标签就能形成物联网的观点是经不起实践检验的，是不会有商业应用实例的。目前，我们必须质疑关于物联网的一些基本假设。麦克法兰提出的物联网概念，至少有两点是站不住脚的，是经不起实践检验的。

首先，麦克法兰声称物联网的目标是“建立一个计算机无须人的帮助就能识别世界的普遍环境”，但他没有从商业应用的角度进行考虑，即人们为什么需要这样一种环境。

形成可行商业应用案例的要素不是器件，而是连续的、高密度的实时数据流，其赋予信息系统相关的、实时的、具体的数据，建立了物联网。我们必须清楚地认识到，物联网的商业范例不是 RFID 器件的商业范例，而是合理获取信息的商业范例，RFID 系统只是一种提供信息的手段，是一种最适宜的、成本效益最高的技术。

其次，对于早先提出的智能产品的概念，麦克法兰虽然概括出了 5 个特点，但缺少商业案例的支持。麦克法兰说的 5 个特点是独特的身份标识，与周边环境交流，存储数据，使用标准的语言和不断地参与或决定自己的生命周期。

最后一个特点是要赋予器件智能的原因，其他一些特点是被动存储器件也具有的，前提是它们能被连接。根据这种观点，在很多情况下，有效地与周边环境通信，可能就意味着使身份和数据可以被询问，而这通过被动型的数据存储就能实现。的确，早期物联网构想中的 RFID 技术，全部是被动型的 RFID 标签，这些标签只有在被询问时才能显示数据，与条形码唯一不同的是，它们的数据存储在集成电路存储器上，可以被更新，但它们本身不具备任何主动性。所以，麦克法兰的理论不仅没有清晰的商业案例支持，而且其初始概念在逻辑上就讲不通。我们经过思考后得出的结论是有些物品需要通信，而另一些物品只需要被询问；有些数据是永存的，另一些数据是变化的。这个结论是毋庸置疑的。

独特的身份对于物联网来说非常重要，但也需要从商业效益的角度考虑问题。多年来，条形码成功地标识了批量身份，但不能标识每个产品的身份。把批量标识扩展到分类标识是极其重要的，例如，标明整批货物中每一件货物的售出时间，但如果没有必要或成本太高，就不需要总是这样做。当然，在有些情况下，是需要对每种商品做独特标识的，例如商品的重量、历史等。所以，物联网的许多功能是可以用比较简单的技术实现的，例如，已广泛应用的条形码。我们认为，物联网的合理结构是金字塔形的，是根据需要、合理性、局限性及商业应用案例和效益在身份标识、数据存储和能力结构上分层的。未来，许多物品的信息仍然会保存在条形码上。现在的条形码仅仅是标识类别，如某食品包装上的条形码含义为某厂商生产的 450 克的烤豌豆。

如果用条形码区别、标识每件产品，就不能像现在这样把条形码统一印刷在产品包装袋上，把这样的产品纳入物联网中，需要确定数量并判断投入的合理性。

一些企业已经在每种产品上应用了 RFID 技术。例如，英国著名的玛莎百货公司用这种技术减少了正品商品退货的欺诈率，在这种情况下，商品价格稍高一点也是合理的；在刮脸刀片上贴有防盗窃的电子商品监测 EAS/RFID 标签，从商业效益的角度来看也是合理的。按日期销售是非常重要的信息，新鲜食品可以在物联网世界中找到新的市场机会，可以存储在零售商的货架上，可以找到潜在的家庭和办公室最终用户，也可以找出产品的新特点和用途，让产品销售的压力不全放在既定用户身上，并且还能给冰箱制造商做广告以促进冰箱的销售。在物联网世界中，市场营销也能产生实实在在的效益，消化 RFID 的成本。例如，葡萄酒和罐装啤酒的厂商由于与销售市场更接近，可以降低价格，从而消化标签的成本。不过我们必须做出商业范例，才能在物联网中进行推广。

5. 物联网的结构

只有需要通信的东西才会装上通信器件。在物联网结构的金字塔的顶端，是人与人之间的对等机器交流，例如，一个人的个人数字助理和另一个人的计算机之间的交流，在采用对等设备成本不划算的地方则布置 RFID 标签，因为 RFID 标签是满足基本通信需求成本最低的手段，这是金字塔的第二个层次。在这个层次之下，是被动型的数据存储，如条形码，它只能保存数据和身份，在这个层次中，很多东西仍然是不可辨认和不可识别的。

我们定义的未来的物联网还有一点与麦克法兰的观点不同。麦克法兰认为，物体“能连续地参与和决定自己的命运”；我们则认为，只有在感知物体直接或间接地发出指令的时候(在金字塔的顶端)，或智能物体发出指令的时候(在金字塔的第二个层次)，才会有通信。即便在金字塔的第二个层次，智能物体一般也是由一个感知器件控制和预先决定的(在物联网中，所有的东西，包括人，都被视作物体)，因为只有更高的层次，才能做出判断效益的决策。

物联网是在一个个案例的基础上运行的，由感知物体从成本角度逐个判断代价是否能适合需求，物联网就是由这些案例构成和限制的。

物联网中的商务案例是靠 RFID 标签、智能标签或智能卡运行的。静态信息如产品身份、重量、售出时间、产地等，可以存储在条形码或二维条形码上，用移动设备或漫游设备可以阅读条形码。

我们不需要给每种物体都安装主动通信的器件，我们要做的是提高阅读器扫描被动信息的能力，如扫描条形码，这么做是因为我们有应用案例的强大支持。现在很多人已经开始在超市使用自我扫描技术付账了，许多移动通信设备也都能阅读条形码。虽然让超市里的冰箱通过 RFID 标签自动向超市询问存货和自动付账的这种想法听起来很有趣，但其实还有一些更为廉价的方法能获得同样的效果。

许多此类物联网可以用手动扫描条形码的方式实现。例如，用扫描器把冰箱里的食品显示在冰箱的屏幕上。屏幕上还可以显示食品的生产日期和保质期，发出过期报警。如果超市的付账柜台上也储存食品的生产日期和保质期的信息，就可以通过 Wi-Fi(无线传真)技术把这些信息传输到用户的个人数字助理和电话上，以及用户的冰箱或家庭计算机上，也可以传输到家里各处放置的(不一定放在冰箱里的)已购买的食品上。我们所提出的物联网的架构是这样的，它并不是把世界上所有的物体都以对等的方式连接在一起，而是给有些物体贴上 RFID 标签或条形码。

在物联网架构中，有些物体有询问能力，有些物体则仍然处于未连接状态。物联网的主要功能是处理信息，这些信息的获得并不完全靠 RFID 标签。当然，RFID 标签将会发挥作用，但 RFID 提供的信息只是物联网的一个组成部分。

在物联网中，不是简单地给每件物品都贴上身份标识。假如我们把物品分成了若干类，这种分类就会构成金字塔的梯级结构，而每个梯级的信息获取和发送技术都是不同的。我们可以给出以下的梯级结构。

A 级：带有一般的固定静态数据的物品(如 1000 g 西红柿)。

B 级：带有分类静态数据的物品(如标有售出日期的生菜)。

C 级：带有独特的固定静态数据的物品(如标有特别分量、产地和保质期的一块肉)。

D 级：带有可变综合静态数据的物品(如带有温度感应器的冷冻食品综合标识包装)。

E 级：带有可变分类静态数据的物品(如运载箱装商品的货盘)。

F 级：带有一般临时静态数据的物品(如卡车载的货物)。

G 级：带有可变独特静态数据的物品(道路通行费标签；带有温度感应器的独特标识的物品)。

H 级：带有分类可变数据的物品(如车辆)。

I 级：带有特殊可变数据的物品(如冰箱、音响系统、中央空调、房间报警系统、车辆)。

J 级：智能物品(如计算机、个人数字助理)

K 级：有感知的物体(如人)。

这样的分类，是按本书的思路提出的，并不能算是正式的分类。

我们并不打算把世界上的每个物体都标识在物联网金字塔架构图中。世界上的大多数物体——田野里的树木、沙滩上的躺椅、树上的鸟儿等都是不需要通过物联网来交流的。在可预见的未来，现实世界中的大多数物体都不会连接在一起。在物联网中，我们可以把这些物体称为未标识类物体。

从金字塔的底部上行，紧邻底层 A 的那几个层次中的物体可以被识别，但都是被动式的，这些物体被询问时可以应答，但不能主动通信。B、C、D 层次中的物体一般是用条形码标识的，B 层次是简单的综合标识(如 1000 g 西红柿)，C 层次是类似瓜果一类的物品，它们往往有同样的身份，但售出日期不同，D 层次的物品是有单独特点的，例如，每种产品都有不同的重量。在物联网中，我们可以把这一层次中的物品叫作被动可标识物品。增加的信息都不是特殊的，产品的重量是不变的。这一层次中使用的 RFID 标签都是被动型标签。

E 层次的数据来自传感器，传感器是被动的，在询问时可以应答，但如果某些参数(如温度)超出了规定的限度，也能主动通信，我们把 E 层次的物品叫作具有激发通信能力的物品。当然，只有在成本效益合理的情况下才采用这种技术。

这些物品的数据是可变的也是被动的，不过与 D 层次中的可变被动数据(如 1000 g 香肠)完全不同。

D 层次和 G 层次的物品都有组合的数据，D 层次是综合的可标识物品，G 层次是特殊的可标识物品。例如，道路通行收费标签可在车辆行程的入口和出口被读出。这两个层次的物品一般不能通信，它们往往是被询问时才做出反应，但不能排除它们具有通信功能。

我们把这种物品叫作“载有其他物品数据的物品”。

H 层次的物品不仅有独特的身份，而且有独特的寻址功能，它们能主动通信，也能对询问做出反应，还可以处理大量的瞬间变化数据，如智能汽车。我们把这个层次的物品叫作“为其他物品服务的物品”。

在物联网结构的金字塔的顶端，是真正的智能器件，如计算机或有感知的物体(如人)，这些物体有能力主动通信并询问。智能物体和感知物体之间的根本区别在于，智能物体的运行是由感知物体控制的，或者说，智能物体的行为是由感知物体(如人)设定的。所以，在物联网结构的金字塔的顶端，总是感知物体在控制，而不是物品自己做决策。这种理解与 MIT 最初的理念是根本不同的。我们认为，只有采用这种梯度层次架构，物联网才能产生合理的实际效益，才能获得投资。

我们当然可以进行不同的分类，分出不同的级别，但问题的关键是物联网不会，而且永远不会成为和人与人之间的网络一样的、具有自主意识的网络(采用 RFID)。物联网将是一个由具有不同特性和能力的物品组成的一个梯度分层架构；它的性质是由应用案例和实际效益所决定的，采用的技术是否合理也是由实际效益所决定的(有时只能用 RFID)。所以，在物联网中采用 RFID 的具体效益是反映在多个结构层次上的，其合理性取决于经济效益，其特点和行为设计的合理性也取决于实际效益(尽管可能会有额外的下游效益，或后期才发现的效益，但这不属于初始的效益)。物联网中物品能力的合理性也是由具体的效益所决定的。物联网本身是不会产生经济效益的，世界上的许多物品将仍然处于物联网之外。

6. 结论

为获得物联网的潜在效益，需要着重关注新型的因特网和已有数据的操控，而数据的传输技术，虽然很重要，但却是次要的考虑因素，并且需要制定物品层次之间交流的规则，以及开发数据采集/交换/交易的网络产品。如果有一天万物互联真的实现了，那么首先要关注的是数据管理、转换和处理的标准，而不是特殊的空间接口。总之，尽管 RFID 在物联网中有重要作用，但它毕竟只是物联网中的一种数据传输技术，要形成商业市场，就要开发相关产品(软件系统)，使因特网中的物品能动起来，我们要更多地关注能使物联网具有交流功能的网络服务。我们需要标准化的服务，标准制定组织(如 CEN、ISO、ETSI)应在这方面发挥重要作用。

2.1.2 物联网的社会价值

在信息爆炸的时代，物联网对经济发展产生了又一次信息推动，以实现人与物之间的实时信息传递，并改进社会活动中各种功能的运作方式，对社会经济价值产生推动作用，持续提高经济活动在各个方面的效率。当然，在发展物联网技术的过程中，前期的投入以及改造的成本也应当在考虑范围之内。投资取决于未来的收益。物联网技术的投资是长期有效的，能从根本上改变社会的发展模式，从而进一步为社会的价值增长做出贡献。

1. 物联网对社会发展价值的影响

物联网实现了市场经济的信息流与物质流的结合，改变了现代社会的经济管理模式。在经济学上，市场经济中最重要的四个经济要素中资金、人力、物资、信息。以信息流为

中心，实现资金流、人力流、物资流以及信息流的相互联结。而物联网的实质意义是信息流和物资流的结合，对物质状态的变化信息进行采集、分析、管理和利用。从这个意义上说，物联网并非刚刚出现，而是一直都有，只是在信息化时代，人们通过利用现代化的信息技术对原有的“物物相连”(“物物相连”也是一种物联网)进行改造，形成新的管理模式——现代的物联网。

现代的物联网是信息技术对工业化原有市场结构不断改造后的结果，以市场为代表的各种经济组织为主体，把信息和智能处理赋予经济活动的各个环节，有效地降低了市场和组织内部的交易成本，极大地提高了市场交换效率和组织效能，将工业化过程中标准化和规模化的生产模式转换为以智能化制造、精确化管理和个性化服务为主的信息时代的生产和交换模式，极大地提高了生产效率，对社会经济发展有重大的促进作用。

2. 物联网对社会信息采集的影响

物联网使社会功能的信息基础得以加强与改观，提高了社会各项功能运作的效率。在今天这个信息爆炸的时代，信息就是一切，谁拥有第一手信息源，谁就将创造更多的价值。尽管近些年互联网产业飞速发展，但是信息的实时性还是无法得到有效保证，而物联网技术的出现则弥补了这一不足。物联网的功能、特点在于实时地采集海量信息数据，而且能够不需要人工介入就即时对信息数据所反映的目标诉求进行实质性的回应。借助这一点，物联网技术就可以使社会功能的运作范围更清晰、目标更明确，使公共设施功能的发挥建立在准确地维护公众利益的基础上，提高各类社会功能运作的效率。

3. 物联网在智能家居方面的社会价值

下面以智能家居为例，进一步阐述物联网的社会价值所在。随着时代的发展，智能家居的很多技术已经成功实现，但与此同时，有一个很现实的问题，就是对于普通家庭而言，智能家居设备及工程需要的投资较多，与传统家居添置的成本相比相差较大。对于绝大多数消费者来说，其实都知道智能家居的方便性，正如我们每个人都知道坐飞机势必更舒服(比起坐火车)，而背后的矛盾更主要来源于智能改造的高投资与智能化的回报相比是否划算。对于许多普通家庭而言，智能家居好像只能是有钱人才能享受。其实不然。下面分析智能家居化改造投资的合理性。

1) 智能家居的成本已大幅降低

在国内，智能家居起源于 1994 年，当时国内并没有完整的产业，基本是靠从国外进口，然后卖给在国内生活的外国人居住。在国外，“智能家居”“智能楼宇”的概念出现较早。1984 年，国外就建成了专门的智能楼宇，最早使用智能家居的是世界首富比尔·盖茨居住的那套全世界著名的别墅。国内的智能家居比国外的要落后，这是因为早些年的智能建筑都是用有线的设备实现的，成本巨大，一般人根本用不起。随着技术的进步，特别是各种无线信号技术的进步，包括且不限于 Wi-Fi、蓝牙、ZigBee、Z-Wave 及电力载波等，智能家居已经逐步向无线领域拓展，所以各种智能产品的生产成本已经大幅降低。

2) 智能家居所带来的长久效益远远超过其投资成本

网络上对智能家居的定义为：“智能家居是在互联网影响之下物联化的体现。智能家居通过物联网技术将家中的各种设备(如音视频设备、照明系统、窗帘控制、空调控制、安

防系统、数字影院系统、影音服务器、影柜系统、网络家电等)连接到一起，提供家电控制、照明控制、电话远程控制、室内外遥控、防盗报警、环境监测、暖通控制、红外线转发以及可编程定时控制等多种功能和手段。”由此可知，与普通家居相比，智能家居不仅具有传统的居住功能，而且兼具建筑、网络通信、信息家电、设备自动化等功能，并且能提供全方位的信息交互功能，甚至可以节约各种能源费用。

家居智能化的普及是一条漫长的道路，不仅需要消费者意识上的改变与行动上的踊跃投资，更需要科研人员以及商家的共同努力，从成本以及技术方面充分为消费者考虑，这样家居智能化进程才能更快。物联网技术作为当下热门技术之一，其作用和社会价值不言而喻。

4. 物联网的窘境与出路

尽管物联网技术的发展日新月异，然而技术本身的高科技性所带来的成本投入却是巨大的，很多普通老百姓还是难以接受智能化产品的改造成本。诚然，对新事物的接受需要一定的时间，无论是因为成本还是其他因素。从长远角度看，物联网技术智能化产品的改造过程长短只是时间问题。试想，十几年前智能手机刚刚问世，谁会突然去接受新产品，可如今智能手机带给我们生活上的改变远远超过预想。这其实就是一个当前与未来的问题。正如巴菲特所说：“投资者应考虑企业的长期发展，而不是股票市场的短期前景。价格最终将取决于未来的收益。在投资过程中应该像棒球运动中那样，要想让记分牌不断翻滚，你就必须盯着球场而不是记分牌。”物联网技术也是如此，物联网智能化改造过程中给人们生活带来的便利以及能源的节约势必远远超过智能化改造投入的成本价值。着眼未来，接受新科技的浪潮，才是我们的明智之举。

5. 总结

我们应当看到，经济发展势必会从物联网产业发展过程中受益，同时社会的各个方面也会感受到物联网产业广泛应用所带来的巨大推动力。从这一点来说，未来物联网所带来的冲击将不仅反映在经济发展过程中，而且会对社会公共管理层面产生重大影响，从而改变整个社会的经济发展模式、生活模式以及社会的公共管理模式，并进一步对社会价值的创造做出贡献。

2.1.3 国家安全

近年来，物联网的发展方兴未艾，各主要发达国家和地区政府都加大了对物联网技术领域和应用领域的探索力度。2009 年，美国政府将 IBM 的“智慧地球”概念提升到国家战略高度，欧盟也紧随其后制订了“物联网行动计划”，日本、韩国、新加坡等国家更是早已制定了物联网发展战略。我国政府继 2009 年温家宝提出“感知中国”的理念之后，到 2010 年“两会”正式将物联网写进《政府工作报告》，将物联网提升到国家战略层面。面对汹涌而来的“第三次信息化革命”浪潮，我们有必要对这一新技术、新理念进行深入的探讨和研究。下面从未来 10 年物联网的发展趋势，以及这一趋势对我国国家安全的影响两方面来加以阐述。

(资料来源：《国务院关于加快培育和发展战略性新兴产业的决定》，2010-10-18.)

1. 未来 10 年物联网的发展趋势

物联网的概念是 2005 年国际电信联盟提出的，简单来说就是“物物相连的网络”。其中包含两层含义：第一层含义强调的是物体与物体之间的信息连接；第二层含义强调的是网络，是现有互联网的延伸。

建立在互联网基础上的物联网，实现了物与物、人与物、人与人之间的对话和交互。据权威机构预测，未来 10 年物联网将形成一个集高端技术、日常生活和产业发展于一体的、规模比互联网大 30 倍的亿万元级产业，并将对社会生产、生活的各个层面产生巨大的影响，甚至影响到国家形态和安全。只有把握物联网发展的趋势，我们才能在未来的发展中，抢占科技、经济的制高点，在战略上占据主动。下面从三个方面介绍未来 10 年物联网的发展趋势。

首先，物联网标准的统一。在目前物联网的概念下，全球已有多个国家和组织制定了对应的标准，主要有国际上应用最广泛的标准之一——EPC 标准；国际标准化组织制定的 ISO 标准；日本主推的 UID 标准；国际物品编码协会 EPCglobal 管理委员会推出的 EPCglobal 标准；等等。没有规矩，不成方圆。我国目前也正在结合欧、日、美的技术标准抓紧制定物联网的相关标准。随着物联网技术的进一步发展，未来 10 年物联网的标准在国家和国家、行业和行业、企业和企业的激烈竞争后将逐步统一，形成供全球范围内国家和企业遵循的国际标准。也就是说，谁在制定标准方面走在了全球的前列，谁就掌握了未来物联网产业的话语权。

其次，在物联网传感、传输、应用三个产业链上将会出现大的整合，形成寡头垄断。物联网的概念虽然是新提出的，但物联网并不是凭空出现的产业。目前，在传输领域的一些互联网企业、电信巨头都开始涉足物联网领域。鉴于物联网庞大的市场前景，相信会有各个产业链上的更多的大企业强势整合整个产业链，未来 10 年物联网出现寡头垄断的可能性非常大。垄断的出现将会对我国的政治、经济、社会稳定产生重大的影响，对此我们要有清醒的认识，应在制度和法律层面尽早行动。

最后，物联网将由局部应用向整个社会层面普及。目前，物联网的应用领域主要集中在对人的识别如身份识别，对物的识别如动物溯源、资产管理，对车的识别如城市路桥不停车收费系统等。随着物联网技术的进一步发展，物联网将渗透到社会生产、生活的各个层面，真正形成一个“物物相连的世界”。对于这一重大的科技革命造成的人类行为方式以及生产、生活方式的改变，我们要有足够的警惕，预判其可能对政治、经济、文化、社会稳定、军事等方面产生的影响。

2. 物联网的发展对我国国家安全的影响

物联网的发展究竟会给我国的国家安全带来怎样的影响，在研究未来 10 年物联网发展趋势的基础上，可以进一步探讨这一趋势对我国国家安全的影响。

第一，物联网的标准统一的趋势。这一趋势将直接影响未来世界各国在科技、经济领域的话语权。从计算机和互联网两次的信息革命中我们可以吸取足够的教训。我国虽然已成为全球最大的个人计算机市场并拥有最庞大的互联网上网人群，但其核心的技术和标准仍然为国外企业所掌握，如计算机核心的硬件和软件操作系统，对此我们都丧失了话语权。这不仅让我国在经济方面遭受巨大的损失，而且对我国的国家安全也造成了现实的威胁。在未来物联网标准逐步统一的背景下，抓紧制定和推出我们自己的标准，并将其广泛应用，对于确保我国未来掌握物联网发展的主动权，保护本国的经济利益和政治利益，维护国家的信息安全等都有重要意义。

第二，产业链的整合。寡头垄断出现的趋势将严重地威胁我国物联网的健康发展，对我国的市场经济秩序产生破坏性的影响。除了在经济层面威胁国家的安全外，如果放任其做大，无约束地发展，将会对人民群众的生活产生不可预知的影响，破坏社会稳定，影响国家政权的安全。

第三，物联网的应用领域由局部向全社会渗透。这一趋势将驱动新一轮全球信息产业的繁荣，极大地促进一大批新产业的发展和成熟，拉动全球经济走出低谷并重新崛起，大幅度地改变人们的工作和生活方式，深刻影响国家的各个领域。

(1) 在识别物应用领域，物联网将极大地方便人类的生产、生活。比如，目前已经应用于沃尔玛的托盘 RFID 项目将成为未来人们购物、生活的一个缩影。

(2) 在识别车应用领域，物联网将在目前的车辆通关管理、城市不停车收费管理的基础上进一步深入军队后勤保障等领域。比如在 2003 年伊拉克战争中，RFID 技术便小试牛刀，通过在集装箱或整装卸车上设置射频标签，在运输起点、终点和各中途转运站上配置固定或手持式识读装置和计算机系统，结合实时追踪网络系统，对在运物资进行监控，对美军的后勤保障起到了至关重要的作用。未来，物联网将会对数字化部队建设产生更大、更深远的影响。

第四，随着物联网的逐渐普及，信息安全问题将呈现更加复杂的局面。例如，“云计算”带来的数据存储安全问题、黑客攻击造成的损失以及保护隐私的法律风险；物联网设备的本地安全问题和在传输过程中端到端的安全问题等。信息安全正在告别传统的计算机病毒感染、网站被黑及资源滥用等阶段，迈进一个复杂多元、综合交互的新时期。当全世界互联成为一个超级系统时，系统的安全性问题将直接威胁到国家安全。

“周虽旧邦，其命维新”。面对新技术、新理念、新变革就应该有新思维、新视野，用发展的眼光正确看待未来 10 年物联网的发展趋势，以及这一趋势对我国国家安全产生的影响，对我国发展物联网、维护经济社会稳定、可持续发展有重大的意义。

2.1.4 物联网争议问题

尽管许多关键技术使物联网这一概念变为现实，并成功地应用在某些领域，将来还会有更多、更好的应用领域。但物联网仍然需要努力进行持续性研究，因为还有很多重要问题未能解决。

1. 标准化问题

现在，物联网的相关标准缺乏统一性。一些利益相关者争相进行对自己有利的解读，致使政府部门、工业企业和市场各方对物联网的内涵和外延理解不清，这将使政府在对物联网发展的支持方向上产生偏差和支持力度不够，从而对物联网的健康发展产生负面影响。因此，应从增强各国物联网标准化组织的协调合作入手，围绕物联网的发展需要，积极推动物联网的全球标准化，建立健全相关的标准制定体系。

2. 安全和隐私问题

物联网极易受到攻击，原因有以下几种。首先，物联网的组件大部分无人参与，容易受到物理攻击；其次，大部分通信是无线的，极易被窃听；最后，大部分物联网组件都具有能源和资源配置低的特点，尤其是一些只需要被动执行的组件，这使得它们无法为支持安全而实施复杂的配置方案。

另外，特别是有关身份认证和资料完整性是涉及安全的主要问题。认证难以实现，通常是因为认证需要适当的设备和服务器来完成与其他节点恰当的信息交换。在物联网中，这种恰当的信息交换无法实现，因为 RFID 标签所承载的信息量太有限，无法跟交换的服务器的信息量相匹配，传感器节点也存在类似的问题。

文明国家都通过立法对隐私加以保护，对隐私的保护是物联网技术传播过程中的一个突出障碍。事实上，物联网中数据的采集、挖掘和提取方法与我们通常意义上认识到的方法完全不同，其间有大量的个人信息会有意或无意地被收集到。因此，个人是无法对自己信息的泄露进行完全控制的。

在某些方面，物联网所代表的环境对个人隐私的保护的确造成了严重的威胁。传统的互联网状态下隐私泄露问题大部分是由互联网用户引发的，是用户的个人行为导致隐私泄露；但在物联网状态下的隐私泄露问题，甚至在一些根本不使用物联网服务的人身上也会发生。

因此，要想保护个人隐私，就需要提升个人保护隐私的能力，诸如是谁进行的信息采集，什么时候采集的，等等。

2.2 物联网现状分析

1. 物联网应用现状

1) 全球物联网应用处于起步阶段

目前，全球物联网应用主要以 RFID、传感器、M2M 等应用项目为主，大部分是试验性或小规模部署的项目，尚处于探索和尝试阶段，覆盖国家或区域的大规模应用较少。

物联网应用规模逐步扩大，以点带面的局面逐渐出现：物联网在各领域、各行业的应用目前仍以点状出现。从全球来看，覆盖面较大、影响范围较广的物联网应用案例依然非常有限。不过，随着世界主要国家和地区政府的大力推动，以点带面、以行业应用带动物联网产业发展的局面正在逐步呈现。

基于 RFID 的物联网应用相对成熟，无线传感器应用仍处于试验阶段。从技术应用规模而言，RFID 作为物联网的主要驱动技术，其应用相对成熟，RFID 在金融(手机支付)、交通(不停车付费等)、物流(物品跟踪管理)等领域已经形成了一定规模的应用，但自动化、智能化、协同化程度仍然较低，其他领域的应用仍处于试验和示范阶段。而全球范围内基于无线传感器的物联网应用部署规模并不大，很多系统仍在试验阶段。

发达国家物联网应用整体上领先。美、日、韩及欧盟等信息技术能力和信息化程度较高的国家和组织在应用深度、广度以及智能化水平等方面均处于领先地位。美国是物联网

应用最广泛的国家，物联网已在其军事、电力、工业、农业、环境监测、建筑、医疗、空间和海洋探索等领域投入应用，其 RFID 应用案例约占全球案例总数的 59%。欧盟物联网应用大多围绕 RFID 和 M2M 展开，在电力、交通以及物流领域已形成了一定规模的应用，RFID 广泛应用于物流、零售和制药领域，其在 RFID 和物联网领域制定的长期规划和研究布局中均发挥了重要作用。日本是较早启动物联网应用的国家之一，其主要在灾难应对、安全管理、公共服务、智能电网等领域开展了应用，实现了移动支付领域的大规模应用，并对近期可实现、有较大市场需求的应用给予政策上的便利，对于远期规划应用则以国家示范项目的形式通过资金和政策支持吸引企业参与技术研发和应用推广。韩国物联网应用主要集中在其本土产业能力较强的汽车、家电及建筑领域。

2) 我国物联网应用处于初创待发阶段

我国物联网应用总体上处于发展初期，许多领域积极开展了物联网的应用探索与试点，但在应用水平上与发达国家仍有一定差距。目前，已启动了一系列试点和示范项目，在电网、交通、物流、智能家居、节能环保、工业自动控制、医疗卫生、精细农牧业、金融服务业、公共安全等领域取得了初步进展。

①工业领域。物联网可以应用于供应链管理、生产过程工艺优化、设备监控管理以及能耗控制等各个环节，目前在钢铁、石化、汽车制造业中有一定应用。此外，在矿井安全领域的应用也在试点当中。②农业领域。物联网尚未形成规模应用，但在农作物灌溉、生产环境监测(收集温度、湿度、风力、大气、降水量，有关土地的湿度、氮浓缩量和土壤 pH 值)以及农产品流通和追溯方面物联网技术已有试点应用。③金融服务领域。在“金卡工程”、二代身份证等政府项目推动下，我国已成为继美国、英国之后全球第三大 RFID 应用市场，但应用水平相对较低。正在起步的电子不停车收费(ETC)、电子 ID 以及移动支付等新型应用将带动金融服务领域的物联网应用向纵深发展。④电网领域。2009 年，国家电网公布了智能电网发展计划，智能变电站、配网自动化、智能用电、智能调度、风光储等示范工程先后启动。⑤交通领域。物联网在铁路系统应用较早并取得一定成效，在城市交通、公路交通、水运领域的示范应用则刚刚起步，其中视频监控应用最为广泛，智能交通控制、信息采集和融合等应用尚在发展中。⑥物流领域。RFID、全球定位、无线传感等物联网关键技术在我国物流各个环节都有所应用，但受制于物流企业信息化和管理水平，目前与国外差距仍然较大。⑦医疗卫生领域。我国已经启动了血液管理、医疗废物电子监控、远程医疗等应用的试点工作，但尚处于起步阶段。⑧节能环保领域。我国在生态环境监测方面进行了小规模试验示范，距离规模应用仍有待时日。⑨公共安全领域。我国在平安城市、安全生产和重要设施预防入侵方面进行了探索。⑩民生领域。智能家居已经在我国一线重点城市有小范围应用，主要集中在家电控制、节能等方面。

(1) 物联网发展的应用需求和机遇。

物联网可以广泛应用于经济、社会发展的各个领域，引发和带动生产力、生产方式和生活方式的深刻变革，成为经济社会绿色、智能、可持续发展的关键基础和重要引擎。

物联网是转变经济发展模式的重要引擎。作为信息通信技术的突破方向，物联网蕴含着巨大的增长潜能，是重要的战略性新兴产业。物联网将智能赋予经济活动的各个环节和主体，使人依靠机器生产产品变成机器围绕人生产产品成为可能，使个性化制造和规模化协同创新有机结合成为重要的生产方式，有力地推动信息化与工业化深度融合。物联网与传统产业结合，推动经济结构战略性调整和发展方式的深刻转变。

物联网是全面建成小康社会的关键基础。物联网在社会发展、公共服务、城市管理和人民生活中的应用，将有效提升政府管理效能、基础设施和城市管理水平、资源环境利用效率，实现社会公共服务和人民生活的智能化、便捷化、绿色化，推进经济、社会、人和自然的协调、可持续发展。

我国经济、社会各领域蕴藏着巨大的物联网应用需求。①工业领域。可用于工业生产过程控制、工业生产环境监测、制造供应链跟踪和产品全生命周期监测等各个环节，从而实现智能制造、精益生产。②农业领域。可用于农业生产规划阶段的农业资源信息实时感知获取，农业生产过程管理的精细化、知识化与智能化，农产品流通过程中的质量安全追溯体系等。③电网领域。可用于电网的智能运行、智能控制和智能调度，从而实现分布式清洁能源利用和用电、配电、输电、发电等各环节的智能适配，实现能源生产方式的变革。④交通运输领域。可用于各种运输方式的综合无缝衔接和整体智能调度，交通设施和运输工具的智能化改造，以及交通运输信息资源的动态采集和共享应用，从而实现安全便捷以及人、车、环境和谐交互的智能交通。⑤物流领域。可用于物流管理调度和物流活动的网络化、智能化，通过全球范围内整体环节可视化的智能物流，实现分散物流资源的高度集约化和智能优化配置，大幅降低物流成本，提高物流效率。医疗卫生领域。可用于社区医疗资源共享、医疗用品管理、医疗和医保信息共享、医疗环境安全、医疗模式创新、远程医疗服务等各个方面，从而推动公共医疗服务的均等化。节能环保领域。可用于生态环境监测、污染源监控、危险废弃物管理等方面。公共安全领域。可用于煤矿等安全生产、药品和食品安全监控、城市和社区安全、重要设施安全保障等方面。

我国正面临物联网技术创新突破和新兴产业发展的重大机遇。技术方面。我国网络通信技术在已有能力基础上，极有可能在向物联网网络通信全面拓展的过程中形成国际领先的优势。感知识别和智能处理虽是我国技术发展的瓶颈，但其与网络融合集成发展的趋势，以及大量应用需求带来的市场空间，将在网络化、智能化感知器件与设备、云计算技术等领域带来跨越和突破的良好机遇。产业方面。物联网应用将带动传感器、RFID、仪器仪表等物联网相关产业向中高端的转型升级，创造出 M2M、应用基础设施服务、行业物联网应用服务等新业态、新市场，同时也将给软件和集成服务、智能处理服务、通信网络设备和服务器等带来巨大的扩展空间，并为培育我国物联网企业群体、形成具有国际水平综合基础服务能力的龙头企业创造良好条件。

(2) 物联网发展面临长期安全挑战。

我国物联网发展的安全挑战来自两个方面。一是物联网应用模式带来的全球普遍性安全问题。物联网将经济社会活动、战略性基础设施资源和人们生活全面架构在全球互联互通的网络上，所有活动和设施理论上均为透明化，一旦遭受攻击，安全和隐私将面临巨大威胁。二是我国的特殊国情带来的安全挑战。如果核心技术和关键装备受制于人的局面得不到根本扭转，将导致物联网自主权缺失，国家经济社会命脉信息有可能会被发达国家和少数跨国企业所掌控。

2. 物联网和互联网发展原动力的区别

互联网的原动力在终端，是来自广大终端用户的需求，是一种自下而上的拉动式发展方

式；而物联网的原动力则来自政府和集团的推动，它关系到国计民生，是一种推动式的发展方式。

物联网相关专业诞生一两年后，全国 30 余所院校集体上马了“物联网工程”专业，这还不包括与物联网相关的传感技术专业。从 2011 年起，武汉大学、华中科技大学和武汉理工大学 3 所武汉高校均已设置物联网专业。

作为一项战略性新兴产业，物联网的市场规模正在逐年增加(见图 2-1)，物联网的繁荣发展需要大量精通物联网信息技术的人才生力军。2009 年 11 月，国务院批准同意在无锡建设国家传感网创新示范区(国家传感信息中心)。无锡是我国两大微电子高新技术产业基地之一，集聚了包括 IBM、微软、NEC、海辉、大展等世界 500 强或全球服务外包 100 强企业在内的创新企业近 600 家。越来越多的企业开始把目光投向先进的物联网技术，企业在发展技术的同时也急需大批人才。

(资料来源：物联网市场规模，中商产业研究院。)

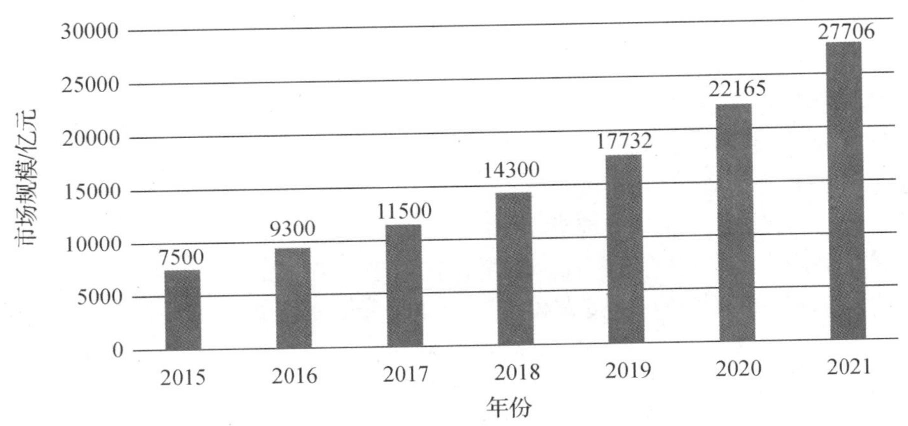

图 2-1　2015—2021 年中国物联网市场规模统计及预测

2.2.1　物联网战略规划现状

物联网作为正在兴起的、支撑性强的多学科交叉前沿信息技术，无论从政府规划层面，还是从科研发展和产业推进等层面，其应用正被世界各国政府积极推进。美、日、韩和欧盟一些信息技术发达的国家和组织纷纷制定了各自与物联网相关的战略性发展规划。

国内外学术界前期已经开展面向环境监测、智能交通、公共安全等广泛应用的物联网相关研究项目，取得了一定的科研成果。从产业发展角度看，物联网的一些支撑性技术，如传感器、微电子、通信网络等，已具有一定的产业基础。

当前，国际国内社会普遍面临经济、社会、安全、环境等问题带来的挑战，低碳经济、节能减排、气候、能源等问题日益受到关注。美国、欧盟、日本、韩国等国家和组织纷纷制定了各自的信息技术战略发展规划，物联网在这些战略规划中具有举足轻重的地位。在中国，物联网已被确定为五大新兴国家战略产业之一。

1. 美国“智慧地球”战略

美国率先在全球开展传感器网络、RFID、纳米技术等物联网相关技术研究。2008 年美国国家情报委员会发布报告，将物联网列为 6 项“2025 年前潜在影响美国国家利益”的颠覆性民用技术之一。

“智慧地球”概念最初由美国 IBM 公司提出，2009 年得到时任美国总统奥巴马的积极回应，物联网被提升为一种战略性新技术，全面纳入智能电网、智能交通、建筑节能和医疗保健制度改革等经济刺激计划中。IBM 公司的“智慧地球”市场策略在美国获得成功，随后迅速在世界范围内被推广。

IBM 将“智慧地球”的构建归纳为三个步骤：一是物联化(instrumented)；二是互联化(interconnected)；三是智能化(intelligent)。“智慧地球”的特征在中国推广时被进一步归纳为“更透彻的感知”“更全面的互联互通”和“更深入的智能化”。

IBM 公司围绕“智慧地球”策略推出了涵盖智慧医疗、智慧城市、智慧电力、智慧铁路、智慧银行等一系列解决方案，包括基于系统观念构建智慧地球的方案，力求在物联网这一新兴战略性领域和市场占据有利地位。

2. 欧盟物联网发展规划

2009 年 6 月欧盟委员会发布物联网发展规划，制定了未来 5～15 年欧盟物联网发展的基础性方针和实施策略。该规划对物联网的基本概念和内涵进行了阐述，指出物联网不能被看作当今互联网的简单扩展，而是包括许多独立的、具有自身基础设施的新系统(也可以部分借助于已有的基础设施)，同时物联网应该与新的服务共同实现。

规划中指出，物联网应当包括多种不同的通信连接方式，如物到物、物到人、机器到机器等，这些连接方式可以建立在网络受限或局部区域，也可以面向公众可接入的方式建立。物联网需要面临规模(scale)、移动性(mobility)、异构性(heterogeneity)和复杂性(complexity)所带来的技术挑战。这份规划还对物联网发展过程中涉及的主要问题如个人数据隐私和保护、可信度和安全度、标准化等进行了对策分析。

与物联网发展规划相呼应，欧盟在其第七科技框架计划下的信息通信技术、健康、交通等多个主题中实施物联网相关研究计划，目的是在物联网相关科技创新领域保持欧盟的领先地位。

3. 日本“I-Japan”及韩国“U-Korea”战略规划

作为亚洲乃至世界信息技术发展强国，日本和韩国均制定了各自的信息技术国家战略规划。

2009 年 7 月，在之前“E-Japan”“U-Japan”战略规划的基础上，日本发布了面向 2015 年的“I-Japan”信息技术战略规划，其目标之一就是建立数字社会，实现泛在、公平、安全、便捷的信息获取和以人为本的信息服务，其内涵和实现物理空间与信息空间互联融合的物联网相一致。以医疗和健康领域为例，“I-Japan”计划通过信息技术手段建立高质量的医疗服务和电子医疗信息系统，并建立基于医疗健康信息实现全国范围内流行病研究和监测的系统。

2006 年，韩国制定了“U-Korea”规划，其目标是通过 IPv6、USN(ubiquitous sensor

network)、RFID 等信息网络基础设施的建设建立泛在的信息社会。为实现这一目标，韩国制定了名为“IT839”的战略规划。

“U-Korea”分为发展期和成熟期两个执行阶段。发展期(2006—2010 年)以基础环境建设、技术应用以及 U 社会制度建立为主要任务，成熟期(2011—2015 年)以推广 U 化服务为主要任务。目前，韩国的 RFID 发展已经从先导应用开始转向全面推广，而 USN 也进入实验性应用阶段。

4. 我国“感知中国”计划

我国现代意义的传感器网络及其应用研究几乎与发达国家同步启动，于 1999 年在中国科学院《知识创新工程试点领域方向研究》的信息与自动化领域研究报告中首次正式提出，并将其列为该领域的重大项目之一。中国科学院和中华人民共和国科学技术部在传感器网络方向上，陆续部署了若干重大研究项目和方向性项目。经过 10 多年的发展，我国在传感器网络研究领域已取得了阶段性成果。

2009 年 8 月 7 日，温家宝在中国科学院无锡高新微纳传感网工程技术研发中心考察时指出，要大力发展传感网，掌握核心技术，并指出“把传感系统和 3G 中的 TD 技术结合起来”。2009 年 11 月 3 日，温家宝在《让科技引领中国可持续发展》的讲话中，再次提出“要着力突破传感网、物联网关键技术，及早部署后 IP 时代相关技术研发，使信息网络产业成为推动产业升级、迈向信息社会的‘发动机’”。2009 年 11 月 13 日，国务院批复同意《关于支持无锡建设国家传感网创新示范区(国家传感信息中心)情况的报告》，物联网被确定为国家战略性新兴产业之一。

(资料来源：在无锡感知中国“物联芯”，中国青年报.)

2010 年，《政府工作报告》指出，要加快物联网的研发应用，抢占经济科技制高点。至此，“感知中国”计划正式上升至国家战略层面。

2010 年 6 月 5 日，胡锦涛在两院院士大会上讲话指出，当前要加快发展物联网技术，争取尽快取得突破性进展。“感知中国”计划进入战略实施阶段，为中国物联网产业的发展带来巨大机遇。

2.2.2 物联网技术应用现状及产业发展的应对措施

1. 物联网发展的特点及应用现状

在我国，物联网的发展主要有四个特点：其一关于物联网产业的联盟已经初具规模，这意味着物联网技术不再是单独发展的一项技术，而是逐渐变得更加成熟；其二物联网的标准制定工作正在有序进行，这意味着物联网的发展已具有规范性和前瞻性；其三与物联网技术相关的高校、科研机构和企业正在不断壮大，这意味着中国物联网技术人才在增多，并且为将来物联网更快、更好地发展提前做了准备，提前预热市场；其四我国已经形成基本齐全的物联网产业体系，一些重点区域的行业已经形成一定的市场规模。这四点是我国物联网当下发展最关键、最主要且最突出的特点。

物联网在医药卫生、公共交通、人工智能等领域对我们的生活产生了很大的影响。

1) 在医药卫生领域的应用现状

物联网技术在我国出现和应用的时间较短，虽然已经受到国家和各行业的重视，但受制于时间因素、人才因素乃至技术因素，物联网技术的应用现在尚处于初期发展阶段。在医药卫生领域，已经采取和应用的物联网技术主要包括同一家医院的医疗设备间的相互连通、病人病况的联网化、医疗器械的检查以及日常工作的整体有序化等。目前，在医药卫生领域，物联网技术已经逐渐发挥了一定的作用，促进了医药卫生行业的工作效率化、服务专业化、沟通快速化，价值体现日益明显。

2) 在公共交通领域的应用现状

在我国的公共交通领域，通过 GPS 技术、卫星遥感技术等手段可对道路上的车辆进行必要的定位，比如现在应用广泛的智能地图，就是利用物联网技术对路况信息进行分析和整合。再如在综合红绿灯信息、人流量信息以及周边建筑等信息之后，结合用户的使用需要可为用户提供最优化的道路选择或者场所定位，这也是物体与物体、物体与人之间通过物联网技术得以联通的表现之一。总之，在目前的公共交通领域，物联网的发展形势一片大好。

3) 在人工智能领域的应用现状

在人工智能领域，物联网主要依靠信息技术、网络技术乃至精密的仪器等来相互联通、相互协作来开展具体的人工智能工作。目前，市场上常见的人工智能产品包括智能机器人，如扫地机器人、语音机器人，还有智能汽车等，都已经得到了实际的开发和应用，也给人们的生活带来了切实的便利。比如，智能扫地机器人可以帮助老人以及生活不便的人做一些卫生清洁工作，人们可以通过语音指令或者遥控操作等方式对智能机器人进行操控，进而使物联网技术在人工智能领域的价值得到真正的发挥。

2. 我国物联网产业发展的应对措施

作为经济发展的新领域，物联网已经成为我国重点发展的战略性新兴产业。政府已经出台一系列政策，各地区也颁布了相关政策，因此我国物联网产业正迎来巨大的机遇。为此，可以采取下述相关措施。

1) 推动物联网产业发展，推进多元商业化

当前，我国物联网发展的模式比较单一，重点性、示范性的产品还没有普及开来，市场还没有完全打开，基本上依靠政府的支持以及政府的购买得以生存。从长远来看，这种模式不利于我国物联网市场的形成和发展。因此，必须通过创新多元化商业模式，让更多的用户，包括中小企业和个人用户能够更好地使用物联网应用，这样才能让市场变得更有竞争性、持久发展性。

但是，商业模式也不是凭空想象的，需要在产业实践中不断摸索，最终才能得以发展和产生，其需要构建和扶持上游技术和下游应用。上游技术如自动控制、信息传感等已经成熟，下游应用也已经以单体的形式存在。因此，如何构建上下游之间的联系至关重要。除此之外，还要加强横向联系，实现跨专业、跨行业的联动，让终端用户能够方便使用。

2) 做好长远规划，统筹协调产业发展

物联网的发展不可能一蹴而就，要想在物联网行业取得更大的进展，需要有长远的规划。为了实现长远的规划，地方政府以及各个物联网产业聚集区域需要根据自身的产业基

础制定相关的目标和规划，为物联网的发展提供政策上的支持。

物联网涉及的面很广，在实际的推行过程中，需要涉及很多方面的内容，与行业和个人都息息相关，这就需要政府打破垄断，降低行业的壁垒，实现跨行业的发展，这样既能够避免垄断行为，也能够更好地促进物联网行业的发展。总的来说，需要不断加强市场制度的建设，包括知识产权的完善，从而进一步激发产业发展的动力。

3) 拓宽融资渠道，实现产学研用相结合

物联网是一个需要高投入、高技术的行业，其升级速度很快，风险也比较高，这就意味着企业需要不断地进行资金再投入。实际上，很多企业都不具备这种能力，因此无法保证大规模持续地进行。

针对这种情况，在市场没有完全启动的情况下，可以聚焦于某一个具体的市场，从而实现效益的增长、成本的降低。另外，可以采用不同的融资方式和商业模式降低成本，从而激发市场的潜力。除此之外，研究领域的产品研究也具有重要的作用，但是如何从实验室走向市场也是需要关注的问题，唯有将二者结合起来才能让研发和市场同步发展。

3. 总结

现如今，物联网技术的发展蒸蒸日上，其所覆盖的范围和领域正在逐步拓宽。物联网与人们的衣食住行、社会生产运行以及国家机密安全等方面息息相关，人们随时随地都在享受着物联网技术带来的便利。由此可见，这一新科技有着宽广的应用前景。然而，在嵌套网络搭建和系统操作的过程中，物联网技术的革新仍面临种种难题，从核心技术的把握到各项设施的调配，从各部门、各行业的合作再到用户隐私泄露问题的解决，足以印证物联网在我国的发展仍然任重而道远。

2.3 物联网的关键技术、难点问题及解决方案与需要的新思维

1. 物联网关键技术

物联网的关键技术有物体标识、体系架构、通信和网络、隐私和安全、服务发现和搜索、软硬件、能量获取和存储、设备微型小型化、标准。物联网有四个关键性的应用技术——RFID、传感器、智能技术(如智能家庭和智能汽车)以及纳米技术。

在标识方面，单个物体可能会有多个标识，用处不同标识也不一样，包括一个负荷的物体，比如一个汽车部件有轮胎、方向盘，不同的厂家有不同的标识。现在的标识有层次结构，将来我们要把标识中涉及隐私的内容隐藏起来，比如，不让别人看见这个东西的产地。一个物体有很多的标识，标识之间怎样映射，标识和服务之间怎样映射，标识之间怎样兼容，这都是需要我们逐步去解决的问题。同时，标识要简单明了，准确传达品牌信息。

在物联网的体系架构方面，未来物联网的感知信息有局部的互动性，这样它的存储能力和计算能力要往边缘推。同时，要挖掘物体和物体的关联性，在物联网上有一个大的计算中心，通过计算中心挖掘数据。另外，物体是可移动的，它的统一条件是随时随地都可以上网。局部形成一个自主的网络，建设一个网中网的概念，未来的互联网到底是什么框

架，对它提出什么要求，研究它的重点在哪个地方，这些问题仍需解决。现在大家研究的侧重点是：要支持语义的操作，要支持 SOA 的架构，怎样支持实践的体系架构，怎样支持分布式的体系结构，等等。

在通信技术方面，目前有非常多的通信技术，未来物联网的通信技术也是多样的，从人和物之间的通信，到物理世界的通信再到现实世界的通信，最后到分布式数据之间的通信。通信的要求是不一样的，在这种情况下应该怎样考虑问题，包括无线电、频率的复用，特别是低功耗的频率系统。

在组网方面，物联网是网中网，它要借助有线和无线的技术，实现无缝透明的接入。这可能会更多地出现在以后的研究中，包括传感器网络和移动网络，而且在网络的管理方面进行自干预、自配置，应该是一个层次性的组网结构。

在隐私和安全方面，对于物联网也提出了很高的要求，主要涉及个人隐私、商业秘密和国家安全。比如，你在上网、出去玩，或者是身体不舒服想去看医生，如果想要获得服务就得公开个人信息，包括个人隐私。另外，像美国的“智慧地球”战略，是希望把 IT 技术和国家的技术建设融合在一起。在建设大楼、桥梁的时候，需要把很多的传感器、信息部件放进去。在这种情况下，应该认真考虑安全问题。如果中国的基础设施的信息谁都可以拿到，那还有什么国家安全可言？

在这种情况下，如何进行加密和认证？人和物体是移动的，在信息断裂的情况下，如何做安全和认证？这会带来一系列的问题，而这些问题对于现在的安全技术提出了更高的要求。

在能量获取方面，其实现在的能量问题是我们的研究热点，包括能量获取、能量存储和能量利用。将来各种物体都连上网络，这些物体需要连上电源，它又是一个独立的设备，需要消耗能量电源。在这种情况下，如何获取能量？获取了能量如何存储？另外，为高效利用能量，在不工作的时候如何关闭设备效率会更高。

标准化是走向产业化的一个重要组成部分，其实物联网的称呼更多是社会经济上的称呼。物和物的相连说起来非常简单、记起来也非常容易。但是，标准化是非常重要的。标准化是指物和物相连的标准，主要有两点，第一是接口的标准，第二是数据模型的标准化，在语义上这样解释。不同的网络差距非常大，如何在语义上说做模型的标准化。同时，在信息的产生和信息的使用上，应该注意信息的完整性、可靠性。因为对于一种物体会有多个感知，或者物体在移动的过程中，是断裂的通信，怎么保证数据的可信性、完整性呢？

2. 物联网难点问题

物联网的难点主要有以下几个。

个人隐私与数据安全——物联网的设计会考虑安全因素，避免个人数据被窃听或遭破坏的威胁。除此之外，专家称物联网的发展会改变人们对于隐私的理解，以最近的网络社区流行为例，个人隐私是公众热议的话题。

公众信任——目前，广大群众对物联网的主要关注点是信息安全。如果物联网的设计没有健全的安全机制，会降低公众对它的信任。所以在设计物联网之初，就有必要考虑安全层面的问题。

标准化——标准化无疑是影响物联网普及的重要因素。目前，RFID、WSN 等技术领域还没有一套完整的国际标准，各厂家的设备往往不能实现相互操作。标准化将合理使用现在标准，或者在必要时创建新的统一标准。

研究发展——物联网的相关技术仍处在不成熟阶段，需要相关政府和组织投入大量资金支持科研，实现技术转化。

系统开放——物联网的发展离不开合理的商业模型运作和各种利益投资。对物联网技术系统的开放，将会促进应用层面的开发和各种系统间的互操作性。

3. 物联网应用的解决方案

1) 物联网解决方案的五个关键要素

世界 500 强企业之一的埃森哲认为，物联网解决方案的关键要素包括 5P，即可以连入网络的智能设备(pods)、无处不在的有线和无线宽带网络(pipes)、数据管理设备(plexes)、数字化管理设备(panels)及应用支撑和运营(platforms)。可以连入网络的智能设备包括嵌入了传感器、生物测定、RFID、OS、嵌入式射频等技术的实物设备；无处不在的有线和无线宽带网络包括支持 WRAN、WWAN、WLAN、WPAN、蓝牙、ZigBee、UWB 等协议的从传感网到广域网的综合网络；数据管理设备包括提供数据服务的数字化内容和中间件等；数字化管理设备包括支持门户、网件等用户界面等设备；应用支撑和运营包括提供注册、展示、设备管理、服务编排、认证和 SaaS 的服务提供平台。

物联网解决方案充分体现了价值链的特点，在 5P 中有大量的厂商，需要集成给客户提供价值。在此值得一提的是，埃森哲已经形成了一整套的技术和工具将物联网各个环节的技术进行整合，快速实现物联网价值链，提供可靠的、可扩展的、有效的物联网端对端解决方案。

2) 可持续的智能服务

M2M 应用最容易实现的目标是关注并达到政府设定的“可持续性”目标，故提出可持续的智能服务。其主要包括以下服务。

智能发动机：在车辆、工厂和商业层面上减少能源消耗的 ICT 技术。

智能大厦：在大厦里使用能源效率最优化的 ICT 系统。

智能网络：在网络中实现从生产者到使用者的 ICT 应用整合，提高效率，优化方案。

智能物流：通过规划更好的路径和承载量来减少能源消耗的 ICT 应用。

非物质化：将高碳活动/产品变为低碳替代品。

通过提供可持续的智能服务，可以实现信息追踪标准化，监管能源消耗和碳排放，评估能源和碳排放量，对现有运营方式做进一步改善，进而成就绿色经济。

3) 横向扩展垂直物联网服务

垂直的物联网服务需要实现横向扩展，这样物联网生活方式才有可能在将来出现。下面通过两个案例加以说明。

第一个是将各种不同应用互相连接的 i-Car 案例。这是一个通过 M2M 技术的应用将不同的商业结合起来、提供给最终用户整合之后的解决方案。i-Car 的内部信息娱乐(IVI)应用情况如下。

(1) 移动信息：GPS 导航器提供了动态的路况信息(如新闻、可停靠点、可选择路线、商店、旅游区域、交通状况、CO_2 排放路线最优化、兴趣点等)。

(2) 安全性能：包括内设跟踪系统(其智能黑箱能够检查追踪汽车情况)、自动保持安全距离的系统(根据速度和天气情况)、车内控制家庭录像警报、汽车享有和驾驶设置的个性化。

(3) 汽车维修及最优化：包括能够减少能源消耗和二氧化碳排放量的智能发动机(如为自动驾驶的不同速度提供智能传感器)、对严重污染水平敏感的识别系统(如在城市中心自动转换成低能源排放系统)、收集大量数据来指导驾驶的遥测装置。

(4) 通信：包括电话、视频电话、电子邮件、短信息以及远程用户的互联网接入。

(5) 娱乐：为前座和后座乘客所提供的用作乘车娱乐的电子消费品(如 iPod、卫星广播、TV、汽车 PC 系统等)。

(6) 商业贸易：包括上缴道路通行费、停车费，买票，购物以及使用与汽车保险费用相关的记录系统(每年、每周运行里程)，例如每周汽车仪器表上会记录汽车保险费用。

第二个是智能家庭的案例。这是一个互联的生态系统，所有的设备都共同处于网络之中，并且与外部参与者(如医院、消防局、保险公司)成为一体。

该智能家庭的物联网服务如下。

(1) 智能计量：对能源消耗(如照明、通风空调系统)进行远程控制和管理。

(2) 老人或残疾人的紧急按钮：当摁下紧急按钮的时候医院将收到报警信号。

(3) 智能保险：保险公司调查家庭状况，自动为客户量身定做保险险种。

(4) 智能设备："可以说话"的设备在某些指标处于安全水准以下时发送警报(如智能冰箱能指出某些食物已经超过保鲜日期)。

(5) 火警或医院连接：家庭防火器直接与消防局通信，救护数据也可以实时传输到医院。

(6) 防盗系统及远程控制：通过录像监管注册系统进行远程监控，自动拉响警报。

上述两个案例的解决方案是物联网服务在横向扩展至各行各业之后的产物，它们融合了通信与高科技、金融服务、产品提供、能源提供和公共服务行业的物联网解决方案，因此物联网应用的解决方案才能发扬光大。

4. 物联网的发展需要新思维

未来物联网的应用结构可能会发生变化，在信息技术发达、通信网络完善的今天，新技术及应用层出不穷，但革命性、不可替代的信息技术应用却很难在短期内出现。业务应用已经向个性化、差异化的方向发展，各行各业的物联网应用包含了政策法规、行业准则以及应用习惯、发展环境等诸多方面的内容。按照目前的格局，任何一个单位都不可能完全把控所有的物联网应用，物联网的发展需要新思维。例如，空调的监控模块，用户通过远程监控就可以实现对空调的控制，业务应用的对象是空调。对于这样的应用我们首先应该做到：从用户层面，可以选择通过手机或是计算机终端等方式进行控制；从网络层面，可以选择有线宽带、无线宽带或是移动通信网络接入空调；对于空调的监控模块，也可以选择有线、无线或是移动通信等手段。这里强调一点，就是这些应用都是可以选择的。由此可知，这个业务应用的核心是如何寻找盈利模式，以及让各方面都接受这种模式。对于这个项目，我们能否改变传统思维，首先应该以业务应用为出发点，寻找合理的合作共赢的模式。我们需要新的思维，制定新的项目开发流程。

练　习　题

一、填空题

1. 物联网的业务发展总思路是__________、__________、__________、__________。

2. 我国物联网遇到的挑战是__________、__________、__________、__________。

3. 为发挥物联网的潜在效益，需要着重注意__________和__________，而数据的传输技术虽然很重要，却是次要的考虑因素。需要制定物品层次之间交流的规则，需要开发__________、__________、__________的网络服务。

4. 用发展的眼光正确看待未来 10 年物联网的发展趋势，以及这一趋势对我国国家安全造成的影响，对我国__________，__________、__________有重大的意义。

5. 物联网应用还处于________，目前全球物联网应用主要以_________、__________、_________等应用项目体现，大部分是试验性或小规模部署的，处于_________和_________阶段，覆盖国家或区域性大规模应用较少。

6. 我国物联网应用总体上处于__________，许多领域积极开展了物联网的应用探索与试点，但在应用水平上与发达国家仍有__________。

7. IBM 将“智慧地球”的构建归纳为 3 个步骤，一是_________，二是_________，三是__________。

二、简答题

1. 简述物联网的社会价值。

2. 物联网面临的安全威胁有哪些？

第 3 章 传感器与检测的实现

传感器是一种检测装置，它能感受到被测量的信息，并能将感受到的信息按一定规律转换成为电信号或其他所需形式的信号输出，以满足信息的传输、处理、存储、显示、记录和控制等要求。

国家标准 GB7665—87 对传感器所下的定义是："能感受规定的被测量并按照一定的规律转换成可用输出信号的器件或装置，通常由敏感元件和转换元件组成。"

传感器的特点包括微型化、数字化、智能化、多功能化、系统化、网络化，它不仅促进了传统产业的改造和更新换代，而且还可能建立新型工业，从而成为 21 世纪新的经济增长点。微型化是建立在微电子机械系统(MEMS)技术基础上的，已成功应用在硅器件上做成硅压力传感器。

传感器一般由敏感元件、转换元件、变换电路和辅助电源四部分组成。

3.1 传感器的基础知识

传感器是能感受规定的被测量并按照一定规律转换成可用输出信号的器件或装置，通常由敏感元件和转换元件组成。其中，敏感元件是指传感器中直接感受被测量的器件，转换元件是指传感器能将敏感元件输出转换为适于传输和测量的电信号装置。通常，敏感元件根据其基本感知功能可分为热敏元件、光敏元件、气敏元件、力敏元件、磁敏元件、湿敏元件、声敏元件、放射线敏感元件、色敏元件和味敏元件等十大类。

3.1.1 传感器概述

1. 传感器的定义

传感器是一种检测装置，它能感受到被测量的信息，并能将感受到的信息按一定规律转换成为电信号或其他所需形式的信号输出，以满足信息的传输、处理、存储、显示、记录和控制等要求。传感器原理示意图如图 3-1 所示。

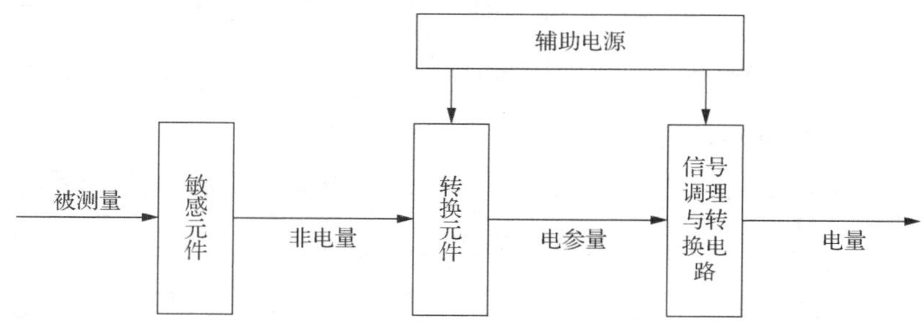

图 3-1　传感器原理示意图

国家标准 GB7665—87 对传感器所下的定义是：“能感受规定的被测量并按照一定的规律转换成可用输出信号的器件或装置，通常由敏感元件和转换元件组成。”

中国物联网校企联盟认为，传感器的存在和发展，让物体有了触觉、味觉和嗅觉等感官，让物体慢慢变得活了起来。

“传感器”在《韦式大学英语词典》中的定义为：“从一个系统接受功率，通常以另一种形式将功率送到第二个系统中的器件。”

2. 传感器的主要作用

人们为了从外界获取信息，必须借助于感觉器官，而单靠人自身的感觉器官，在研究自然现象和规律以及生产活动的过程中，它们的功能就远远不够了。为适应这种情况，就需要传感器。可以说，传感器是人类五官的延长，又可称为“电五官”。

新技术革命的到来，世界开始进入信息时代。在利用信息的过程中，首先要解决的问题就是获取准确可靠的信息，而传感器是获取自然和生产领域中各种信息的主要途径与手段。

在现代工业生产尤其是自动化生产过程中，要用各种传感器来监视和控制生产过程中的各个参数，使设备处于正常状态或最佳状态，并使产品达到最好的质量。可以说，没有众多优良的传感器，现代化生产也就失去了基础。

在基础科学研究中，传感器具有更突出的地位。现代的科学研究，在前人的基础上更深一步，甚至会开拓出新的领域。例如，在宏观上要观察上千光年的茫茫宇宙，微观上要观察小到费米的粒子世界，向上要观察长达数十万年的天体演化，向下要观察短到 1 s 的瞬间反应。此外，还出现了对深化物质认识及开拓新能源、新材料等具有重要作用的各种极端技术研究，如超高温、超低温、超高压、超高真空、超强磁场、超弱磁场等。显然，要获取人类感官无法直接获取的大量信息，没有与之相适应的传感器是不可能实现的。许多基础科学研究的障碍，首先就在于对象信息的获取存在困难，而一些新机理和高灵敏度的检测传感器的出现，往往会导致该领域内技术的突破。一些传感器的发展，往往是一些边缘学科开发的先驱。

传感器早已渗透到诸如工业生产、宇宙开发、海洋探测、环境保护、资源调查、医学诊断、生物工程甚至文物保护等极其广泛的领域。毫不夸张地说，从茫茫的太空，到浩瀚的海洋，以至各种复杂的工程系统，几乎每一个现代化项目，都离不开各种各样的传感器。图 3-2 为各类传感器在农业上的应用。

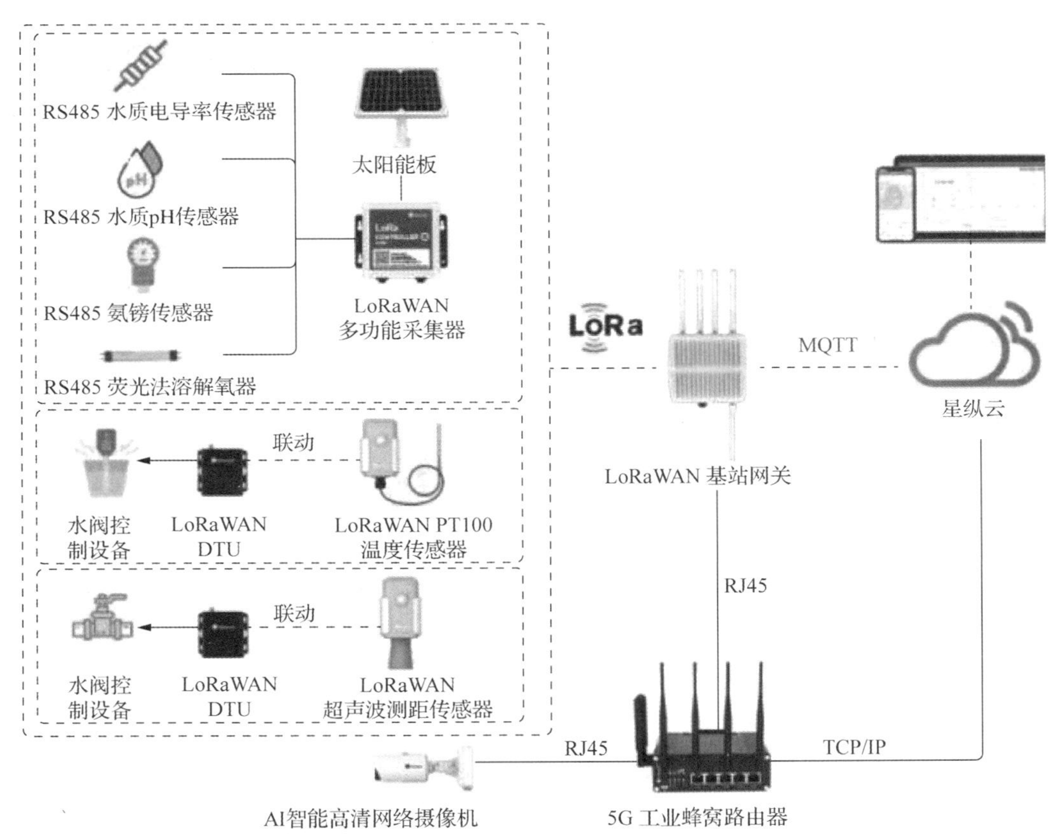

图 3-2　传感器在农业上的应用

由此可见，传感器技术在发展经济、推动社会进步方面的作用是十分明显的。世界各国都十分重视这一领域的发展。相信在不久的将来，传感器技术将会出现一次飞跃，达到与其重要地位相称的新水平。

3. 传感器的特点

传感器的特点主要包括微型化、数字化、智能化、多功能化、系统化、网络化。传感器不仅可以促进传统产业的改造和更新换代，而且还可以建立新型工业，从而成为 21 世纪新的经济增长点。微型化是建立在微电子机械系统(MEMS)技术基础上的，已成功应用在硅器件上做成硅压力传感器。

4. 传感器的组成

传感器一般由敏感元件、转换元件、变换电路和辅助电源 4 部分组成。敏感元件可直接感受被测量物体，并输出与被测量物体有确定关系的物理量信号；转换元件可将敏感元件输出的物理量信号转换为电信号；变换电路负责对转换元件输出的电信号进行放大调制；转换元件和变换电路一般还需要辅助电源供电。

5. 传感器的主要功能

我们可以将传感器的功能与人类的 5 大感觉器官相比拟。

光敏传感器——视觉。

声敏传感器——听觉。

气敏传感器——嗅觉。

味敏传感器——味觉。

热敏传感器——触觉。

对敏感元件可做以下分类。

物理类，基于力、热、光、电、磁和声等物理效应。

化学类，基于化学反应的原理。

生物类，基于酶、抗体和激素等分子识别功能。

3.1.2 传感器的分类

传感器种类繁多，功能各异。由于同一被测量物体可用不同转换原理实现探测，利用同一种物理法则、化学反应或生物效应可设计制做出检测不同被测量物体的传感器，而功能大同小异的同一类传感器可用于不同的技术领域，故传感器有不同的分类方法。传感器的分类方法很多，了解传感器的分类，旨在加深理解，便于应用。

1. 按外界输入的信号变换为电信号采用的效应分类

按外界输入的信号变换为电信号采用的效应分类，传感器可分为物理传感器、化学传感器和生物传感器 3 大类，如图 3-3 所示。

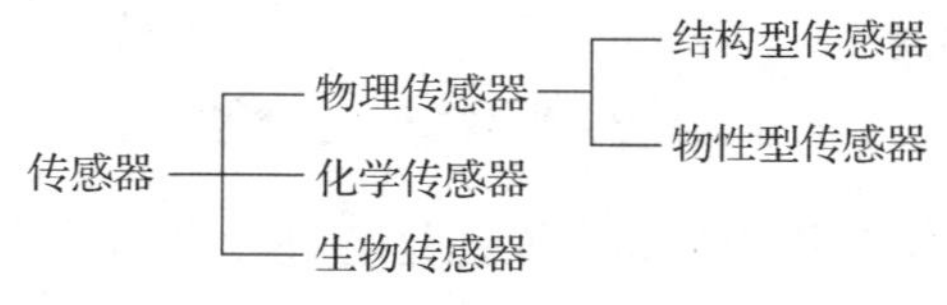

图 3-3　传感器的分类

利用物理效应进行信号变换的传感器称为物理传感器，它利用某些敏感元件的物理性质或某些功能材料的特殊物理性能进行被测量物体非电量的变换。例如，利用金属材料在被测量物体作用下引起电阻值变化的应变效应的应变式传感器；利用半导体材料在被测量物体作用下引起电阻值变化的压阻效应制成的压阻式传感器；利用电容器在被测量物体作用下引起电容值的变化制成的电容式传感器；利用磁阻随被测量物体发生变化的简单电感式、差动变压器式传感器；利用压电材料在被测力作用下产生的压电效应制成的压电式传感器等。

物理传感器又可以分为结构型传感器和物性型传感器。

结构型传感器是以结构(如形状、尺寸等)为基础，利用某些物理规律来感受(敏感)被测量物体，并将其转换为电信号实现测量的。例如，电容式压力传感器，必须有按规定参数设计制成的电容式敏感元件，当被测压力作用在电容式敏感元件的动极板上时，可引起电容间隙的变化导致电容值的变化，从而实现对压力的测量。又比如，谐振式压力传感器，必须设计制作一个合适的感受被测压力的谐振敏感元件，当被测压力发生变化时，改变谐振敏感结构的等效刚度，可以导致谐振敏感元件的固有频率发生变化，从而实现对压力的测量。

物性型传感器就是利用某些功能材料本身所具有的内在特性及效应感受(敏感)被测量物体，并将其转换成可用电信号的传感器。例如，利用具有压电特性的石英晶体材料制成的压电式压力传感器，就是利用石英晶体材料本身具有的正压电效应而实现对压力测量的；利用半导体材料在被测压力作用下引起其内部应力变化导致其电阻值发生变化而制成的压阻式传感器，就是利用半导体材料的压阻效应从而实现对压力的测量。

一般而言，物理传感器对物理效应和敏感结构都有一定要求，但侧重点不同。结构型传感器强调要依靠精密设计制作的结构才能保证其正常工作；而物性型传感器则主要依靠材料本身的物理特性、物理效应来实现对被测量物体的测量。

近年来，由于材料科学技术的飞速发展与进步，物性型传感器的应用越来越广泛。这与该类传感器便于批量生产、成本较低及体形较小等特点密切相关。

化学传感器是利用电化学反应原理，把无机或有机化学的物质成分、浓度等转换为电信号的传感器。最常用的是离子敏传感器，即利用离子选择电极，测量溶液的 pH 值或某些二价正离子的活度，如 K、Na、Ca 等。电极的测量对象不同，但其测量原理基本相同，主要是利用电极界面(固相)和被测溶液(液相)之间的电化学反应，即利用电极对溶液中离子的选择性响应而产生的电位差。所产生的电位差与被测离子活度成对数线性关系，故可检测出其反应过程中的电位差或由其影响的电流值，即可给出被测离子的活度。化学传感器的核心部件是离子选择性敏感膜。膜可以分为固体膜和液体膜。玻璃膜、单晶膜和多晶膜属固体膜；而带正、负电荷的载体膜和中性载体膜则为液体膜。

化学传感器被广泛应用于化学分析、化学工业的在线检测及环保检测中。

生物传感器是近年来发展很快的一类传感器。它是一种利用生物活性物质选择性来识别和测定生物化学物质的传感器。生物活性物质对某种物质具有选择性亲和力，也可称其为功能识别能力。利用这种单一的识别能力来判定某种物质是否存在，其浓度是多少，进而利用电化学的方法可以进行电信号的转换。生物传感器主要由两大部分组成。其一是功能识别能力，其作用是对被测物质进行特定识别。这些功能识别物有酶、抗原、抗体、微

生物及细胞等。用特殊方法把这些识别物固化在特制的有机膜上，从而形成对特定的从低分子到大分子化合物具有识别功能的功能膜。其二是电、光信号转换装置。此装置的作用是把在功能膜上进行的识别的被测物质所产生的化学反应转换成便于传输的电信号或光信号。其中最常应用的是电极，如氧电极和过氧化氢电极。近年来有把功能膜固定在场效应晶体管上代替栅-漏极的生物传感器，它使得传感器整体的体积非常小。如果采用光学方法来识别其在功能膜上的反应，则要靠光强的变化来测量被测物质，如荧光生物传感器等。变换装置直接关系着传感器的灵敏度及线性度。生物传感器的最大特点是能在分子水平上识别被测物质，其不仅在化学工业的监测上，而且在医学诊断、环保监测等方面都有着广泛的应用前景。

以下将重点讨论物理型传感器，与五官对应的传感器如表 3-1 所示。

表 3-1　与五官对应的传感器

感　觉	传 感 器	效　应
视觉	光敏传感器	物理效应
听觉	声敏传感器	物理效应
触觉	热敏传感器	物理效应
嗅觉	气敏传感器	化学效应、生物效应
味觉	味敏传感器	化学效应、生物效应

2. 按工作原理分类

按工作原理分类就是以传感器对信号转换的作用原理进行分类，如应变式传感器、电容式传感器、压电式传感器、热电式传感器、电感式传感器、霍尔传感器等。这种分类方法可以清楚地反映出传感器的工作原理，有利于对传感器工作原理的深入分析。

3. 按被测量对象分类

按传感器的被测量对象——输入信号分类，能够很方便地表示传感器的功能，也便于用户选用。按这种分类方法，传感器可以分为温度、压力、流量、物位、加速度、速度、位移、转速、力矩、湿度、黏度、浓度等传感器。生产厂家和用户都习惯于这种分类方法。同时，这种方法还可将种类繁多的物理量分为两大类，即基本量和派生量。例如，将“力”视为基本物理量，可派生出压力、重量、应力、力矩等派生物理量。当我们需要测量这些派生物理量时，只要采用基本物理量传感器就可以了。所以，了解基本物理量和派生物理量的关系，对于选用传感器是很有帮助的。常用的基本物理量和派生物理量如表 3-2 所示。

按输入物理量对传感器分类的方法，往往将原理不同的传感器归为一类，这不易找出每种传感器在转换机理上的共性和差异，因此不利于掌握传感器的一些基本原理和分析方法。温度传感器中就包括用不同材料和方法制成的各种传感器，如热电偶温度传感器、热敏电阻温度传感器、金属热电阻温度传感器、P-N 结二极管温度传感器、红外温度传感器等。通常，对传感器的命名就是将其工作原理和被测参数结合在一起，先说工作原理，后说被测参数，如硅压阻式压力传感器、电容式加速度传感器、压电式振动传感器、谐振式质量流量传感器等。

表 3-2 常用的基本物理量和派生物理量

基本物理量		派生物理量
位移	线位移	长度、厚度、应变、振幅、磨损度、不平度
	角位移	旋转角、偏转角、角振动
速度	线位移	速度、振动、流量、动量
	角位移	转速、角振动

针对传感器的分类，不同的被测量物体可以采用相同的测量原理，同一个被测量物体可以采用不同的测量原理。因此，必须掌握在不同的测量原理之间测量不同的被测量物体时，各自具有的特点。

4. 按是否需要外加电源分类

传感器按是否需要外加电源分类，可分为无源传感器和有源传感器。

无源传感器的特点是无须外加电源便可将被测量物体转换成电量。例如，光电传感器能将光射线转换成电信号，其原理类似于太阳能电池；压电传感器能够将压力转换成电压信号；热电偶传感器能将被测温度场的能量(热能)直接转换成为电压信号的输出；等等。

有源传感器需要辅助电源才能将检测信号转换成电信号，大多数传感器都属于这一类。

5. 按构成传感器的功能材料分类

按构成传感器的功能材料分类，可将传感器分为半导体传感器、陶瓷传感器、光纤传感器、高分子薄膜传感器等。

6. 按某种高新技术命名的传感器分类

有些传感器是根据某种高新技术命名的，如集成传感器、智能传感器、机器人传感器、仿生传感器等。应该指出，由于敏感材料和传感器的数量特别多，类别十分繁复，相互之 又有着交叉和重叠，为了揭示诸多传感器之间的内在联系，表 3-3 中给出了传感器分类、转换原理、传感器名称和它们的典型应用，仅供参考。

表 3-3 传感器介绍

传感器分类		转换原理	传感器名称	典型应用
转换形式	中间参量			
电参数	电阻	移动电位器触点改变电阻	电位器传感器	位移
		改变电阻丝或片的尺寸	电阻应变式传感器	微应变、力、负荷
		利用电阻的温度效应(电阻温度系数)	热丝传感器	气流速度、液体流量
			电阻温度传感器	温度、辐射热
			热敏电阻传感器	温度
		利用电阻的光敏效应	光敏电阻传感器	光强
		利用电阻的湿度效应	湿敏传感器	湿度

续表

传感器分类		转换原理	传感器名称	典型应用
转换形式	中间参量			
电参数	电容	改变电容的几何尺寸	电容传感器	力、压力、负荷、位移
		改变电容介电常数		液移、厚度含水量
	电感	改变磁路几何尺寸、导磁体位置	电感传感器	位移
		利用涡流去磁效应	涡流传感器	位移、厚度、硬度
		利用压磁效应	压磁传感器	力、压力
		改变互感	差动变压器	位移
			自速角机	
			旋转变压器	
	频率	改变谐振回路中的固有参数	振弦式传感器	压力、力
			振筒式传感器	气压
			石英谐振传感器	
	计数	利用莫尔条纹	光振	大角位移、大直线位移
		改变互感	感应同步器	
		利用拾磁信号	磁栅	
	数字	利用数字编码	角度编码器	大角位移
电能量	电动势	温差电动势	热电偶	温度、热流
		霍尔效应	霍尔传感器	磁通、电流
		电磁效应	磁电传感器	速度、加速度
		光电效应	光电池	光强
	电荷	辐射电离	电离室	离子计数、放射性强度
		压电效应	压电传感器	动态力、加速度

3.1.3 传感器的性能指标

传感器性能指标是指传感器的灵敏度、使用频率范围、动态范围、相移参数、漂移。

1. 灵敏度

灵敏度是指沿着传感器测量轴的方向对单位振动量输入 x 可获得的电压信号输出值 u，即 $s=u/x$。与灵敏度相关的一个指标是分辨率，这是指输出电压变化量Δu 可辨认的最小机械振动输入变化量Δx 的大小。为了测量出微小的振动变化，传感器应有较高的灵敏度。

2. 使用频率范围

使用频率范围是指灵敏度随频率而变化的量值不超出给定误差的频率区间。其两端分别为频率下限和上限。为了测量静态机械量，传感器应具有零频率响应特性。传感器的使

用频率范围，除和传感器本身的频率响应特性有关外，还和传感器的安装条件有关(主要影响频率上限)。

3. 动态范围

动态范围即可测量的量程，量程是指测量上限和下限的代数差；范围是指仪表能按规定精确度进行测量的上限和下限的区间，是指灵敏度随幅值的变化量不超出给定误差限的输入机械量的幅值范围。在此范围内，输出电压和机械输入量成正比，所以动态范围也称为线性范围。动态范围一般不用绝对量数值表示，而用分贝做单位，这是因为被测幅值变化幅度过大，用分贝表示更方便一些。

4. 相移参数

相移参数是指输入简谐振动时，输出同频电压信号相对输入量的相位滞后量。相移的存在有可能使输出的合成波形产生畸变，为避免输出失真，要求相移值为零或π，或者随频率成正比变化。在一定时间间隔内，传感器在外界干扰下，输出量会发生与输入量无关的、不需要的变化。

5. 漂移

漂移包括零点漂移和灵敏度漂移两种类型。由于传感器所测量的非电量具有不随时间变化或变化很缓慢的特性，也有随时间变化较快的特性，所以传感器的性能指标除上面介绍的静态特性所包含的各项指标外，还有动态特性，它可以从阶跃响应和频率响应两方面来分析。

3.1.4　传感器的组成和结构

传感器一般由敏感元件、转换元件和测量转换电路组成，如图 3-4 所示。敏感元件可直接与被测量物体接触，转换成与被测量物体有确定关系、更易于转换的非电量(如压力转换成位移、流量转换成速度)；传感元件再将这一非电量转换成电参量(如电阻、电容、电感)。传感元件输出的信号幅度很小，而且混有干扰信号和噪声，转换电路能够起到滤波、线性化、放大的作用，转化成易于测量、处理的电信号，如电压、电流、频率等。实际上，有些传感器很简单，仅有一个敏感元件(兼做转换元件)组成，它感受被测量物体时可以直接输出电量，如热电偶。有些传感器由敏感元件和转换元件组成，没有转换电路。

被测量 —非电量→ 敏感元件 —非电量→ 转换元件 —电参量→ 测量转换电路 —电量→

图 3-4　传感器的结构组成

以电位器式压力传感器的结构为例，如图 3-5 所示。弹性敏感元件膜盒的内腔，通入被测流体，在流体压力作用下，膜盒的中心产生弹性位移，推动杠杆上移，使曲柄轴带动电位器的电刷在电位器绕组上滑动，输出一个与被测量物体压力成比例的电压信号。

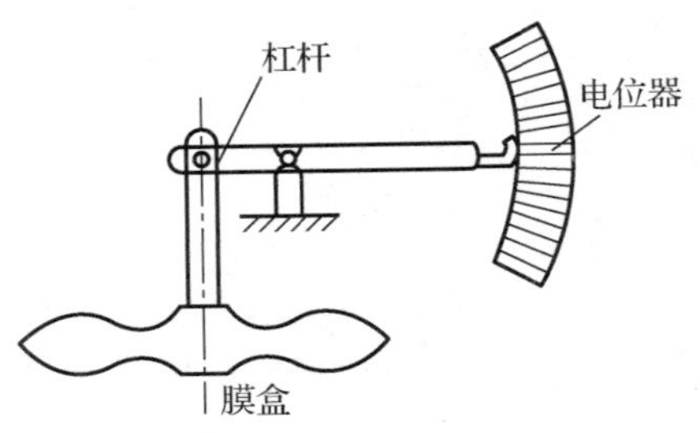

图 3-5　电位器式压力传感器结构

3.2　检测技术基础

在科学技术高度发达的现代社会中，人类已进入瞬息万变的信息时代。人类在从事工业生产和科学实验等活动中主要依靠对信息资源的开发、获取、传输和处理。传感器处于研究对象与测控系统的接口位置，是感知、获取与检测信息的窗口。一切科学实验和生产过程，特别是自动检测和自动控制系统要获取的信息都要通过传感器将其转换为容易传输与处理的电信号。

检测技术是科技领域的重要组成部分，可以说科技发展的每一步都离不开检测技术的配合，尤其是极端条件下的检测技术，已成为深化认识自然的重要手段。随着电子技术的快速发展，各种弱物理量(如弱光、弱电、弱磁、小位移、微温差、微电导、微振动等) 的测量有了长足的发展，其检测方法大都是通过各种传感器进行电量转换，以使测量对象转换成电量，基本方法有相关测量法、重复信号的时域平均法、离散信号的统计平均法及计算机处理法等。由于受弱信号本身的涨落、传感器本身及测量仪噪声等的影响，检测的灵敏度及准确性受到了很大的限制。

近年来，各国的科学家们对光声光热技术进行了大量广泛而深入的研究。人们通过检测声波及热效应便可对物质的力、热、声、光、磁等各种特性进行分析和研究，并且这种检测几乎适用于所有类型的试样，甚至还可以进行试样的亚表面无损检测和成像。同时，还由此派生出几种光热检测技术(如光热光偏转法、光热光位移法、热透射法、光声喇曼光谱法及光热释电光谱法等)。这些方法成功地解决了以往用传统方法所不易解决的难题，因而广泛应用于物理、化学、生物、医学、化工、环保、材料科学等领域，成为科学研究中十分重要的检测和分析手段。近年来，随着光声光热检测技术的不断发展，光声光热效应的含义也在不断拓宽，光源也由传统的光波、电磁波、X 射线、微波等扩展到电子束、离子束、同步辐射等，探测器也由原来的传声器扩展到压电传感器、热释电探测器及光敏传感器，从而可以满足不同应用场合的实际需要。

3.2.1　检测系统概述

在工程实践和科学实验中提出的检测任务是正确及时地掌握各种信息，大多数情况下是要获取被测对象信息的大小即被测量的大小。这样，信息采集的主要含义就是测量取得测量数据。“测量系统”这一概念是传感技术发展到一定阶段的产物。在工程中需要有传感器与多台仪表组合在一起才能完成信号的检测，这样便形成了测量系统。随着计算机技术及信息处理技术的发展，测量系统所涉及的内容也不断得以充实。

在人类的各项生产活动和科学实验中，为了了解和掌握整个过程的进展及最后结果，经常需要对各种基本参数或物理量进行检查和测量，从而获得必要的信息，并以之作为分析判断和决策的依据。因此，可以认为检测技术就是人类为了对被测对象所包含的信息进行定性了解和定量掌握所采取的一系列技术措施。

随着人类社会进入信息时代，以信息的获取、转换显示和处理为主要内容的检测技术已经发展成为一门完整的技术学科，其在促进生产发展和科技进步的广阔领域内发挥着重要作用。检测技术几乎已应用于所有的行业，它是多学科知识的综合应用，还涉及半导体技术、激光技术、光纤技术、声控技术、遥感技术、自动化技术、计算机应用技术，以及数理统计、控制论、信息论等近代新技术和新理论。

一个广义的检测系统一般由激励装置、测试对象、传感器、信号调理电路和信号分析与记录组成，如图 3-6 所示。

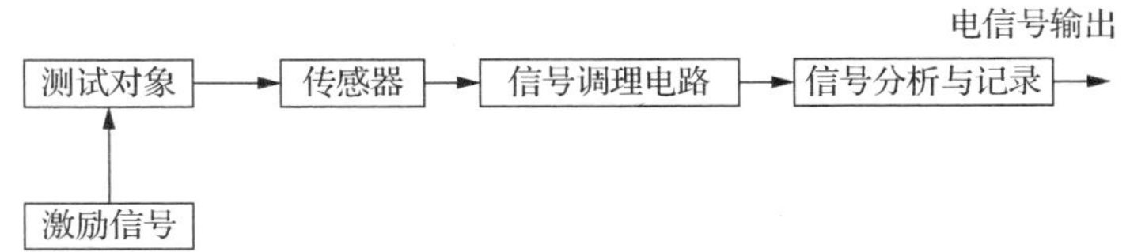

图 3-6　检测系统的组成

尽管现代检测仪器、检测系统的种类、型号繁多，用途、性能千差万别，但它们都可以用于各种物理或化学成分等参量检测，其组成单元可按信号传递的流程来区分。但通常由各种传感器(变送器)将非电被测物理或化学成分参量转换成电信号，然后经信号调理(包括信号转换、信号检波、信号滤波、信号放大等)、数据采集、信号处理、信号显示、信号输出(通常有 4～20 mA，经 D/A 变换和放大后的模拟电压、开关量、脉宽调制——PWM、串行数字通信和并行数字输出等)以及系统所需的交流稳压电源、直流稳压电源和必要的输入设备(如拨动开关、按钮、数字拨码盘、数字键盘等)，组成了一个完整的检测(仪器)系统。

3.2.2　检测技术分类

常见的检测技术有超声检测、涡流检测、声发射检测、红外检测、激光全息检测等。

1. 超声检测

超声检测的基本原理是：超声波是频率高于 20 kHz 的机械波，在超声探伤中常用的频率为 0.5～10 MHz，这种机械波在材料中能以一定的速度沿一定的方向传播，遇到声阻抗不同的异质界面(如缺陷或被测物件的底面等)就会产生反射、折射和波形转换。这种现象可被用来进行超声波探伤，最常用的是脉冲反射法，原理如图 3-7 所示，探伤时，脉冲振荡器发出的电压加在探头上(用压电陶瓷或石英晶片制成的探测元件)，探头发出的超声波脉冲通过声耦合介质(如机油或水等)进入材料并在其中传播，遇到缺陷后，部分反射能量

沿原途径返回探头，探头又将其转变为电脉冲，经放大器放大并显示在示波管的荧光屏上。根据缺陷反射波在荧光屏上的位置和幅度(与参考试块中人工缺陷的反射波幅度做比较)，即可测定缺陷的位置和大致尺寸。除反射法外，还有用另一探头在工件另一侧接收信号的穿透法以及使用连续脉冲信号进行检测的连续法。利用超声法检测材料的物理特性时，还经常利用超声波在工件中的声速、衰减和共振等特性。

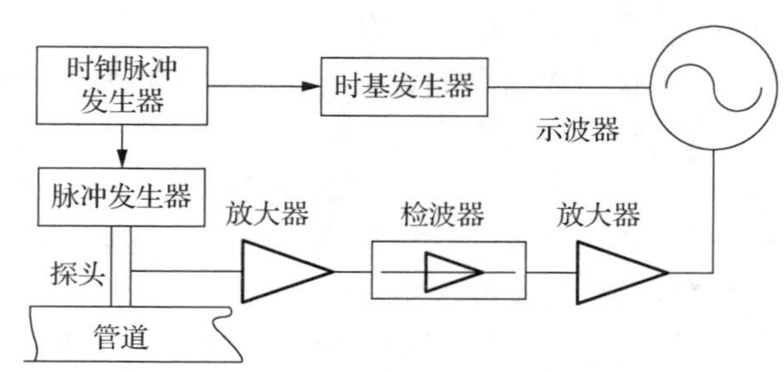

图 3-7 超声检测原理

超声检测主要应用于对金属板材、管材和棒材，铸件、锻件和焊缝以及桥梁、房屋建筑等混凝土构建的检测。

2. 涡流检测

涡流检测的基本原理如图 3-8 所示。当交变磁场靠近导体(被检件)时，由于电磁感应在导体中将感生出密闭的环状电流，即涡流。该涡流受激励磁场(电流强度、频率)、导体的电导率和磁导率、缺陷(性质、大小、位置)等许多因素的影响，并反作用于原激发磁场，使其阻抗等特性参数发生变化，从而指示缺陷的存在与否。

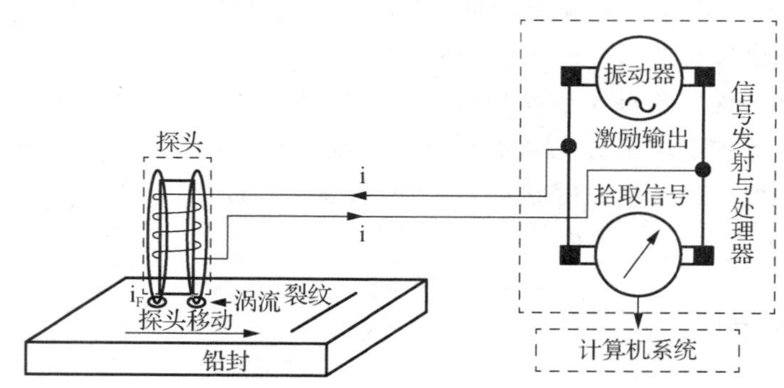

图 3-8 涡流检测基本原理

涡流检测有以下优点。

(1) 检测线圈不需要接触工件，也不需要耦合剂，对管、棒、线材易于实现高速、高效率的自动化检测；也可在高温下进行检测，或对工件的狭窄区域及深孔壁等探头可到达的深远处进行检测。

(2) 对工件表面及近表面的缺陷有很高的检测灵敏度。

(3) 采用不同的信号处理电路，抑制干扰，提取不同的涡流影响因素，涡流检测可用于电导率测量、膜层厚度测量及金属薄板厚度测量。

(4) 由于检测信号是电信号，所以可对检测结果进行数字化处理，然后存储、再现及数据处理和比较。

涡流检测主要应用于导电管材、棒材、线材的探伤和材料分选。

3. 声发射检测

声发射检测的基本原理如图 3-9 所示。声发射检测是指利用材料内部因局部能量的快速释放(缺陷扩展、应力松弛、摩擦、泄漏、磁畴壁运动等)而产生的弹性波，用声发射传感器及二次仪表获取该弹性波，从而对试样的结构完整性进行检测。

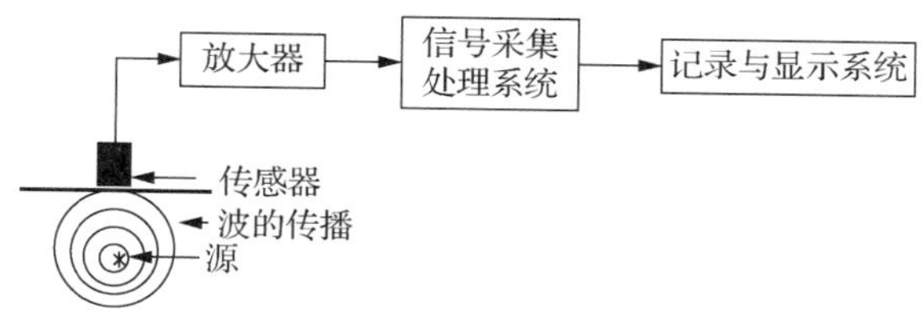

图 3-9　声发射检测基本原理

声发射检测主要应用于锅炉、压力容器、焊缝等试件中的裂纹检测；隧道、涵洞、桥梁、大坝、边坡、房屋建筑等的在役检(监)测。

4. 红外检测

红外检测的基本原理如图 3-10 所示。红外检测是指用红外点温仪、红外热像仪等设备，测取目标物体表面的红外辐射能，并将其转变为直观形象的温度场，再通过观察该温度场的均匀与否，推断目标物体表面或内部是否有缺陷。

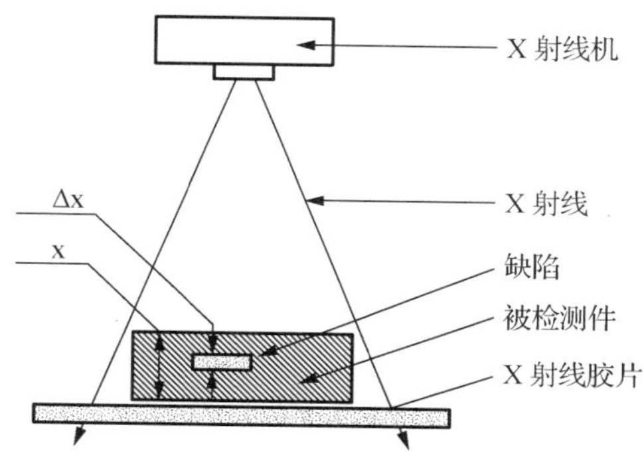

图 3-10　红外检测的基本原理

红外检测主要应用于电力设备、石化设备、机械加工过程检测、火灾检测以及农作物优种、材料与构件中的缺陷无损检测。

5. 激光全息检测

激光全息检测的原理如图 3-11 所示。激光全息检测是利用激光全息照相来检验物体表面和内部的缺陷。它是将物体表面和内部的缺陷，通过外部加载的方法，使其在相应的物体表面造成局部变形，用激光全息照相来观察和比较这种变形，然后判断出物体内部的缺陷。

激光全息检测主要应用于航空、航天以及军事等领域，可对一些常规方法难以检测的

零部件进行检测。此外，在石油化工、铁路、机械制造、电力电子等领域也获得了越来越广泛的应用。

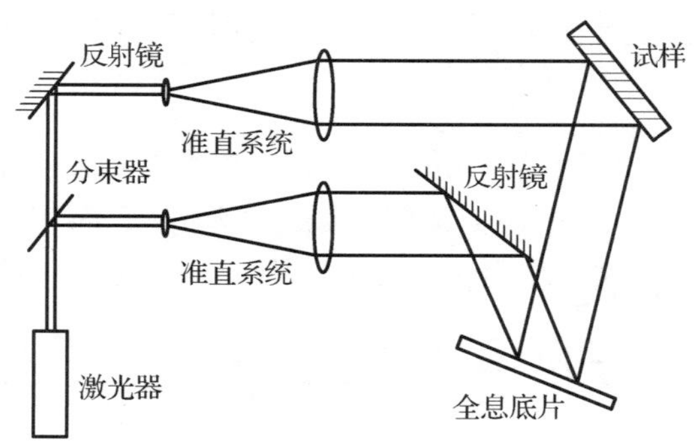

图 3-11　激光全息检测原理

无损检查目视检测范围如下。

(1) 焊缝表面缺陷检查。检查焊缝表面裂纹、未焊透及焊漏等焊接质量。

(2) 内腔检查。检查表面裂纹、起皮、拉线、划痕、凹坑、凸起、斑点、腐蚀等缺陷。

(3) 状态检查。当某些产品(如涡轮泵、发动机等)工作后，按技术要求规定的项目进行内窥检测。

(4) 装配检查。当有要求和需要时，使用同三维工业视频内窥镜对装配质量进行检查；装配或某一工序完成后，检查各零部组件装配位置是否符合图样或技术条件的要求；是否存在装配缺陷。

(5) 多余物检查。检查产品内腔残余内屑、外来物等多余物。

3.2.3　检测系统组成

一个完整的检测系统一般由各种传感器(将非电被测物理或化学成分参量转换成电信号)、信号调理(包括信号转换、信号检波、信号滤波、信号放大等)、数据采集、信号处理、信号记录、信号显示、信号输出以及系统所需的交流稳压电源、直流稳压电源和必要的输入设备(如拨动开关、按钮、数字拨码盘、数字键盘等)组成，如图 3-12 所示。

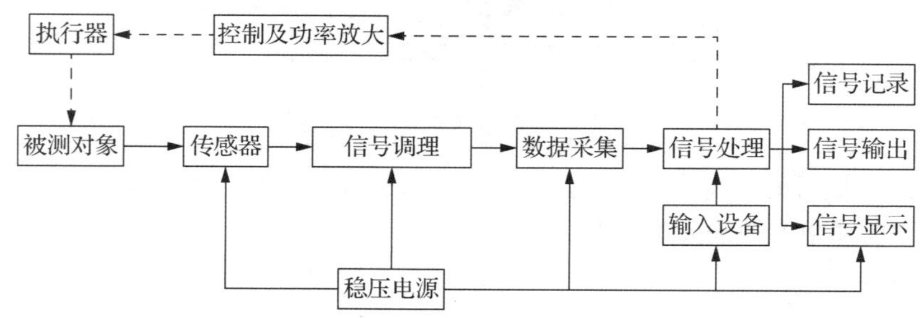

图 3-12　检测系统组成

1. 传感器

传感器是检测系统与被测对象直接发生联系的器件或装置。它的作用是感受指定被测

参量的变化并按照一定规律转换成一种相应的便于传递的输出信号。传感器通常由敏感元件和转换部分组成；其中，敏感元件为传感器直接感受被测参量变化的器件，转换器件的作用通常是将敏感元件输出的信号转换为便于传输和后续处理的电信号。

例如，半导体应变片式传感器能感受到被测对象受力后微小的变形，通过一定的桥路转换成相应的电压信号输出。这样，通过测量传感器输出电压便可知道被测对象的受力情况。这里应该说明，并不是所有的传感器均可清楚、明晰地区分敏感和转换两部分；有的传感器已将两部分合二为一，也有的仅有敏感元件(如热电阻、热电偶)，无转换部分，但人们仍习惯称其为传感器(如人们习惯称热电阻、热电偶为温度传感器)。

因传感器种类繁多，故其分类方法也较多。主要有按被测参量分类(如温度传感器、湿度传感器、位移传感器、加速度传感器、荷重传感器等)、按传感器转换机理(即工作原理)分类(如电阻式、电容式、电感式、压电式、超声波式、霍尔式等)和按输出信号分类(分为模拟式传感器和数字式传感器两大类)等。采用按被测参量分类有利于人们按照目标对象的检测要求选用传感器，而采用按传感器转换机理分类有利于对传感器进行研究和试验。

传感器作为检测系统的信号源，其性能的好坏将直接影响检测系统的精度和其他指标，是检测系统中十分重要的环节。本文主要介绍工程上涉及面较广、应用较多、需求量大的各种物理量、化学成分量，常用和先进的检测技术与实现方法，以及如何选用合适的传感器，对传感器要求了解其工作原理、应用特点，而对如何提高现有各种传感器本身的技术性能，以及设计开发新的传感器则不做深入研究。通常检测仪器、检测系统设计师对传感器有以下所述各种要求。

(1) 准确性。传感器的输出信号必须准确地反映其输入量，即被测量变化。因此，传感器的输出与输入关系必须是严格的单值函数关系，且最好是线性关系。

(2) 稳定性。传感器输入、输出的单值函数关系最好不随时间和温度而发生变化，受外界其他因素的干扰应当很小，并且重复率要高。

(3) 灵敏度，即要求被测参量较小的变化就可使传感器获得较大的输出信号。

(4) 其他，如耐腐蚀性好、低能耗、输出阻抗小和售价相对较低等。

各种传感器输出信号形式也不尽相同，通常有电荷、电压、电流、频率等；在设计检测系统、选择传感器时对此也应给予重视。

2. 信号调理

信号调理在检测系统中的作用是对传感器输出的微弱信号进行检波、转换、滤波、放大等，以方便检测系统后续处理或显示。例如，工程上常见的热电阻型数字温度检测(控制)仪表，其传感器 Pt100 输出信号为热电阻值的变化，为便于后续处理，通常需设计一个四臂电桥，把随被测温度变化的热电阻阻值转换成电压信号；信号中往往夹杂着 50 Hz 工频等噪声电压，故其信号调理电路通常包括滤波、放大、线性化等环节。

如果需要远传，通常将 D/A 或 V/I 电路获得的电压信号转换成标准的 4～20 mA 电流信号后再进行远距离传送。检测系统种类繁多，复杂程度差异很大，信号的形式也多种多样，各系统的精度、性能指标要求各不相同，它们所配置的信号调理电路的多寡也不尽一致。对信号调理电路的一般要求有以下两点。

(1) 能准确转换、稳定放大、可靠地传输信号。

(2) 信噪比高，抗干扰性能良好。

3. 数据采集

数据采集(系统)在检测系统中的作用是对信号调理后的连续模拟信号离散化并转换成与模拟信号电压幅度相对应的一系列数值信息，同时以一定的方式把这些转换数据及时传递给微处理器或依次自动存储。数据采集系统通常以各类模/数(A/D)转换器为核心，辅以模拟多路开关、采样/保持器、输入缓冲器、输出锁存器等。数据采集系统主要的性能指标有以下几点。

(1) 输入模拟电压信号范围，单位为V。

(2) 转换速度(率)，单位为次/s。

(3) 分辨率，通常以模拟信号输入为满度时的转换值的倒数来表征。

(4) 转换误差，通常指实际转换数值与理想 A/D 转换器理论转换值之差。

4. 信号处理

信号处理模块是现代检测仪表、检测系统进行数据处理和各种控制的中枢环节，其作用与功能和人的大脑类似。现代检测仪表、检测系统中的信号处理模块通常以各种型号的单片机、微处理器为核心来构建，对高频信号和复杂信号的处理有时需增加数据传输和运算速度快、处理精度高的专用高速数据处理器(DSP)或直接采用工业控制计算机。

当然由于检测仪表、检测系统种类和型号繁多，被测参量不同、检测对象和应用场合不同，用户对各检测仪表的测量范围、测量精度、功能的要求差别也很大。对检测仪表、检测系统的信号处理环节来说，只要能满足用户对信号处理的要求，则越简单越可靠、成本越低越好。

对一些容易实现、传感器输出信号大，用户对检测精度要求不高、只要求被测量不要超过某一上限值，一旦越限将送出声(喇叭或蜂鸣器)、光(指示灯)信号即可的检测仪表的信号处理模块，往往只需设计一个可靠的比较电路，比较电路一端为被测信号，另一端为表示上限值的固定电平；当被测信号小于设定的固定电平值，比较器输出为低，声、光报警器不动作，一旦被测信号电平大于固定电平，比较器翻转，经功率放大即可驱动扬声器、指示灯动作。这种系统的信号处理很简单，只要一片集成比较器芯片和几个分立元件就可构成。

但对于像热处理炉的炉温检测、控制系统来说，其信号处理电路就比较复杂了。因为热处理炉炉温测控系统，用户不仅要求系统高精度地实时测量炉温，而且需要系统根据热处理工件的热处理工艺制定的时间-温度曲线进行实时控制(调节)。

5. 信号显示

通常人们都希望及时知道被测参量的瞬时值、累积值或其随时间的变化情况。因此，各类检测仪表和检测系统在信号处理器计算出被测参量的当前值后通常均需送各自的显示器做实时显示。显示器是检测系统与人联系的主要环节之一，显示器一般可分为指示式、数字式和屏幕式三种。

(1) 指示式显示器，又称模拟式显示器。被测参量数值大小由光指示器或指针在标尺上的相对位置表示。有形的指针位移用于模拟无形的指针被测量是较方便、直观的。指示

式仪表有动圈式和动磁式多种形式，但均有结构简单、价格低廉、显示直观的特点，在检测精度要求不高的单参量测量显示场合应用较多。指针式仪表存在一定程度的指针驱动误差、标尺刻度误差，这种仪表读数精度和仪器的灵敏度等受标尺最小分度的限制，如果操作者在读仪表示值时站位不当就会产生主观读数误差。

(2) 数字式显示器。以数字形式直接显示出被测参量数值的大小；在正常情况下，数字式显示器可以彻底消除显示驱动误差，能有效地克服读数的主观误差，相对指示式仪表，提高了显示和读数的精度，还能方便地与计算机连接并进行数据传输。因此，各类检测仪表和检测系统正越来越多地采用数字式显示方式。

(3) 屏幕式显示器。这种显示器实际上是一种类似电视的显示方法，具有形象性和易于读数的优点，又能同时在同一屏幕上显示一个或多个被测量的(大量数据式)变化曲线，有利于对它们进行比较、分析。屏幕显示器一般体积较大，价格与普通指示式显示器和数字式显示器相比要高得多；其显示通常需由计算机控制，对环境温度、湿度等指标要求较高，在仪表控制室、监控中心等环境条件较好的场合使用较多。

6. 信号输出

在许多情况下，检测仪表和检测系统在信号处理器计算出被测参量的瞬时值后，除送显示器进行实时显示外，通常还需把测量值及时传送给控制计算机、可编程控制器 (PLC) 或其他执行器、打印机、记录仪等，从而构成闭环控制系统或实现打印(记录)输出。检测仪表和检测系统信号输出通常有 4～20 mA。经 D/A 变换和放大后的模拟电压、开关量、脉宽调制——PWM、串行数字通信和并行数字输出等多种形式，究竟采用哪种形式需根据测控系统的具体要求确定。

7. 输入设备

输入设备是操作人员和检测仪表或检测系统联系的另一主要环节，用于输入设置参数、下达有关命令等。最常用的输入设备是各种键盘、拨码盘、条码阅读器等。

近年来，随着工业自动化、办公自动化和信息化程度不断提高，通过网络或各种通信总线利用其他计算机或数字化智能终端，实现远程信息和数据输入方式的现象越来越普遍。最简单的输入设备是各种开关、按钮；模拟量的输入、设置往往借助电位器进行。

8. 稳压电源

一个检测仪表或检测系统往往既有模拟电路部分，又有数字电路部分，通常需要多组幅值大小要求各异但均需稳定的电源。这类电源在检测系统使用现场一般无法直接提供，通常只能提供交流 220 V 工频电源或+24 V 直流电源。检测系统的设计者需要根据使用现场的供电电源情况及检测系统内部电路的实际需要，统一设计各组稳压电源，给系统各部分电路和器件分别提供它们所需的稳定电源。

3.3　典型传感器的选择

如果将计算机比喻为人的大脑，传感器比喻为人的感觉器官，那么功能正常的感觉器官，会迅速准确地采集与转换获得的外界信息将其送往大脑，使大脑发挥应有的作用。自

动化程度越高，对传感器的依赖性就越大。现代信息技术的基础是信息采集、信息传输与信息处理，它们就是传感器技术、通信技术和计算机技术。传感器在信息采集系统中处于前端，它的性能将影响整个系统的工作效率和质量。

传感器的重要性还体现在各个学科领域的广泛应用。如工业、农业、军事工程、航天技术、机器人技术、资源探测、海洋开发、环境监测、安全保卫、医疗诊断、家用电器等领域。

随着现代自动化技术的迅猛发展，传感器的应用越来越多。传感器是一种检测装置，能感受到被测量的信息，并能将检测感受到的信息，按一定规律变换成为电信号或其他所需形式的信息输出，以满足信息的传输、处理、存储、显示、记录和控制等要求。传感器的类别有千万种，细分的话就只有我们常见的 10 种传感器，以下将对这几种传感器进行逐一介绍。

3.3.1　磁检测传感器

1. 原理

磁检测传感器是把磁场、电流、应力应变、温度、光等外界因素引起敏感元件磁性能变化转换成电信号，以这种方式来检测相应物理量的器件。磁检测传感器可分为三类，即指南针、电流传感器、位置传感器。①指南针：地球会产生磁场，如果可以测量地球表面磁场就可以做指南针。②电流传感器：电流传感器也是磁场传感器，图 3-13 所示为电流传感器的原理图。电流传感器可以用在家用电器、智能电网、电动车、风力发电等方面。③位置传感器：如果一个磁体和磁检测传感器相互之间有位置变化，这个位置变化是线性的就是线性传感器，如果是转动的就是转动传感器。

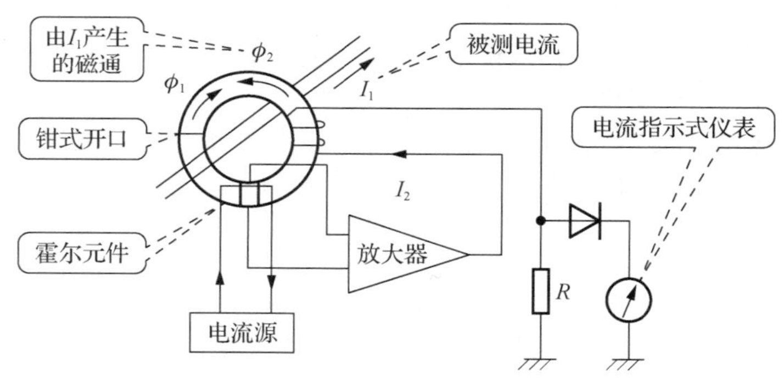

图 3-13　电流传感器原理

2. 特点及应用领域

(1) 高灵敏度。被检测信号的强度越来越弱，这就需要磁性传感器灵敏度得到极大提高。应用领域包括电流传感器、角度传感器、齿轮传感器、太空环境测量等。

(2) 温度稳定性。更多应用领域的传感器的工作环境越来越严酷，这就要求磁检测传感器必须具有很好的温度稳定性，行业应用包括汽车电子行业等。

(3) 抗干扰性。很多领域里传感器的使用环境没有任何屏蔽，因此要求传感器本身具

有很好的抗干扰性，应用领域包括汽车电子、水表等。

(4) 小型化、集成化、智能化。要想满足这几项需求，就需要芯片级的集成、模块级集成以及产品级集成。

(5) 高频特性。随着应用领域的拓展，对传感器工作频率的要求也越来越高，应用领域包括水表、汽车电子行业、信息记录行业等。

(6) 低功耗。很多领域要求传感器本身的功耗极低，这样可以延长传感器的使用寿命，其主要应用在植入身体内磁性生物芯片、指南针等方面。

3. 磁检测传感器的产业应用

1) 电机工业

无刷电动机具有体积小、重量轻、效率高、调速方便、维护少、寿命长、不产生电磁干扰等一系列优点，年需求量数以亿计。

在无刷电动机中，多用磁检测传感器来做转子磁极位置传感和定子电枢电流换向器。许多磁检测传感器，例如霍尔器件、威根德器件、磁阻器件等都可以使用，但被大量使用的主要是霍尔器件。

电机的转速检测和控制使用了旋转编码器，过去多使用光编码器。磁编码器的使用显示出越来越多的优点，其正在逐渐取代光学器件。使用磁检测传感器还可以对电机进行过载保护(主要用霍尔电流传感器)及转矩检测。

2) 电力电子技术

电力电子技术是电力技术和电子技术的结合，可实现交流、直流电流的相互变换，并可在所需的范围内实现电流、电压和频率的自由调节。采用这些技术的产品，可做成各种特殊电源(如 UPS、高频电源、开关电源、弧焊机逆变电源等)和交流变频器等产品(交流变频器用于电机调速，节能效果极好)。这些变流装置的核心是大功率半导体器件。以磁检测传感器为基础的各种电流传感器被用来监测、控制和保护这些大功率器件。霍尔电流传感器响应速度快，且依靠磁场和被控电路耦合，不接入主电路，因而功耗低，抗过载能力强，线性好，可靠性高，既可作为大功率器件的过流保护驱动器，又可作为反馈器件，成为自控环路的一个控制环节。使用变流技术可以大量节能，国外使用的电能 95%是经过变换而来的，国内变流技术虽已受到高度重视，但仅有 5%的电能经过这种变换，可见在这方面我国具有巨大的应用前景。其中，可能吸纳大量的电流传感器，是磁检测传感器的又一巨大的产业性应用领域。

3) 能源管理

电网的自动检测系统需采集大量的数据，经计算机处理之后，对电网的运行状况实施监控，并进行负载的分配调节和安全保护。自动监控系统的各个控制环节，都可用以磁检测传感器为基础的电流传感器、互感器等来实现。霍尔电流传感器已逐步在电网系统中得到应用。用霍尔器件做成的电度表已从研制逐步转向实用化，它们可自动计费并可显示功率因数，以便随时进行调整，保证高效用电。

4) 计算机技术与信息读写磁头

磁信息记录装置除磁带、磁盘等之外，还有磁卡、磁墨水记录账册、钞票的磁记录等，对磁信息存储和读出传感器有巨大需求。感应磁头、薄膜磁阻磁头、非晶磁头等都已

被大量地使用。随着记录密度的提高，例如，高到 100 GB 字节，需要更高灵敏度和空间分辨力的磁头。以多层金属薄膜为基础的巨磁阻磁头、用非晶合金丝制作的非晶合金磁头、巨磁阻抗磁头等正展开激烈的竞争。

5) 汽车工业

在汽车的制造行业，一般会使用大量的电机(高级汽车每辆需 40～60 台电机，一般汽车也需 15 台，这些电机呈现无刷化趋势)，其中使用磁检测传感器的数量之大，不言而喻；另一个大量使用磁检测传感器的是汽车的 ABS 系统(防抱死制动系统)，平均每台汽车要使用 4～6 个速度传感器，主要使用的是感应式速度传感器。正在逐步推广的新型霍尔齿轮传感器，以及威氏器件、非晶器件、磁阻器件等也即将进入这一领域。

另外是汽车发动机系统点火定时用的速度传感器及点火器。这些方面也主要使用感应传感器。霍尔齿轮传感器和霍尔片开关已经在一些车型中使用。据霍尼威尔公司报道，截至 1996 年 6 月，他们已向汽车工业供应了 8000 万只霍尔翼片开关和 300 万只霍尔齿轮速度传感器。而在今天，单一辆汽车就采用了 20～30 个像霍尔传感器那样的磁检测传感器。

另外，在工业自动控制、机器人、办公自动化、家用电器及各种安全系统等领域，除大量使用无刷直流电机、交流变频器等之外，在电冰箱、空调器、电饭煲等装置中，也同样使用了大量的磁性温度控制器，20 世纪 80 年代中期其使用量已经超过数亿只。

3.3.2 光照度传感器

1. 原理

光照度传感器是将光照度大小转换成电信号的一种传感器，输出数值计量单位为 Lux。光照度传感器在多个行业中都有一定的应用，如农业大棚、大街上的路灯以及自动化气象站等环境的光照度监测。从工作原理上讲，光照度传感器采用热点效应原理，这种传感器使用了对弱光性有较高反应的探测部件，这些感应元件就像相机的感光矩阵一样，内部有绕线电镀式多接点热电堆，其表面涂有高吸收率的黑色涂层，热接点在感应面上，而冷接点则位于机体内，冷、热接点产生温差电势。在线性范围内，输出信号与太阳辐照度成正比。透过滤光片的可见光照射到光敏二极管，光敏二极管根据可见光照度大小转换成电信号，然后电信号会进入传感器的处理器系统，从而输出需要得到的二进制信号。

2. 特点

光照度传感器采用对弱光也有较高灵敏度的硅兰光伏探测器作为主要部件；具有测量范围宽、线性度好、防水性能好、使用方便、便于安装、传输距离远等特点，适用于各种场所，尤其适用于农业大棚、城市照明等场所。根据不同的测量场所，配合不同的量程，线性度好、防水性能好、可靠性高、结构美观、安装使用方便、抗干扰能力强。

3. 应用场景

1) 条形码扫描笔

当扫描笔头在条形码上移动时，若遇到黑色线条，发光二极管的光线将被黑线吸收，

光敏三极管接收不到反射光，呈高阻抗，处于截止状态。当遇到白色间隔时，发光二极管所发出的光线被反射到光敏三极管的基极，光敏三极管产生光电流而导通。整个条形码被扫描过之后，光敏三极管将条形码转换成一个个电脉冲信号，该信号经放大、整形后便形成脉冲列，再经计算机处理，即可完成对条形码信息的识别。

2) 产品计数器

产品在传送带上运行时，不断地遮挡光源到光电传感器的光路，使光电脉冲电路产生一个个电脉冲信号。产品每遮光一次，光电传感器电路便会产生一个脉冲信号，因此，输出的脉冲数即代表产品的数目，该脉冲经计数电路计数可由显示电路显示出来。

3) 光电式烟雾报警器

没有烟雾时，发光二极管发出的光线会进行直线传播，光电三极管无法接收信号。没有输出且有烟雾时，发光二极管发出的光线会被烟雾颗粒折射，使三极管接收到光线，此时便有信号输出并发出报警。

4) 测量转速

在电动机的旋转轴上涂上黑白两种颜色，其转动时反射光与不反射光就会交替出现，光电传感器相应地间断接收光的反射信号，并输出间断的电信号，再经放大器及整形电路放大整形输出方波信号，最后由电子数字显示器输出电机的转速。

5) 控制开关

根据光强的大小控制开关，这种原理常用于路灯的开闭。例如，当太阳光强时，关闭路灯，当太阳光弱时，打开路灯。

3.3.3　红外对射传感器

1. 原理

红外对射传感器的基本构造包括发射端、接收端、光束强度指示灯、光学透镜等。如图 3-14 所示，其侦测原理是利用红外发光二极管发射的红外射线，再经过光学透镜做聚焦处理，使光线传至很远距离，最后光线由接收端的光敏晶体管接收。当有物体挡住发射端发射的红外射线时，由于接收端无法接收到红外线，所以会发出警报。红外线是一种不可见光，而且会扩散，投射出去之后，在起始路径阶段会形成圆锥体光束，随着发射距离的增加，其理想强度与发射距离呈反平方衰减。当物体越过其探测区域时，会遮断红外射束并引发警报。

2. 特点

(1) 采用红外波段的射束，人视觉不可见，具有隐蔽的防卫方式，可使入侵者在不知不觉中触警。

(2) 独特的光学设计：光电射束可穿透多层玻璃，具有特殊的抗恶劣环境能力。

(3) 全密封防雨、雾、尘、虫等的一体化结构设计，使其能在恶劣的环境中正常工作。

(4) 良好的抗干扰特性：采用阻断所有红外脉冲编码射束为报警触发条件，当昆虫、落叶或小动物等通过红外防卫射束网时，由于不能完全遮断全部红外脉冲编码射束，所以不会产生误报警。

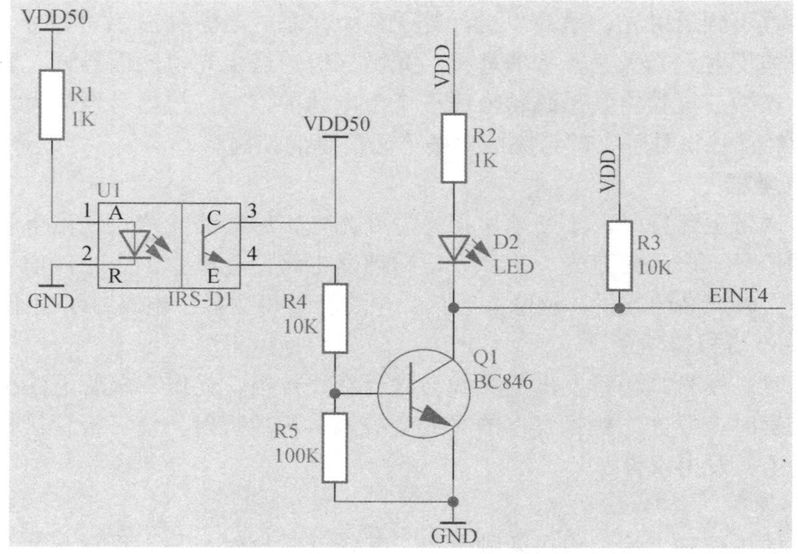

图 3-14　红外对射传感器电子示意

(5) 严密的防破坏能力：当红外接收端电源线或信号线被剪断时，报警信号输出电路将自动输出无线报警信号。

(6) 周界探测范围：由各个型号决定，最远距离可达 1 100 m。

(7) 防雷的电路设计。

3. 应用

(1) 红外对射传感器应用非常广泛，其中以报警应用最为普遍，常用于室外围墙报警，当物体越过其探测区域时，遮断红外射束就会引发警报。

(2) 红外对射传感器在称重软件中的应用：称重软件利用红外对射对过磅车辆不完全上磅进行检测，在地磅的四个边角处分别安装红外探测仪，能够检测车辆的轮胎是否超出地磅的边界，当超出边界时能够及时报警。该功能应与称重软件实现联动，一旦红外射束被遮挡，就应暂停称重。

3.3.4　人体接近传感器

1. 原理

人体接近传感器是以微波多普勒原理为基础，以平面型天线做感应系统，以微处理器做控制的一种感应器，多普勒效应就是当伽马射线、光和无线电波等振动源与观测者以相对速度相对运动时，观测者所收到的振动频率与振动源所发出的频率有所不同，即当有人靠近时，传感器会收到比出射波更高频率的反射波，从而触发传感器。

2. 特点

(1) 具有穿透墙壁和非金属门窗的功能，适用于监控系统隐蔽式内置安装。

(2) 探测人体接近距离远近可调，可调节半径为 0～5 m。

(3) 探测区域呈双扇形，覆盖空间范围大。

(4) 可对检测信号进行幅度和宽度双重比较，误报小。

(5) 有较高的环境温度适应性能，在−20℃～50℃环境条件下均不影响检测灵敏度。

(6) 接近传感器具有使用寿命长、工作可靠、重复定位精度高、无机械磨损、无火花、无噪声、抗震能力强等特点。

(7) 不受温度、湿度、噪声、气流、尘埃、光线等影响，适合恶劣环境。

(8) 抗射频干扰能力强。

3. 应用

人体接近传感器、人体活动监测器在银行取款机触发监控录像，航空、航天技术，保险柜以及工业生产中都有广泛的应用。在日常生活中，如宾馆、饭店、车库的自动门，以及自动热风机上都有应用。在安全防盗方面，如资料档案室、财务室、金融中心、博物馆、金库等重要场所，通常都装有由各种接近开关组成的防盗装置。在测量技术中，主要应用于长度、位置的测量；在控制技术中，如位移、速度、加速度的测量和控制，也都会使用大量的接近开关。

3.3.5 温湿度传感器

1. 原理

温度传感器一般有两种，一种是采用金属膨胀原理设计的传感器，如图 3-15 所示，这是一种双金属片温度传感器，当温度升高时，金属会发生变形，变形的程度代表温度的高低，这种变形能以电信号输出；另一种是利用电阻传感，金属随着温度变化，其电阻值也会发生变化，对于不同金属来说，温度每变化一度，其所引起的电阻值变化是不同的，而电阻值又可以直接作为输出信号。

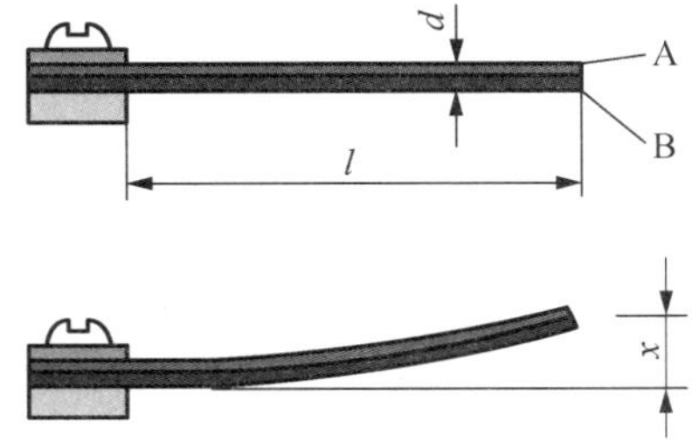

图 3-15　双金属片温度传感器

湿敏元件是最简单的湿度传感器。湿敏元件主要有电阻式、电容式两大类。湿敏电阻的特点是在基片上覆盖一层用感湿材料制成的膜，当空气中的水蒸气吸附在感湿膜上时，元件的电阻率和电阻值都会发生变化，利用这一特性即可测量湿度。湿敏电容一般是用高分子薄膜电容制成的，常用的高分子材料有聚苯乙烯、聚酰亚胺、酪酸醋酸纤维等。当环境湿度发生变化时，湿敏电容的介电常数就会发生变化，使其电容量也发生变化。其电容变化量与相对湿度成正比。

一般情况下，温度传感器和湿度传感器是一体化的，简称温湿度传感器，是一种装有湿敏和热敏元件，能够用来测量湿度和温度的传感器装置。

2. 特点

温湿度传感器具有体积小、重量轻、测量精度高、响应速度快等特点；具有极高的可靠性和卓越的长期稳定性；全量程标定，两线数字接口，可与单片机直接相连，大大缩短研发时间、简化外围电路并降低费用。此外，低能耗、可浸没、抗干扰能力强、温湿一体、兼有结露测量且性价比高等特点，使温湿度传感器能够适于多种场合的应用。

3. 应用

(1) 食品行业：温湿度对于食品储存来说至关重要，温湿度的变化会导致食物变质，引发食品安全问题，而温湿度的监控有利于相关人员进行及时的控制。

(2) 档案管理：纸制品对于温湿度极为敏感，不当的保存会严重降低档案保存年限，有了温湿度变送器再配上排风机、除湿器、加热器，便可保持稳定的温度，避免虫害、潮湿等对档案的侵袭。

(3) 温室大棚：植物的生长对温湿度的要求极为严格，在不适当的温湿度下，植物会停止生长甚至死亡，利用温湿度传感器，配合气体传感器、光照传感器等设备，便可组成一个数字化大棚温湿度监控系统，控制农业大棚内的相关参数，从而使大棚的效率达到极致。

(4) 动物养殖：各种动物在不同的温度下会表现出不同的生长状态，高质高产的目标要依靠适宜的环境来保障。

(5) 药品储存：根据国家相关要求，药品保存必须按照相应的温湿度进行控制。根据最新的 GMP 认证，对于一般的药品，其储存温度范围应为 0℃～30℃。

(6) 烟草行业：烟草原料在发酵过程中需要控制好温湿度，在现场环境方便的情况下可利用无线温湿度传感器监控温湿度，在环境复杂的场所，可利用 RS-485 等数字量传输的温湿度传感器进行检测，同时应控制烟包的温湿度，避免发生虫害，如果操作不当，则会造成原料的大量损失。

(7) 工控行业：主要用于暖通空调、机房监控等。楼宇中的环境控制通常也采用温度控制方式，对于用控制湿度达到最佳舒适环境的关注日益增多。

(8) 文物保护：文物博物馆的温湿度要求是非常苛刻的，因此必须利用温湿度传感器对温度、湿度进行 24 h 实时监测，而且这些数据必须及时传送给监控中心。一旦数值出现超出预设温湿度上、下限，监测主机就会立即报警，文物保护人员就能及时地采取有效措施来确保文物安全的周边环境。灵活的传感器探头可直接放置于测量点使用，无须布线，省时省力。

3.3.6 红外感应火焰传感器

1. 原理

火焰传感器是利用红外线对火焰非常敏感的特点，使用特制的红外线接收管来检测火焰。红外火焰传感器能够探测到波长在 700～1000 nm 范围内的红外光，探测角度为 60°，

其中红外光波长在 880 nm 附近时，其灵敏度达到最大。远红外火焰探头可将外界红外光的强弱变化转换为电流的变化，通过 A/D 转换器反映为 0～255 范围内数值的变化。外界红外光越强，数值越小；红外光越弱，数值越大。

2. 特点

红外线火焰传感器测量时不与被测物体直接接触，因而不存在磨损，并且有响应速度快、探测距离远、环境适应性好的优点。

红外线火焰传感器构造简单，因此可靠性高、成本低。

红外线火焰传感器精度高，能够发现人眼不可见的热源发出的红外线，从而在火势变大前报警，为人们安全提供保障。

3. 应用

火焰传感器利用红外线对火焰非常敏感的特点来检测火焰，然后把火焰的亮度转换为高低变化的电平信号，输入中央处理器中，中央处理器根据信号的变化进行相应的程序处理，一般应用于居民住宅、公共场所以及厂房的火灾防控。

3.3.7　声音传感器

1. 原理

声音传感器的作用相当于一个话筒(麦克风)。其可用于接收声波，显示声音的振动图像，但不能对噪声的强度进行测量。该传感器内置一个对声音敏感的电容式驻极体话筒，声波只要使话筒内的驻极体薄膜振动，就会导致电容的变化，而产生与之对应变化的微小电压。这一电压随后会被转换成 0～5 V 的电压，经过 A/D 转换被数据采集器接收，并传送给计算机。

2. 应用

(1) 日常生活：声音传感器对声音信号采样后，可应用到话筒、录音机、手机等器件中。声控照明灯内装有音频传感器，此时只要有人发出摩擦音 1 s，墙上的照明灯就会自动点亮 10 s 左右；声控电视机，可识别人的指令，并做出相应操作，比如控制电视的开关及换台，并且可以同时存储并识别两个人的声音。

(2) 工业：声音传感器利用的是锆钛酸铅 PZT 压电陶瓷在电能与机械能之间相互转换的正、逆压电效应，即对压电陶瓷施加电信号，便可使其产生机械振动而发射超声波，当超声波在空气传播途中碰到障碍物立即被反射回来，作用于它的陶瓷时，则会有电信号输出，通过数据处理时间差测距，来计算显示车与障碍物的距离。这种传感器多用作汽车倒车防撞报警器装置；缝纫设备生产厂家大部分已采用电子检测仪器声响检验何处是机器最大声源的产生处，测定零部件受力大小、振动大小等。

(3) 军事：声音传感器可利用声波确定密闭集装箱内的材料化学组成，以此保障港口的安全。还可防御狙击手的袭击，声音传感系统能对狙击火力进行定位和分类，并提供狙击火力的方位角、仰角、射程、口径和误差距离。

(4) 医疗：光纤麦克风具有对磁场天然的抗干扰能力，可以应用于核磁共振成像的通

信，是唯一在核磁共振成像扫描时可以在病人和医生之间进行通信的麦克风。多用于助听器、听诊器，测脉搏、血压等。

在医学上，声音传感器主要应用于助听器，所有的助听器都有一定的共性——它们都是采用不同的方式来增加音量，以满足人的听力需求。它们可以让微弱的声音也能听得见，同时让中度或重度声音变得更舒适。没有哪个助听器可以解决所有的听力问题或让人的听力还原到正常，但它们却可以让人听得更清楚。传统助听器的工作原理是传声器(麦克风)把接收到的声信号转换成电信号送入放大器，放大器将此电信号进行放大，再输送至受话器(耳机)，后者再将电信号转换成声信号。此时的声信号比之传声器接收的信号就强多了，这样，就可以在不同程度上弥补耳聋者的听力损失。

3.3.8 烟雾传感器

1. 原理

烟雾传感器由光电感烟器件制成。光电感烟是利用起火时产生的烟雾能够改变光的传播这一特性研制的。烟雾传感器可分为离子式烟雾传感器、光电式烟雾传感器、气敏式烟雾传感器。

(1) 离子式烟雾传感器：该烟雾传感器内部采用离子式烟雾传感，离子式烟雾传感器是一种技术先进、工作稳定可靠的传感器，被广泛运用到各消防报警系统中，性能远优于气敏电阻类的火灾报警器。

(2) 光电式烟雾传感器。光电式烟雾传感器内有一个光学迷宫，安装有红外对管，无烟时红外接收管收不到红外发射管发出的红外光，当烟尘进入光学迷宫时，通过折射、反射，接收管接收到红外光，智能报警电路判断是否超过阈值，如果超过则发出警报。光电式烟雾探测器可分为减光式光电烟雾探测器和散射光式光电烟雾探测器，减光式光电烟雾探测器的检测室内装有发光器件及受光器件。在正常情况下，受光器件可接收到发光器件发出的一定光量，如图 3-16 所示。而在有烟雾充满感应窗口时，发光器件的发射光会受到烟雾的遮挡，使受光器件接收的光量减少，光电流降低，探测器就会发出报警信号。散射光式光电烟雾探测器的检测室内也装有发光器件和受光器件。在正常情况下，受光器件接收不到发光器件发出的光，因而不产生光电流；在发生火灾时，当烟雾进入检测室时，由于烟粒子的作用，使发光器件发射的光产生漫射，这种漫射光被受光器件接收后，会使受光器件的阻抗发生变化，产生光电流，从而实现了烟雾信号转换为电信号的功能，探测器收到信号然后判断是否需要发出报警信号。

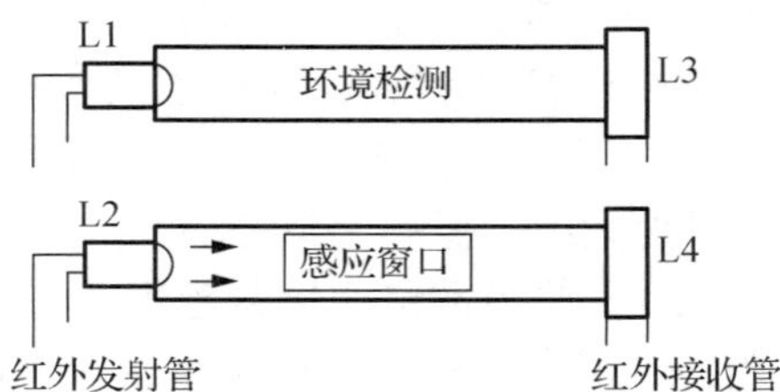

图 3-16　烟雾检测原理

(3) 气敏式烟雾传感器：这是一种检测特定气体的传感器，它主要有半导体气敏传感器、接触燃烧式气敏传感器和电化学气敏传感器等类型，其中用得最多的是半导体气敏传感器。它可用于一氧化碳气体的检测、瓦斯气体的检测、煤气的检测、氟利昂(R11、R12)的检测、呼气中乙醇的检测等。它可将气体种类及其与浓度有关的信息转换成电信号，根据这些电信号的强弱就可以获得与待测气体在环境中的存在情况有关的信息，从而可以进行检测、监控、报警；还可以通过接口电路与计算机组成自动检测、控制和报警系统。

2. 特点

烟雾传感器采用特殊防潮设计，防潮能力强，具有手动测试、手动复位功能，方便调试等特点，工作性能稳定可靠，能够防尘、防虫、抗外界光线干扰。

3. 应用

烟雾传感器多用于烟雾报警，它的构造很简单，因为所有的烟雾报警器都是由一台用来检测烟雾的感应传感器和一只声音非常响亮的电子扬声器组成，一旦发生危险可以及时警醒人们。烟雾检测传感器将信号传递给接收主机，将报警信息传递出去。烟雾传感器被广泛应用在城市安防、小区、工厂、公司、学校、家庭、别墅、仓库、资源、石油、化工、燃气输配等众多领域。

3.3.9　结露传感器

1. 原理

电容式水蒸气传感器是最广泛的商业化结露传感器，在今天的市场中，主要是用于针对衡量对象的相对湿度，其核心元件是薄膜电容式湿度传感器。其中的感湿电阻薄膜是由树脂和导电粒子形成的感湿膜，当水分被吸着时，可使导电粒子间隔扩大而使电阻急速上升。结露传感器和其他的湿度传感器不同，它的感湿性能在低湿范围时变化不明显，但相对湿度达 94% RH 以上时，电阻将急速增加，到相对湿度达 100% RH 时，电阻值趋向∞，此时称为结露。

2 .特点

结露传感器在宽范围内的湿度和温度条件下具有良好的灵敏度；具有响应时间短、良好的重复性、迟滞小等优点，能适应恶劣环境(如污染物、磁场、辐射)；成本低；体积小，容易集成。

3. 应用

在气象探测领域。获取的湿度数据不但是了解和分析天气变化极其重要的依据，也是气候变化预估等科学研究必不可少的资料。其准确性和实时性直接影响到气候系统的分析和预报。空气湿度是表示大气干燥程度的物理量。在一定的温度下，一定体积的空气中如果含有的水汽越少，那么空气越干燥；如果含有的水汽越多，那么空气越潮湿。这种空气的干湿程度叫作“湿度”。空气湿度常用绝对湿度、相对湿度以及结露温度等物理量来表示。其中，结露温度是可以直观地表示当前大气环境下湿度的物理量，单位用摄氏度表示。如果给定的空气在水汽压不变的条件下逐渐冷却，当大气环境温度达到某一温度值时，空气的水汽压即可达到该温度下的饱和蒸汽压，此时空气在相对环境不改变的条件下进行冷却，同时在当前环境中有一个光洁的平面，水汽就会在这个平面上结露，此时温度即可称为当前环境下的结露温度。作为表示大气湿度的一个重要物理量，其测量准确性与精确性对于大气气候系统的预报与预测有不可或缺的重要意义，精确测量结露温度不但可用于提高天气预报精度，在气候变化研究领域也尤为重要。

在工业领域。用露点变送器监测露点不仅可以防止凝露对机器或者管道造成损坏，也能达到节能、提高经济效益的目的。许多工业领域需要使用干燥机，该机的原理是通过加热干燥空气进行再生，这一过程非常耗费能源。通过监测干燥空气的露点值，可以调节干燥机的再生温度，避免温度太高利用过度又浪费了能源。该技术在压缩机、电力、医药、电池、天然气管道、加气站、压缩空气系统、干燥机、干燥空分等行业有广泛应用。

3.3.10 酒精检测传感器

1. 原理

酒精检测传感器的主要器件就是一个与酒精气体浓度变化相关的变阻器。当具有 N 型导电性的氧化物暴露在大气中时，由于氧气的吸附而会减少其内部的电子数量而使其电阻增大。其后如果大气中存在某种特定的还原性气体，如酒精，它将与吸附的氧气发生化学反应，从而使氧化物内的电子数增加，导致氧化物电阻减小，并将酒精浓度转换成电信号输出。

2. 特点

酒精检测传感器具有长寿命、低成本、驱动电路简单、对酒精气体具有良好的灵敏度、体积小、功耗低、响应恢复快、温湿度影响小等特点。

3. 应用

常用于人员酒精检测，如判断是否酒后驾车。通常酒后驾车的检测方法有两种，一种是检测人体的血液酒精浓度，另一种是检测呼气酒精浓度。从理论上说，要判断是否酒后驾驶，最准确的方法应该是检查驾驶人员血液中的酒精含量。但在违法行为处理或者公路交通例行检查中，要现场抽取血液往往是不现实的，最简单可行的方法是现场检测驾驶人员呼气中的酒精含量。这种方法也可以用于高危领域禁止酒后上岗的企业，企业用的酒精检测仪并非便携式，而是壁挂式的酒精检测仪，壁挂式较便携式具有使用方便、检测速度加快、精准度高的优点。

3.4 物联网中传感器的应用案例

提到智能时代，就不得不提物联网和传感器，物联网就是完整的智能网络，传感器则是其重要的组成部分。如果将物联网比作一个人，那传感器就是神经末梢，是全面感知外界的最核心元件。传感器就是将外界的各种信息转换为可测量、可计算的电信号，再通过设置的程序输出，发送指令使各种事物可以不由人控制而只是由外界条件的变化自觉地加以调整。

传感器早已运用于日常生活中的每一个角落，上至宇宙海洋，下至医学日用，几乎每一个现代化项目，都离不开各种各样的传感器。现在只是智能技术的最初阶段，例如温湿度传感器、光敏传感器等，人类需求的不断提升，必然导致其技术的不断进步创新。下面将讲解一下这两种传感器的应用案例。

3.4.1　案例一：温湿度传感器的应用

温湿度传感器是一种装有热敏和湿敏元件、能够用来测量温度和湿度的装置。温湿度传感器由于体积小、性能稳定等特点，被广泛应用在生产生活的各个领域。下面主要介绍温湿度传感器在中心机房、智能农业、智能手机、智能监护中的应用。

1. 温湿度传感器在中心机房中的应用

随着互联网的兴起与快速发展，信息的交换与传播速度越来越快，信息量也越来越大。中心机房已成为一些公司及相关机构进行数据存储、处理、共享的重要场所，确保机房内服务器或者处理器正常运转对于企业来说至关重要。由于机房内多为电子设备，环境温湿度会直接影响其工作效率，因此温湿度传感器已成为机房环境综合监测系统中必不可少的设备。

现代电子计算设备中使用了大批的各种半导体器件，在进行长时间的工作后都会发热升温，当温度升高时，各器件的性能就会随之下降。而发热的半导体向空气中释放热量会使环境温度升高，使其自身的散热效果减弱，进一步导致半导体器件温度升高，影响设备正常运作。通过温湿度传感器对环境温度进行检测，当温度过高时即可采取机房降温措施，以确保环境温度适宜。

此外，机房中的湿度也需要保持在合适的范围内。因为若空气相对湿度过低时，即空气过于干燥时，静电压会显著升高，严重危害设备和人员安全；若空气相对湿度过高时，空气中的水蒸气容易在电路表面形成水膜，造成短路和飞弧现象。

2. 温湿度传感器在智能农业中的应用

智能农业就是应用计算机与网络、物联网、无线通信等技术，实现现代农业生产的精细管理、远程控制和灾变预警等功能的集成技术系统。具体使用方法是在土壤中设置多层湿度传感器，如果土壤湿度长时间低于 20%，这时候整个系统就会给企业的指挥部发出预警信号。

温湿度传感器推动了“智能大棚”建设。技术员在家里通过计算机或者手机可以直接遥控指挥。如发现棚内的温度已经超过 35℃，技术员可以通过手机遥控直接把整个设施棚内的风机打开。如土壤湿度低于 35%则立即开始喷淋灌溉，为土壤补水，即人可以在任何时间任何地点对其加以管控。此外，利用温室模型，还可以构建智能大棚远程管理模式。

3. 温湿度传感器在智能手机等消费电子领域的应用

阻碍智能手机厂商采用温湿度传感器的主要原因可能并非来自传感器本身，怎样使其转化为手机用户的有利信息才是其应用的关键。目前，针对温湿度传感器的应用开发已经越来越多。

在消费电子领域，温湿度传感器的传统应用是天气预报以及室内监测。随着 Windows 8、Android 4.0 增加了对于温湿度传感器的 API 支持，相关的第三方应用开发者将可以在此基础上开发大量的应用软件。

用于消费类电子产品的温湿度传感器精度可能并不需要达到多么高，5%的湿度精度、0.5℃的温度精度已经可以满足客户需求。随着传感器价格的持续降低，相信未来不只是高端手机，包括中、低端的智能手机都会考虑加入这一功能。

4. 温湿度传感器在智能监护中的应用

新型的远程监控技术让远程智能看护婴儿成为可能，父母可以通过远程智能婴儿看护仪，随时监控宝宝的睡眠活动状态。

目前，一些婴儿监控仪内置有高精度的温湿度传感器，应用程序中会显示房间的温度和湿度，能够帮助父母清楚地了解宝宝睡眠时的温湿度环境，通过 Wi-Fi 和 LAN，使设备接入互联网，即使父母在上班，想宝宝的时候只要启动应用程序就可以看到宝宝。

远程婴儿看护器中的温湿度传感器要求传感器具有小尺寸低功耗的特点，从而可用于低耗能与无线兼容的场合，更加节能，并延长系统电池寿命。应用中不进行测量时传感器便会处于休眠模式，此模式下耗电仅 1 uA，而传感器在满负荷工作时耗电也仅仅是 750 uA。

3.4.2 案例二：光敏传感器的应用

光敏传感器是利用光敏元件将光信号转换为电信号的传感器，它的敏感波长在可见光波长附近，包括红外线波长和紫外线波长。光传感器并不局限于对光的探测，它还可以作为探测元件组成其他传感器，对许多非电量进行检测，只要将这些非电量转换为光信号的变化即可。光传感器是目前产量最多、应用最广的传感器之一，它在自动控制和非电量电测领域占有非常重要的地位。光敏传感器种类繁多，主要有光电管传感器、光电倍增管传感器、光敏电阻传感器、光敏三极管传感器、光电耦合器传感器、太阳能电池传感器、红外线传感器、紫外线传感器、光纤式光电传感器、色彩传感器、CCD 和 CMOS 图像传感器等。

1. 透射式光电传感器在烟尘浊度监测上的应用

透射式光电传感器是将发光管和光敏三极管等，以相对的方向装在中间带槽的支架上的传感器。当槽内无物体时，发光管发出的光可直接照射在光敏三极管的窗口上，从而产生一定量的电流输出，当有物体经过槽内时则挡住光线，光敏管无输出，以此可识别物体的有无。该技术多适用于光电控制、光电计量等电路中，可检测物体的有无、运动方向、转速等。

防止工业烟尘污染是环保的重要目标之一。为了消除工业烟尘污染，首先要知道烟尘排放量，因此必须对烟尘源进行监测并自动显示和超标报警。烟道里的烟尘浊度是通过光在烟道传输过程中的变化大小来检测的。如果烟道浊度增加，光源发出的光被烟尘颗粒的吸收和折射增加，到达光检测器的光就会减少。因此，光检测器输出信号的强弱便可反映烟道浊度的变化。

图 3-17 所示为吸收式烟尘浊度监测系统的组成框图：为了检测出烟尘中对人体危害性最大的亚微米颗粒的浊度并避免水蒸气与二氧化碳对光源衰减的影响，必须取可见光做光源(400～700 nm 波长的白炽光)。光检测器光谱响应范围为 400～600 nm 的光电管，获取随浊度变化的相应电信号。为了提高检测灵敏度，采用具有高增闪、高输入阻抗、低零漂、高共模抑制比的运算放大器将信号放大。刻度校正被用来进行调零与调满刻度，以保证测试准确性。显示器可显示浊度瞬时值。报警电路由多谐振荡器组成，当运算放大器输出浊度信号超过规定时，多谐振荡器输出的信号经放大后可使喇叭发出报警信号。

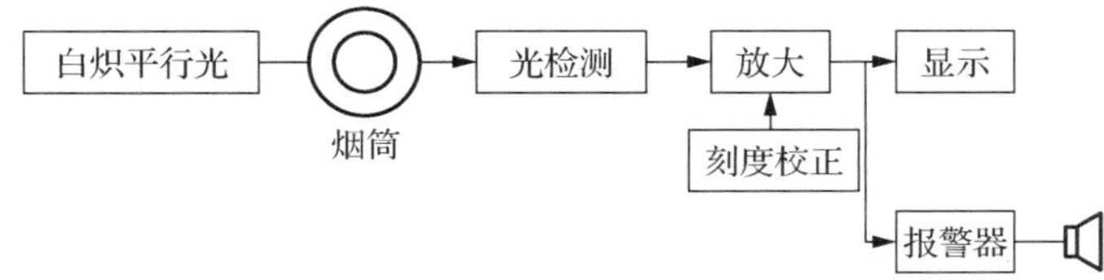

图 3-17　吸收式烟尘浊度监测系统

2. 条形码扫描笔

当扫描笔头在条形码上移动时，若遇到黑色线条，发光二极管的光线被黑线吸收，光敏三极管就接收不到反射光，呈高阻抗，处于截止状态。当遇到白色间隔时，发光二极管所发出的光线，被反射到光敏三极管的基极，光敏三极管产生光电流而导通。整个条形码被扫描过之后，光敏三极管可将条形码变为一个个电脉冲信号，该信号经放大、整形后便可形成脉冲列，再经计算机处理，即可完成对条形码信息的识别。

3. 产品计数器

产品在传送带上运行时，会不断地遮挡光源到光电传感器的光路，使光电脉冲电路产生一个个电脉冲信号。产品每遮光一次，光电传感器电路便会产生一个脉冲信号，因此，输出的脉冲数即代表产品的数目。该脉冲经由计数电路计数后，可由显示电路显示出来。

4. 光电式烟雾报警器

没有烟雾时，发光二极管发出的光线可直线传播，光电三极管没有接收信号。没有输出且有烟雾时，发光二极管发出的光线可被烟雾颗粒折射，使三极管接收到光线，然后输出信号并发出报警。

5. 测量转速

在电动机的旋转轴上涂上黑白两种颜色，转动时，反射光与不反射光会交替出现，光电传感器相应地间断接收光的反射信号，并输出间断的电信号，再经放大器及整形电路放大整形输出方波信号，最后由电子数字显示器输出电机的转速。

6. 光电池在光电检测和自动控制方面的应用

光电池作为光电探测使用时，其基本原理与光敏二极管相同，但它们的基本结构和制造工艺不完全相同。由于光电池工作时不需要外加电压，光电转换效率高，光谱范围宽，频率特性好，噪声低等，它已被广泛地用于光电读出、光电耦合、光栅测距、激光准直、电影还音、紫外光监视器和燃气轮机的熄火保护装置等方面。

练　习　题

一、填空题

1. 敏感元件是指传感器中直接感受被测量的器件，转换元件是指传感器能将敏感元件输出转换为适于传输和测量的电信号器件。通常根据其基本感知功能可分为________、________、________、________、________、________、________、________、________和________十大类。

2. 传感器是一种________装置，能感受到被测量的信息，并能将感受到的信息，按一定规律变换成为________信号或其他所需形式的信息输出，以满足信息的________、________、________、显示、记录和控制等要求。

3. 传感器一般由________、________和测量转换电路组成。

4. 常见的检测技术有________、________、________、________、________等。

5. 一个完整的检测系统一般由各种______(将非电被测物理或化学成分参量转换成电信号)，________(包括信号转换、信号检波、信号滤波、信号放大等)、________、________、________、________以及系统所需的交、直流稳压电源和必要的输入设备(如拨动开关、按钮、数字拨码盘、数字键盘等)组成。

二、单选题

1. (　　)不是传感器的组成元件。
   A. 敏感元件　B. 转换元件　C. 变换电路　D. 电阻电路
2. 力敏传感器接收(　　)信息，并转换为电信号。
   A. 力　B. 声　C. 光　D. 位置
3. 声敏传感器接收(　　)信息，并转换为电信号。
   A. 力　B. 声　C. 光　D. 位置
4. 位移传感器接收(　　)信息，并转换为电信号。
   A. 力　B. 声　C. 光　D. 位置
5. 光敏传感器接收(　　)信息，并转换为电信号。
   A. 力　B. 声　C. 光　D. 位置
6. (　　)不是物理传感器。
   A. 视觉传感器　B. 嗅觉传感器　C. 听觉传感器　D. 触觉传感器
7. 机器人中的皮肤采用的是(　　)。
   A. 气体传感器　B. 味觉传感器　C. 光电传感器　D. 温度传感器

三、简答题

1. 简述传感器的基本组成原理。
2. 简述检测系统由哪几部分构成，并简要说出各部分的作用。
3. 简述你所知道的传感器以及其原理和应用领域。

第 4 章
射频识别技术应用的开发

时至今日，自动识别技术经过 50 年左右的长足发展，已经成为一个巨大的“筐”，里面盛满了各种小的技术门类。简单来说，凡是用识别装置代替人工，自动化地获取物体信息，并把信息传送到后台计算机，进行分类、存储、加工等技术，都叫作自动识别技术。自动识别技术从最初的条形码识别、磁卡识别，一直到比较新兴的语音识别、人脸识别等，它们起到的作用都是快速地识别信息、传输信息。射频识别技术出现的时间最早，由于其不同技术模块的配合，可以高效地进行信息传输，因此很多领域争相使用这项技术。

在日常生活中，和射频识别同样常见的是条形码识别，条形码有一维码和二维码之分，它们都是由若干空格、线条或符号组成的。当扫描器把光线发射到条形码上时，条形码中的深色部分会把光线吸收掉，而空白部分则会把光线反射回扫描器，扫描器把反射回来的光波转换成电子脉冲，再由译码器转换为数据传输到计算机系统，就完成了一次识别。

相对于条形码识别，射频识别技术是利用电子标签存储信息，电子标签安全性强、容量大，而且可以随时修改信息。在后工业社会，许多平常的事物会经过射频技术的“洗礼”，化身成智能产品，广泛地用于政府机关、企业、商场、军队、学校等单位，辅助人类进行社会管理，保障社会运转安全。

4.1 射频识别技术基础知识

射频识别(RFID)技术的根本原理是利用空间电感耦合(inductive coupling)或者电磁传播(propagation coupling)来进行通信，以达到自动识别被标识物体的目的。其基本工作方法是将无线射频识别标签(tags)安装在被识别物体上(粘贴、插放、挂佩、植入等)，当被标识物体进入无线射频识别系统阅读器(readers)的阅读范围时，标签和阅读器之间进行非接触式信息通信，标签向阅读器发送自身信息如 ID 号码等，阅读器接收这些信息并进行解码，传输给后台处理计算机，完成整个信息处理过程。

无线射频识别技术是一项将多门学科、多种技术综合利用的应用技术。所涉及的关键技术大致包括芯片技术、天线技术、无线通信技术、数据变换与编码技术、电磁场与微波技术等。

4.1.1 RFID 简介

射频识别(radio frequency identification devices，RFID)技术是一种非接触式自动识别技术，其根本原理是利用射频信号的空间耦合(电磁感应或者电磁传播)传输特性，实现对被识别物体的自动识别。图 4-1 所示为 RFID 系统配置示意图。

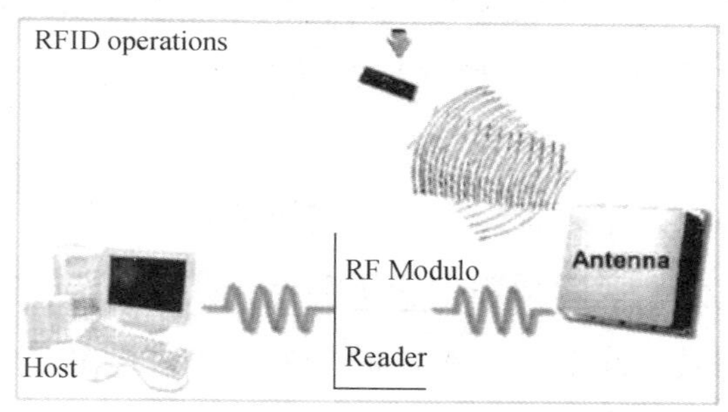

图 4-1　RFID 系统配置示意

电磁感应即所谓的变压器模型，通过空间高频交变磁场实现耦合。根据电磁感应定律，电磁感应方式一般适宜于中、低频工作的近距离 RFID 系统，如图 4-2 所示。典型的工作频率有 125 kHz、225 kHz 和 13.56 MHz。识别作用间隔小于 1 m，典型作用间隔为 10～20 cm。

电磁传播或者电磁反向散射(back scatter)耦合，即所谓雷达原理模型，发射出去的电磁波，碰到目标后反射，同时携带回目标信息，根据电磁波的空间传播规律，电磁反向散射耦合方式一般适宜于超高频、微波工作的远间隔 RFID 系统，如图 4-3 所示。典型的工作频率有 433 MHz、915 MHz、2.45 GHz、5.8 GHz。识别作用间隔大于 1 m，典型作用间隔为 3～10 m。

RFID 系统一般由两部分组成，即电子标签和阅读器。在 RFID 的实际应用中，电子标签必须附着在被识别的物体上(外表或者内部)，当带有电子标签的被识别物品通过阅读器

的可识读区域时，阅读器就会自动以无接触的方式将电子标签中的约定识别信息读出，从而实现自动识别物品或自动收集物品标识信息的功能。阅读器系统又包括阅读器和天线，有的阅读器将天线和阅读器模块集成在一个设备单元中，使其成为集成式阅读器(integrated reader)。

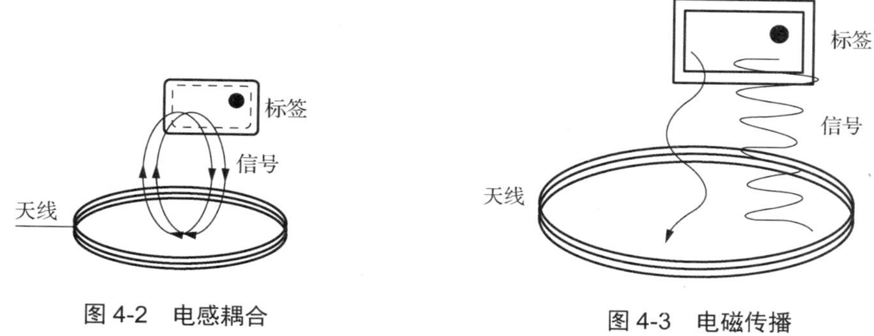

图 4-2　电感耦合　　　　图 4-3　电磁传播

4.1.2　RFID 技术分类

RFID 系统有很多不同的分类方式，一般来讲，可以按照以下所述的方式进行分类。

1. 根据标签的供电形式可分为有源系统、无源系统和半有源系统

RFID 系统可分为有源系统、无源系统和半有源系统，其分类依据主要是射频标签工作所需能量的供应方式。有源 RFID 系统的标签使用标签内部的电池来供电，主动发射信号，系统识别间隔较长，可达几十米甚至上百米，但其寿命有限并且成本较高。另外，由于标签带有电池，其体积比较大，因此无法制成薄卡(如信誉卡标签)。有源标签的电池寿命理论上可以达到 5 年或者更长，但是受电池的质量、使用的环境等因素的影响，寿命会大幅缩减。特别是在日晒等条件下使用，还有可能导致电池泄漏。但是，有源标签射频识别系统的发射功率较低。有的有源标签的电池可以更换。

无源 RFID 系统标签没有电池，利用阅读器发射的电磁波进行耦合来为自己提供能量，其重量轻、体积小，寿命非常长，成本低廉。可以制成各种各样的薄卡或者挂扣卡，但它的识别间隔受限制，一般仅几十厘米到数十米，且需要有较大的阅读器发射功率。

半有源系统的标签带有电池，但是电池只起到对标签内部电路供电的作用，标签本身并不发射信号。

2. 根据标签的数据调制方式可分为主动式、被动式和半主动式

一般来讲，有源系统为主动式，无源系统为被动式，半有源系统为半主动式。主动式 RFID 系统可用自身的射频能量主动发送数据给阅读器，调制方式可为调幅、调频或调相，主动式 RFID 系统是单向的。也就是说，只有标签向阅读器不断传送信息，而阅读器对标签的信息只是被动地接收，就像电台和收音机的关系。被动式 RFID 系统，使用调制散射方式发射数据，还必须利用阅读器的载波来调制自己的信号，在门禁或交通中使用比较广泛，因为阅读器可以确保只激活一定范围之内的 RFID 系统。在有障碍物的条件下，

采用调制散射方式，阅读器的能量必须来回穿过障碍物两次。而主动方式射频标签发射的信号仅穿过障碍物一次，因此主动方式射频标签主要用于有障碍物的场所，其间隔更远，速度更快。

被动式标签内部不带电池，要靠外界提供能量才能正常工作。被动式标签典型的产生电能的装置是天线与线圈，当标签进入系统的工作区域，天线接收到特定的电磁波后，线圈就会产生感应电流，在经过整流电路时，激活电路上的微型开关，给标签供电。被动式标签具有永久的使用期，常常用在标签信息需要每天读写或频繁读写的地方，而且被动式标签可支持长时间的数据传输和永久性的数据存储。被动式标签的缺点主要是数据传输的间隔要比主动式标签小。因为被动式标签依靠外部的电磁感应供电，它的电能就比较弱，数据传输的间隔和信号强度就会受到限制，需要敏感性比较高的信号接收器(阅读器)才能可靠识读。

半主动 RFID 系统也称为电池支援式(battery assisted)反向散射调制系统。半主动标签本身虽也带有电池，但只起到对标签内部数字电路供电的作用，而标签并不能通过自身能量主动发送数据，只有被阅读器的能量场“激活”时，才能通过反向散射调制方式传送自身的数据。我们一般所见的有源系统都是半有源系统。

3. 根据标签的工作频率可以分为低频、高频、超高频、微波系统

阅读器发送无线信号时所使用的频率被称为 RFID 系统的工作频率，这种频率基本上可划分为低频(low frequency，LF)(30～300 kHz)、高频(high frequency，HF)(3～30 MHz)、超高频(ultra high frequency，UHF)(300～968 MHz)、微波(micro wave，MW)(2.45～5.8 GHz)。

低频系统一般工作在 100～300 kHz，常见的工作频率有 125 kHz、134.2 kHz；高频系统工作在 10～15 MHz，常见的高频工作频率为 13.56 MHz；超高频工作频率为 433～960 MHz，常见的工作频率为 869.5 MHz、915.3 MHz；有些射频识别系统工作在 2.45 GHz 的微波段。从 1980 年以后，低频(125～135 kHz)RFID 技术一直用于近距离的门禁管理。由于其信噪比(signal noise ratio，S/N)较低，其识读间隔受到很大限制。低频系统防冲撞(anti-collision)性能差，多标签同时识读慢，其性能也容易受到其他电磁环境的影响。13.56 MHz 的高频 RFID 产品可以部分地解决这些问题。高频 RFID 系统识读速度较快，可以实现多标签同时识读，形式多样，价格合理。但是高频 RFID 产品对可导媒介(如液体、高湿介质、碳介质等)穿透性不如低频产品，由于其频率特性，识读间隔较短。860～960 MHz 的超高频 RFID 产品常常被推荐应用在供应链管理(supply chain manage，SCM)中，超高频产品识读间隔长，可以实现高速识读和多标签同时识读。但是，超高频电磁波对于液体等可导媒介完全不能穿透，对金属的绕射性也很差。实践证明，由于高湿物品、金属物品对超高频无线电波的吸收与反射特性，超高频 RFID 产品对于此类物品的跟踪与识读是完全失败的。RFID 系统频谱如图 4-4 所示。

4. 根据标签的可读写性可分为只读、读写和一次写入屡次读出

根据射频标签内部使用的存储器类型的不同可将其分成 3 种：可读写标签(RW)、一次写入屡次读出标签(WORM)和只读标签(RO)。RW 标签一般比 WORM 标签和 RO 标签贵得

多，如信誉卡等；WORM 标签是用户可以一次性写入的标签，写入后数据不能改变，WORM 标签比 RW 标签要廉价；RO 标签存有一个唯一的号码 ID，不能修改，这样提高了安全性，RO 标签最廉价。

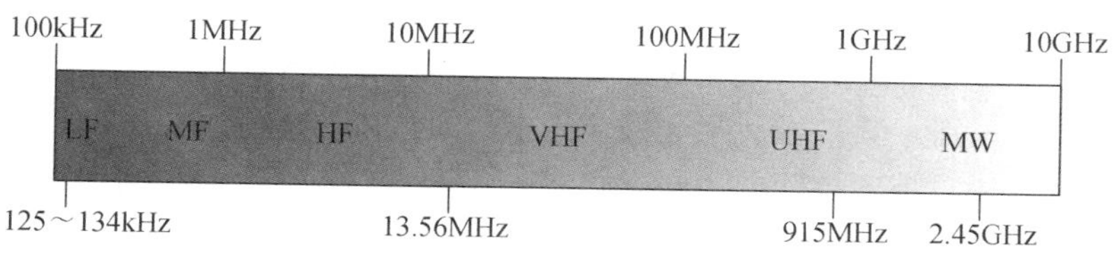

图 4-4　RFID 系统频谱

只读标签内部只有只读存储器(ROM)和随机存储器(RAM)。ROM 用于存储发射器操作系统程序和安全性要求较高的数据，它与内部的处理器或逻辑处理单元(logical treatment unit)可以共同实现内部的操作控制功能，如响应延迟时间控制、数据流控制、电源开关控制等。另外，只读标签的 ROM 中还存储标签的标识信息。这些信息可以在标签制造过程中由制造商写入 ROM 中，也可以在标签开始使用时由使用者根据特定的应用目的写入特殊的编码信息。这种信息可以简单地代表二进制中的“0”或者“1”，也可以像二维码那样，包含复杂且相当丰富的信息。但这种信息只能一次写入屡次读出。只读标签中的 RAM 用于存储标签反响和数据传输过程中临时产生的数据。另外，只读标签中除了 ROM 和 RAM 外，一般还有缓冲存储器，用于暂时存储调制后等待天线发送的信息。

可读可写标签内部的存储器除了 ROM、RAM 和缓冲存储器之外，还有非易失性可编程记忆存储器。这种存储器除了存储数据功能外，还具有在适当的条件下允许屡次写入数据的功能。非易失性可编程记忆存储器有许多种，电可擦除可编程只读存储器(EEPROM)是比较常见的一种，这种存储器在加电的条件下，可以实现对原有数据的擦除以及数据的重新写入。可写存储器的容量根据标签的种类和执行的标准存在较大的差异。

5. 根据 RFID 系统标签和阅读器之间的通信工作次序可以分为 TTF 和 RTF 系统

时序是指阅读器和标签的工作次序问题，也就是阅读器主动唤醒标签(reader talk first，RTF)还是标签首先自报家门(tag talk first，TTF)的功能。对于无源标签来讲，一般多采用阅读器先讲的方式。对于多标签同时识读来讲，可以采用阅读器先讲的方式，也可以采用标签先讲的方式。对于多标签同时识读，“同时”也只是相对的概念。为了实现多标签无冲撞同时识读，对于阅读器先讲的方式，阅读器先对一批标签发出隔离指令，使阅读器识读范围内的多个电子标签被隔离，最后只保存一个标签处于活动状态，并与阅读器建立无冲撞的通信联络。通信完毕后发送指令使该标签进入休眠状态，再指定一个新的标签执行无冲撞通信指令。如此往复，完成多标签同时识读。对于标签先讲的方式，标签在随机的时间反复地发送自己的识别 ID，不同的标签可在不同的时间段最终被阅读器正确读取，完成多标签的同时识读。

和 RTF 相比，TTF 系统通信协议比较简单，防冲撞性能更强，速度更快。但是 TTF 也会产生性能不够稳定、数据读取与写入误码率较高等不良后果。这也可能是主流 RFID 厂商大多采用 RTF 的原因所在。

4.1.3 RFID 技术标准

RFID 技术是 20 世纪 90 年代开始兴起的一种自动识别技术。该技术是一种非接触式自动识别技术，其基本原理是利用射频信号和空间耦合(电感或电磁耦合)传输特性实现对被识别物体的自动识别。其技术包括无线电射频、计算机软件硬件、编码学和芯片加工技术等多种现代高科技，是多种跨门类科学技术的综合体，被广泛应用于工业自动化、商业自动化、现代服务业、交通运输控制管理等众多领域。

RFID 俗称“电子标签”，是一种非接触式自动识别技术，它可通过射频信号自动识别目标对象并获取相关数据，识别工作无须人工干预。作为条形码的无线版本，RFID 技术具有条形码所不具备的防水、防磁、耐高温、使用寿命长、读取距离远、标签数据可以加密、存储数据容量更大、存储信息更改自如等优点，其应用将促使零售、物流等产业发生革命性变化。

一、RFID 的相关技术与应用标准

RFID 的应用牵涉到众多行业，因此其相关的标准盘根错节，非常复杂。从类别看，RFID 标准可以分为 4 类，即技术标准(如 RFID 技术、IC 卡标准等)、数据内容与编码标准(如编码格式、语法标准等)、性能与一致性标准(如测试规范等)、应用标准(如船运标签、产品包装标准等)。具体来讲，RFID 相关的标准涉及电气特性、通信频率、数据格式和元数据、通信协议、安全、测试、应用等方面。

与 RFID 技术和应用相关的国际标准化机构主要有国际标准化组织(ISO)、国际电工委员会(IEC)、国际电信联盟(ITU)、世界邮联(UPU)。此外，还有其他区域性标准化机构(如 EPC global、UID Center、CEN)、国家标准化机构(如 BSI、ANSI、DIN)和产业联盟(如 ATA、AIAG、EIA)等也制定了与 RFID 相关的区域、国家或产业联盟标准，并通过不同的渠道提升为国际标准。目前，RFID 存在 3 个主要的技术标准体系，分别是美国麻省理工学院(MIT)的自动识别中心(Auto-ID Center)、日本的泛在 ID 中心(Ubiquitous ID Center，UIC)和 ISO 标准体系。

1. EPC Global

EPC Global 是由美国统一代码协会(UCC)和国际物品编码协会(EAN)于 2003 年 9 月共同成立的非营利性组织，其前身是 1999 年 10 月 1 日在美国麻省理工学院成立的非营利性组织 Auto-ID 中心。Auto-ID 中心以创建“物联网”(internet of things)为使命，与众多成员企业共同制定了一个统一的开放技术标准。旗下有沃尔玛集团、英国 Tesco 等 100 多家欧美零售流通企业，同时由 IBM、微软、飞利浦、Auto-IDLab 等公司提供技术研究支持。目前，EPC Global 已在加拿大、日本、中国等国家建立了分支机构，专门负责 EPC 码段在这些国家的分配与管理、EPC 相关技术标准的制定、EPC 相关技术的宣传普及以及推广应用等工作。EPC Global“物联网”体系架构由 EPC 编码、EPC 标签及读写器、EPC 中间件、ONS 服务器和 EPCIS 服务器等部分构成。

EPC 赋予物品唯一的电子编码，其位长通常为 64 位或 96 位，也可扩展为 256 位。对不同的应用规定有不同的编码格式，主要存储企业代码、商品代码和序列号等。GEN2 标

准的 EPC 编码可兼容多种编码。EPC 中间件对读取到的 EPC 编码进行过滤和容错等处理后，输入企业的业务系统中。它通过定义与读写器的通用接口(API)实现与不同制造商的读写器兼容。ONS 服务器根据 EPC 编码及用户需求进行解析，以确定与 EPC 编码相关的信息存储在哪个 EPCIS 服务器上。EPCIS 服务器存储并提供与 EPC 相关的各种信息，这些信息通常以 PML 的格式存储，也可以存储于关系数据库中。

2. Ubiquitous ID

日本在电子标签方面的发展，始于 20 世纪 80 年代中期的实时嵌入式系统 TRON。T-Engine 是其中的体系架构。在 T-Engine 论坛的领导下，泛在 ID 中心于 2003 年 3 月成立，并得到日本政府经产省和总务省以及大企业的支持，目前包括微软、索尼、三菱、日立、日电、东芝、夏普、富士通、NTT DoCoMo、KDDI、J-Phone、伊藤忠、凸版印刷、理光等重量级企业。泛在 ID 中心的泛在识别技术体系架构由泛在识别码(uCode)、信息系统服务器、泛在通信器和 uCode 解析服务器 4 部分构成。uCode 采用 128 位记录信息，提供了 340×1036 编码空间，并可以以 128 位为单元进一步扩展至 256 位、384 位或 512 位。uCode 能包容现有编码体系的元编码设计，可以兼容多种编码，包括 JAN、UPC、ISBN、IPv6 地址，甚至电话号码。uCode 标签具有多种形式，包括条形码、射频标签、智能卡、有源芯片等。泛在 ID 中心将标签分类后，设立了 9 个级别不同的标准。信息系统服务器存储并提供与 uCode 相关的各种信息。uCode 解析服务器确定与 uCode 相关的信息存储在哪个信息系统服务器。uCode 解析服务器的通信协议为 uCodeRP 和 eTP，其中 eTP 是基于 eTron(PKI)的密码通信协议。泛在通信器主要由 IC 标签、标签读写器和无线广域通信设备等部分构成，用来把读到的 uCode 送至 uCode 解析服务器，并从信息系统服务器中获得有关信息。

3. 国际标准化组织体系

国际标准化组织(ISO)以及其他国际标准化机构如国际电工委员会(IEC)、国际电信联盟(ITU)等是 RFID 国际标准的主要制定机构。大部分 RFID 标准都是由 ISO(或与 IEC 联合组成)的技术委员会(TC)或分技术委员会(SC)制定的。

二、RFID 主要标准简介

RFID 系统主要由数据采集系统和后台应用系统两大部分组成。目前已经发布或者正在制定中的标准主要是与数据采集相关的标准，主要有电子标签与读写器之间的空气接口、读写器与计算机之间的数据交换协议、电子标签与读写器的性能和一致性测试规范，以及电子标签的数据内容编码标准等。后台应用系统目前并没有形成正式的国际标准，只有少数产业联盟制定了某些规范，现阶段还在不断演变中。

三、电子产品编码标准

RFID 是一种只读或可读写的数据载体，它所携带的数据内容中重要的是唯一标识号。因此，唯一标识体系以及它的编码方式和数据格式，是我国电子标签标准中的重要组成部分。唯一标识号广泛应用于国民经济活动中，例如我国的居民身份证号、组织机构代码、全国产品与服务统一代码扩展码、电话号码、车辆识别代号、国际证券号码等。尽管

国家多个部委在唯一标识领域开展了一系列的相关研究工作，但与发达国家相比，我国的唯一标识体系总体上仍处于发展起步阶段，正在逐步完善中。

1. 产品电子代码

产品电子代码(EPC)是由 EPC Global 组织、各应用方协调一致的编码标准，可以实现对所有实体对象(包括零售商品、物流单元、集装箱、货运包装等)的唯一有效标识。EPC 是由一个版本号加上域名管理者、对象分类、序列号三段数据组成的一组数字。其中 EPC 的版本号标识 EPC 的长度或类型；域名管理者描述与此 EPC 相关生产厂商的信息；对象分类记录产品类型的信息；序列号用于唯一标识货品单件。EPC 与目前应用成功的商业标准 EAN • UCC 统一标识系统可以兼容，成为 EAN • UCC 系统的一个重要组成部分，是 EAN • UCC 系统的延续和拓展，是 EPC 系统的关键。

2. EAN · UCC

EAN 国际物品编码协会成立于 1977 年，是基于比利时法律规定建立的一个非营利性国际组织，总部设在比利时的首都布鲁塞尔。EAN 的目的是建立一套国际通行的跨行业的产品、运输单元、资产、位置和服务的标识标准体系和通信标准体系，即“商业语言——EAN • UCC 系统”。国际 EAN 的前身是欧洲物品编码协会，现主要负责除北美以外的 EAN • UCC 系统的统一管理及推广工作。目前，其会员遍及 90 多个国家和地区，全世界已有约 90 万家公司、企业通过各国或地区的编码组织加入 EAN • UCC 系统。近几年，国际 EAN 加强了与美国统一代码委员会(UCC)的合作，先后两次达成 EAN/UCC 联盟协议，以共同开发、管理 EAN • UCC 系统。

3. GB 18937 (NPC)

强制性国家标准 GB 18937《全国产品与服务统一代码编制规则》规定了全国产品与服务统一代码(NPC)的适用范围、代码结构及其表现形式。全国产品与服务统一代码是按照《全国产品与服务统一代码编制规则》要求编制的全国产品与服务统一标识代码，目前已经用于电子设备、食品、建材、汽车、石油化工、农业、服务等领域。根据国内外对海量赋码对象进行赋码的一般规律，全国产品与服务统一代码按照全数字、长不超过 14 位、便于维护机构维护和管理的原则设计，由 13 位数字本体代码和 1 位数字校验码组成，其中本体代码采用序列顺序码或顺序码。

四、通信标准

RFID 的无线接口标准中受瞩目的是 ISO/IEC 18000 系列协议。该协议涵盖了从 125 kHz 到 2.45 GHz 的通信频率，识读距离由几厘米到几十米，其中主要是无源标签但也有用于集装箱的有源标签。近距离无线通信(NFC)是一项让两个靠近(近乎接触)的电子装置以 13.56 MHz 频率通信的 RFID 应用技术。由诺基亚、飞利浦和索尼创办的近距离无线通信论坛(NFC Forum)起草了相关的通信和测试标准，让消费类电子设备(尤其是手机)与其他网络产品或计算机外设进行通信和数据交换。该标准还可与 ISO/IEC 14443 和 ISO/IEC 15693 非接触式 IC 卡兼容。目前，已经有支持 NFC 功能的手机面世，可以用手机来阅读

兼容 ISO/IEC 14443 Type A 或 Sony FeliCa 的非接触式 IC 卡或电子标签。超宽带无线技术(UWB)是一种直接以载波频率传送数据的通信技术。以 UWB 作为射频通信接口的电子标签可实现 0.5 m 以内的定位。这种定位功能方便实现医院里的贵重仪器和设备管理、大楼或商场里以至奥运场馆内的人员管理。无线传感器网络是另一种 RFID 技术的扩展。传感器网络技术的对象模型和数字接口已经形成产业联盟标准 IEEE 1451。目前，该标准正在进一步扩展。提供基于射频的无线传感器网络，相关标准草案 1451.5 也正在草议中。有关建议将会对现有的 ISO/IEC 18000 系列 RFID 标准，以及 ISO/IEC 15961、ISO/IEC 15862 读写器数据编码内容和接口协议进行扩展。

五、频率标准

RFID 标签与阅读器之间进行无线通信的频段有多种，常见的工作频率有 135 kHz 以下、13.56 MHz、860～928 MHz(UHF)、2.45 GHz 及 5.8 GHz 等。低频系统工作频率一般低于 30MHz，典型的工作频率有 125 kHz、225 kHz、13.56 MHz 等，这些频点应用的 RFID 系统一般都有相应的国际标准予以支持。其基本特点是电子标签的成本较低、标签内保存的数据量较少、阅读距离较短(无源情况下典型阅读距离为 10 cm)、电子标签外形多样(卡状、环状、纽扣状、笔状)、阅读天线方向性不强等。高频系统一般指其工作频率高于 400 MHz，典型的工作频率有 915 MHz、2.45 GHz、5.8 GHz 等。高频系统在这些频点上也有众多的国际标准予以支持。基本特点是电子标签及阅读器成本均较高、标签内保存的数据量较大、阅读距离较远(可达几米至十几米)、适应物体高速运动性能好、外形一般为卡状、阅读天线及电子标签天线均有较强的方向性。各种频段有其技术特性和适合的应用领域。低频系统使用广，但通信速度过慢，传输距离也不够长；高频系统虽通信距离较远，但耗电量也较大。短距离的射频卡可以在一定环境下替代条形码，用在工厂的流水线等场合跟踪物体。长距离的产品多用于交通系统，距离可达几十米，可用于自动收费或识别车辆身份等场合。

六、应用标准

RFID 在行业上的应用标准包括动物识别、道路交通、集装箱识别、产品包装、自动识别等。我国 RFID 标准的制定与推广，国内 RFID 技术与应用的标准化研究工作起步比国际上要晚 4～5 年，2003 年 2 月国家标准化委员会颁布强制性标准《全国产品与服务统一代码编制规则》，为中国实施产品的电子标签化管理打下基础，并确定首先在药品、烟草防伪和政府采购项目上实施。此外，我国正在制定的 RFID 领域技术标准采用了 ISO/IEC 15693 系列部分标准，该系列标准与 ISO/IEC 18000-3 相对应，均在 13.56 MHz 的频率下工作，前者以卡的形式封装。目前，在这一频率下工作的电子标签技术已相对成熟。在充分照顾我国国情和利用我国优势的前提下，应该参照或引用 ISO、IEC、ITU 等国际标准并进行本地化修改，这样能尽量避免引起知识产权争议，掌握国家在电子标签领域发展的主动权。RFID 的广泛应用蕴藏着巨大的产业利益，还涉及国家安全利益、信息控制利益等，在这一点上我国政府主管部门应高度关注。我国应全面部署电子标签标准体系，尤其应重视编码体系、频率划分以及与知识产权有关的技术和应用，并推出具有我国自主知识产权的标准，特别是在国家安全、防伪、识别、管理等应用领域。

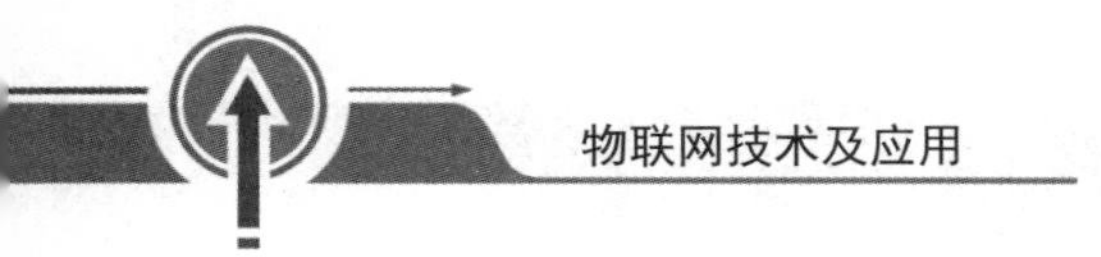

4.2 RFID 系统的组成

RFID 系统是一种非接触式自动识别系统，可通过射频无线信号自动识别目标对象，并获取相关数据，由电子标签、读写器和计算机网络构成。RFID 系统以电子标签来标识物体，电子标签通过无线电波与读写器进行数据交换，读写器可将主机的读写命令传送到电子标签，再把电子标签返回的数据传送到主机，主机的数据交换与管理系统负责完成电子标签数据信息的存储、管理和控制。RFID 系统在具体的应用过程中，根据不同的应用目的和应用环境，系统的组成会有所不同，但从 RFID 系统的工作原理来看，系统一般都由信号发射机、信号接收机、发射接收天线几部分组成。

4.2.1 RFID 的工作原理及系统组成

RFID 系统的基本工作原理是由读写器通过发射天线发送特定频率的射频信号，当电子标签进入有效工作区域时产生感应电流，从而获得能量被激活，使电子标签将自身编码信息通过内置天线发射出去；读写器的接收天线接收到从标签发送来的调制信号，经天线的调制器传送到读写器信号处理模块，经解调和解码后将有效信息传送到后台主机系统进行相关处理；主机系统根据逻辑运算识别该标签的身份，针对不同的设定进行相应的处理和控制，最终发出信号，控制读写器完成不同的读写操作。

RFID 系统有基本的工作流程，由工作流程可以看出 RFID 系统可以利用无线射频方式在读写器和电子标签之间进行非接触双向数据传输，以达到目标识别、数据传输和控制的目的。RFID 系统的一般工作流程如图 4-5 所示。

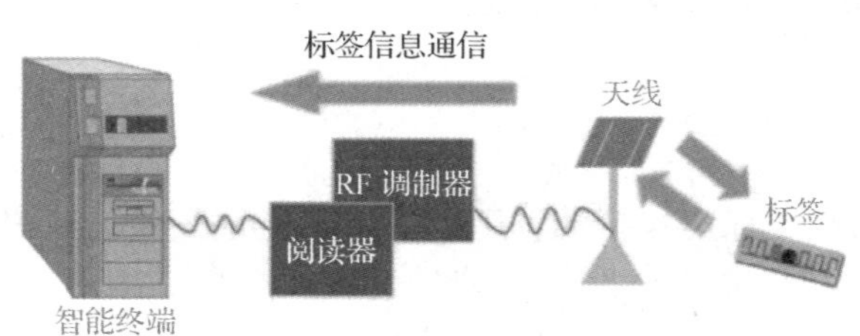

图 4-5 RFID 系统的工作流程

(1) 读写器通过发射天线发送一定频率的射频信号。

(2) 当电子标签进入读写器天线的工作区时，电子标签天线就会产生足够的感应电流，电子标签获得能量被激活。

(3) 电子标签将自身信息通过内置天线发送出去。

(4) 读写器天线接收到从电子标签发送来的载波信号。

(5) 读写器天线将载波信号传送到读写器。

(6) 读写器对接收信号进行解调和解码，然后传送到系统高层进行相关处理。

(7) 系统高层根据逻辑运算判断该电子标签的合法性。

(8) 系统高层针对不同的设定进行相应处理，发出指令信号，控制执行系统操作。

RFID 系统在具体的应用过程中，根据不同的应用目的和应用环境，其组成会有所不同。但从 RFID 系统的工作原理来看，系统一般都由信号发射机、信号接收机、编程器、天线几部分组成。

(1) 信号发射机。在 RFID 系统中，信号发射机为了达到不同的应用目的，会以不同的形式存在，典型的形式是标签(TAG)。标签相当于条形码技术中的条形码符号，可用来存储需要识别传输的信息。另外，与条形码不同的是，标签必须能够自动或在外力的作用下，把存储的信息主动发射出去。标签一般是带有线圈、天线、存储器与控制系统的低电集成电路。

(2) 信号接收机。在 RFID 系统中，信号接收机一般叫作阅读器。根据支持的标签类型不同与具备的功能不同，阅读器的复杂程度是显著不同的。阅读器的基本功能是提供与标签进行数据传输的途径。另外，阅读器还可提供相当复杂的信号状态控制、奇偶错误校验与更正功能等。标签中除了存储需要传输的信息外，还必须含有一定的附加信息，如错误校验信息等。识别数据信息和附加信息可按照一定的结构编制在一起，并按照特定的顺序向外发送。阅读器通过接收到的附加信息来控制数据流的发送。一旦到达阅读器的信息被正确地接收和译解后，阅读器通过特定的算法可以决定是否需要发射机对发送的信号重发一次，或者控制发射机停止发射信号，这就是“命令响应协议”。使用这种协议，即便在很短的时间、很小的空间阅读多个标签，也可以有效地防止“欺骗问题”的产生。

(3) 编程器。只有可读可写标签系统才需要编程器。编程器是为标签写入数据的装置。编程器写入数据一般来说是离线(OFF-LINE)完成的，也就是预先在标签中写入数据，等到开始应用时直接把标签黏附在被标识项目上。也有一些 RFID 应用系统，写数据是在线(ON-LINE)完成的，尤其是在生产环境中作为交互式便携数据文件来处理时。

(4) 天线。天线是标签与阅读器之间传输数据的发射、接收装置。在实际应用中，除了系统功率，天线的形状和相对位置也会影响数据的发射和接收，因此需要专业人员对系统的天线进行设计、安装。

4.2.2 RFID 系统中的标签类别

标签一般是带有线圈、天线、存储器与控制系统的低电集成电路。按照不同的分类标准，标签有以下分类。

(1) 主动式标签、被动式标签。在实际应用中，必须给标签供电它才能工作，虽然它的电能消耗非常低(一般是 10^{-6} mW 级别)。按照标签获取电能的方式不同，可以把标签分成主动式标签与被动式标签。主动式标签内部自带电池进行供电，它的电能充足，工作可靠性高，信号传送的距离远。另外，主动式标签可以通过设计电池的不同寿命对标签的使用时间或使用次数进行限制，它可以用在需要限制数据传输量或者使用数据有限制的地方。比如，一年内标签只允许读写有限次。主动式标签的缺点主要是标签的使用寿命受到限制，而且随着标签内电池电力的消耗，数据传输的距离会越来越近，影响系统的正常工作。被动式标签内部不带电池，要靠外界提供能量才能正常工作。被动式标签典型的产生电能的装置是天线与线圈，当标签进入系统的工作区域时，天线接收到特定的电磁波，线圈就会产生感应电流，再经过整流电路给标签供电。被动式标签具有永久的使用期，常常

用在标签信息需要每天读写或频繁读写多次的地方，而且被动式标签支持长时间的数据传输和永久性的数据存储。被动式标签的缺点主要是数据传输的距离要比主动式标签短。因为被动式标签必须依靠外部的电磁感应供电，因此它的电能就比较弱，数据传输的距离和信号强度就会受到限制，需要敏感性比较高的信号接收器(阅读器)才能可靠识读。

(2) 只读标签与可读可写标签。根据内部使用存储器类型的不同，标签可以分成只读标签与可读可写标签。只读标签内部只有只读存储器 ROM 和随机存储器 RAM。ROM 用于存储发射器操作系统说明和安全性要求较高的数据，它与内部的处理器或逻辑处理单元完成内部的操作控制功能，如响应延迟时间控制、数据流控制、电源开关控制等。另外，只读标签的 ROM 中还存储有标签的标识信息。这些信息可以在标签制造过程中由制造商写入 ROM 中，也可以在标签开始使用时由使用者根据特定的应用目的写入特殊的编码信息。这种信息可以只简单地代表二进制中的“0”或者“1”，也可以像二维码那样，包含复杂且丰富的信息。但这种信息只能一次写入，多次读出。只读标签中的 RAM 用于存储标签反应和数据传输过程中临时产生的数据。另外，只读标签中除了 ROM 和 RAM 外，一般还有缓冲存储器，用于暂时存储调制后等待天线发送的信息。可读可写标签内部的存储器除了 ROM、RAM 和缓冲存储器之外，还有非活动可编程记忆存储器。这种存储器除了存储数据功能外，还具有在适当的条件下允许多次写入数据的功能。非活动可编程记忆存储器有许多种类型，电可擦除可编程只读存储器(EEPROM)是比较常见的一种，这种存储器在加电的条件下，可以实现对原有数据的擦除以及数据的重新写入。

(3) 标识标签与便携式数据文件。根据标签中存储器数据存储能力的不同，可以把标签分为仅用于标识目的的标识标签与便携式数据文件两种。对于标识标签来说，一个数字或者多个数字字母字符串存储在标签中，是为了识别的目的或者是进入信息管理系统中数据库的钥匙(KEY)。条形码技术中标准码编制的号码，如 EAN/UPC 码，或者混合编码，或者标签使用者按照特别的方法编制的号码，都可以存储在标识标签中。标识标签中存储的只是标识号码，用于对特定的标识项目，如人、物、地点进行标识，关于被标识项目详细的特定信息，只能在与系统相连接的数据库中查找。

便携式数据文件，顾名思义，就是标签中存储的数据非常大，完全可以看作一份数据文件。这种标签一般都是用户可编程的，标签中除了存储标识码外，还存储大量的被标识项目的其他相关信息，如包装说明、工艺过程说明等。在实际应用中，关于被标识项目的所有信息都是存储在标签中的，读标签就可以得到关于被标识项目的所有信息，而不用再连接到数据库进行信息读取。另外，随着标签存储能力的提高，其也可以同时提供组织数据的功能，在读标签的过程中，可以根据特定的应用目的控制数据的读出，以实现在不同的条件下读出的数据部分也不同。

4.3 几种常见的 RFID 系统

从电子标签到阅读器之间的通信及能量感应方式来看，系统一般可以分成两类，即电感耦合(磁耦合)系统和电磁反向散射耦合(电磁场耦合)系统。电感耦合通过空间高频交变磁场实现耦合，依据的是电磁感应定律；电磁反向散射耦合，即雷达原理模型，发射出去的

电磁波碰到目标后反射，同时携带回目标信息，依据的是电磁波的空间传播定律。

4.3.1　电感耦合 RFID 系统

RFID 的电感耦合方式对应于 ISO/IEC 14443 协议。电感耦合电子标签有一个电子数据作为载体，通常由单个微芯片及用作天线的大面积线圈等组成。

电感耦合方式的电子标签几乎都是无源工作标签，在标签中的微型芯片工作所需的能量全部由阅读器发送的感应电磁能提供。高频的强电磁场由阅读器的天线线圈产生，并穿越线圈横截面和线圈的周围空间，使附近的电子标签产生电磁感应，无源电感耦合方式的工作原理如图 4-6 所示。

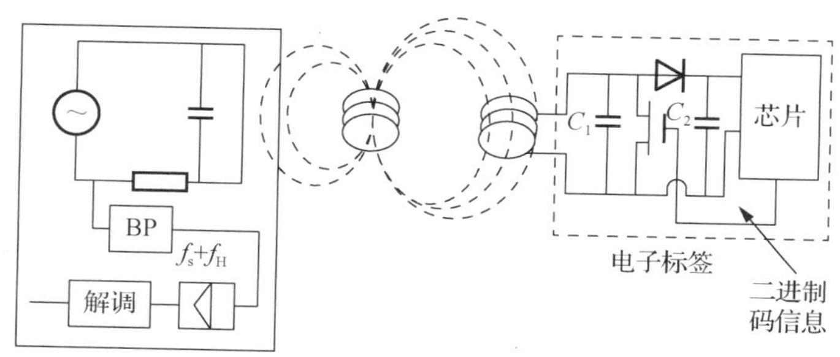

图 4-6　无源电感耦合

电感耦合应答器几乎都是无源工作的标签，这意味着微型芯片工作所需的全部能量必须由阅读器供应。高频的强磁场由阅读器的天线线圈产生，这种磁场穿过线圈横截面和线圈周围的空间。因为使用频率范围内的波长比阅读器天线和应答器之间的距离大很多倍，所以可以把应答器到阅读器之间的电磁场当作交变磁场来对待。

发射磁场的一小部分磁力线穿过距离阅读器天线线圈一定距离的应答器天线线圈。通过感应，在应答器天线线圈上会产生一种电压。应答器的天线线圈和电容器并联构成振荡回路，谐振到阅读器的发射频率。通过该回路的谐振，应答器线圈上的电压可达到最大值。应答器线圈上的电压是一个交流信号，因此需要整流电路将其转换为直流电压，作为电源供给芯片内部使用。

4.3.2　电磁反向散射耦合 RFID 系统

1. 电磁反向散射调制

雷达技术为 RFID 的电磁反向散射耦合方式提供了理论和应用基础。当电磁波遇到空间目标时，其能量的一部分被目标所吸收，而另一部分会以不同的强度散射到各个方向。在散射的能量中，一小部分还会反射回发射天线，并被天线接收(因此发射天线也是接收天线)，对接收信号进行放大和处理，即可获得目标的有关信息。

当电磁波从天线向周围空间发射时，会遇到不同的目标。到达目标的电磁波能量的一部分(自由空间衰减)被目标吸收，另一部分以不同的强度散射到各个方向。反射能量的一部分最终会返回发射天线，称为回波。在雷达技术中，可用这种反射波测量目标的距离和方位。

对 RFID 系统来说，可以采用电磁反向散射耦合工作原理，利用电磁波反射完成从电子标签到阅读器的数据传输。电磁反向散射耦合工作方式主要应用在 915 MHz、2.45 GHz 或更高频率的系统中。

2. RFID 电磁反向散射耦合方式

一个目标反射电磁波的频率一般可由反射横截面确定。反射横截面的大小与一系列的参数有关，如目标的大小、形状和材料，电磁波的波长和极化方向等。目标的反射性能通常随频率的升高而增强，所以 RFID 电磁反向散射耦合多采用特高频和超高频的方式，应答器和读写器的距离大于 1 m。读写器、应答器(电子标签)和天线构成了一个收发通信系统，RFID 电磁反向散射耦合方式的工作原理如图 4-7 所示。

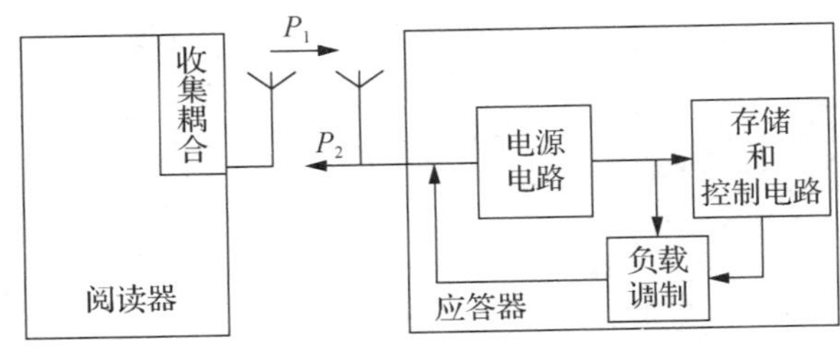

图 4-7 RFID 电磁反向散射耦合方式的工作原理

4.4 RFID 中间件技术

RFID 中间件技术就是在企业应用系统和 RFID 信息采集系统之间数据流入和数据流出的软件，是连接 RFID 信息采集系统和企业应用系统的纽带，是使企业用户能够将采集的 RFID 数据应用到业务处理中的技术。RFID 中间件扮演着 RFID 标签和应用程序之间的中介角色，这样一来，即使存储 RFID 标签信息的数据库软件或后端发生变化，如应用程序增加、改由其他软件取代或者读写 RFID 读写器种类增加等问题发生时，应用端不需修改也能处理，可以节省多对多连接维护的时间与成本。

4.4.1 RFID 中间件技术及功能特点

1. RFID 中间件技术概述

中间件是在一个分布式系统环境中处于操作系统和应用程序之间的软件。中间件作为一大类系统软件，与操作系统、数据库孤立系统并称“三套车”，其重要性不言而喻。RFID 系统基本上由三部分组成，即标签、阅读器以及应用支撑软件。中间件是应用支撑软件的一个重要组成部分，是衔接硬件设备如标签、阅读器等，以及企业应用软件如企业资源规划(enterprise resources planning，ERP)、客户关系管理(customer relationship management，CRM)等的桥梁。中间件的主要任务是对阅读器传来的与标签相关的数据进行过滤、汇总、计算、分组，减少从阅读器传往企业应用的大量原始数据，并生成加入了语义解释的事件数据。可以说，中间件是 RFID 系统的“神经中枢”。

2. RFID 中间件的工作原理

RFID 中间件是一种面向信息的中间件(message-oriented middleware，MOM)，信息(information)是以消息(message)的形式，从一个程序传送到另一个或多个程序。信息可以以异步(asynchronous)的方式传送，所以传送者不必等待回应。面向信息的中间件包含的功能不仅是传递(passing)信息，还必须包括解译数据、安全性、数据广播、错误恢复、定位网络资源、找出符合成本的路径、消息与要求的优先次序以及延伸的除错工具等服务。

RFID 中间件位于 RFID 系统和应用系统之间，负责 RFID 系统和应用系统之间的数据传递，解决 RFID 数据的可靠性、安全性及数据格式转换的问题。RFID 中间件和 RFID 系统之间的连接采用 RFID 系统提供的应用程序接口(API)来实现。RFID 卡中的数据经过阅读器读取后，经过 API 程序传送给 RFID 中间件，RFID 中间件对数据处理后，通过标准的接口和服务对外发布。

3. RFID 中间件的特征

一般来说，RFID 中间件具有以下几种特征。

(1) 独立于架构(insulation infrastructure)。RFID 中间件独立并介于 RFID 读写器与后端应用程序之间，能够与多个 RFID 读写器以及多个后端应用程序连接，以减轻架构与维护的复杂性。

(2) 数据流(data flow)。RFID 的主要目的在于将实体对象转换为信息环境下的虚拟对象，因此数据处理是 RFID 最重要的功能。RFID 中间件具有数据的收集、过滤、整合与传递等特性，可以将正确的对象信息传到企业后端的应用系统。

(3) 处理流(process flow)。RFID 中间件采用程序逻辑及存储再转送(store-and-forward)的功能来提供顺序的消息流，具有数据流设计与管理能力。

(4) 标准(standard)。RFID 是自动数据采样技术与辨识实体对象的应用。全球物品编码中心(EPC Global)目前正在研究为各种产品的全球唯一识别编码制定通用标准，即 EPC(产品电子编码)。EPC 是在供应链系统中，以一串数字来识别一项特定的商品，通过无线射频辨识标签由 RFID 读写器读入后，传送到计算机或是应用系统中的过程称为对象命名服务(object name service，ONS)。对象命名服务系统会锁定计算机网络中的固定点抓取有关商品的消息。EPC 存储在 RFID 标签中，被 RFID 读写器读出后，即可提供追踪 EPC 所代表的物品名称及相关信息，并立即识别及分享供应链中的物品数据，从而有效地保证信息透明度。

4. RFID 中间件的优点

从 RFID 标签制造开始，到其信息被 RFID 阅读器捕获，再由 RFID 中间件进行事件过滤和汇总，然后由 EPCIS 应用软件丰富 RFID 事件的业务内容，并保存到 EPCIS(EPC 信息服务)存储系统，以供企业自身和其合作伙伴进行访问。

1) 标准和规范

在中间的各个环节，EPC Global 出台了相关标准和规范，具体内容如下所述。

(1) RFID 标签和 RFID 阅读器之间，定义了 EPC 标签数据规范和标签协议。

(2) RFID 阅读器和 RFID 中间件之间，定义了读写器访问协议和管理接口。

(3) RFID 中间件和 EPCIS 捕获应用之间，定义了 RFID 事件过滤和采集接口(ALE)。

(4) EPCIS 捕获应用和 EPCIS 存储系统之间，定义了 EPCIS 信息捕获接口。

(5) EPCIS 存储系统和 EPCIS 信息访问系统之间，定义了 EPCIS 信息查询接口。

(6) 定义其他关于跨企业信息交互的规范和接口，比如 ONS 接口等。

一个典型的 RFID 应用基本上都会包含这些软硬件设施，而 RFID 中间件作为沟通硬件系统和软件系统的桥梁，在 RFID 应用环境中尤为重要。

2) 优越性

RFID 中间件扮演着 RFID 标签和应用程序之间的中介角色，从应用程序端使用中间件所提供一组通用的应用程序接口(API)，即能连接 RFID 读写器，读取 RFID 标签数据。RFID 中间件接口定义了一个相对稳定的高层应用环境，不管底层的计算机硬件和系统软件怎样更新换代，只要将中间件升级更新，并保持中间件 RFID 采集系统的接口定义不变，应用软件几乎无须任何修改，从而保护了企业在应用软件开发和维护中的重大投资利益。同时，使用 RFID 中间件有助于减轻企业二次开发时的负担，使他们升级现有软件系统时显得更加得心应手，还能保证软件系统的相对稳定，以及对软件系统的功能扩展等，降低了开发的复杂性等，所以商用的 RFID 中间件的出现正日益引起用户的关注。

RFID 中间件优越性具体表现如下。

(1) 降低开发难度。企业使用 RFID 中间件，在进行二次开发时，可以减轻开发人员的负担，使其不必关心复杂的 RFID 信息采集系统，从而集中精力于自己擅长的业务开发中。

(2) 缩短开发周期。基础软件的开发是一件耗时的工作，特别是像 RFID 方面的开发，有别于常见应用软件开发，不是单纯的软件技术就能解决所有问题，它需要一定的硬件、射频等基础技术的支持。若使用成熟的 RFID 中间件，保守估计可缩短开发周期 50%～75%。

(3) 规避开发风险。任何软件系统的开发都存在一定的风险，因此，选择成熟的 RFID 中间件产品，可以在一定程度上降低开发的风险。

(4) 节省开发费用。使用成熟的 RFID 中间件，可以节省 25%～60%的二次开发费用。

(5) 提高开发质量。成熟的 RFID 中间件在接口方面都是清晰和规范的，规范化的模块可以有效地保证应用系统质量及减少新旧系统维护费用。

总体来说，使用 RIFD 中间件带给用户的不只是开发的简单、开发周期的缩短，也减少了系统的维护、运行和管理的工作量，还减少了总体费用的投入。

4.4.2 RFID 中间件的功能和作用

使用 RFID 中间件可以让用户更加方便和容易地应用 RFID 技术，并将这项技术融入各种各样的业务应用和工作流程当中。其中，中间件的一个功能就是通过为 RFID 设备增加一个软件适配层的方法将所有类型的 RFID 设备(包括目前使用的 RFID 设备，下一代 RFID 设备、传感器以及 EPC 阅读器)在平台上整合成为“即插即用”的模式。

对于应用开发商而言，RFID 中间件的重要功能在于产品所特有的强大事件处理和软件管理机制。事件处理引擎可以帮助开发者轻松地建立、部署和管理一个端到端的逻辑

RFID 处理过程，而该过程是完全独立于底层的具体设备型号和设备之间信息交流协议的。因为在事件处理引擎中利用逻辑设备这一模式，可使 RFID 数据处理过程真正脱离应用部署阶段所要面对的设备物理拓扑结构，因而可以大大降低设计的复杂性，也不必关心这些设备的供应商和他们之间用的是什么通信协议。

RFID 中间件还可以和诸如企业资源配置(ERP)系统、仓储管理系统(WMS)以及其他一些专有业务系统很有效地配合在一起进行业务处理。这种良好的适应性使应用该框架组建的 RFID 应用只需要进行非常少量的程序改动就可以和原有的业务系统软件配合得天衣无缝。

RFID 中间件基础框架的分层结构及其功能可分为以下几个方面。

1. 设备服务供应商接口层

设备服务供应商接口层是由帮助硬件供应商建立所谓“设备驱动”中可以任意扩展的 API 生成集合以及允许与系统环境无缝连接的特定接口组成的。为了更容易地发挥整合的效能，中间件通过 RFID 软件开发包(SDK)的形式可以囊括各种各样的设备通信协议，并且支持以往生产的所有身份识别设备和各类阅读器，具有良好的兼容性。一旦设备供应商采用软件开发包编制设备驱动程序，网络上的任何一种 RFID 设备就都可以被工具软件发现、配置和管理。这些设备可以是 RFID 阅读器、打印机，甚至是既可以识别条形码又可以识别 RFID 信号的多用途传感器。

2. 运转引擎层

这一层是通过消除未经处理的 RFID 数据中的噪声和失真信号等手段，以使 RFID 应用软件在复杂多样的业务处理过程中充分发挥杠杆作用。比如说，一般情况下设备很难检测出货盘上电子标签的移动方向，或者很难判断出刚刚读入的数据是新数据还是已经存在的旧数据，中间件中的运转引擎层可以通过由一系列基于业务规则的策略和可扩展的事件处理程序组成的强大事件处理机制，让应用程序能够将未经处理的 RFID 事件数据过滤、聚集和转换，成为业务系统可以识别的信息。

(1) 运转引擎层的第一个主要组成部分就是事件处理引擎。这一引擎的核心就是所谓的“事件处理管道”。这一管道可为 RFID 业务处理流程提供一个电子标签，用来读取事件的执行和处理机制，该机制就是把所有的阅读器进行逻辑分组，比如分为运送阅读器、接收阅读器、后台存储阅读器和前台存储阅读器等。通过使用 RFID 对象模型和七大软件开发工具，应用程序开发者可以构建一棵事件处理进程树，从而使复杂的事件处理流程被刻画得一目了然。

通过采用事件处理引擎，应用软件开发者就可以把精力集中于构造处理 RFID 数据的业务逻辑，而不是担心那些部署在系统各个环节的物理设备是否运转正常——这些问题已经在系统运行时被很好地解决了。与此同时，最终用户可以真正自由地获取通过处理 RFID 数据所带来的商业利益，而不必终日与设备驱动程序缠斗在一起。所有这一切为处理 RFID 业务信息提供了一条独一无二的“一次写入，随处使用”的便捷途径。

另一个事件处理引擎的关键组件就是事件处理器。事件处理器也是可扩展的程序构件，它允许应用程序开发商设定特殊的逻辑结构来处理和执行基于实际业务环境的分布式 RFID 事件。为了能设计出灵活性和扩展性良好的组件，事件处理器的设计者使用了预先封装好的规范化电子标签处理逻辑，这些逻辑可以自动地依据事件处理执行策略(这些策略都是由业务规则决定的)来处理电子标签读取事件所获得的数据，这些处理通常包括筛选、修正、转换和报警等，这样一来所有电子标签上的数据就可以通过中间件的工作流服务产品融入原有应用系统的工作流程以及人工处理流程了。

(2) 运行引擎层的第二个主要组成部分就是设备管理套件。这一部分主要负责保证所有的设备在同一种运行环境中具有可管理性。设备管理套件可以为最终用户提供监控设备状态、察看和管理设备配置信息、安全访问设备数据，在整体架构中管理(增加、删除、修改名称)设备以及维护设备的连接稳定等服务。

3. RFID 中间件的基础框架 OM/APIs 层

RFID 中间件框架提供了对象模型(OM)和应用程序开发接口集(APIs)，以帮助应用程序开发商设计、部署和管理 RFID 解决方案。它包括设计和部署“事件处理管道”所必需的工具，而“事件处理管道”是通过将未经处理的 RFID 事件数据过滤、聚集和转换成为业务系统可以识别的信息所必备的软件组件。通过使用对象模型和应用程序开发接口集，应用程序开发商可以创建各种各样的软件工具来管理 RFID 中间件基础框架。对象模型提供了很多非常有用的程序开发接口，包括设备管理、处理过程设计、应用部署、事件跟踪以及容错性测试。这些应用程序接口不但对快速设计和部署一个端到端 RFID 处理软件大有裨益，而且可以使应用程序在整个应用软件生命周期得到更有效的管理。

4. 设计工具和适配器层

开发者在开发不同类型业务处理软件的时候，可以从 RFID 中间件基础框架中的设计工具和适配器层获得一组对开发调试很有帮助的软件工具。这些工具中的设计工具可以为创建一个 RFID 业务处理过程提供简单、直观的设计模式。适配器可以帮助开发者整合服务器软件和业务流程应用软件的软件实体。适配器使得若干个通过 RFID 信息传递来完成业务协作的应用软件形成一个有机的整体。

通过使用这些工具，微软的合作伙伴可以开发出各种各样具有广泛应用前景的应用程序和业务解决方案。因为通过使用 RFID 技术可以使整个物流过程变得一目了然，因而系统集成商和应用程序开发商可以在众多需要使用 RFID 技术的领域创建客户所需要的业务应用软件，这些领域包括资产管理、仓储管理、订单管理、运输管理等。

4.5 RFID 典型模块应用案例

基于 MFRC522 射频芯片的高频 RFID 模块，可以配合与实验箱配套的高频标签(即非接触式 IC 卡)完成高频 RFID 的读写。通过 STC16C51 单片机连接 MFRC522 控制器，进行 IC 卡的读写操作，HF RFID 的扩展子板通过串口与智能网关进行通信和数据交换。

4.5.1 高频(HF)读卡模块

1. MFRC522 射频芯片

MFRC522 是高度集成的非接触式(13.56 MHz)读写卡芯片，此发送模块利用调制和解

调的原理，可将它们完全集成到各种非接触式通信方法和协议中。MFRC522 发送模块支持的工作模式是 ISO 14443A。

2. 非接触式 IC 卡

目前市面上有多种类型的非接触式 IC 卡，按照不同协议大体可以分为 3 类，各类 IC 卡特点及工作特性如表 4-1 所示。

表 4-1 IC 卡特点及工作特性分类

IC 卡	读写器	国际标准	工作效率
CICC	CCD	密耦合(0~1cm)	0～30 MHz
PICC	PCD	近耦合(7~10)	<135 kHz 6.75 MHz 13.56 MHz 27.125 MHz
VICC	VCD	疏耦合(<1m)	

3. Philips 的 MIFARE 卡

Philips 的 MIFARE 卡有 MI 卡和 ML 卡。下面分别做简要介绍。

1) M1 卡简介

(1) M1 卡卡片的电气部分只由一个天线和 ASIC 组成。

(2) M1 卡主要指标如下所述。

- 容量为 8K 位 EEPROM。
- 可分为 16 个扇区，每个扇区为 4 块，每块 16 个字节，以块为存储单位。
- 每个扇区有独立的一组密码及访问控制。
- 每张卡有唯一序列号，为 32 位。
- 具有防冲突机制，支持多卡操作。
- 无电源，自带天线，内含加密控制逻辑和通信逻辑电路。
- 数据保存期为 10 年，可改写 10 万次，可读无限次。
- 工作温湿度：-20℃～50℃(湿度为 90%)。
- 工作频率：13.56 MHz。
- 通信速率：106 kb/s。
- 读写距离：10 mm 以内(与读写器有关)。

(3) M1 卡存储结构分为 16 个扇区，每个扇区由 4 块区域(块 0、块 1、块 2、块 3)组成，也将 16 个扇区的 64 个块按绝对地址编号为 0～63。第 0 扇区的块 0(即绝对地址 0 块)，它用于存放厂商代码，已经固化，不可更改。每个扇区的块 0、块 1、块 2 为数据块，可用于存储数据。数据块可做两种应用：其一用作一般的数据保存，可以进行读、写操作；其二用作数据值，可以进行初始化值、加值、减值、读值操作。每个扇区的块 3 为控制块，包括密码 A、存取控制、密码 B。每个扇区的密码和存取控制都是独立的，可以根据实际需要设定各自的密码及存取控制。存取控制为 4 个字节，共 32 位，扇区中的每个块(包括数据块和控制块)的存取条件是由密码和存取控制共同决定的，在存取控制中每

个块都有相应的三个控制位。三个控制位以正和反两种形式存在于存取控制字节中，决定了该块的访问权限(如进行减值操作必须验证 KEYA，进行加值操作必须验证 KEYB，等等)。

2) ML 卡简介

(1) ML 卡性能介绍。

- 容量为 384 位。
- 16 位的数值计算。
- 128 位的数据区(如果不用钱包文件可达 192 位)。
- 用户可自定义控制权限。
- 唯一的 32 位序列号。
- 工作频率：13.56MHz。
- 通信速率：106KB 波特率。
- 防冲突：同一时间可处理多张卡。
- 读写距离：在 10 cm 以内(与读写器有关)。
- 卡内无须电源。

(2) ML 卡储存结构共 384 位，分为 12 页，每页为 4 个字节。ML 卡存储结构如表 4-2 所示。

表 4-2　ML 卡存储结构

页　号	字节 0	字节 1	字节 2	字节 3	
0	SerNr(0)	SerNr(1)	SerNr(2)	SerNr(3)	Block 0
1	SerNr(4)	Size Code	Type(0)	Type(1)	
2	Data(0)	Data(1)	Data(2)	Data(3)	Data1
3	Data(4)	Data(5)	Data(6)	Data(7)	
4	Value(0)	Value(1)	Value_b(0)	Value_b(1)	Value
5	Value(0)	Value(1)	Value_b(0)	Value_b(1)	
6	KeyA(0)	KeyA(1)	KeyA(2)	KeyA(3)	KeyA
7	KeyA(4)	KeyA(5)	AC-A	AC-A_b	
8	KeyB(0)	KeyB(1)	KeyB(2)	KeyB(3)	KeyB
9	KeyB(4)	KeyB(5)	AC-B	AC-B_b	
A	Data(0)	Data(1)	Data(2)	Data(3)	Data2
B	Data(4)	Data(5)	Data(6)	Data(7)	

注：_b 表示取反。

第 0、1 页存放着卡的序列号等信息，只可读取。

第 2、3 页及 A、B 两页数据块，可存储一般的数据。

第 4、5 页为数值块，可作为钱包使用，两字节的值以正和反两种形式存储。只有减值操作，没有加值操作。如果不做钱包使用，则可以作为普通的数据块使用。

第 6、7、8、9 页存储密码 A(6 字节)、密码 B(6 字节)及存取控制。

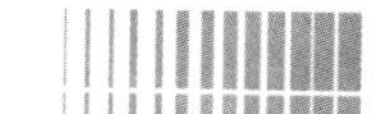

第 7 页的第 2 字节、第 9 页的第 2 字节为存储控制，存储控制以正和反的形式存两次。

4. ISO 14443 协议标准简介

ISO 14443 协议是超短距离智慧卡标准，该标准定义出读取距离 7～15 cm 的短距离非接触智能卡的功能及运作标准，ISO 14443 标准分为 TYPE A 和 TYPE B 两种。Philips 公司的 MIFARE 系列的 MIFARE 1 符合 ISO 14443 TYPE A 标准。

5. 上位机与 HF RFID 模块间的通信协议

HF RFID 模块和高频标签间除了简单的读卡外，还有写入数据、修改密码的功能，这就需要上位机和这些 RFID 模块之间进行通信。

4.5.2 MIFARE 1 卡通信测试实训

1. 实训目的

熟悉 HF RFID 硬件，了解 HF RFID 读卡模块与 PC 串口的通信过程和各种操作指令。

2. 实训设备

(1) PC 机和串口测试软件。
(2) HF RFID 读卡模块，通过串口连接到 PC 机。
(3) MIFARE 1 卡 1 张。

3. 实训内容

了解 MIFARE 1 卡的功能和使用方法、掌握 HF RFID 读卡模块的读卡过程、掌握 HF RFID 读卡模块与 PC 串口的通信协议和通信过程。

4. 实训原理

HF RFID 读卡器与 PC 机通过串口，使用自定义协议进行通信。
通信格式：数据包长度 L(1 Byte)命令字 C(1 Byte)数据包 D(L-1 Bytes)。
通信方向：下位机送给上位机；上位机送给下位机。
协议规范。
(1) 启动。
(2) 寻卡。
(3) 防冲突。
(4) 选择。
(5) 终止。
(6) 参数设置。
(7) 密码下载(扇区 1 密码为 12 个 F)。
(8) 数据读取(扇区 1 块 0 块 1 块 2)。
(9) 数据写入(扇区 1 块 0 块 1 块 2)。

(10) 块值操作(初始化)。

(11) 块值操作(读出)。

(12) 块值操作(加值)。

(13) 块值操作(减值)。

(14) 修改密码。

5. 实训步骤

1) 连接操作

(1) 把串口延长线 DB9 母头接到 PC 机的串口上。

(2) 把串口延长线 DB9 公头接到读写器的串口 DB9 母座，使读写器和 PC 机的串口紧密连接。

(3) 通过两根杜邦线连接电源到串口连接区的 VCC 和 GND。

(4) 打开读写器上的电源开关，读写器通电以后可以听到一声蜂鸣器的响声，如果没有听到蜂鸣器声，表明读写器没有正常通电。

(5) 打开串口测试工具，设置串口参数。

2) 指令实验

(1) 设置完成后，单击“打开串口”按钮，勾选十六进制显示，这样从读卡器中返回的数据会以十六进制显示。

(2) 按照前面所述通信命令格式，在发送数据文本框中输入命令，如启动命令为“020B0F”(02 为指令长度，0B 为命令字，测试蜂鸣器，0F 蜂鸣器响的时间)。

(3) 单击“发送数据”按钮，则测试工具会向读卡器发送测试指令，并显示读卡器返回的结果。

(4) 把 M1 卡放到 IC 卡刷卡区附近，在发送数据文本框输入“020226”命令寻卡，单击“发送数据”按钮，则会找到当前卡的类型，其中返回的数据“03000400”中，03 表示数据长度，第一个 00 为命令成功代码，04 表示 MIFARE 1 卡。

练　习　题

一、填空题

1. 无线射频识别技术是一种________自动识别技术，其根本原理是________特性，可以实现对被识别物体的自动识别。

2. 目前，RFID 存在三个主要的技术标准体系，总部设在美国麻省理工学院(MIT)的________、日本的________和________。

3. 中间件是在一个分布式系统环境中处于________和________之间的软件。中间件作为一大类系统软件，与________、________孤立系统并称“三套车”。

二、单选题

1. 物联网有 4 项关键性的技术，下列(　　)被认为是能够让物品“开口说话”的技术。

A. 传感器技术　B. 电子标签技术　C. 智能技术　D. 纳米技术

2. (　　)是物联网中最为关键的技术。

A. RFID 标签　B. 阅读器　C. 天线　D. 加速器

3. RFID 卡(　　)可分为主动式标签(TTF)和被动式标签(RTF)。

A. 按供电方式分　B. 按工作频率分　C. 按通信方式分　D. 按标签芯片分

4. 射频识别卡同其他几类识别卡最大的区别在于(　　)。

A. 功耗　B. 非接触　C. 抗干扰　D. 保密性

5. 物联网技术是基于射频识别技术而发展起来的新兴产业，射频识别技术主要是基于(　　)进行信息传输的。

A. 电场和磁场　B. 同轴电缆　C. 双绞线　D. 声波

6. 作为射频识别系统最主要的两个部件——阅读器和应答器，二者之间的通信方式不包括(　　)。

A. 串行数据通信　B. 半双工系统　C. 全双工系统　D. 时序系统

7. RFID 卡的读取方式为(　　)。

A. CCD 或光束扫描　B. 电磁转换　C. 无线通信　D. 电擦除、写入

8. RFID 卡(　　)可分为有源(Active)标签和无源(Passive)标签。

A. 按供电方式分　B. 按工作频率分　C. 按通信方式分　D. 按标签芯片分

9. 利用 RFID 、传感器、二维码等可以随时随地获取物体的信息，是指(　　)。

A. 可靠传递　B. 全面感知　C. 智能处理　D. 互联网

10. (　　)标签工作频率是 30 ~ 300 kHz。

A. 低频电子标签　B. 高频电子标签　C. 特高频电子标签　D. 微波标签

11. (　　)标签工作频率是 3 ~ 30 MHz。

A. 低频电子标签　B. 高频电子标签　C. 特高频电子标签　D. 微波标签

12. (　　)标签工作频率是 300 MHz ~ 3 GHz。

A. 低频电子标签　B. 高频电子标签　C. 特高频电子标签　D. 微波标签

13. (　　)标签工作频率是 2.45 GHz。

A. 低频电子标签　B. 高频电子标签

C. 特高频电子标签　D. 微波标签

14. 二维码目前不能表示的数据类型是(　　)。

A. 文字　B. 数字　C. 二进制　D. 视频

15. (　　)抗损性强、可折叠、可局部穿孔、可局部切割。

A. 二维条码　B. 磁卡　C. IC 卡　D. 光卡

16. (　　)可对接收的信号进行解调和译码然后送到后台软件系统处理。

A. 射频卡　B. 读写器　C. 天线　D. 中间件

17. 低频 RFID 卡的作用距离(　　)。

A. 小于 10 cm　B. 1～20 cm　C. 3～8 m　D. 大于 10 m

18. 高频 RFID 卡的作用距离(　　)。

A. 小于 10 cm　B. 1～20 cm　C. 3～8 m　D. 大于 10 m

19. 超高频 RFID 卡的作用距离(　　)。

A. 小于 10 cm　B. 1～20 cm　C. 3～8 m　D. 大于 10 m

20. 微波 RFID 卡的作用距离(　　)。
A. 小于 10 cm　　B. 1～20 cm　　C. 3～8 m　　D. 大于 10 m

三、判断题(正确答案打√，错误答案打×)

1. 物联网中 RFID 标签是最关键的技术和产品。(　　)
2. 中国在 RFID 集成的专利上并没有主导权。(　　)
3. RFID 系统包括标签、阅读器、天线。(　　)
4. 射频识别系统一般由阅读器和应答器两部分构成。(　　)
5. RFID 是一种接触式识别技术。(　　)
6. 物联网的实质是利用射频自动识别(RFID)技术通过计算机互联网实现物品(商品)的自动识别和信息的互联与共享。(　　)
7. 物联网目前的传感技术主要是 RFID。植入这个芯片的产品，是可以被任何人感知的。(　　)
8. 射频识别技术(radio frequency identification devices，RFID)实际上是自动识别技术(automatic equipment identification，AEI)在无线电技术方面的具体应用与发展。(　　)
9. 射频识别系统与条形码技术相比，数据密度较低。(　　)
10. 射频识别系统与 IC 卡相比，在数据读取中几乎不受方向和位置的影响。(　　)

四、问答题

1. RFID 系统分类方式有哪几种？可分为几类？
2. RFID 系统由哪几部分组成？各部分在系统中发挥的作用是什么？
3. 简述电感耦合 RFID 系统的工作原理。
4. 简述 RFID 中间件的特点。

第 5 章

物联网通信技术应用的开发

当前，随着互联网技术日益成熟、有线网络从铜线向光纤的顺利改造，网络传输的稳定性和传输速率已经有了很大提升，可以满足广大网络用户的基础需求。随着科技的进步，大数据传输和密集型网络应用场景越来越多，物联网通信技术正式肩负解决现实生活中复杂通信问题的使命应运而生。

常见的近距离无线网络通信技术主要可分为两类：一类是 ZigBee、Wi-Fi、蓝牙、Z-wave 等短距离通信技术；另一类是低功耗广域网(low-powerwide-areaNetwork，LPWAN)，即广域网通信技术。LPWAN 又可分为两类：一类是工作于未授权频谱的 LoRa、SigFox 等技术；另一类是工作于授权频谱下，3GPP 支持的 2G/3G/4G 蜂窝通信技术，比如 EC-GSM、LTECat-m、NB-IoT 等。

5.1 蓝牙技术应用与案例

蓝牙是一种支持设备短距离通信(一般 10 m 内)的无线电技术，能在包括手机、平板电脑、无线耳机、笔记本电脑、相关外设等众多设备之间进行无线信息交换。利用蓝牙技术，能够有效地简化移动通信终端设备之间的通信程序，也能够成功地简化设备与因特网之间的通信程序，从而使数据传输变得更加迅速高效，为无线通信发展拓宽道路。

蓝牙作为一种小范围无线连接技术，能在设备间实现方便快捷、灵活安全、低成本、低功耗的数据通信和语音通信，因此它是实现无线个人区域网络通信的主流技术之一，与其他网络相连接可以带来更广泛的应用。是一种尖端的开放式无线通信技术，能够让各种数码设备无线沟通，是无线网络传输技术的一种，可以用来取代红外线通信。

蓝牙技术是一种无线数据与语音通信的开放性全球规范，它以低成本的近距离无线连接为基础，可为固定与移动设备通信环境提供一种特别连接方式。其实质内容是为固定设备或移动设备之间的通信环境建立通用的无线电空中接口(radio air interface)，将通信技术与计算机技术进一步结合起来，使各种 3C 设备在没有电线或电缆相互连接的条件下，能在近距离范围内实现相互通信或操作。简单地说，蓝牙技术是一种利用低功率无线电在各种 3C 设备间彼此传输数据的技术。蓝牙工作在全球通用的是 2.4 GHz ISM(即工业、科学、医学)频段，使用 IEEE 802.15 协议。作为一种新兴的短距离无线通信技术，正有力地推动着低速率无线个人区域网络的发展。

5.1.1 蓝牙技术的背景知识

蓝牙技术诞生于 1994 年，它最初的用途是通过无线音频传输让无线耳机成为可能。后来，蓝牙成为一种允许在设备之间传输数据的无线技术，而且这种数据传输更简单、更独立，而不必再更换设备或在将其发送给其他人时丢失任何重要信息。

1. 蓝牙的名字和由来

1994 年的时候，芬兰的诺基亚和美国的英特尔这两家公司有了相同的想法，于是这两个巨头就凑在一起开始讨论如何制定一套通信协议来规范手机、计算机和无线耳机的无线通信标准。1996 年年底，这几家公司一直想要创建一个规范的协议，让不同的设备生产厂商和各种繁杂的工业标准无缝地统一起来，这项工作的难度在当时是非常大的。于是又过了两年，其他的一些行业巨头陆续加入，在 1998 年创建了蓝牙特别利益集团(Bluetooth Special Interest Group，SHC)，这个时候集团的成员有爱立信、英特尔、诺基亚、IBM 和东芝，这些都是当年的巨头。

由于短距离无线通信标准的应用前景很大，再加上最初 5 个巨头的牵线，使这个组织拥有 400 个国际成员，至今这个组织成员已经达到了几万个，在创建蓝牙特别利益集团的时候，最初的名字并没有引用蓝牙这个名字，Bluetooth 这个名字本来是属于无线电标准初期的内部称号。后来因为正式版的名字取得并不好，公众的熟知度不高，就被弃用了。

蓝牙这个名字非常有意义，这个名字的来源有一个小故事，在距今大概 1000 年前的北欧丹麦有一个名叫 Harald Blatand 的国王，他是一个军事能力和谈判能力都很强的国王，他统一并团结了公元 10 世纪的丹麦和挪威，给人民带来了基督教和民族认同感。而在 20 世纪 90 年代，北欧的通信技术非常强大，拥有瑞典爱立信和芬兰诺基亚两大行业巨人，所以蓝牙技术的命名用了统一丹麦和挪威的北欧国王。而名字中的 Blatand 在英语中意思可以解释为 Bluetooth(蓝色的牙齿：国王喜欢吃蓝莓，所以牙齿经常变成蓝色)，一位伟大国王的别称容易使人联想到这位国王，能够很快带入一种团结感，而这种团结和统一的感觉正好是蓝牙的用意，刚好表达了统一计算机平台和手机终端以及其他移动平台的这个通信标准。

蓝牙这个名字有了之后，又借用 Harald Blatand 古诺斯语里面的两个首字母 H 和 B 放在一起，就做成了蓝牙的 logo，如图 5-1 所示。

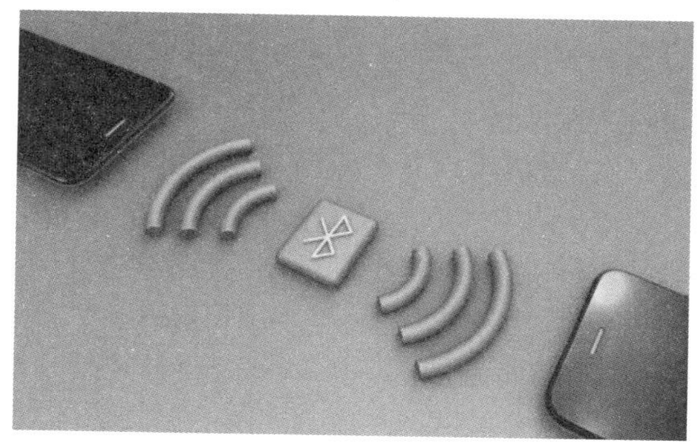

图 5-1　蓝牙 logo

2. 蓝牙基础知识

蓝牙和 Wi-Fi 在技术上有相通的部分，蓝牙工作在 2.4 GHz 的这个大频段上和 Wi-Fi 在 2.4 GHz 的频段一样，不同的是蓝牙在 83.5 MHz 的频宽上，被分成 79 个频道，也就是信道采用 FHSS 跳频的方式进行通信操作，所以抗干扰能力比较强。

同时，蓝牙的一个特点就是组建最高 8 个设备的 Piconet，也就是微微网，所有设备之间都按照预设的跳频模型进行通信，所以同时能够在互相不干扰的情况下，实现多台设备在 Piconet 的环境里面进行通信。

跳频通信是指无线电波在单一信道上持续地发送数据，单一信道的通信容易受到干扰，也容易被拦截，因此存在安全问题。而跳频是指无线电波在多个信道之间，通过预设的模型，在不同的信道之间切换发送数据。信号的接收方通过预设的模型在相应的信道上接收数据，这可以满足多个设备在同一时间利用不同的信道通信而不互相产生干扰。

从 20 世纪 90 年代末到 2004 年是第一代蓝牙标准的发展期，2000 年世界首款支持蓝牙的手机和耳机面世，只有单工通信模式，也就是说如果用了蓝牙耳机就不能传输文件，而且不支持双声道耳机，那个时候的数据通信速率不到 1 Mbps，传输一首 3 MB 的音乐大概需要 30 s，这还只是理论速率，不过考虑到那个时候的手机没有摄像头，传输的文件也大多是 MIDI 格式的，因此那个时候蓝牙的面世已经是革命性的了。经过几年的发展和不断的完善，第一代蓝牙版本最后为 1.2，制定于 2003 年年末并修复了之前版本的各种漏洞，甚至添加了立体声耳机的支持，不过通信速率也只有 0.7 Mbps。

2004 年蓝牙推出了 2.0 版标准，相比第一代蓝牙标准，第二代最重要的升级是 EDR(enhanced data rate)，也就是数据传输带宽提升到了 2～3 Mbps，同时 2.0 版本的蓝牙开始支持双工作通信，可以同时传输音频数据和文件数据，同时期的 Windows 智能手机也开始出现。

使用蓝牙从计算机上传输文件到手机或者手机之间互相传输电影和音乐，这样的应用场景也慢慢变成了常态，同时蓝牙 2.1 版本大幅降低了待机功耗，也优化了传输距离。从最初 1.0 时代 10 m 左右的通信距离优化到了 30 m，至此蓝牙完成了从最初的一代到二代的演变。

蓝牙作为短距离无线通信的技术，最初的定位就是作为 Wi-Fi 的应用的补充，Wi-Fi 的意义在于相对比较大的数据量的吞吐，并且给移动设备加入了无线连接到局域网的能力，从而可以让设备通过本地的无线局域网接入互联网，而蓝牙的意义更多的在于打通设备之间的互联，打破不同设备之间的兼容性的壁垒，建立点对点的微型网络，实现实时地传输音频流以及设备之间的文件传输。

相比 Wi-Fi 100 mW 左右的功耗，几十兆到几百兆的通信带宽以及几十米甚至上百米的通信范围，多数情况下蓝牙的功耗仅仅只有 2～3 mW，比 Wi-Fi 设备少了几十倍，数据传输带宽也往往只有同期蓝牙标准的 1/10 不到，通信范围也仅限于设备周边的几米到十几米，比如说第一代的蓝牙传输带宽不到 1 Mbps，同期 IEEE 802.11b 的 Wi-Fi 标准通信带宽是 11 Mbps，蓝牙 2.0 能够把传输带宽做到 3.0 Mbps 左右，同期 IEEE 802.11g 的 Wi-Fi 能够达到 54 Mbps。虽然说都工作在 2.4 GHz 这个频段，但是蓝牙和 Wi-Fi 在机制和应用上可以互相弥补，Wi-Fi 上网，蓝牙可以实现不同设备之间点对点的互联和设备之间的数据传输。

3. 发展中的蓝牙技术

2009 年蓝牙集团想要实现 Wi-Fi 大数据量存储，因此在蓝牙 3.0 标准推出的时候引入了一个“高速传输”(transmission high speed)的概念，使得蓝牙 3.0 在 IEEE 802.11 的基础上，通过集成 IEEE 802.11 的协议适配层实现了蓝牙技术的高速传输，传输带宽达到了 24 Mbps，这个 IEEE 802.11 就是 Wi-Fi 的标准，蓝牙 3.0 在本身是 Wi-Fi 的补充这个定位上，通过利用 Wi-Fi 的技术进一步补足了传输速率的短板。

2010 年，Wi-Fi 联盟借鉴了蓝牙的微微网概念，做出了 Wi-Fi Direct。其借鉴了蓝牙技术，在 Wi-Fi 上实现了点对点的传输能力，蓝牙和 Wi-Fi 不约而同地向着彼此进行技术上的融合。不过，通过 Wi-Fi Direct 让 Wi-Fi 扩展出手机热点和苹果公司的 Air Drop 功能，应用前景越来越大，而借鉴了 Wi-Fi 大带宽传输的蓝牙 3.0，却没有按照预想的方向通过传输速率的大幅提升而大放异彩，很快蓝牙 3.0 的高速传输的前景越来越暗淡，导致其几乎没有应用场景，也没有厂商做出这个适应新技术的设备，后来蓝牙 3.0 的 HS 技术就慢慢淡出了大众的视野。

另外，需要高速传输的应用场景有 Wi-Fi Direct，同期的 Wi-Fi 传输速率已经能够达到 600 Mbps 这样的理论峰值了，24 Mbps 的蓝牙 HS 又一次被甩开了，所以定位就很尴尬，蓝牙 3.0 HS 在利用 IEEE 802.11 高速传输的时候功耗也会瞬间变高，这跟蓝牙本身低功耗、微网、实现短距离设备互联的定位相去甚远，而曾经尝试利用蓝牙 3.0 HS 高速传输的应用，在发现了功耗过高的问题会导致设备续航严重缩减之后，纷纷放弃使用蓝牙 3.0 HS 的传输方式。虽然蓝牙 3.0 HS 宣布通信速率相比第二代提高了 8 倍，支持视频和高清电视的传输码率，但是通信设备双方都要在硬件和通信协议上采用最新的标准才能实现，这无疑就增加了厂商和消费者的门槛，所以最后蓝牙 3.0 HS 陷入了泥潭。

2010 年蓝牙第四个版本的规范和技术标准出台，蓝牙 4.0 意识到盲目地增加通信带宽，想要跟 Wi-Fi 对抗是不太现实的，sick 公司终于在蓝牙 4.0 的这个标准的制定上回归了初心。按照之前蓝牙应该是 Wi-Fi 技术的补充，这样的定位进一步降低了功耗，并且整合了老牌巨头诺基亚的一项叫作 library 的低功耗通信技术，把这个技术打包优化，摇身一变变成了 BLE(bluetooth low energy)。同时兼容以前的蓝牙标准，蓝牙 4.0 规范定义了三种规格。

第一种，蓝牙 4.0 引入的 BLE 的概念，主要针对的是极低的功耗以及较小的数据传输带宽，同时兼顾了传输距离。第二种，沿用了蓝牙 3.0 时代的高速通信，保证一些需要用到数据传输量相对较大的信息传输吞吐能力，同时没有在这条路上越走越偏，依然采用的是最高 24 Mbps 的传输速率。第三种，保留了经典蓝牙 1.0 和 2.0 的兼容性。除此之外，蓝牙 4.0 还将通信距离从最开始的 10 m 以内到十几米，以及之后的几十米提高到 100 m，搭配上了 BLE 的技术，能够维持极低的功耗，进行不亚于 Wi-Fi 的通信距离，牺牲的仅仅是数据的传输带宽，进一步增强了自己的技术定位，就是超低功耗实现设备互联，而不是大数据量吞吐。

BLE 技术自诞生以来，就是奔着物联网 IoT 的发展趋势去的，所以从 2010 年之后，大量支持 BLE 的物联网设备在市场上不断地涌现，智能家居设备、智能家居生态也开始大量使用 BLE 技术。

2015 年苹果公司推出了第一代 Apple Watch，就是依靠蓝牙 BLE 结合 Wi-Fi 实现和 iPhone 的数据通信，才能在这么小的一个手表上实现一天多的续航时间。如果没有蓝牙 BLE 技术，而是采用以前的蓝牙通信或者是仅仅用 Wi-Fi 进行通信，Apple Watch 的续航也不会满足苹果公司严苛的标准，我们见证可穿戴设备蓬勃发展的这个年代也会延后。

到了 2016 年，SIG 公司在西雅图发布了下一代蓝牙标准，也就是蓝牙 5.0。这一次的进化体现在了各个方面，进一步增强了安全性，并且将通信距离扩展到了 300 m，传输带宽也有了提升，而且进一步降低了功耗。然后最大的技术革新就是通过蓝牙信标实现室内定位，除此之外也添加了 MESH 组网的支持，打破了传统的微微网，8 个终端设备的这个限制，通过像烽火台一样的机制，可以在建筑内甚至在户外组建成千上万个设备互联的 MESH 网络，大幅扩展了蓝牙的应用场景，在 2019 年的 WWDC 大会上，苹果发布了利用到了 Wi-Fi GPS 和蓝牙结合事件的室内定位的技术，叫作 Indoor Positioning。

蓝牙 5.0 技术无论是应用场景和技术参数又开始向着 Wi-Fi 方向靠拢了，蓝牙 5.0 也支持两路的音频传输，可以同时连接两个音箱或耳机，我们在苹果的 Share Audio 这个功能可以看到，可以将同一音源推到两套 AirPods 耳机上，这是蓝牙 5.0 的特性之一。

蓝牙 5.0 从 1999 年的初代发展至今已经有 20 余年了，应用场景也越来越广泛，虽然说在 3.0 时代出现了一些意外情况，但是总体上来说还是有着自己准确的市场和技术上的定位，作为同样的无线电传输的标准，蓝牙和 Wi-Fi 在 20 多年的发展中互相补足，给现代

的移动设备、可穿戴设备和智能家居等各种领域带来了非常高的便捷性，并且在物联网时代中成了不可或缺的技术标准。

总而言之，当要省电超长待机时，最基础的互联设备就用蓝牙，要接入互联网、要大数据量通信就用 Wi-Fi，这两种通信标准和谐共存，各有各的作用。

5.1.2 蓝牙网关

蓝牙网关是一个集成蓝牙和 Wi-Fi 的网关设备，该设备主要用于 iBeacon 设备的远程云管理，简单来说就是一个用于 iBeacon 设备的扫描管理设备。蓝牙网关弥补了蓝牙技术的一些短板，从而更高效、广泛地将其应用到各行业各企业中。蓝牙网关在蓝牙的基础上，改善了蓝牙的缺点，实现了远距离传输以及多设备连接。可以理解为专为蓝牙终端设备设计的一款网关，用户可以通过蓝牙网关，使用扫描(广播包)和建连(通知数据)的方式对蓝牙终端设备进行控制和数据采集。一方面，蓝牙网关可以极大地提高传统蓝牙通信距离和连接终端数量；另一方面，蓝牙网关可以将通过蓝牙信号传输的数据，再通过网络传递给远端的控制端或服务器。

1. 蓝牙网关的工作原理

由于蓝牙网关集成蓝牙与 Wi-Fi 的网关设备，即蓝牙模块扫描设备并获取数据，Wi-Fi 模块获取扫描数据再通过网络将数据上传到服务器端，如图 5-2 所示。蓝牙模块扫描其信号覆盖范围内的 iBeacon 设备并且获取到被扫描的设备数据，再通过蓝牙与 Wi-Fi 的串口将扫描到的设备通过网络把数据提交到服务器端，服务器端会显示并管理这些扫描到的设备。

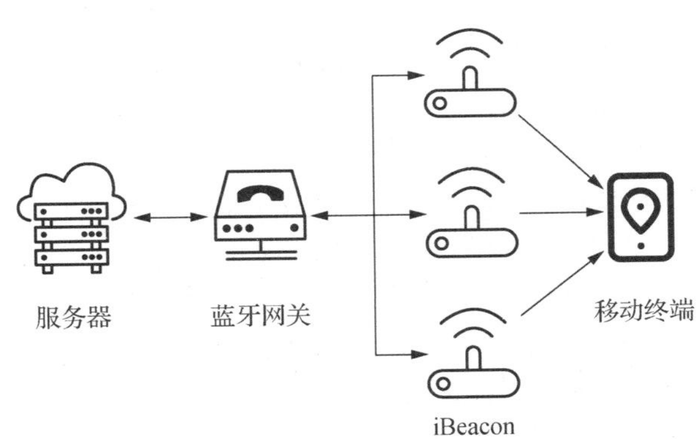

图 5-2 蓝牙网关工作原理示意

2. 蓝牙网关的功能

蓝牙网关最常用的功能就是反向定位，反向定位是利用蓝牙网关将扫描到的蓝牙数据通过网络上传到云端服务器，并且利用蓝牙扫描到的 iBeacon 设备数据中的 RSSI 值，然后在后台通过这个 RSSI 值确定 iBeacon 设备与蓝牙网关的距离或者范围，达到位置追踪的目的，并在后台地图实时展示 iBeacon 设备位置。同时，还可以将蓝牙网关的扫描范围标记为安全区域，一旦 iBeacon 设备离开安全范围，便能触发后台的安全报警装置。这就是实现安全看护和人员物资管理的关键。

3. 蓝牙网关的功能特点

蓝牙网关具有低功耗、体量大、低成本、低辐射、通用、距离长等特点，针对蓝牙4.0，其终端设备已可实现开阔场半径为300 m的传输距离，如果双方都处在蓝牙5.0的状态下，传输距离可以拓展至几千米，并实现一对多配对，即同时控制多达 40 个低功耗蓝牙设备。

5.1.3　蓝牙系统的结构及组成

1. 蓝牙系统的结构

1) 底层硬件模块

蓝牙技术系统中的底层硬件模块由基带、跳频和链路进行管理。其中，基带用以完成蓝牙数据和跳频的传输。无线调频层是不需要授权就能通过 2.4 GHz ISM 频段的微波，数据流传输和过滤就是在无线调频层实现的，主要定义了蓝牙收发器在此频带正常工作所需要满足的条件。链路管理实现了链路建立、连接和拆除的安全控制。

2) 中间协议层

蓝牙技术系统构成中的中间协议层主要包括服务发现协议、逻辑链路控制和适应协议、电话通信协议和串口仿真协议。服务发现协议层的作用是给上层应用程序提供一种机制以便于使用网络中的服务。逻辑链路控制和适应协议负责数据拆装、复用协议和控制服务质量，是其他协议层作用实现的基础。

3) 高层应用

在蓝牙技术构成系统中，高层应用是位于协议层最上部的框架部分。蓝牙技术的高层应用主要有文件传输、网络、局域网访问。不同种类的高层应用通过相应的应用程序或一定的应用模式实现无线通信。

2. 蓝牙系统的组成

蓝牙系统一般由天线单元、链路控制(固件)单元、链路管理(软件)单元和软件(协议栈)单元4个功能单元组成。

1) 天线单元

蓝牙要求其天线部分体积小巧、质量轻，因此，蓝牙天线属于微带天线。蓝牙空中接口是建立在天线电平为 0 dB 的基础上的。空中接口遵循(简称 FCC，即美国联邦通信委员会)有关电平为 0 dB 的 ISM 频段的标准。如果全球电平达到 100 mW 以上，可以使用扩展频谱功能来增加一些补充业务。频谱扩展功能是通过起始频率为 2.42 GHz，终止频率为 2.48 GHz，间隔为 1 MHz 的 79 个跳频频点来实现的。出于某些本地规定的考虑，日本、法国和西班牙都缩减了带宽。最大的跳频速率为 1660 跳/s。理想的连接范围为 100 mm～10 m，但是通过增大发送电平可以将距离延长至 100 m。

蓝牙工作在全球通用的 2.4 GHz ISM(即工业、科学、医学)频段。蓝牙的数据传输速率为 1 Mbps。ISM 频带是对所有无线电系统都开放的频带，因此使用其中的某个频段都会遇

到不可预测的干扰源，例如某些家电、无绳电话、汽车房开门器、微波炉等，都可能是干扰源。为此，蓝牙特别设计了快速确认和跳频方案以确保链路稳定。跳频技术是把频带分成若干个跳频信道(hop channel)，在一次连接中，无线电收发器按一定的码序列(即一定的规律，技术上叫作“伪随机码”，就是“假”随机码)不断地从一个信道“跳”到另一个信道，只有收发双方是按这个规律进行通信的，而其他干扰不可能按同样的规律进行干扰；跳频的瞬时带宽是很窄的，但通过扩展频谱技术可以使这个窄带成百倍地扩展成宽频带，从而使干扰可能造成的影响变得很小。时分双工(TDD)方案被用来实现全双工传输。

与其他工作在相同频段的系统相比，蓝牙跳频更快，数据包更短，这使蓝牙比其他系统都更稳定。前向纠错(FEC)的使用消除了长距离链路的随机噪声；应用了二进制调频(FM)技术的跳频收发器被用来抑制干扰和防止衰落。

2) 链路控制(固件)单元

在目前蓝牙所有的产品中，人们使用了 3 个 IC 分别作为联结控制器、基带处理器以及射频传输/接收器，此外还使用了 30～50 个单独调谐元件。

基带链路控制器负责处理基带协议和其他一些低层常规协议。它有 3 种纠错方案：1/3 比例前向纠错(FEC)码、2/3 比例前向纠错码和数据的自动请求重发方案。采用 FEC 方案的目的是减少数据重发的次数，降低数据传输负载。但是，要实现数据的无差错传输，FEC 就必然要生成一些不必要的 FEC 码，从而降低数据的传送效率。这是因为数据包对于是否使用 FEC 是弹性定义的。报头总有占 1/3 比例的 FEC 码起保护作用，其中包含了有用的链路信息。

在无编号的 ARQ 方案中，在一个时隙中传送的数据必须在下一个时隙得到“收到”的确认。只有数据在接收端通过了报头错误检测和循环冗余检测后认为无错才能向发送端发回确认消息，否则就会返回一则错误消息。比如蓝牙的话音信道采用 CVSD(continuous variable slope delta modulation)，即连续可变斜率增量调制技术话音编码方案，获得高质量传输的音频编码。CVSD 编码擅长处理丢失和被损坏的语音采样，即使比特错误率达到 4%，CVSD 编码的语音还是可听的。

3) 链路管理(软件)单元

链路管理(LM)软件模块携带了链路的数据设置、鉴权、链路硬件配置和其他一些协议。LM 能够发现其他远端 LM 并通过链路管理协议(LMP)与之通信。LM 模块提供以下服务，即发送和接收数据；请求名称；链路地址查询；建立连接；鉴权；链路模式协商和建立；决定帧的类型。此外，还有的服务是将设备设为呼吸(Sniff)模式。主机(Master)只能有规律地在特定的时隙发送数据。将设备设为保持模式(Hold)。工作在 Hold 模式下的设备为了节能，在一个较长的周期内停止接收数据，每一次激活链路，这由 LM 定义，链路控制器(LC)具体操作。

当设备不需要传送或接收数据但仍需保持同步时，可将设备设为暂停模式。处于暂停模式的设备可被周期性地激活并跟踪同步，同时检查 page 消息并建立网络连接。在 piconet 内的连接被建立之前，所有的设备都处于待命(standby)状态。在这种模式下，未连接单元每隔 1.28 s 就会周期性地“监听”信息。每当一个设备被激活后，它就可监听规划给该单元的 32 个跳频频点。跳频频点的数目因地理区域的不同而异，32 这个数字适用于除日本、法国和西班牙之外的大多数国家。作为 master 的设备首先初始化连接程序，如果

地址已知，则可通过寻呼 page 消息建立连接，如果地址未知，则可通过一个后接 page 消息的查询(inquiry)消息建立连接。在最初的寻呼状态，master 单元将在分配给被寻呼单元的 16 个跳频频点上发送一串 16 条相同的 page 消息。如果没有应答，master 则可按照激活次序在剩余 6 个频点上继续寻呼。slave 从机收到 master 发来的消息的最大延迟时间为激活周期的 2 倍(2.56 s)，平均延迟时间是激活周期的一半(0.6 s)。inquiry 消息主要可用来寻找蓝牙设备，如共享打印机、传真机和其他一些地址未知的类似设备，inquiry 消息和 page 消息很像，但是 inquiry 消息需要一个额外的数据串周期来收集所有的响应。如果 piconet 中已经处于连接状态的设备在较长一段时间内没有数据传输，蓝牙还支持节能工作模式。master 可以把 slave 设置为 hold 模式，在这种模式下，只有一个内部计数器在工作。slave 也可以主动要求被设置为 hold 模式。hold 模式一般被用于连接好几个 piconet 的情况下或者耗能低的设备，如温度传感器。除 hold 模式外，蓝牙还支持另外两种节能工作模式，即 sniff 呼吸模式和暂停(park)模式。在 sniff 模式下，slave 降低了从 piconet“收听”消息的速率，“呼吸”间隔可以依应用要求做适当的调整。在 park 模式下，设备依然与 piconet 同步但没有数据传送。工作在 park 模式下的设备放弃了 MAC 地址，偶尔收听 master 的消息并恢复同步、检查广播消息。如果我们把这几种工作模式按照节能效率以升序排列，那么依次是呼吸模式、保持模式和暂停模式。

连接类型和数据包类型。连接类型定义了哪种类型的数据包能在特别连接中使用。蓝牙基带技术支持两种连接类型，即同步定向连接(synchronous connection oriented，SCO)类型，主要用于传送话音；异步无连接(asynchronous connectionless link，ACL)类型，主要用于传送数据包。

同一个微微网中不同的主从对可以使用不同的连接类型，而且在一个阶段内还可以任意改变连接类型。每个连接类型最多可以支持 16 种不同类型的数据包，其中包括 4 个控制分组，这一点对 SCO 和 ACL 来说都是相同的。两种连接类型都使用 TDD(时分双工传输方案)实现全双工传输。

SCO 连接为对称连接，利用保留时隙传送数据包。连接建立后，Master 和 slave 可以不被选中就可发送 SCO 数据。SCO 数据包既可以传送话音，也可以传送数据，但在传送数据时，只用于重发被损坏的那部分的数据。ACL 链路就是定向发送数据包，它既支持对称连接，也支持不对称连接。Master 负责控制链路带宽，并决定 piconet 中的每个 slave 可以占用多少带宽和连接的对称性。slave 只有被选中时才能传送数据。ACL 链路也支持接收 Master 发给微微网中所有 slave 的广播消息。

蓝牙基带部分在物理层可为用户提供保护和信息保密功能。鉴权基于“请求—响应”运算法则。鉴权是蓝牙系统中的关键部分，它允许用户为个人的蓝牙设备建立一个信任域，比如只允许主人自己的笔记本电脑通过主人自己的移动电话通信。加密被用来保护连接的个人信息。密钥由程序的高层来管理。网络传送协议和应用程序可以为用户提供一种较强的安全保护功能。

4) 软件(协议栈)单元

蓝牙的软件(协议栈)单元是一个独立的操作系统，不与任何操作系统捆绑。它必须符合已经制定好的规范。蓝牙规范是为个人区域内的无线通信制定的协议，它包括两部分：第一部分为核心(core)部分，用以规定诸如射频、基带、连接管理、业务搜寻(service discovery)、传输层以及与不同通信协议间的互用、互操作性等组件；第二部分为协议子集(profile)部分，用以规定不同蓝牙应用(也称使用模式)所需的协议和过程。

蓝牙规范的协议栈仍采用分层结构，分别完成数据流的过滤和传输、跳频和数据帧传输、连接的建立和释放、链路的控制、数据的拆装、业务质量(QoS)、协议的复用和分用等功能。在设计协议栈特别是高层协议时，所用的原则就是最大限度地重用现存的协议，而且其高层应用协议(协议栈的垂直层)都使用公共的数据链路和物理层。

蓝牙协议可以分为 4 层，即核心协议层、电缆替代协议层、电话控制协议层和采纳的其他协议层。

(1) 核心协议层。

蓝牙的核心协议层由基带、链路管理(LMP)、逻辑链路控制与适应协议(L2CAP)和业务搜寻协议(SDP)4 部分组成。从应用的角度看，射频、基带和 LMP 都可以归为蓝牙的底层协议，它们对应用而言是十分透明的。基带和 LMP 负责在蓝牙单元间建立物理射频链路，构成微微网。此外，LMP 还要完成鉴权和加密等安全方面的任务，包括生成和交换加密键、链路检查、基带数据包大小的控制、蓝牙无线设备的电源模式和时钟周期、微微网内蓝牙单元的连接状态等。逻辑链路控制与适应协议(L2CAP)完成基带与高层协议间的适配任务，并通过协议复用、分用及重组操作为高层提供数据业务和分类提取，它允许高层协议和应用接收或发送长达 64 000 B 的 L2CAP 数据包。业务搜寻协议(SDP)是极其重要的部分，它是所有使用模式的基础。通过 SDP，可以查询设备信息、业务及业务特征，并在查询之后建立两个或多个蓝牙设备间的连接。SDP 支持 3 种查询方式，即按业务类别搜寻、按业务属性搜寻和业务浏览(browsing)。

(2) 电缆替代协议层。

串行电缆仿真协议层(RFCOMM)像 SDP 一样位于 L2CAP 之上，作为一个电缆替代(cable replacement)协议，它通过在蓝牙的基带上仿真 RS-232 的控制和数据信号，为那些将串行线用作传输机制的高级业务(如 OBEX 协议)提供传输能力。该协议由蓝牙特别兴趣小组在 ETSI 的 TS07.10 基础上开发而成。

(3) 电话控制协议层。

电话控制协议层包括电话控制规范二进制(TCS BIN)协议和一套电话控制命令(AT-commands)。其中，TCS BIN 定义了在蓝牙设备间建立语音和数据呼叫所需的呼叫控制信令；AT-commands 则是一套可在多使用模式下用于控制移动电话和调制解调器的命令，它由蓝牙特别兴趣小组在 ITU-T Q.931 的基础上开发而成。

(4) 采纳的其他协议层。

电缆替代协议层、电话控制协议层和被采纳的其他协议层可归为应用专用(application-specific)协议。在蓝牙中，应用专用协议可以加在串行电缆仿真协议之上或直接加在 L2CAP 之上。被采纳的其他协议有 PPP、UDP/TCP/IP、OBEX、WAP、WAE、vCard、vCalendar 等。在蓝牙技术中，PPP 运行于串行电缆仿真协议之上，用以实现点到点的连接。UDP/TCP/IP 由 IETF 定义，主要用于 Internet 上的通信。IrOBEX(short OBEX)是红外数据协会(IrDA)开发的一个会话协议，能以简单自发的方式交换目标，OBEX 则采用客户/服务器模式提供与 HTTP 相同的基本功能。WAP 是由 WAP 论坛创建的一种运用在各种广域无线网上的无线协议规范，其目的就是要将 Internet 和电话业务引入数字蜂窝电话和其他无线终端。vCard 和 vCalendar 则定义了电子商务卡和个人日程表的格式。

蓝牙协议栈中，还有一个主机控制接口(HCI)和音频(Audio)接口。HCI 是到基带控制器、链路管理器以及访问硬件状态和控制寄存器的命令接口。利用音频接口，可以在一个或多个蓝牙设备之间传递音频数据，该接口可与基带直接相连。

蓝牙技术可把各种便携式计算机设备与蜂窝移动电话用无线链路连接起来，使计算机与通信的连接更加密切，使人们能随时随地进行数据信息的交换与传输。因此蓝牙技术虽然出现不久，但已受到许多行业的关注。从 2000 年 7 月第一部使用蓝牙技术的手机诞生，到现在使用各种蓝牙设备的出现，如蓝牙音箱、蓝牙耳机、蓝牙鼠标等，蓝牙应用技术发展得如此迅速，如今蓝牙设备逐渐应用在智能家居和智能工业设备上，2019 年蓝牙设备的生产量突破 40 亿元大关，预计到 2024 年突破 50 亿元。

总而言之，蓝牙技术在电信业、计算机业、家电业有着极其广阔且诱人的应用前景，它也将对未来的无线移动数据通信业务产生巨大的推动作用，蓝牙技术会得到突飞猛进的发展。但是，它仍然有大量的应用技术细节问题需要解决，仍然是一项发展中的技术。例如，为了防止语音和数据信息误传或被截收，用户必须事先为自己应用的各种设备设定某个共同的频率，即不同的用户有不同的频率，这样才能保证无线连接时不发生误传或被滥用。蓝牙标准还无法解决硬件兼容性，从而扩展到运行在蓝牙技术之上的软件。另外，蓝牙标准本身能否解决好安全问题，也是蓝牙能否获得成功的关键因素。

5.1.4　案例一：蓝牙模块的应用案例

1. 智慧医疗

当前的健康医疗设备通常是可穿戴产品或其他小物件。通过蓝牙模块，由健康医疗设备的传感器实时收集的健康数据将传输到蓝牙模块的计算机。MCU 会校正收集到的数据值。正确的数据值可以通过相应的接口传输到文件，病人的健康数据可以通过蓝牙模块传输到屏幕上。还可以通过 App 负责接收和分析接收到的健康数据，起到对数据实时监控的作用。

2. 蓝牙 Mesh 智能照明

蓝牙 Mesh 模块构建网络并使用单个控制设备与云进行同步，从而可以简化并有效地控制智能家居系统中的所有功能。在蓝牙 Mesh 智能照明方案中，用户通过手机连接 Mesh 网络中的任何一个 LED 灯，就可以控制 Mesh 网络中任意一个或一组灯，并对 Mesh 网络 LED 灯管进行分组、调光、颜色调整、场景设置，蓝牙 Mesh 的体系结构可以扩展以满足办公室、工厂、其他工业环境甚至城市的需求，并且可以连接数百万个节点而不会出现故障。

3. 智能穿戴

由于低功耗蓝牙(BLE)的功能已广泛应用于智能可穿戴终端，很多智能设备都依靠蓝牙技术来进行无线连接，如智能手环、智能项链等，由于蓝牙低功耗技术可以实现短距离通信的最低功耗，从而大大延长了可穿戴设备的运行时间。

4. 蓝牙 MAC 地址扫描打印

BLE 蓝牙模块在蓝牙 MAC 地址扫描打印解决方案中扮演主机的角色。

- 扫描周边设备。
- 根据广播名称过滤。
- 筛选出周边信号最强的设备。
- 获取 MAC 地址。
- 获取 MAC 地址后，通过串口将数据发送给标签打印机。
- 标签打印机打印出符合要求的二维码。

以二维码的形式将蓝牙 MAC 地址打印出来，方便蓝牙产品对蓝牙 MAC 地址进行读取，能够有效提高工作效率。

5. 智能门锁

在智能门锁的应用场景中，利用蓝牙技术可以满足不同用户和权限的需求，同时确保机密性。在门锁内安装蓝牙模块，人们可以通过 App 实时读取智能锁的蓝牙信息，然后将其配对，向服务器发送解锁请求，服务器将解锁命令发送给手机，手机接收到解锁信息后，通过门锁里面的蓝牙模块把指令发送给智能锁门，然后开锁，非常方便、快捷、安全。

5.1.5 案例二：基于蓝牙的传感器网络案例

无线传感器网络是新近兴起的网络系统，它是由一个主机(网络接入点)和大量的无线传感器节点组成的分布式系统。由无线传感器节点负责对数据的感知和处理，并传送给主机；主机用户可通过公共网络(如 Internet Work、公共交换网等)获取相关信息，实现对现场的有效控制和管理。它在军事、环境、健康、家庭以及空间探索和灾难拯救等领域都有着广泛的应用前景。其无线传感器节点通常分布在一些特殊的环境中，因而要求其具有低功耗、低成本、无线传输和分布式处理等特性。

蓝牙技术是一种使用 2.4 GHz 频段的短距离无线通信技术。因其具有快速跳频、前向纠错和优化编码等功能，所以具有抗干扰能力强、通信质量稳定等优点，同时它还具有低功耗、低成本、使用便捷和电磁污染小等特点。蓝牙技术的这些优势，为其在无线传感器网络中的实际应用奠定了坚实的基础。

下面以研制完成的温度无线传感器网络系统为例，详细介绍利用计算机、单片机及蓝牙技术实现温度数据的采集、处理、无线传输等功能。

1. 系统结构

温度无线传感器网络系统采用数字式输出温度传感器 DS18B20 和单片机 AT89S2051 组成温度采集系统。利用蓝牙内嵌模块，完成温度数据的传输及控制，实现计算机对温度数据的无线传输、采集和处理。系统逻辑结构如图 5-3 所示。传感器节点结构如图 5-4 所示。

2. 温度采集系统的设计

DS18B20 数字温度计可提供 9 位(二进制)温度读数，用以指示器件的温度。信息经过

单线接口送入 DS18B20 或从 DS18B20 送出。DS18B20 的电源可以由数据线本身提供而不需要外部电源。每一个 DS18B20 在出厂时已经给定了唯一的序号，任意多个 DSl8B20 可以存放在同一条单线总线上。DS18B20 的测量范围为-55℃～+125℃，增量值为-0.5℃，可在 1 s(典型值)内把温度变成数字。

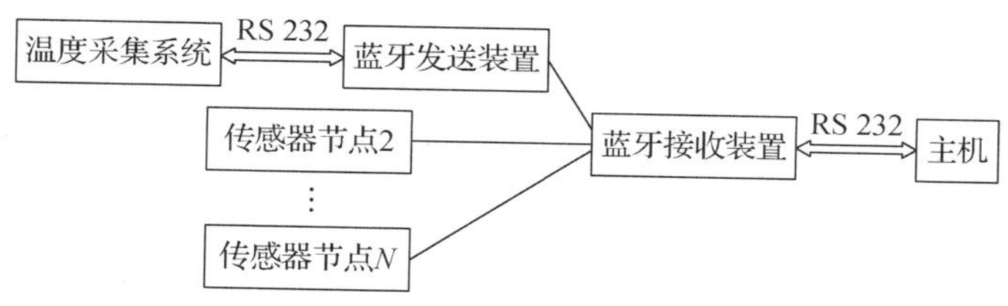

图 5-3　系统逻辑结构

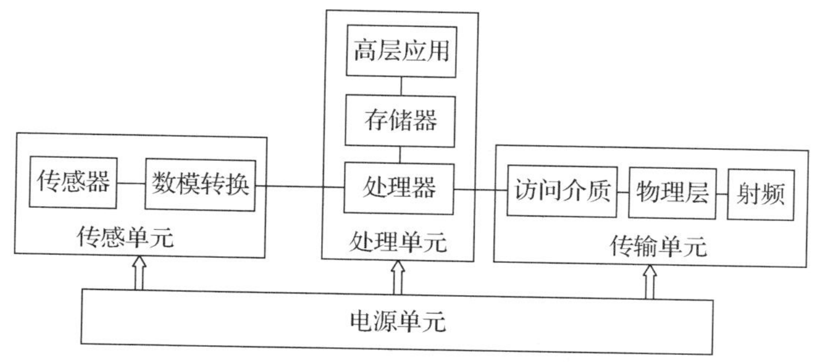

图 5-4　传感器节点结构

AT89S2051 是一种低功耗、高性能的片内含有 2 KB 快闪可编程/擦除只读存储器的 8 位 CMOS 微控制器。利用 AT89S2051 及 DS18B20 进行温度采集及传送。温度采集系统的电路如图 5-5 所示。软件设计流程如图 5-6 所示。

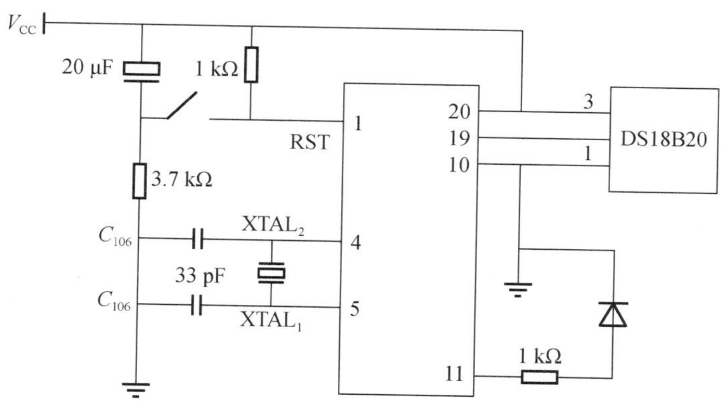

图 5-5　温度采集系统电路

3. 单片机和蓝牙模块的连接

温度传感器可对采集到的温度信号进行处理并输出为数字信号，再将其存储在单片机的寄存器中。在本系统中单片机和蓝牙发送模块的接口采用的是 RS 232 接口。采集的数据通过蓝牙发送模块传输到蓝牙接收模块，再通过蓝牙接收模块传输到主机。最终把采集

到的数据在主机上加以处理。

这里有一个电平转换的问题。单片机发出的信号是 TTL 信号，所以在与蓝牙模块进行数据传输前，需要把它转换成 RS 232 电平。本系统中采用 MAX 232 进行电平转换。单片机与蓝牙模块接口电路如图 5-7 所示。

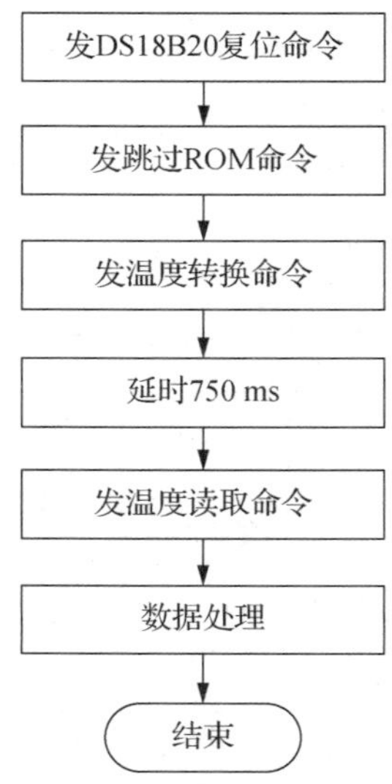

图 5-6　软件设计流程

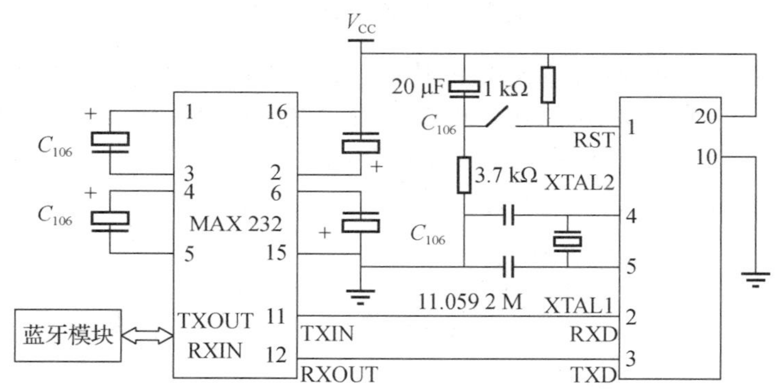

图 5-7　单片机与蓝牙模块接口电路

4. 主机和蓝牙模块的连接

主机和蓝牙接收模块之间的数据传输采用 RS 232 串口连接。采集到的数据通过蓝牙传输到接收模块之后，通过 RS 232 接口传输到主机上。接口硬件采用金瓯公司的蓝牙模块 RS 转换器。通信软件使用 Visual C++编写，将传感器节点测量的数据通过蓝牙传输到主机并显示出来，以便进行数据处理。

5. 温度无线传感器网络系统设计时应注意的事项

1) 注意硬件及软件的防干扰设计

AT89S2051 采用上电复位电路，要注意设置并启动其内部自带的“看门狗”电路。

2) 传感器节点标识

在传感器节点发送采集到的温度数据之前，控制其先发送一个 8 位的二进制标识码，主控机通过对这一标识码的识别，就可以知道所接收到的数据是由哪一个传感器节点所采集发送的。理论上，这种方法一共可以标识 28～256 个节点。

3) 传送数据的校验

在蓝牙传输系统中，对传输的每一帧数据都会加以校验，而且串口通信对传输的每一帧数据也要校验，因此可以确保数据传送的正确性。

4) 控制各传感器节点工作时序

系统启动时，会将各个传感器节点置于停止状态。当需要哪一个节点工作时，只要从主机上发送相应的指令，将该传感器节点激活，就可使它采集传输数据。使用这种方法时，同时工作的传感器节点不能过多，要保证蓝牙跳频技术能够解决同时工作的传感器节点所产生的数据传输冲突问题。

5.2　GPRS 技术应用开发

通用分组无线业务(general packet radio service，GPRS)是在现有的 GSM 网络基础上叠加了一个新的网络，同时在网络上增加一些硬件设备并将软件升级，形成了一个新的网络实体，提供端到端的、广域的无线 IP 连接。GPRS 为 GSM 用户提供分组形式的数据业务。GPRS 是一种新的移动数据通信业务，可在移动用户和数据网络之间提供一种连接，为移动用户提供高速无线 IP 服务。GPRS 理论带宽可达 171.2 kbps，实际应用带宽在 40～100 kbps，分组交换接入时间缩短为少于 1 s，能提供快速即时的高速 TCP/IP 连接，每个用户可同时占用多个无线信道，同一无线信道又可以由多个用户共享，因此资源能被有效利用。

GPRS 采用与 GSM 同样的无线调制标准、同样的频带、同样的突发结构、同样的跳频规则以及同样的 TDMA 帧结构。GPRS 允许用户在端到端分组转移模式下发送和接收数据，而不需要利用电路交换模式的网络资源。从而提供了一种高效、低成本的无线分组数据技术。特别适用于间断性、突发性以及频繁、少量的数据传输，可以用于数据传输和远程监控，也适用于偶尔的大数据量传输。

5.2.1　GPRS 技术基础知识

1. GPRS 的概念

GPRS 作为第二代移动通信技术 GSM 向第三代移动通信(3G)的过渡技术，是由英国 BT Cellnet 公司早在 1993 年提出的，是 GSM Phase2+ (1997 年)规范实现的内容之一，是一种基于 GSM 的移动分组数据业务，面向用户提供移动分组的 IP 或者 X.25 连接。

GPRS 在现有的 GSM 网络基础上叠加了一个新的网络，同时在网络上增加了一些硬件设备并将软件升级，形成了一个新的网络逻辑实体，提供端到端的、广域的无线 IP 连接。通俗地讲，GPRS 是一项高速数据处理技术，它以分组交换技术为基础，用户通过 GPRS

可以在移动状态下使用各种高速数据业务，包括收发 E-mail、进行 Internet 浏览等。GPRS 是一种新的 GSM 数据业务，可在移动用户和数据网络之间提供一种连接，为移动用户提供高速无线 IP 和 X.25 服务。GPRS 采用分组交换技术，每个用户可同时占用多个无线信道，同一无线信道又可以由多个用户共享，因此资源能被有效地利用。GPRS 技术 160 kbps 的极速传送几乎能让无线上网获得公网 ISDN 的效果，实现“随身‘携带’互联网”。使用 GPRS，数据实现了分组发送和接收，用户永远在线且按流量、时间计费，大大降低了服务成本。

2. GPRS 网络的优势

和现有的通信网络相比，GPRS 有以下几个新特点。

(1) GPRS 一个最“招人”的特点就是“永远在线”，GPRS 采用的是分组交换技术，不需要像调制解调器(modem)那样拨号连接，用户只有在发送或接收数据时才占用资源。

(2) GPRS 手机以传输资料量计费，而不是以传送的时间计费，所以就算遇上网络塞车，也不会白白花钱，对消费者来说更为合算。

3. GPRS 网络结构

如图 5-8 所示，这是一个 GPRS 网络的简化模型。GPRS 在一个发送实体和一个或多个接收实体之间提供数据传送功能，这些实体可以是移动用户或终端设备，后者可被连接到一个 GPRS 网络或一个外部的数据网络。

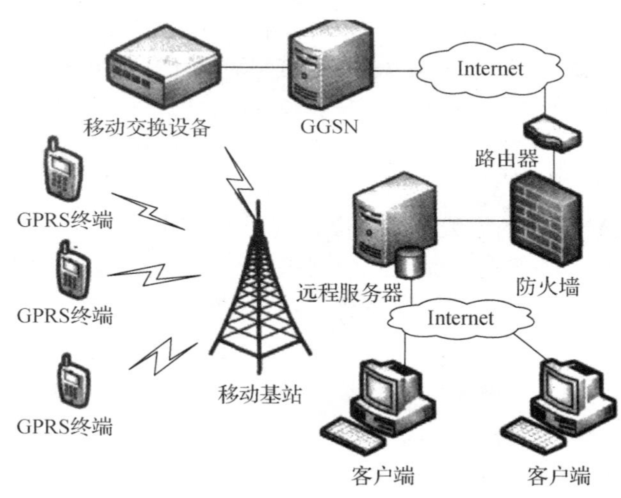

图 5-8　GPRS 网络的简化模型

GPRS 是基于现有的 GSM 网络实现的，需要在现有的 GSM 网络中增加一些节点，例如网关 GPRS 支持节点 GGSN(gateway gprs support node)、服务 GPRS 支持节点 SGSN(serving gprs support node)。GGSN 在 GPRS 网络和公用数据网之间起关口站的作用，它可以和多种不同的数据网络连接，如 ISDN 和 LAN 等。SGSN 可以记录移动台的当前位置信息，并在移动台和各种数据网络之间完成移动分组数据的发送和接收，为服务区内所有用户提供双向的分组路由。系统共用 GSM 基站，但基站必须进行软件更新，并采

用新的 GPRS 移动台。GPRS 必须增加新的移动性管理程序，通过路由器实现 GPRS 骨干网互联。

4. GPRS 协议

移动台(MS)和 SGSN 之间的 GPRS 分层协议模型如图 5-9 所示。Um 接口是 GSM 的空中接口。Um 接口上的通信协议有 5 层，自下而上依次为物理层、MAC(media access control)层、LLC(logical link control)层、SNDC(sub-network dependent convergence)层和网络层。

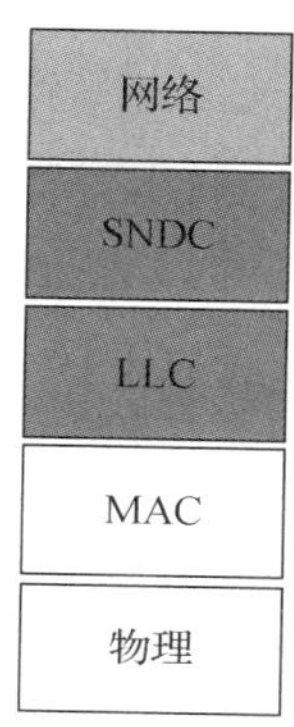

图 5-9　移动台(MS)和 SGSN 之间的 GPRS 分层协议模型

(1) Um 接口的物理层为射频接口部分，而物理链路层则负责提供空中接口的各种逻辑信道。

(2) MAC 为媒质接入控制层。其主要作用是定义和分配空中接口的 GPRS 逻辑信道，使这些信道能被不同的移动台共享。

(3) LLC 层负责在高层 SNDC 层的 SNDC 数据单元上形成 LLC 地址、帧字段，从而生成完整的 LLC 帧。

(4) SNDC 被称为子网依赖结合层。它的主要作用是完成传送数据的分组、打包，确定 TCP/IP 地址和加密方式。

(5) 网络层的协议目前主要是 Phase 1 阶段提供的 TCP/IP 和 X.25 协议，这些协议对于传统的 GSM 网络设备(如 BSS 和 NSS 等设备)是透明的。

5. GPRS 的路由管理

GPRS 的路由管理是指 GPRS 网络如何寻址和建立数据传送路由。GPRS 的路由管理表现在以下三个方面，即移动台发送数据的路由建立、移动台接收数据的路由建立以及移动台处于漫游时数据路由的建立。

移动台发送数据的路由建立。当移动台产生了一个 PDU(分组数据单元)时，这个 PDU 经过 SNDC 层处理，被称为 SNDC 数据单元。然后经过 LLC 层处理为 LLC 帧，通过空中接口送到 GSM 网络中移动台所处的 SGSN。SGSN 把数据送到 GGSN。GGSN 把收到的消息进行解装处理，转换为可在公用数据网中传送的格式(如 PSPDN 的 PDU)，最终送给公用数据网的用户。为了提高传输效率并保证数据传输的安全，可以对空中接口上的数据做压缩和加密处理。

移动台接收数据的路由建立。一个公用数据网用户传送数据到移动台，必须首先通过数据网的标准协议建立数据网和 GGSN 之间的路由。数据网用户发出的数据单元(如PSPDN 中的 PDU)，通过建立好的路由把数据单元 PDU 送给 GGSN。而 GGSN 再把 PDU 送给移动台所在的 SGSN，GSN 把 PDU 封装成 SNDC 数据单元，再经 LLC 层处理为 LLC 帧单元，最终经空中接口送给移动台。

移动台处于漫游时数据路由的建立。一个数据网用户传送数据给一个正在漫游的移动用户，其数据必须经过归属地的 GGSN，然后送到移动用户 A。

6. 空中接口的信道构成

GPRS 空中接口的信道构成如下所述。

分组数据业务信道(packet data traffic channel，PDTCH)。这种信道可用来传送空中接口的 GPRS 分组数据。

分组寻呼信道(packet paging channel，PPCH)，可用来寻呼 GPRS 被叫用户。

分组随机接入信道(packet randem access channel，PRACH)。GPRS 用户通过 PRACH 可向基站发出信道请求。

分组接入应答信道(packet access grant channel，PAGCH)。PAGCH 是一种应答信道，可对 PRACH 做出应答。

分组随路控制信道(packet asscrchted control channel，PACCH)。这种信道可用来传送实现 GPRS 数据业务的信令。

7. GPRS 怎样过渡到第三代移动通信系统

GPRS 是 GSM 移动电话系统向第三代移动通信过渡的一个重要步骤。根据欧洲电信标准化协会对 GPRS 发展的建议，GPRS 从试验到投入商用后，可分为两个发展阶段，第一阶段可以向用户提供电子邮件、因特网浏览等数据业务；第二阶段是 EDGE 的 GPRS，简称 E-GPRS，EDGE 是 GSM 增强数据速率改进的技术，它通过改变 GSM 调制方法，应用 8 个信道，使每一个无线信道的速率达到 48 kbps，既可以分别使用，也可以合起来使用。例如，用一个信道可以通 IP 电话，用两个信道可以上网浏览，用 4～8 个信道可以开电视会议等。8 个信道合起来可使一个收发机支持 384 kbps。它是向第三代移动通信——通用移动通信系统(UMTS)过渡的台阶。

UMTS 是在 GSM 系统的基础上开发的，是欧洲开发的第三代移动通信，虽然现在还没有确定最后统一的标准，但是世界上许多著名的厂商，如诺基亚、爱立信、摩托罗拉、西门子、NTT 等都致力于这方面的研究和开发，UMTS 是基于 IP 的通信结构体系，它集成了语音、数据及多媒体网络，可以在世界上任何地方为任何人提供通用的个人通信业务，包括电视会议、因特网接入和其他宽带业务。这种由现有的 GSM 系统通过增设 GPRS，再由 GPRS 平滑地过渡到 UMTS 第三代移动通信系统的解决方案，可以充分地利用现有的移动通信设备。GSM 系统加上 GPRS，被称为是第 2.5 代移动通信技术，它采用通用的 IP，使灵活方便的移动通信和信息业务丰富的互联网密切结合，无论是对厂商、运营者或是广大用户来说都是大受欢迎的一种方案。

5.2.2　GPRS 无线通信案例

1. SIM900A GPRS 模块硬件

SIM900A GPRS 模块硬件是 SIMCOM 公司推出的新一代 GPRS 模块，主要可为语音传输、短消息和数据业务提供无线接口。

SIM900A GPRS 模块具有以下功能。

(1) 全新、高性价比 SIM900A GSM GPRS 开发板，板载的 SIM900A 模块为全新原装 64M 版本，带彩信功能，而不是 32M 的老版本。

(2) SIM900A 模块集成 SIMCOM 公司的工业级双频 GSM/GPRS 模块：SIM900A，工作频段双频：900/1800 MHz，可以低功耗实现语音、SMS(短信、彩信)、数据和传真信息的传输。

(3) SIM900A 模块支持 RS 232 串口和 LVTTL 串口，并带硬件流控制，支持 5～24 V 的超宽工作范围，使得该模块可以非常方便地与用户产品进行连接，从而给用户的产品提供语音、短信和 GPRS 数据传输等功能。

(4) 此模块供电要求 5 V 供电，计算机调试初期计算机 USB 供电可以满足要求。长时间传输数据用电量大推荐 1 A 以上的直流，TTL 电平串口自适应兼容 3.3 V 和 5 V 单片机。可以直接连接单片机。待机在 80 mA 左右，可以设置休眠状态在 10 mA 左右低功耗。计算机调试 USB-232 和 USB-TTL 均可，根据个人配件而定。支持短信、数据、彩信、上网等。复位排针引出，可实现现场无人值守远程复位，带 DTMF 功能实现远程遥控功能。

(5) 模块最大的优点是保留 RS 232 串口，在学习或者开发时可以监听 51 低端单片机和模块指令执行情况，当出现问题时，能更快地找出原因，节省开发和学习的时间，并且这种模块支持 2G、3G、4G 手机卡。

2. GPRS 通信模块的 AT 指令集

GPRS 模块和应用系统是通过串口连接的，控制系统可以通过发给 GPRS 模块 AT 命令的字符串来控制其行为。GPRS 模块具有一套标准的 AT 命令集，包括一般命令、呼叫控制命令、网络服务相关命令、电话本命令、短消息命令、GPRS 命令等。

AT+CGMI：给出模块厂商的标识。如 SONY ERICSSON。

AT+CGMM：获得模块标识。这个命令用来得到支持的频带(GSM900、DCS1800 或 PCS1900)。当模块有多频带时，回应可能是不同频带的结合。如 AAB-1021011-CN。

AT+CGMR：获得改订的软件版本。如 R6C005 CXC125582 CHINA 1。

AT+CGSN：获得 GSM 模块的 IMEI(国际移动设备标识)序列号。如 351254004238596。

AT+CSCS：选择 TE 特征设定。这个命令报告 TE 用的是哪个状态设定上的 ME。ME 因此可以转换每一个输入或显示的字母。可用来发送、读取或者撰写短信。

AT+WPCS：设定电话簿状态。这种特殊的命令报告通过 TE 电话簿所用的状态的 ME。ME 因此可以转换每一个输入或者显示的字符串字母。可用来读或者写电话簿的入口。

AT+CIMI：获得 IMSI。这命令用来读取或者识别 SIM 卡的 IMSI(国际移动签署者标识)。在读取 IMSI 之前应该先输入 PIN(如果需要 PIN 的话)。如 460001711603161。

AT+CCID：获得 SIM 卡的标识。这个命令使模块读取 SIM 卡上的 EF-CCID 文件。

AT+GCAP：获得能力表。(支持的功能)+GCAP：+FCLASS，+CGSM，+DS。

A/：重复上次命令。只有 A/命令不能重复。这命令重复前一个执行的命令。

AT+CPOF：关机。这个特殊的命令停止 GSM 软件堆栈和硬件层。命令 AT+CFUN=0 的功能与+CPOF 相同。

AT+CFUN：设定电话机能。这个命令选择移动站点的机能水平。

AT+CPAS：返回移动设备的活动状态。

AT+CMEE：报告移动设备的错误。这个命令决定允许或不允许用结果码“+CMEERROR：”或者“+CMSERROR：”代替简单的“ERROR”。

AT+CKPD：小键盘控制。仿真 ME 小键盘执行命令。

AT+CCLK：时钟管理。这个命令用来设置或者获得 ME 真实时钟的当前日期和时间。

AT+CALA 警报管理。这个命令用来设定在 ME 中的警报日期/时间。

AT+CRMP：铃声旋律播放。这个命令在模块的蜂鸣器上播放一段旋律。有两种旋律可用：到来语音、数据或传真呼叫旋律和到来短信声音。

AT+CRSL：设定或获得到来的电话铃声的声音级别。

5.3 ZigBee 技术应用开发

相对于传统的有线组网技术而言，无线组网技术在环境监测方面的应用具有无须布线、安装周期短、后期维护容易、网络用户容易迁移和增加等优势。在无线通信技术快速发展的今天，将无线通信技术应用于环境监测系统已经成为一种趋势，无线通信技术的进一步发展，一定会使得环境监测系统发展更为快速，功能上的实现也更加容易。提及无线通信技术，我们最常见的有红外技术、蓝牙技术、Wi-Fi 技术、UWB 技术等，目前蓝牙技术的发展最为成熟和普及，但近些年刚兴起的 ZigBee 技术，以其低功耗、低成本、高质量等优势，必将成为智能家居网络的主流技术。

5.3.1 ZigBee 技术基础知识

1. ZigBee 的特点

ZigBee 技术是一种新兴的短距离、低功耗、低速率、低成本的无线通信技术。它的主要特点如下所述。

(1) 低功耗。在低功耗待机模式下，2 节普通 5 号干电池可使用 6～24 个月。

(2) 低速率。数据传输速率只有 10～250 kbps，专注于低速数据传输应用。

(3) 低成本。因为 ZigBee 数据传输速率低，协议简单，所以降低了对通信控制器的要求，可以大大降低成本。

(4) 短距离。传输距离一般为 10～100 m，在增加 RF 发射功率后，还可增加到 1～3 km。这是指相邻节点间的距离，如果通过路由和节点间通信的接力，传输距离将可以更远。

(5) 短时延。ZigBee 的响应速度较快，一般从睡眠转入工作状态只需 15 ms，节点连接进入网络只需要 30 ms，进一步节省了电能。

(6) 容量大。ZigBee 可采用星状、簇状和网状网络结构，一个主节点可管理 254 个子节点，同时主节点还可由上一层网络节点管理，这样可组成 65 000 多个节点。

(7) 安全。ZigBee 提供了数据完整性检查和鉴权功能，采用 AES-128 加密算法，各个应用可灵活确定其安全属性。

(8) 工作频段灵活。使用的频段分别为全球的 ISM 频段(16 个信道)、欧洲的 868 MHz 频段(1 个信道)，以及美国的 915 MHz 频段(10 个信道)，均为免执照频段。

2. ZigBee 的工作频率

ZigBee 工作频率如表 5-1 所示。

表 5-1　ZigBee 工作频率

频　带	频段类型	使用范围	数据传输速率	信 道 数
2.4 GHz	ISM	全球	250 kbps	16
915 MHz	ISM	美国	40 kbps	10
868 MHz	ISM	欧洲	20 kbps	1

3. ZigBee 的设备类型

ZigBee 网络支持两种功能类型的网络节点，即全功能器件(full function device，FFD)和精简功能器件(reduce function device，RFD)。

全功能器件拥有完整的协议功能，在网络中可以作为协调器(coordinator)，以及路由器(router)和普通节点(device)；而精简功能器件是为实现最简单的协议功能而设计，只能作为普通节点存在于网络中。全功能器件可以与精简功能器件或其他全功能器件通信，而精简功能器件只能与全功能器件通信，精简功能器件之间不能直接通信。

4. ZigBee 的网络节点类型

ZigBee 网络包含 3 种节点类型，即 ZigBee 协调器(zigbee coordinator，ZC)、ZigBee 路由器(Zigbee router，ZR)和终端设备(ZigBee end device，ZED)。

协调器只能是全功能器件。在一个 PAN 网络中，至少要有一个全功能器件作为网络的协调器，它可以被看作一个 PAN 的网关节点(SINK 节点)。它是网络建立的起点，负责 PAN 网络的初始化、确定 PAN 的 ID 号和 PAN 操作的物理信道并统筹短地址分配、充当信任中心和存储安全密钥、与其他网络的连接等。

在任何一个拓扑网络上，所有设备都有一个唯一的 64 位 IEEE 长地址，该地址可以在 PAN 中用于直接通信。协调器在加入网络之后获得一定的短地址空间，在这个空间内，它有能力允许其他节点加入网络，并分配 16 位短地址给节点。因此在设备发起连接时采用的是 64 位 IEEE 长地址，只有连接成功且系统分配了 PAN 的标志符后，才能采用 16 位短地址通信。

路由器可以只运行一个存放有路由协议的精简协议栈，负责网络数据的路由，实现数据中转功能。在网络中最基本的节点就是终端节点 ZED，一个终端节点可以是全功能器件

FFD 或者是精简功能器件 RFD。

ZigBee 网络拓扑结构比较流行的有 3 种，即星形网络(star)、簇状网络(cluster)、网状网络(mesh)。

5. ZigBee 协议通信原语

在分层的通信协议中，层与层之间是通过服务接入点(service access point，SAP)相连接的。每一层都可以通过本层与下一层的 SAP 调用下层所提供的服务，同时通过与上一层的 SAP 为上层提供相应服务。SAP 是层与层之间的唯一接口，而具体的服务是以通信原语的形式供上层调用的。在调用下层服务时，只需要遵循统一的原语规范，并不需要去了解如何处理原语。这样就实现了数据层与层之间的透明传输。层与层之间的通信原语可分为 4 种，它们之间的关系如图 5-10 所示。

(1) request，即请求原语。可用于上层向本层请求指定的服务。

(2) confirm，即确认原语。可用于本层响应上层发出的请求原语。

(3) indication，即指示原语。可用于本层向上层指示本层的某一内部事件。

(4) response，即响应原语。可用于上层响应本层发出的指示原语。

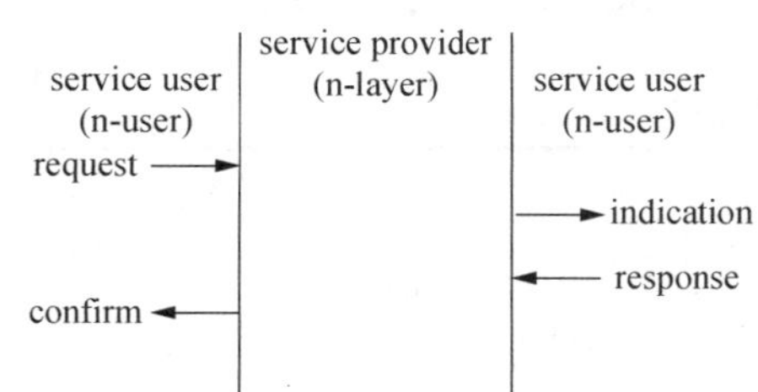

图 5-10　ZigBee 协议通信原语

原语遵循了“SAP 名称-原语功能.原语类型”的书写规则，如“MLME-Associate.request”表示 MLME-SAP 上提供的关联请求原语。

6. ZigBee 协议栈框架

1) 物理层

图 5-11 所示为物理层结构模型。物理层的作用主要是利用物理介质为数据链路层提供物理连接，负责处理数据传输率并降低数据差错率，以便透明地传送比特流。ZigBee 协议的物理层主要负责完成以下所述各项任务。

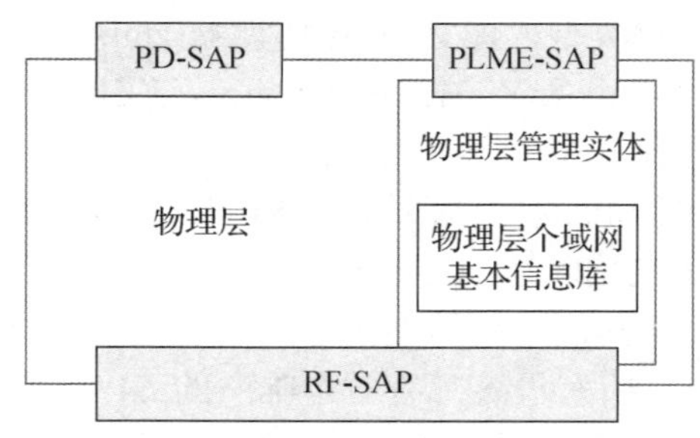

图 5-11　物理层结构模型

(1) 启动和关闭 RF 收发器。

(2) 信道能量检测。

(3) 对接收到的数据包进行链路质量指示 LQI(link quality indication)。

(4) 为 CSMA/CA 算法提供空闲信道评估 CCA(clear channel assessment)。

(5) 对通信信道进行选择。

(6) 数据包的传输和接收。

2) MAC 层

图 5-12 所示为 MAC 层结构模型。媒体介入控制层沿用了传统无线局域网中附带冲突避免的载波多路侦听访问技术 CSMA/CA 方式，以提高系统的兼容性。这种设计，不但使多种拓扑结构网络的应用变得更加简单，还可以实现非常有效的功耗管理。

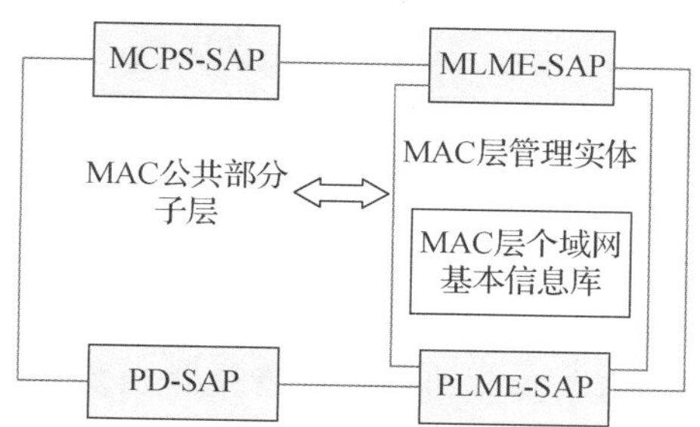

图 5-12　MAC 层结构模型

MAC 层负责完成的具体任务如下所述。

(1) 协调器产生并发送信标帧(beacon frame)。

(2) 普通设备根据协调器的信标帧与协调器同步。

(3) 支持 PAN 网络的关联(association)和取消关联(disassociation)操作。

(4) 为设备的安全性提供支持。

(5) 使用 CSMA-CA 机制共享物理信道。

(6) 处理和维护时隙保障 GTS(guaranteed time slot)机制。

(7) 在两个对等的 MAC 实体之间提供一个可靠的数据链路。

在 IEEE 802.15.4 的 MAC 层中引入了超帧结构和信标帧概念。这两个概念的引入极大地方便了网络管理，我们可以选用以超帧为周期来组织 LR-WPAN 网络内设备间的通信。每个超帧都以网络协调器发出信标帧为始，在这个信标帧中包含了超帧将持续的时间以及对这段时间的分配等信息。网络中的普通设备接收到超帧开始时的信标帧后，就可以根据其中的内容安排自己的任务，例如，进入休眠状态直到这个超帧结束。

3) 网络层

图 5-13 所示为网络层结构模型。对于网络层，其完成和提供的主要功能如下所述。

(1) 产生网络层的数据包。当网络层接收到来自应用子层的数据包时，网络层会对数据包进行解析，然后加上适当的网络层包头向 MAC 层传输。

(2) 网络拓扑的路由功能。网络层提供路由数据包的功能，如果数据包的目的节点是本节点的话，则将该数据包向应用子层发送。如果不是，则将该数据包转发给路由表中下一节点。

(3) 配置新的器件参数。网络层能够配置合适的协议，比如建立新的协调器并发起建立网络或者加入一个已有的网络。

(4) 建立 PAN 网络。

(5) 连入或脱离 PAN 网络。网络层能提供加入或脱离网络的功能，如果节点是协调器或者是路由器，还可以要求子节点脱离网络。

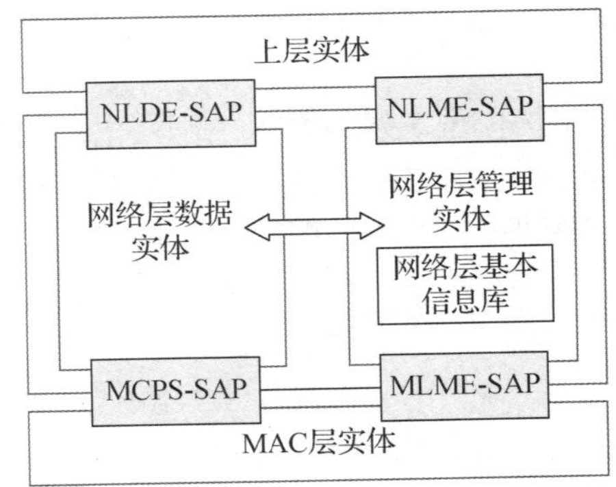

图 5-13　网络层结构模型

(6) 分配网络地址。如果本节点是协调器或者是路由器，则接入该节点的子节点的网络地址由网络层控制。

(7) 邻居节点的发现。网络层能发现并维护网络邻居信息。

(8) 建立路由。网络层提供路由功能。

(9) 控制接收。网络层能控制接收器的接收时间和状态。

4) 应用层

图 5-14 所示为应用支持子层结构模型。ZigBee 应用层包括应用支持子层 APS、应用框架 AF、ZigBee 设备对象 ZDO。它们可以共同为各应用开发者提供统一的接口。

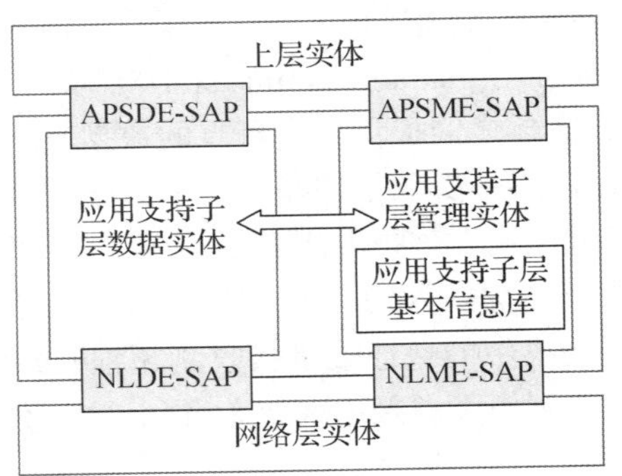

图 5-14　应用支持子层结构模型

APS 层主要功能如下所述。

(1) APS 层协议数据单元 APDU 的处理。

(2) APSDE 提供在同一个网络中应用实体之间的数据传输机制。

(3) APSME 提供多种服务给应用对象，这些服务包括安全服务和绑定设备，并维护管理对象的数据库，也就是我们常说的 AIB。

应用框架(application framework，AF)为各个用户自定义的应用对象提供了模板式的活动空间，为每个应用对象提供了键值对 KVP 服务和报文 MSG 服务两种服务供数据传输使用。每个节点除了 64 位 IEEE 地址，16 位网络地址，每个节点还提供了 8 位的应用层入口地址，对应于用户应用对象。端点 0 为 ZDO 接口，端点 1～端点 240 供用户自定义对象使

用，端点 255 为广播地址，端点 241～端点 254 保留将来使用。每一个应用都对应一个配置文件(profile)。配置文件包括设备 ID(device ID)、事务集群 ID(Cluster ID)、属性 ID(attribute ID)等。AF 可以通过这些信息来决定服务类型。ZDO 是一个特殊的应用层端点(endpoint)。它是应用层其他端点与应用子层管理实体交互的中间件。它主要提供的功能如下所述。

(1) 初始化应用支持子层、网络层。

(2) 发现节点和节点功能。在无信标的网络中，加入的节点只有其父节点可见。而其他节点可以通过 ZDO 的功能来确定网络的整体拓扑结构。

(3) 安全加密管理。主要包括安全 key 的建立和发送，已经安全授权。

(4) 网络的维护功能。

(5) 绑定管理。绑定的功能由应用支持子层提供，但是绑定功能的管理却由 ZDO 提供，它确定了绑定表的大小、绑定的发起和绑定的解除等功能。

(6) 节点管理。对于网络协调器和路由器，ZDO 提供网络监测、获取路由和绑定信息、发起脱离网络过程等一系列节点管理功能。

ZDO 实际上是介于应用层端点和应用支持子层中间的端点，其主要功能集中在网络管理和维护上。应用层的端点可以通过 ZDO 提供的功能来获取网络或者其他节点的信息，包括网络的拓扑结构、其他几点的网络地址和状态以及其他几点的类型和提供的服务等信息。

7. 协议栈框架

协议栈框架如图 5-15 所示。

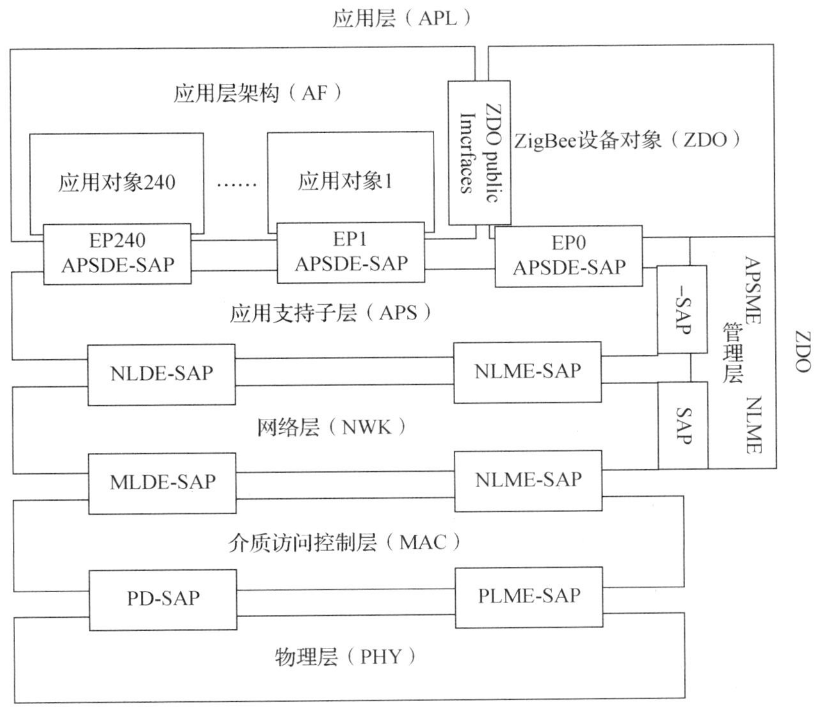

图 5-15　协议栈框架

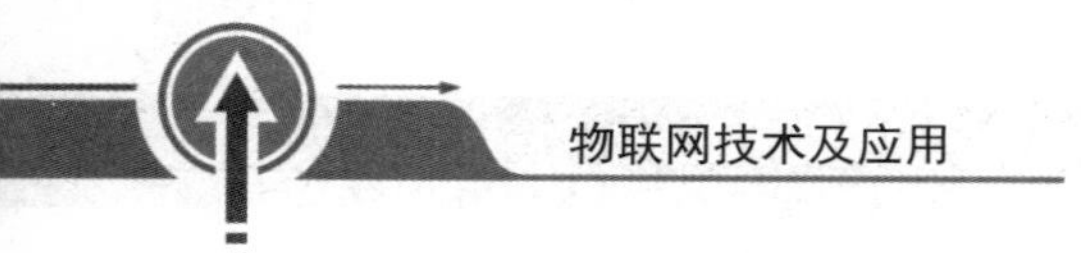

5.3.2 ZigBee 协议栈

ZigBee 协议栈结构由一些层构成，每个层都有一套特定的服务方法和上一层连接。数据实体(data entity)提供数据的传输服务，而管理实体(managenment entity)则可以提供所有的服务类型。每个层的服务实体通过服务接入点(service access point，SAP)和上一层相接，每个 SAP 以提供大量服务方法来完成相应的操作。

ZigBee 协议栈基于标准的 OSI 七层模型，但只是在相关的范围定义一些相应层来完成特定的任务。IEEE 802.15.4—2003 标准定义了两个层，即物理层(PHY 层)和媒介层(MAC 层)。ZigBee 联盟在此基础上建立了网络层(NWK 层)以及应用层(APL 层)的框架(Framework)。APL 层又包括应用支持子层(application support sub-layer，APS)、ZigBee 的设备对象(zigbee device objects，ZDO)以及制造商定义的应用对象。

1. 物理层

IEEE 802.15.4 协议的物理层(PHY) 是协议的最低层，承担着和外界直接作用的任务。它采用扩频通信的调制方式，控制 RF 收发器工作，信号传输距离约为 50 m(室内)或 150 m(室外)。IEEE 802.15.4-2003 有 2 个 PHY 层，提供两个独立的频率段，即 868/915 MHz 和 2.4 GHz。868/915 MHz 频段包括欧洲使用的 868 MHz 频段以及美国和澳大利亚使用的 915 MHz 频段，2.4 GHz 频段世界通用。

2. 媒体访问控制层

媒体访问控制层(MAC)遵循 IEEE 802.15.4 协议，负责设备间无线数据链路的建立、维护和结束，确认模式的数据传送和接收，可选时隙，实现低延迟传输，支持各种网络拓扑结构，网络中每个设备为 16 位地址寻址。它可完成对无线物理信道的接入过程管理，包括以下几方面：网络协调器(coordinator)产生网络信标、网络中设备与网络信标同步、完成 PAN 的入网和脱离网络过程、网络安全控制、利用 CSMA-CA 机制进行信道接入控制、处理和维持 GTS(guaranteed time slot)机制、在两个对等的 MAC 实体间提供可靠的链路连接。

MAC 规范定义了三种数据传输模型，即数据从设备到网络协调器、从网络协调器到设备、点对点对等传输模型。对于每一种传输模型，又可分为信标同步模型和无信标同步模型两种类型。

在数据传输过程中，ZigBee 采用了 CSMA/CA 碰撞避免机制和完全确认的数据传输机制，保证了数据的可靠传输。同时为需要固定带宽的通信业务预留了专用时隙，避免了发送数据时的矛盾和冲突。

MAC 规范定义了四种帧结构，即信标帧、数据帧、确认帧和 MAC 命令帧。

3. 网络层

网络层(NWK)的作用是建立新的网络、处理节点的进入和离开网络、根据网络类型设置节点的协议堆栈、使网络协调器为节点分配地址、保证节点之间的同步、提供网络的路由。网络层确保 MAC 子层的正确操作，并为应用层提供合适的服务接口。为了给应用层提供合适的接口，网络层一般用数据服务和管理服务这两个服务实体来提供必需的功能。网络层数据实体(NLDE)通过相关的服务接入点(SAP)来提供数据传输服务，即NLDE.SAP；网络层管理实体(NLME)通过相关的服务接入点(SAP)来提供管理服务，即NLME.SAP。NLME 利用 NLDE 来完成一些管理任务和维护管理对象的数据库，通常称为网络信息库(Network Information Base，NIB)。

1) 网络层数据实体

网络层数据实体(NLDE)提供数据服务，允许一个应用在两个或多个设备之间传输应用协议数据(application protocol data units，APDU)。NLDE 可以提供下述各种服务。

(1) 通用的网络层协议数据单元(NPDU)。NLDE 可以通过一个附加的协议头从应用支持子层 PDU 中产生 NPDU。

(2) 特定的拓扑路由。NLDE 能够传输 NPDU 给一个适当的设备。这个设备可以是最终的传输目的地，也可以是路由路径中通往目的地的下一个设备。

2) 网络层管理实体

网络层管理实体(NLME)提供管理服务，允许一个应用和栈相连接。NLME 可以提供下述各种服务。

(1) 配置一个新设备。NLME 可以依据应用操作的要求配置栈。设备配置包括开始设备作为 ZigBee 协调者，或者加入一个存在的网络。

(2) 建立一个网络。NLME 可以建立一个新的网络。

(3) 加入或离开一个网络。NLME 可以加入或离开一个网络，使 ZigBee 的协调器和路由器能够让终端设备离开网络。

(4) 分配地址。使 ZigBee 的协调者和路由器可以分配地址给加入网络的设备。

(5) 邻接表(neighbor)发现。发现、记录和报告设备的邻接表下一跳的相关信息。

(6) 路由的发现。可以通过网络来发现及记录传输路径，而信息也可被有效地路由。

(7) 接收控制。当接收者活跃时，NLME 可以控制接收时间的长短并使 MAC 子层能同步或直接接收。

3) 网络层帧结构

网络层帧结构由网络头和网络负载区构成。网络头以固定的序列出现，但地址和序列区不可能被包括在所有帧中。

4. 应用层

应用层(APL)主要根据具体应用由用户开发。它可以维持器件的功能属性，发现该器件工作空间中其他器件的工作，并根据服务和需求在多个器件之间进行通信。ZigBee 的应用层由应用子层(APS)、设备对象(ZDO，包括 ZDO 管理平台)以及制造商定义的应用设备对象组成。APS 子层的作用包括维护绑定表(绑定表的作用是基于两个设备的服务和需要把它们绑定在一起)、在绑定设备间传输信息。ZDO 的作用包括在网络中定义一个设备的作用(如定义设备为协调者或为路由器或为终端设备)、发现网络中的设备并确定它们能提供何种服务、起始或回应绑定需求以及在网络设备中建立一个安全的连接。

1) 应用支持子层

应用支持子层(APS)可在网络层和应用层之间提供一个接口，而提供接口则必须通过

ZDO 和制造商定义的应用设备共同使用的一套通用的服务机制，此服务机制由两个实体提供，即通过 APS 数据实体接入点(APSDE.SAP)的 APS 数据实体(APSDE)，通过 APS 管理实体接入点(APSME.SAP)的 APS 管理实体(APSME)。APSDE 提供数据传输服务对于应用 PDUs 的传送在同一网络的两个或多个设备之间。APSME 提供服务以发现和绑定设备并维护管理对象的数据库，这种数据库通常被称为 APS 信息库(AIB)。

2) ZigBee 应用层框架

ZigBee 应用层框架(application framework)是应用设备和 ZigBee 设备连接的环境。在应用层框架中，应用对象发送和接收数据通过 APSDE.SAP，而对应用对象的控制和管理则通过 ZDO 公用接口来实现。APSDE.SAP 提供的数据服务包括请求、确认、响应以及数据传输的指示信息。有 240 个不同的应用对象能够被定义，每个终端节点的接口标识从 1 到 240，还有两个附加的终端节点为了 APSDE.SAP 的使用。标识 0 被用于 ZDO 的数据接口，255 则用于所有应用对象的广播数据接口，而 241.254 予以保留。使用 APSDE-SAP 提供的服务，应用层框架提供了应用对象的两种数据服务类型，即主值对服务(key value pair service，KVP)和通用信息服务(generic message service，GMS)。二者传输机制相同，不同的是 GMS 并不采用应用支持子层(APS)数据帧的内容，而是留给 profile 应用者自己去定义。

3) ZigBee 设备对象

ZigBee 设备对象(ZDO)描述了一个基本的功能函数类，在应用对象、设备 profile 和 APS 之间提供了一个接口。ZDO 位于应用框架和应用支持子层之间，它可以满足 ZigBee 协议栈所有应用操作的一般要求。ZDO 还有以下作用。

(1) 初始化应用支持子层(APS)、网络层(NWK)和安全服务文档(SSS)。

(2) 从终端应用中集合配置信息来确定和执行发现、安全管理、网络管理，以及绑定管理。

ZDO 描述了应用框架层应用对象的公用接口、控制设备和应用对象的网络功能。在终端节点 0，ZDO 提供了与协议栈中下一层相接的接口。

5. ZigBee 安全管理

安全层使用可选的 AES-128 可对通信加密，以保证数据的完整性。

ZigBee 安全体系提供的安全管理主要是依靠相称性密钥保护、应用保护机制、合适的密码机制以及相关的保密措施。安全协议的执行(如密钥的建立)要以 ZigBee 整个协议栈正确运行且不遗漏任何一步为前提，MAC 层、NWK 层和 APS 层都有可靠的安全传输机制用于它们自己的数据帧。APS 层可以提供建立和维护安全联系的服务，以及 ZDO 管理设备的安全策略和安全配置。

1) MAC 层安全管理

当 MAC 层数据帧需要被保护时，ZigBee 就会使用 MAC 层安全管理来确保 MAC 层命令、标识，以及确认等功能。ZigBee 使用受保护的 MAC 数据帧来确保一个单跳网络中信息的传输，但对于多跳网络，ZigBee 要依靠上层(如 NWK 层)的安全管理。MAC 层使用高级编码标准(advanced encryption standard，AES)作为主要的密码算法和描述多样的安全组，这些组能保护 MAC 层帧的机密性、完整性和真实性。MAC 层作为安全性管理，但上一层(负责密钥的建立以及安全性使用的确定)控制着此管理。当 MAC 层使用安全使能来

传送/接收数据帧时，它首先会查找此帧的目的地址(源地址)，然后找回与地址相关的密钥，再依靠安全组来使用密钥处理此数据帧。每个密钥和一个安全组相关联，MAC 层帧头中有一个位来控制帧的安全管理是否使能。当传输一个帧时，如需保证其完整性，MAC 层头和载荷数据会被计算使用，来产生信息完整码(message integrity code，MIC)。MIC 由 4 位、8 位或 16 位数码组成，被附加在 MAC 层载荷中。当需保证帧机密性时，MAC 层载荷也有其附加位和序列数(数据一般组成一个 nonce)。当加密载荷或保护其不受攻击时，此 nonce 被使用。当接收帧时，如果使用了 MIC，则帧会被校验，如载荷已被编码，则帧会被解码。当每条信息发送时，发送设备会增加帧的计数，而接收设备会跟踪每个发送设备的最后一个计数。如果一条信息被探测到一个老的计数，该信息会出现安全错误而不能被传输。MAC 层的安全组基于三个操作模型，即计数器模型(touter，CTR)、密码链模型(cipher block chaining，CBC-MAC)以及两者混合形成的 CCM 模型。MAC 层的编码在计数器模型中使用 AES 来实现，完整性在密码链模型中使用 AES 来实现，而编码和完整性的联合则在 CCM 模型中实现。

2) NWK 层安全管理

NWK 层也可使用高级编码标准(AES)，但和 MAC 层不同的是，标准的安全组全部基于 CCM 模型。此 CCM 模型是 MAC 层使用的 CCM 模型的微调版，它包括了所有 MAC 层 CCM 模型的功能，此外还提供了单独的编码及完整性功能。这些额外的功能通过排除使用 CTR 及 CBC、MAC 模型来简化 NWK 的安全模型。另外，在所有的安全组中，使用 CCM 模型可以使一个单密钥用于不同的组中。这种情况下，应用可以更加灵活地来指定一个活跃的安全组给每个 NWK 的帧，而不必理会安全措施是否使能。当 NWK 层使用特定的安全组来传输、接收帧时，NWK 层会使用安全服务提供者(security services provider，SSP)来处理此帧。SSP 会寻找帧的目的/源地址，取回对应于目的/源地址的密钥，然后使用安全组来保护帧。NWK 层对安全管理有责任，但其上一层控制着安全管理，包括建立密钥及确定对每个帧使用相应的 CCM 安全组。

5.3.3　构建 ZigBee 的网络系统

星形网络和树形网络可以看成网状网络的一个特殊子集，所以接下来将分析如何组建一个 ZigBee 网状网络。组建一个完整的 ZigBee 网络可分为两步：第一步是协调器初始化一个网络；第二步是路由器或终端加入网络。加入网络又有两种方法：一种是子设备通过使用 MAC 层的连接进程加入网络；另一种是子设备通过与一个先前指定的父设备直接加入网络。

1. 协调器初始化网络

使用协调器建立一个新网络的流程如图 5-16 所示。

1) 检测协调器

建立一个新的网络是通过原语发起的，但发起原语的节点必须具备两个条件：一是这个节点具有 ZigBee 协调器功能；二是这个节点没有加入其他网络中。任何不满足这两个条件的节点发起建立一个新网络的进程都会被网络层管理实体终止，网络层管理实体将通过参数值为 INVALID_REQUEST 的原语来通知上层这是一种非法请求。

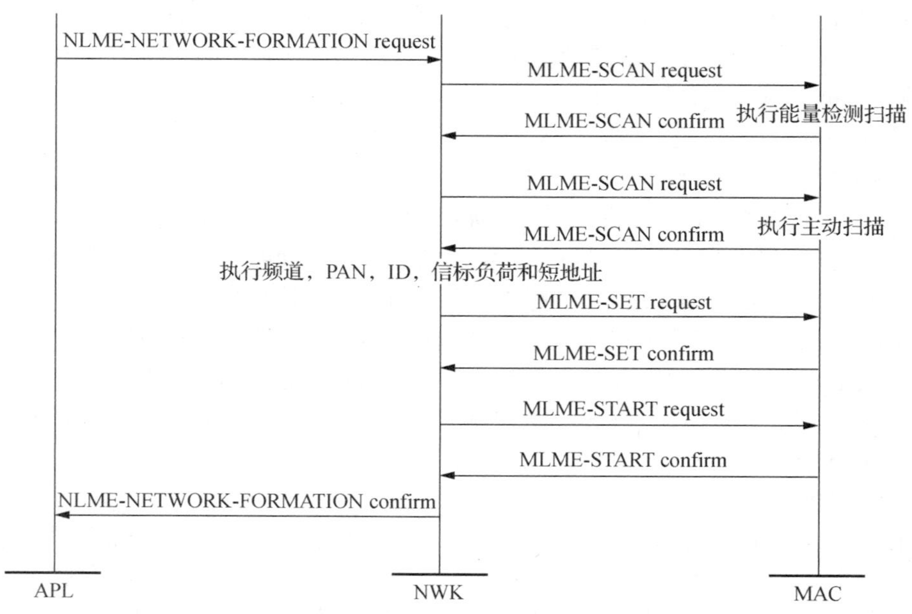

图 5-16　使用协调器建立一个新网络流程

2) 信道扫描

协调器发起并建立一个新网络的进程后，网络层管理实体将请求 MAC 子层对信道进行扫描。信道扫描包括能量扫描和主动扫描两个过程。首先对用户指定的信道或物理层所有默认的信道进行能量扫描，以排除干扰。网络层管理实体将根据信道能量测量值对信道进行递增排序，并且抛弃能量值超过可允许值的信道，保留可允许能量值内的信道等待进一步处理。然后会在可允许能量值内的信道执行主动扫描，网络层管理实体通过审查返回的 PAN 描述符列表，确定一个用于建立新网络的信道，该信道中现有的网络数目是最少的，网络层管理实体将优先选择没有网络的信道。如果没有扫描到一个合适的信道，进程将被终止，网络层管理实体通过参数值为 STARTUP_FAILURE 的原语来通知上层初始化启动网络失败。

3) 配置网络参数

如果扫描到一个合适的信道，网络层管理实体将为新网络选择一个 PAN 描述符，该 PAN 描述符可以由设备随机选择，也可以是在信道里指定的，但必须满足 PAN 描述符小于或等于 0x3fff 且不等于 0xffff，并且在所选信道内是唯一的 PAN 描述符，没有任何其他 PAN 描述符与之重复。如果没有符合条件的 PAN 描述符可选择，进程将被终止，网络层管理实体通过参数值为 STARTUP_FAILURE 的原语来通知上层初始化启动网络失败。确定好 PAN 描述符后，网络层管理实体可为协调器选择 16 位网络地址 0x0000，MAC 子层的 macPANID 参数将被设置为 PAN 描述符的值，并将 macShortAddress PIB 参数设置为协调器的网络地址。

4) 运行新网络

网络参数配置好后，网络层管理实体会通过原语通知 MAC 层启动并运行新网络，启

动状态通过原语通知网络层，网络层管理实体再通过原语通告上层协调器初始化的状态。

5) 允许设备加入网络

只有 ZigBee 协调器或路由器才能通过原语来设置节点处于允许设备加入网络的状态。当发起这个进程时，如果 PermitDuration 参数值为 0x00，网络层管理实体将通过原语把 MAC 层的 macAssociationPermit PIB 属性设置为 FALSE，禁止节点处于允许设备加入网络的状态；如果 PermitDuration 参数值介于 0x01 和 0xfe 之间，网络层管理实体将通过原语把 macAssociationPermit PIB 属性设置为 TRUE，并开启一个定时器，定时时间为 PermitDuration，在这段时间内节点处于允许设备加入网络的状态，定时时间结束，网络层管理实体就会把 MAC 层的 macAssociationPermit PIB 属性设置为 FALSE。如果 PermitDuration 参数的值为 0xff，网络层管理实体将通过原语把 macAssociationPermit PIB 属性设置为 TRUE，表示节点无限期处于允许设备加入网络的状态，除非有另外一个原语被发出。允许设备加入网络的流程如图 5-17 所示。

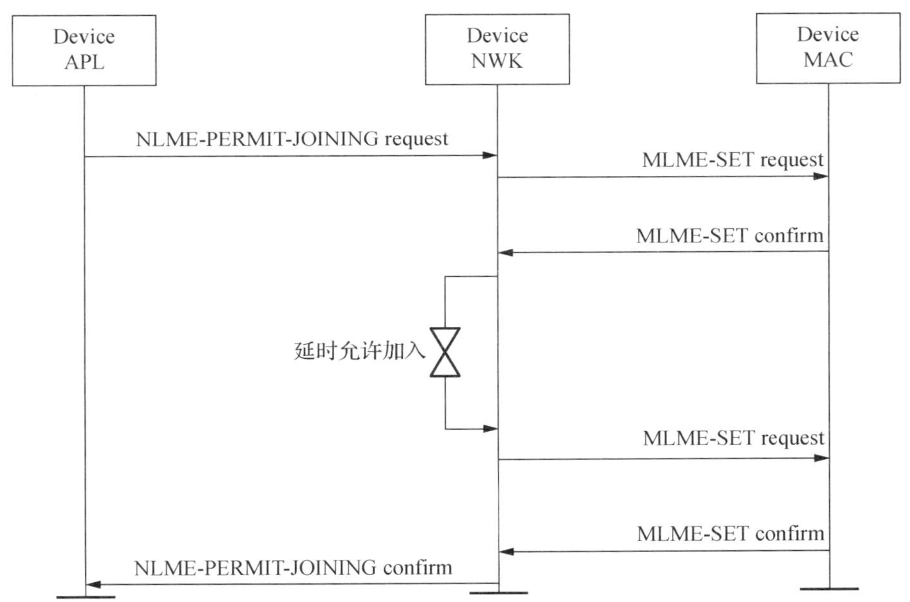

图 5-17　允许设备加入网络流程

通过以上流程协调器就可建立一个网络并处于允许设备加入网络的状态，然后等待其他节点加入网络。

2. 节点加入网络

一个节点加入网络有两种方法，一种是通过使用 MAC 层关联进程加入网络；另一种是通过与先前指定的父节点连接而加入网络。

1) 通过 MAC 层关联加入网络

子节点请求通过 MAC 关联加入网络进程如图 5-18 所示。父节点响应通过 MAC 关联加入网络进程如图 5-19 所示。

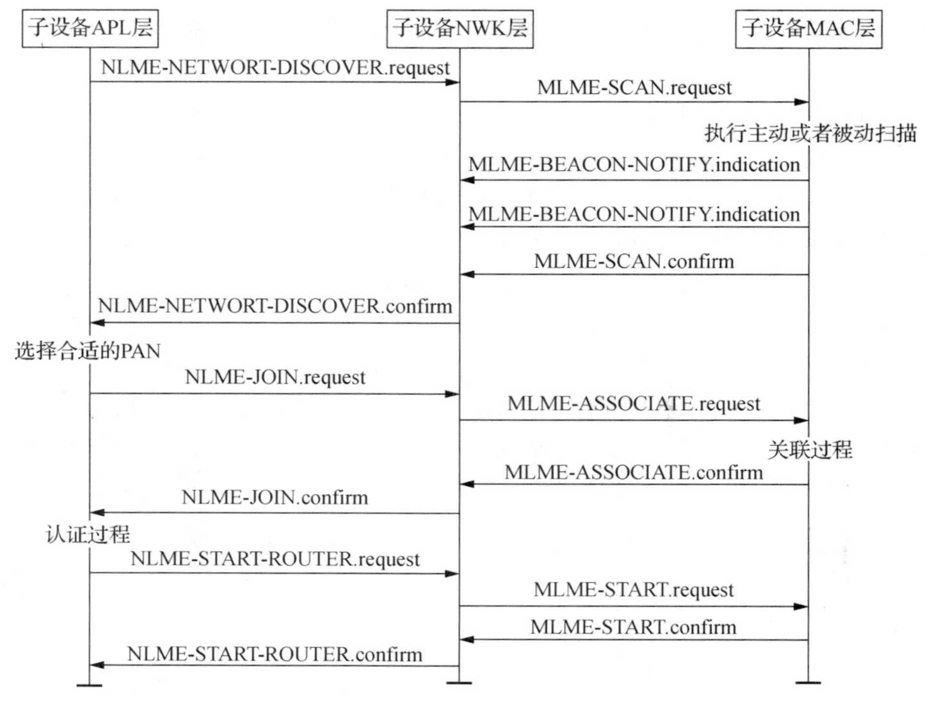

图 5-18　子节点请求加入网络进程

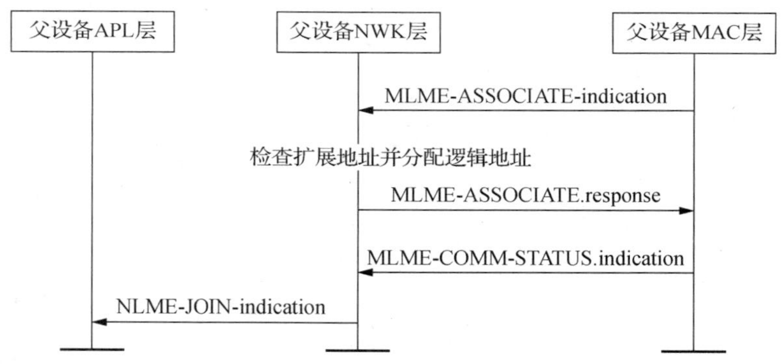

图 5-19　父节点响应加入网络进程

(1) 子节点发起信道扫描。

子节点通过原语发起加入网络的进程，网络层接收到这个原语后通过发起原语请求 MAC 层执行一次主动扫描或被动扫描以接收包含了 PAN 标志符的信标帧，扫描的信道以及每个信道的扫描时间分别由原语的参数 ScanChannels 和 ScanDuration 决定。

(2) 子节点存储各 PAN 信息。

MAC 层通过原语可将扫描中接收到的信标帧信息发送到网络层管理实体，信标帧信息包括信标设备的地址、是否允许连接以及信标净载荷。如果信标净载荷域里的协议 ID 域与自己的协议 ID 相同，子设备就会将每个匹配的信标帧相关信息保存在邻居表中。信道扫描完成后，MAC 层会通过原语通知网络层管理实体，网络层再通过原语通知上层，该原语包含了每个扫描到的网络的描述符，以便上层选择一个网络加入。

(3) 子节点选择 PAN。

如果上层需要发现更多网络，则可以重新执行网络发现；如果不需要，则可通过原语从被扫描到的网络中选择一个网络加入。参数 PANID 设置为被选择网络的 PAN 标识符。

(4) 子节点选择父节点。

一个合适的父节点需要满足三个条件，即匹配的 PAN 标志符、链路成本最大为 3、允许连接，为了寻找合适的父节点，原语可请求网络层搜索它的邻居表，如果邻居表中不存在这样的父节点则通知上层，如果存在多个合适的父节点则选择具有最小深度的父节点，如果存在多个具有最小深度的合适的父节点则可随机选择一个父节点。

(5) 子节点请求 MAC 关联。

确定好合适的父节点后，网络层管理实体会发送一个原语到 MAC 层，地址参数设置为已选择的父节点的地址，尝试通过父节点加入网络。

(6) 父节点响应 MAC 关联。

父节点可通过原语通知网络层管理实体一个节点正尝试加入网络，网络层管理实体就会搜索它的邻居表，查看是否有一个与尝试加入节点匹配的 64 位扩展地址，以便确定该节点是否已经存在于它的网络中。如果有匹配的扩展地址，网络层管理实体获取相应的 16 位网络地址并发送一个连接响应到 MAC 层。如果没有匹配的扩展地址，在父节点的地址分配空间还没耗尽的条件下，网络层管理实体将为尝试加入的节点分配一个 16 位网络地址。如果父节点地址分配空间已耗尽，将拒绝节点加入请求。当同意节点加入网络的请求后，父节点网络层管理实体将使用加入节点的信息在邻居表中产生一个新的项，并通过原语通知 MAC 层连接成功。

(7) 子节点响应连接成功。

如果子节点接收到父节点发送的连接成功信息，就会发送一个传输成功响应信息以确认接收。然后，子节点 MAC 层将通过原语通知网络层，原语包含了父节点为子节点分配的网内唯一的 16 位网络地址，然后网络层管理实体设置邻居表相应的邻居设备为它的父设备，并通过原语通知上层节点成功加入网络。

(8) 父节点响应连接成功。

父节点接收到子节点传输成功的响应信息后，将通过原语将传输成功的响应状态发送给网络层，网络层管理实体通过原语通知上层一个节点已经加入了网络。

2) 通过与先前指定的父节点连接加入网络

子节点可以通过与指定的父节点直接连接加入网络，这个时候父节点会预先配置了子节点的 64 位扩展地址。父节点处理一个直接加入网络的进程如图 5-20 所示。子节点通过孤立方式加入网络的进程如图 5-21 所示。

(1) 父节点处理子设备直接加入网络。

父节点通过原语开始处理一个设备直接加入网络的进程。父节点网络层管理实体将首先搜索它的邻居表查看是否存在一个与子节点匹配的 64 位扩展地址，以便确定该节点是否已经存在于它的网络中。如果存在匹配的扩展地址，网络层管理实体将终止这个进程并告诉上层该设备已经存在于设备列表中了。如果不存在匹配的扩展地址，在父节点的地址分配空间还没耗尽的条件下，网络层管理实体将为子节点分配一个 16 位网络地址，并使用子节点的信息在邻居表中产生一个新的项，然后通过原语通知上层设备已经加入网络。

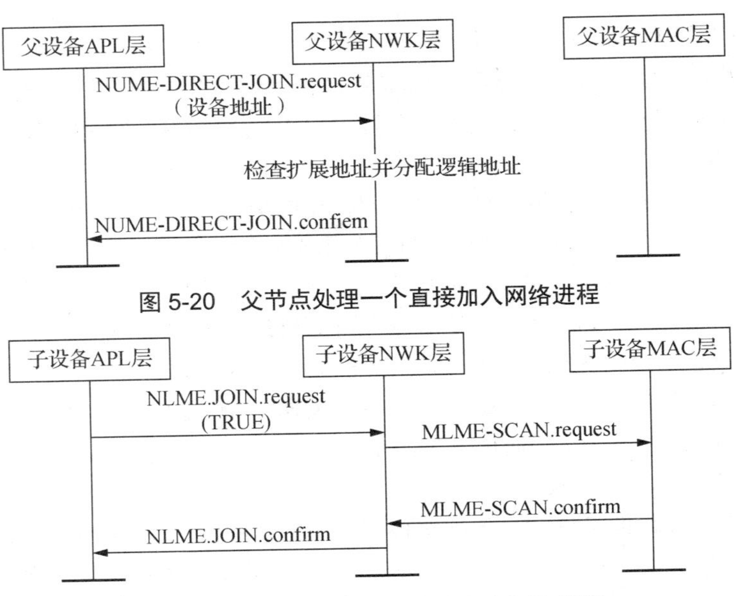

图 5-20　父节点处理一个直接加入网络进程

图 5-21　子节点通过孤立方式加入网络进程

(2) 子节点连接父节点确认父子关系。

子节点可以通过原语发起孤立扫描来建立它与父节点之间的关系。这时网络层管理实体将通过请求 MAC 层对物理层默认的所有信道进行孤立扫描，如果扫描到父设备，MAC 层会通过原语通知网络层，网络层管理实体再通过原语通知上层节点请求加入成功，即与父节点建立了父子关系，可以互相通信。设备的 MAC 层向上层发送原语告知一个孤立设备的存在。只有 ZigBee 协调器或 ZigBee 路由器才可以接收原语，其他设备收到原语时 NLME 将中止该过程。ZigBee 协调器或 ZigBee 路由器收到原语后，首先会判断孤立设备是不是它的子设备。这个判断过程是通过比较孤立设备与近邻表中子设备的扩展地址来实现的。如果 ZigBee 协调器或 ZigBee 路由器发现孤立设备是它的子设备，NLME 将获取该子设备的 16 位网络地址并通过孤立响应发送给 MAC 子层。孤立响应是通过向 MAC 子层发送原语来实现的，孤立响应命令向子设备传送的结果状态通过原语反馈给 NLME。如果 ZigBee 协调器或 ZigBee 路由器发现孤立设备不是它的子设备，NLME 就会通过孤立响应原语把这一情况反映给 MAC 层。图 5-22 所示为父设备把孤立的子设备加入或重新加入网络过程的信息流程。

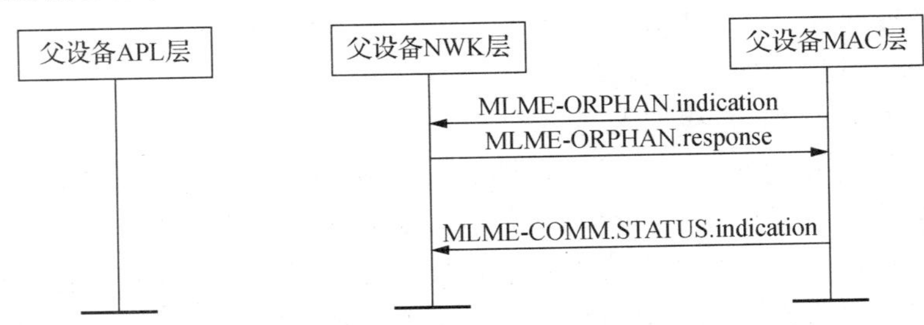

图 5-22　父设备把孤立的子设备加入或重新加入网络

5.4　Wi-Fi 技术

随着网络的普及，越来越多的人享受到网络给人们生活带来的便捷。但是上网地点的固定、上网工具不方便携带等问题，使人们对无线网络更加渴望。而 Wi-Fi 技术的诞生，正好满足了人们的渴望，也使 Wi-Fi 技术越来越受到人们的关注。

所谓“Wi-Fi”其实就是 Wireless Fidelity 的缩写，意思就是无线局域网。它遵循 IEEE 所制定的 IEEE 802.11x 系列标准，所以一般所谓的 IEEE 802.11x 系列标准都属于 Wi-Fi。根据 IEEE 802.11x 标准的不同，Wi-Fi 的工作频段也有 2.4 GHz 和 5 GHz 的差别。但是 Wi-Fi 却能够满足随时随地上网的需求，也能提供较高速的宽带接入。当然，Wi-Fi 技术也存在着诸如兼容性、安全性等方面的问题，不过它仍凭借自身的优势，占据着主流无线传输的地位。

本文首先对 Wi-Fi 的技术背景和发展情况做简单叙述，然后着重研究了 Wi-Fi 技术的原理，其中包括了 Wi-Fi 的性能指标、实现 Wi-Fi 的关键技术、Wi-Fi 协议，其次讨论了 Wi-Fi 网络的构成及其传输方式，最后对 Wi-Fi 的应用做了简单介绍，并对 Wi-Fi 技术未来的发展趋势做出了假设和展望。

5.4.1　Wi-Fi 技术基础知识

1. Wi-Fi 概述

1) Wi-Fi 概念

Wi-Fi 产品遵循的是 IEEE 所制定的 IEEE 802.11x 系列标准，所以一般所谓的 IEEE 802.11x 系列标准都属于 Wi-Fi。而目前最流行的标准就是 IEEE 802.11b，也就是无线的标准协议。该标准从 IEEE 802.11 的 2 Mbps 基础带宽增加到 11 Mbps，达到局域网水平，而且 IEEE 802.11g 还可以兼容 IEEE 802.11b，因此成为市场新贵。

2) Wi-Fi 技术发展历史

Wi-Fi 技术从提出到现在已经在电信业和 IT 业引起了广泛的关注并被普及应用。英特尔花费了近 20 亿美元开发、推广自带无线网络模块的迅驰笔记本电脑处理器，由此可见 Wi-Fi 将在近几年内得到极大的发展，而且还预示着这是一种不可逆转的趋势。

目前，许多的固定、移动电话运营商都已杀入这块市场。国际上已经有许多的移动运营商们争先恐后地向用户提供付费 Wi-Fi 服务。斯普林特(Sprint)已向从事 Wi-Fi 技术的公司 BoingoWireless 进行投资，并宣布将与 Wyndham International 酒店合作，部署 Wi-Fi 热点。凌志达通信有限公司(Nextel Communications Inc)正与摩托罗拉公司(Motorola Inc)合作开发 Wi-Fi 手机，并向一家为企业部署用于 Wi-Fi 和手机移动通信网络的公司 Radio Frame Networks Inc 提供支持。

2003 年 3 月 17 日，美国最大的移动运营商 Verizon 无线宣布将在机场、酒店等室内热点地区提供 Wi-Fi 无线接入服务。同时 AT&T 无线、T-Mobile 美国公司也在积极进行 Wi-Fi 接入铺设。Nextel 公司则选择面向大企业客户，主要基于该公司手机用户基础上开展 Wi-Fi 业务。各大公司的介入，表明了 Wi-Fi 技术的无限前景。

而事实证明 Wi-Fi 技术在全球的商用范围很广，用户数量巨大，有较广泛的应用，除了运营商经营以外，包括政府、企业和个人在内，在公共场合、企业内部、家庭都有应用。到 2006 年年底，全球 Wi-Fi 的芯片出货总量达到了 5 亿块，在全球 100 多个国家有超过 6 万个热点。因此，Wi-Fi 的用户基础良好，仅次于 3G 技术。

由此可见，Wi-Fi 作为传统以太网的无限延伸有可能实现人们一直追求的“无处不在的移动宽带时代”，随着厂家的大力推广、技术的不断改进，必将成为无线通信的另一种选择，也必然掀起无线通信领域的大变革。但要真正实现电信级 Wi-Fi 网络的部署和应用，对于国内的运营商而言，既存在着挑战又存在着机遇。国内运营商也应该把握该技术所带来的机会，从而在无线通信领域拓展出更广阔的利润空间。

3) Wi-Fi 技术的发展与特点

(1) Wi-Fi 技术的发展。

Wi-Fi 产品遵循的是 IEEE——美国电气与电子工程师协会所制定的 IEEE 802.11X 系列标准，它是美国电器电子工程师协会为解决无线网络设备互联，于 1997 年 6 月制定发布的无线局域网标准。所以，一般所谓的 802.11X 系列标准都属于 Wi-Fi。IEEE 802.11 主要用于解决办公室局域网和校园网中用户与用户终端的无线连接问题，其业务主要局限于数据访问，速率最高只能达到 2 Mbps。由于它在速率和传输距离上都不能满足人们的需要，因此 IEEE 又相继推出了 IEEE 802.11b、IEEE 802.11a 和 IEEE 802.11g 3 个新标准。下面分别进行简要的介绍。

IEEE 802.11 标准的制定推动了无线网络的发展，但由于传输速率只有 1~2 Mbps，该标准未能得到广泛的发展与应用。1999 年，IEEE 通过了新的 IEEE 802.11a 和 IEEE 802.11b 标准。IEEE 802.11b 定义了使用直接序列扩频调制技术，在 2.4 GHz 频带实现速率为 11 Mbps 的无线传输。由于 DSSS 技术的实现比 OFDM 容易，IEEE 802.11b 标准的发展比 IEEE 802.11a 快得多，在 1999 年年末首先出现了支持 IEEE 802.11b 标准的产品，随后得到广泛商用，并通过互通性测试。时至今日，IEEE 802.11b 已成为当今 WLAN 的主流标准。

随着用户需求的增加，又诞生了 IEEE 802.11a 标准，该标准工作在 5 GHz 频段，最大速率可达 54 Mbps。采用 OFDM 调制技术的 IEEE 802.11a 标准，与 IEEE 802.11b 相比，具有两个明显的优点：第一，提高了每个信道的最大传输速率(11～54 Mbps)；第二，增加了非重叠的信道数。因此，采用 IEEE 802.11a 标准的 WLAN 可以同时支持多个相互不干扰的高速 WLAN 用户。不过这些优点是以兼容性和传输距离为代价的。IEEE 802.11a 和 IEEE 802.11b 工作在不同的频段，两个标准的产品不能兼容。由于传输距离的减小，要覆盖相同的范围，就需要更多的 IEEE 802.11a 接入点。2002 年年初，首次出现了支持 IEEE 802.11a 标准的产品。2001 年 1 月，IEEE 802.11g 标准以草案的形式面世，在 2003 年 5 月已成为正式标准。IEEE 802.11g 标准既能提供与 IEEE 802.11a 相同的传输速率，又能与已有的 IEEE 802.11b 设备后向兼容。IEEE 802.11g 也工作在 ISM2.4 GHz 频段，在速率不大于 11 Mbps 时，仍采用 DSSS 调制技术；当传输速率高于 11 Mbps 时，则采用传输效率更高的 OFDM 调制技术。与 IEEE 802.11a 相比，IEEE 802.11g 的优点是以性能的降低为代价的。虽然 OFDM 调制技术能获得更高的速率，但 2.4 GHz 频带的可用带宽是固定的，IEEE 802.11g 只能使用 2.4 GHz 频段的 3 个信道，而 IEEE 802.11a 在 5 GHz 频带室内/室外可用的信道各有 8 个。由于 IEEE 802.11a 的可用信道数比 IEEE 802.11g 多，在相同传输速率下，频道重叠少，干扰就小。所以，与 IEEE 802.11g 相比，IEEE 802.11a 具有较强的抗干扰能力。

(2) 现有 Wi-Fi 技术的特点。

Wi-Fi 标准在设定时其自身就存在一些优点和缺点。其主要问题有以下几点。第一，在 Wi-Fi 标准中，IEEE 802.11b 是目前使用最广泛的标准，目前的产品中，支持此标准的产品比支持 IEEE 802.11a 和 IEEE 802.11g 的产品便宜，但也是 Wi-Fi 标准中带宽最低、传输距离最短的一个标准。第二，IEEE 802.11a 比 IEEE 802.11b 具有更大的吞吐量，可同时使用多个频道以加快传输速率，电波不易受干扰，传输速率也可达 54 Mbps，但它的工作频率在 5 GHz 频段，与 IEEE 802.11b 和 IEEE 802.11g 不兼容(此二者工作于 2.4 GHz)，所以它是目前使用较少的一个 Wi-Fi 标准。第三，IEEE 802.11g 的传输速率(理论上达 54 Mbps)比 IEEE 802.11b(理论上为 11 Mbps)要高，并且可与之兼容，但是它却比 IEEE 802.11b 更容易受外界干扰，如无线电话、微波炉及其他在 2.4 GHz 频段上的设备。第四，在安全性上的问题，一般的无线设备在传播信息时所使用的无线信号可被其他人侦听到，并且目前常用的 IEEE 802.11b 和 IEEE 802.11g 工作在免费的通用频段之内，所以 Wi-Fi 无线设备在设计的过程中必须要考虑到安全保密的内容。目前所生产的无线设备中大多数采用的是 40/128 位的 WEP，部分产品支持 VPN 技术，在安全性方面已达到了一定的水平，但随着技术的发展，安全性方面还有待改进。

2. Wi-Fi 技术的原理

目前，最主流的无线网络标准是 Wi-Fi 技术标准，虽然标准在很久以前就已经制定了，但是由于技术不成熟所导致的传输速度慢(遗失数据严重)，使得其在当时的市场接受程度偏低。不过自从英特尔公司向市场推出名为迅驰(Centrino)的无线整合技术后，整个无线网络市场又被重新挖掘出来。下面介绍 Wi-Fi 逐渐被社会认可的技术的系统原理。

1) Wi-Fi 技术性能指标和关键技术

(1) Wi-Fi 的性能指标。

现在无线网络通信协议主要采用的标准是 IEEE 802.11b、IEEE 802.11a 和 IEEE 802.11g。表 5-2 所示为它们三者在无线局域网市场中的比较，IEEE 802.11a 产品在国外使用广泛，在国内 IEEE 802.11b 是无线局域网的主流标准，IEEE 802.11g 由于速率高及与 IEEE 802.11a 和 IEEE 802.1lb 的兼容性受到了青睐。从发展来看，今后应采用双频三模(IEEE 802.11a/b/g)的产品。双频三模无线产品不但可工作在与 IEEE 802.11a 相同的 5 GHz 频段，还可与工作在 2.4 GHz 的 IEEE 802.11b 和 IEEE 802.11g 产品全面兼容，支持整个 IEEE 802.11a/b/g 标准、完整互通性单一平台，实现无线标准的互联与兼容。

表 5-2　性能指标比较

标　准	IEEE 802.11b	IEEE 802.11g	IEEE 802.11a
工作频段/GHz	2.4	2.4，5	5
数据传输速率/Mbps	1，2，5.5，11	1，2，5.5，11，6，12，24，9，18，36，48，56	6，12，24，9，18，36，48，56
覆盖范围/m	150～300	50～150	30

(2) Wi-Fi 的关键技术。

Wi-Fi 所遵循的 IEEE 802.11 标准是以前军方所使用的无线电通信技术。而且，至今还是美军军方通信器材对抗电子干扰的重要通信技术。因为 Wi-Fi 中所采用的展频(spread spectrum，SS)技术具有非常优良的抗干扰能力，并且当需要反跟踪、反窃听时具有很出色的表现，所以不需要担心 Wi-Fi 技术不能提供稳定的网络服务。而常用的 SS 技术有 4 种，即 DD-SS 直序 SS、FH-SS 调频 SS、TH-SS 跳时 SS、C-SS 连续波调频 SS。在上面常用的技术中，前两种 SS 技术很常见，也就是 DS-SS 和 FH-SS。后两种则是根据前面的技术加以变化，也就是 TH-SS 和 C-SS 通常不会单独使用，而且整合到其他展频技术上，组成信号更隐秘、功率更低、传输更为精确的混合 SS 技术。综合来看 SS 技术有反窃听、抗干扰、有限度地保密等方面的优势。

① 直序扩频技术。直序扩频技术，是指把原来功率较高，而且带宽较窄的原始功率频谱分散在很宽广的带宽上，使整个发射信号利用很少的能量即可传送出去，如图 5-23 所示为直序展频过程。

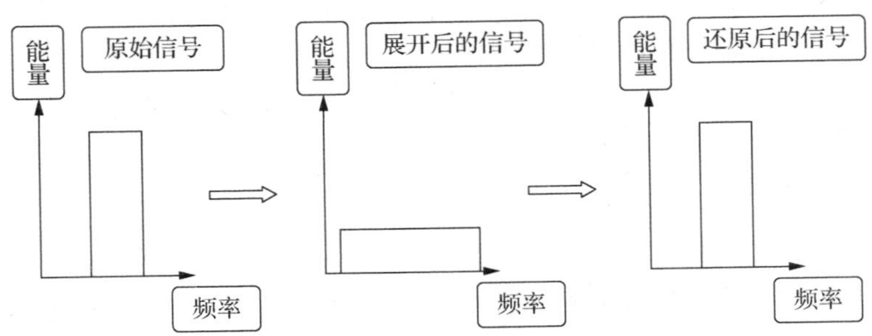

图 5-23　直序展频过程

在传输过程中把单一的 0 或 1 的二进制数据使用多个片段(chips)进行传输，然后在接收方统计 chips 的数量来增加抵抗噪声干扰。例如，要传送一个 1 的二进制数据到远程，那么 DS-SS 会把这个 1 扩展成三个 1，也就是 111 进行传送。那么即使是在传送中因为干扰，使得原来的三个 1 成为 011、101、110、111 信号，但还是能统计 1 出现的次数来确认该数据为 1。通过这种发送多个相同的 chips 的方式，就比较容易减少噪声对数据的干扰，提高接收方所得到数据的准确性。另外，所发送的 SS 信号会大幅降低传送时的能量，所以在军事用途上会利用该技术把信号隐藏在背景噪声(back ground noise)中，以减少敌方监听到己方通信的信号以及频道，这就是 SS 技术所隐藏信号的反监听功能。

② 跳频技术。跳频技术(frequency-hopping spread spectrum，FH-SS)技术，是指把整个带宽分割成不少于 75 个频道，每个不同的频道都可以单独传送数据。当传送数据时，根据收发双方预定的协议，在一个频道传送一定时间后，就同步“跳”到另一个频道上继续传送。FH-SS 系统通常在若干个不同频段之间跳转，以此来避免相同频段内其他传输信号的干扰。在每次跳频时，FH-SS 信号表现为一个窄带信号。若在传输过程中，不断地把频道跳转到协议好的频道上，在军事用途上就可以用来作为电子反跟踪的主要技术。即使敌方能从某个频道上监听到信号，但因为己方会不断跳转其他频道上通信，所以敌方就很难追踪到己方下一个要跳转的频道，达到反跟踪的目的。如果把前面介绍的 DS-SS 以及 FS-SS 整合起来一起使用的话，将会成为 hybrid FH/DS-SS。这样，整个 SS 技术就能把原来信

号展频为能量很低、不断跳频的信号。使得信号抗干扰能力更强、敌方更难发现，即使敌方在某个频道上监听到信号，也可以通过不断地跳转频道，使敌方不能获得完整的信号内容，从而完成利用 SS 技术隐秘通信的任务。FH-SS 系统所面临的一个主要挑战便是数据传输速率。就目前情形而言，FH-SS 系统使用 1 MHz 窄带载波进行传输，数据率可以达到 2 Mbps，不过对于 FH-SS 系统来说，要超越 10 Mbps 的传输速率并不容易，因此便限制了它在网络中的使用。

③ OFDM 技术。它是一种无线环境下的高速多载波传输技术。其主要原理是在频域内将给定信道分成许多正交子信道，在每个子信道上使用一个子载波进行调制，各子载波并行传输，从而能有效地抑制无线信道的时间弥散所带来的符号间干扰(ISI)。这样就减少了手机内均衡的复杂度，有时甚至可以不采用均衡器，仅通过插入循环前缀的方式消除 ISI 的不利影响。OFDM 技术有非常广阔的发展前景，已成为第四代移动通信的核心技术。IEEE 802.11a/g 标准为了支持高速数据传输均采用了 OFDM 调制技术。目前，OFDM 结合时空编码、分集、干扰(包括符号间干扰 ISI)和邻道干扰(ICI)抑制以及智能天线技术，最大限度地提高了物理层的可靠性；如再结合自适应调制、自适应编码以及动态子载波分配和动态比特分配算法等技术，可以使其性能进一步优化。

2) Wi-Fi 的协议及 MAC 层关键技术

(1) CSMA/CA 协议。

① CSMA/CA 的原理。总线型局域网在 MAC 层的标准协议是 CSMA/CD，但是由于无线产品的适配器不易检测信道是否存在冲突，因此 IEEE 802.11 定义了一种新的协议，就是 CSM/MA。它一方面经行载波侦听，以查看介质是否空闲；另一方面通过随机的时间等待，可使信号冲突发生的概率减到最小，以避免冲突。当侦听到介质空闲时，优先发送。为了使系统更加稳固，IEEE 802.11 还提供了带确认(ACK)的 CSMA/CA，一旦遭受其他噪声干扰或者在侦听失败时，就有可能发生信号冲突，而工作于 MAC 层的 ACK 此时便能够提供快速的恢复能力。

② CSMA/CA 协议的问题。从理论上来讲，MAC 层的 CSMA/CA 协议完全能够满足局域网级的多用户信道竞争需要。对于无线环境而言，它不像有线广播媒体那样好控制，来自其他 LAN 中的用户传输会干扰 CSMA/CA 的操作。在无线环境中，因为发射设备的功率通常要比接收设备的功率强得多，检测冲突是困难的，因此不可能终止互相冲突的传输。在这种环境条件下，设计一个能够帮助避免冲突的系统更有意义。无线局域网存在隐藏站点的问题，大多数无线电都是半双工的，它们不能在同一频率上发送并同时监听突发噪声。因此，IEEE 802.11 采用了 CSMA/CA 技术，CA 表示冲突避免，这种协议实际上是在发送数据帧前对信道进行预约。

(2) BTMA 协议。

BTMA(忙音多路访问)协议就是为解决暴露终端的问题而设计的。BTMA 把可用的频带划分成数据(报文)通道和忙音通道。当一个设备在接收信息时，它把特别的数据，即一个“音”放到忙音通道上，其他要给该接收站发送数据的设备在它的忙音通道上听到忙音，便知道不要发送数据。使用 BTMA，在上面的例子中，在 B 向 A 发送的同时，C 就可以向 D 发送(假定 C 已感知 B 和 D 不在同一个无线范围内)，因为 C 没有在 D 的忙音通道上接收到其他站的发送而引起的忙音。另外，使用 BTMA，如果 C 在向 B 发送，A 也

可以知道而不向 B 发送，因此 A 可以在 B 的忙音通道上接收到 C 的发送引起的忙音。在暴露终端的情况下，在一个无线覆盖区域中的一个设备，检测不到在邻接覆盖区域中忙音通道上的忙音。

(3) MAC 层 IEEE 802.11e 协议。

在 IEEE 802.11e 中，每一个无线节点都可成为 QSTA，它可以通过 EDCA 和 HCCA 两种方式访问信道。其中 EDCA 机制和 802.11DCF 相似，只是针对不同优先级的访问类别有不同的帧间隔和竞争窗口。而在 HCCA 机制中，一个控制节点可以优先访问信道，并调度其他 QSTA 从而获得一段 TXOP 发送多个数据包。相较于 802.11DCF/PCF，802.11EDCA/HCCA 主要做了以下几个方面的扩充。第一，属于不同优先级的站点在经行二进制回退争抢信道时，需要等待不同的任意帧间隔。与 IEEE 802.11 DCF 等待相同的 DIFS 时间不同，在 EDCA 中，属于优先级的站点需要等待 AIFS。第二，属于不同优先级的站点在经行二进制回退争抢信道时，所用的最大竞争窗口和最小竞争窗口范围不同。优先级越高，最大竞争窗口的数值越小。因此，高优先级的站点其计数器的取值较小，可以更早地递减到 0。第三，引入了虚拟竞争机制，在同一个站点内部，IEEE 802.11e 把所有数据包分成 8 类，映射到 4 个接入等级，每一个接入等级都对应站点内部的一个队列，当高优先级的队列和低优先级的队列计数器同时到 0 时，站点内部的调度器会判断高优先级成功发送，而低优先级队列则进行二进制回退，再次争抢信道。第四，引入了 TXOP，在 IEEE 820.11e 的 HCCA 机制中，一个控制节点可以优先访问信道，并调度其他 QSTA 对信道访问。综上所述，IEEE 802.11e 通过设置具有不同优先级的 QSTA，从而实现了统计意义上的区分服务。

3) Wi-Fi 技术的结构

(1) Wi-Fi 技术的网络结构。

无线局域网由端站(STA)、接入点(AP)、接入控制器(AC)、AAA 服务器以及网元管理单元组成，其网络参考模型如图 5-24 所示。AAA 服务器是提供 AAA 服务的实体，在参考模型中，AAA 服务器支持 RADIUS 协议。Portal 服务器适用于门户网站推送的实体，在 Web 认证时辅助功能完成认证功能。

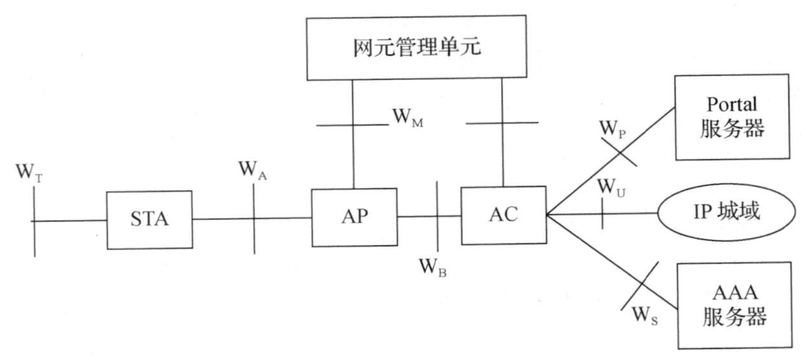

图 5-24　无线局域网网络参考模型

(2) Wi-Fi 技术的拓扑结构。

无线局域网的拓扑结构可归纳为两类，即无中心网络和有中心网络。

① 无中心网络。无中心网络是最简单的无线局域网结构，又称为无 AP 网络、对等网络或特别(Ad Hoc)网络，它由一组有无线接口的计算机(无线客户端)组成一个独立基本服务集(IBSS)，这些无线客户端有相同的工作组名、ESSID 和密码，网络中任意两个站点之间均可直接通信。无中心网络的拓扑结构如图 5-25 所示。无中心网络一般使用公用广播信道，每个站点都可竞争公用信道，而信道接入控制(MAC)协议大多采用 CSMA(载波监测多址接入)类型的多址接入协议。这种结构的优点是网络抗毁性好、建网容易、成本较低。这种结构的缺点是当网络中用户数量(站点数量)过多时，激烈的信道竞争将直接降低网络性能。此外，为了使任意两个站点均可直接通信，网络中的站点布局受环境限制较大。因此，这种网络结构仅适用于工作站数量相对较少(一般不超过 15 台)的工作群，并且这些工作站应离得足够近。

② 有中心网络。有中心网络也称结构化网络，它由一个或多个无线 AP 以及一系列无线客户端构成，网络拓扑结构如图 5-26 所示。在有中心网络中，一个无线 AP 以及与其关联(associate)的无线客户端被称为一个基本服务集(basic service set，BSS)，两个或多个 BSS 可构成一个扩展服务集(extended service set，ESS)。

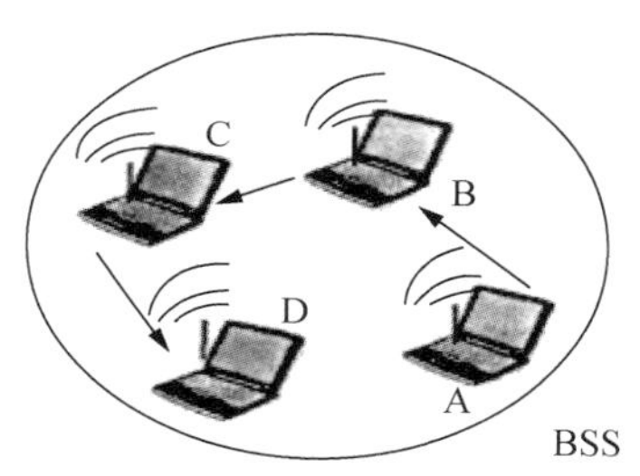

图 5-25　无中心网络的拓扑结构

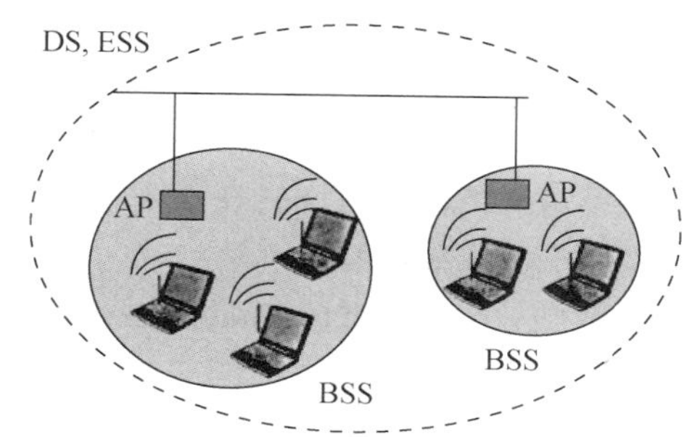

图 5-26　有中心的网络拓扑结构

有中心网络使用无线 AP 作为中心站，所有无线客户端对网络的访问均由无线 AP 控制。这样，当网络业务量增大时，网络吞吐性能及网络时延性能的恶化并不强烈。每个站点只要在中心站覆盖范围内就可与其他站点通信，故网络布局受环境限制比较小。此外，中心站可为接入有线主干网提供一个逻辑访问点。有中心网络拓扑结构的弱点是抗毁性差，中心站点的故障容易导致整个网络瘫痪，并且中心站点的引入增加了网络成本。

虽然在 IEEE 802.11 标准中并没有明确定义构成 ESS 的分布式系统的结构，但目前大都是指以太网。ESS 的网络结构只包含物理层和数据链路层，不包含网络层及其以上各层。因此，对于 IP 等高层协议 IP 来说，一个 ESS 就是 IP 子网。

4) Wi-Fi 的传输方式

传输方式涉及无线局域网采用的传输媒体、选择的频段及调制方式。目前，无线局域网采用的传输媒体主要有两种，即微波与红外线。按照不同的调制方式，采用微波作为传输媒体的无线局域网又可分为扩展频谱方式与窄带调制方式。微波和红外线都属于电磁波。

5) 局域网

(1) 红外线局域网。

近年来，基于红外线(infrared ray，IR)的传输技术有了很大发展，目前广泛使用的家电

遥控器几乎都采用了红外线传输技术。红外线传输技术采用波长小于 1 μm 的红外线作为传输媒体，有较强的方向性。由于它采用了低于可见光的部分频谱作为传输媒体，因此使用不受无线电管理部门的限制。红外信号要求视距(直观可见距离)传输，因此很难被窃听，对邻近区域的类似系统也不会产生干扰。作为无线局域网的传输方式，采用红外线通信方式与微波方式相比，可以提供更高的数据传输速率，有较高的安全性，且设备相对简单、便宜。但由于红外线对障碍物的透射和绕射能力很差，使传输距离和覆盖范围都受到很大限制，通常 IR 局域网的覆盖范围被限制在一间房屋内。另外，在实际应用中，由于红外线具有很高的背景噪声，受日光、环境照明等影响较大，一般信号源设备的发射功率要大一些。

(2) 扩展频谱局域网。

大多数无线局域网都使用扩展频谱(spread spectrum，SS)技术(简称扩频技术)来传输数据。在扩展频谱方式中，数据基带信号的频谱被扩展到几倍甚至几十倍，再被搬移到射频发射出去。这一做法虽然牺牲了频带带宽，却提高了通信系统的抗干扰能力和安全性。由于单位频带内的功率降低，对其他电子设备的干扰也就减小了。扩频技术是一种宽带无线通信技术，最早应用于军事通信领域。在扩频通信方式下，传输信息的信号带宽远大于信息本身的带宽，信息带宽的扩展是通过编码方式实现的，与所传输数据无关。扩频通信具有抗干扰能力强、隐蔽性强、保密性好、多址通信能力强等优点，能够保证数据在无线传输中的完整可靠，并确保同时在不同频段传输的数据不会互相干扰。

(3) 窄带微波局域网。

在窄带微波(narrowband microwave，NM)局域网中，数据基带信号的频谱不做任何扩展即可被直接搬移到射频发射出去。与扩展频谱方式相比，窄带调制方式占用频带少，频带利用率高。采用窄带调制方式的无线局域网一般使用专用频段，但需要经过国家无线电管理部门的许可方能使用。当然，也可选用 ISM 频段，这样可避免向无线电管理委员会申请。但带来的问题是当邻近的仪器设备也在使用这一频段时，会严重影响通信质量，通信的可靠性无法得到保证。

6) 数据的传输

当把数据传送到近距离的设备时，可以通过网络连接同步输出到远程的接收设备。而且，在传送过程中能同时传输整个字节(8 位)的数据，或是多个字节，这样就可以使整个传输速度大幅度提升。但是，对于远距离的传输则可能会因为传送信号被干扰，导致不能同时传送多个字节。接收方必须对所收到的数据进行侦错(error checking)操作，以确保传输数据的正确性。若发现收到的数据中有不符合侦错算法的内容，那么就会采取一定的措施来纠正该错误，例如，要求发送方重新发送被侦察到的错误位或字节。对于无线局域网来说，因为其技术跟有线局域网是相似的，所以在每次接收通信前都会有三次“握手”的过程，这三次“握手”可以保证传送数据的双方能在可靠的连接下进行通信。

(1) 握手请求。

在传送数据前，发送方并不会立即把数据传送到网络上。因为发送方并不清楚接收方能否立即处理数据。所以为了避免发送过去的数据被接收方“置之不理”，一般会先发送一个要求同步的握手请求(handshaking request)。当接收方收到这样的请求，而且接收方也有足够的资源接收时，就会返回响应要求的数据包。在发送和接收双方之间经过三次“握

手”操作后，就能确立一条持续通信的网络连接，图 5-27 所示为三次“握手”的过程。

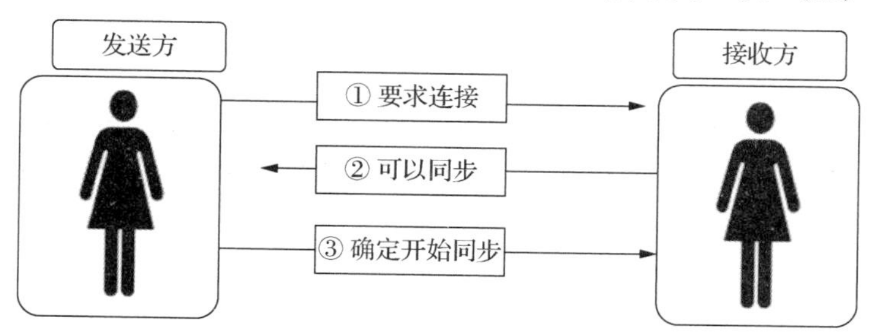

图 5-27　三次“握手”的过程

(2) 初次连接(initial connection)

通常需要建立一个连接时，首先要确认连接是否完好(即使是发送/接收双方之间有路由器等设备，把双方分割的两个不同子网络之间连接也算在该范围之内)。但 Wi-Fi 是利用无线电波传送数据，所以在建立无线网络时并不需要有直接的设备连接。在传输介质能连接后，设备就会一直处于连接状态，直到设备被断开电源。但是处于该状态的连接并没有附带任何可以作为实际应用中使用的信息，例如 IP 地址、路由信息等内容。所以，需要利用操作系统为这些连接进行初次系统级别的连接操作——握手(handshaking)。

7) IEEE 802.11b 传输控制

一个网络架构必须与不同的传输设备进行相互操作，所以就需要统一相互之间的传输标准，使传输能在相互都“了解”的前提下进行，避免不同厂商所生产的网络设备发生兼容性问题。

(1) 物理层。

物理层(physical layer)是规范网络设备如何利用电子信号进行传输，且设备之间如何协调的通道。例如设备使用的电压、发送无线电的频率，甚至设备与设备之间连接的线材插头都要规范为统一的形状。否则，将会造成电压过高导致烧毁设备、发射频率不同步而不能接收信号、频道与频道之间的过分接近导致干扰、线材插头不统一造成无法连接等后果。综合来说，物理层是让不同厂商所生产的网络设备都能在统一规范中相互传送的最基本数据单元，也就是常说的“0”和“1”，例如，所有设备都是使用大于 3.3 V 的电压表示“1”，而小于 0 V 的电压则表示为“0”。

在 Wi-Fi 中同样需要统一的物理层协议进行规范。但不同的是，Wi-Fi 会在数据包中增加 144 bits 的内容。其中，128 bits 是让发送端设备以及接收端设备同步运行的内容。另外 166 bits 则是一个名为 start-of-frame 的字段(field)，表示该 frame 的开始点。

(2) 访问控制层

访问控制层(the mac layer)层是用来控制数据如何从无线电波发送出去，以及其他无线网络产生的问题，例如，通过带有冲突避免的载波侦多路访问(carrier sense multiple access with collision avoidance，CSMA/CA)来解决传送冲突问题，或者是增加安全性，使传输更加保密。在 Wi-Fi 中，使用的两种过滤方式分别为 SSID 和 MAC。其中，服务区域识别串(service set identifier，SSID)是在 AP 的覆盖范围内的所有计算机都需要设为同一个 SSID(该 ID 必须与 AP 一致)。当客户端计算机要求进入该 AP 管辖的网络时，AP 就会检

查客户端发送来的 ID 是否与自己所拥有的一致。若 ID 一致，AP 才会允许计算机连接到网络。相反，AP 将会拒绝客户端连接到网络。而 MAC 则可利用无线 MAC 地址(独一无二的网卡卡号)判别计算机能否连接到网络中。而 MAC 则通常在用户群比较固定的环境中使用，例如，公司的办公室。因为，在办公室的环境中可以比较容易获得网卡上的 MAC，而且 MAC 并不会经常变化，所以在固定用户群体的环境中，使用 MAC 方式是比较常见的。

(3) 其他控制层

除了前文所描述的物理层以及访问控制层外，还有一些其他控制层(other control layers)。这些层具有许多功能，例如 IP 分配、路由、检测数据完整性等。这些高层与其他类型的网络没有什么两样，包括光纤、无线电波等连接方式。而且，在高层完成的网络协议也可以使用相同的种类，例如 TCP/IP、Novell NetWarE、Apple Talk 等。另外在操作系统方面也不会有很大的区别，只要操作系统能提供兼容于 IEEE 802.11b 标准的驱动程序、模块或者核心，操作系统就都能使用无线网络，例如 Windows、UNIX、Mac OS、Linux 等操作系统都能使用 Wi-Fi 技术。

5.4.2 Wi-Fi 设备的应用

1. Wi-Fi 技术的应用模式

基于 Wi-Fi 的组网架构，市场上出现了三种 Wi-Fi 的应用模式：第一种，企业或者家庭内部接入模式，在企业内部或者家庭架设 AP，所有在覆盖范围内的 Wi-Fi 终端都可通过这个 AP 实现内部通信，或者通过 AP 作为宽带接入出口链接到互联网，这是最普及的应用方式，这时 Wi-Fi 提供的就是网络接入功能；第二种，电信运营商提供的无线宽带接入服务，通过运营商，在很多宾馆、机场等公众服务场所架设 AP，为公众用户提供 Wi-Fi 接入服务；第三种，“无线城市”综合服务，基本是由政府全部或部分投资建设，是类似于城市基础建设的一种模式。

2. 掌上移动终端的应用

Wi-Fi 技术最让人耳熟能详也是最主要的应用，莫过于掌上移动终端的应用。如智能手机，又如苹果系列的 iPad、iTouch 等。它们除了可以借助 GSM/CDMA 移动通信网络通话外，还能在 Wi-Fi 无线局域网覆盖的区域内，共享 PC 上网或 VoIP 通话服务。Wi-Fi 手机通过无线路由器共享上网非常方便，多数 Wi-Fi 手机不需要做任何设置，在无线路由器的信号覆盖范围内，Wi-Fi 手机和无线路由器的默认设置下，Wi-Fi 手机就能自动获取 IP 地址进行无线连接，并利用手机自带的 IE、MSN 等软件无线上网。当然，如果在 Wi-Fi 手机和无线路由器都正常开启的情况下，Wi-Fi 手机无法通过无线路由器共享上网服务，我们就需要检查一下设备的设置。而 iPad、iTouch 等设备，也大体与此类似。

3. 其他方面的应用

Wi-Fi 技术就目前来看多数还是用于手持掌上终端。除了手机的上述功能，以及其他掌上移动终端的各种功能外，Wi-Fi 技术还能用于导航等其他有利于人们生活的方面。例

如，可以利用 Wi-Fi 的技术，制造出高增益的全向天线，使其具有比以往的天线更大的作用。基于现在 Wi-Fi 技术还处在一个发展的阶段，所以很多功能还不能完全比拟现有的成熟技术，但是相信随着 Wi-Fi 技术的发展，这一天终将到来。

4. Wi-Fi 的市场应用前景

Wi-Fi 的规模商业化应用，是在世界范围内罕见成功的先例。问题集中在两个方面：一是大型运营商对这一模式的不认可；二是本身缺乏有效的商业模式。但基于 Wi-Fi 技术的无线局域网已经日趋普及，这将意味着将来可以十分方便地应用。一旦存在 Wi-Fi 网络的公众场合，解决了运营商的互联互通、高收费、漫游性等问题，Wi-Fi 从一个成功的技术转化为成功的商业。诸多运营商先后涉足这一领域，且许多国家政府和城市使用该项技术打造无线化的国家和城市，且随着数码娱乐设备的普及，Wi-Fi 在玩家中的热度再次高涨。据 d-link 等厂商提供的信息表明，在过去一年内，无线路由器的销量以 100%的幅度增长。

对于公共无线局域网，在欧洲，仅 BT 最近宣布已在全英建设了 50 万余热区，在美国 ATT 继续发力 Wi-Fi 市场，通过欧洲大部分地区及中国新部署 25000 个 Wi-Fi 热区，意欲为那些商业先行者、远程工作的员工和移动用户提供更方便、更广泛的 Wi-Fi 接入，这样一来，ATT 在全球范围的 Wi-Fi 热区总数将达到 12.5 万个。

5.5　无线网的综合案例

企业通过搭建无线网络可以实现方便地随时随地办公。企业员工经常需要在财务室、经理室、会议室、生产车间、库房之间穿梭，如果有人找他，或者打座位电话，当离开办公环境后，就可能丢失一些商业机会或者耽误一些重要事情，但是打电话会增加电话费用，所以仅使用移动设备连接企业的无线网络，就能轻松免费联络，收发电子邮件，实时消息传递，进入“移动办公”时代；库存管理采用无线办公，将大大提高物流管理的速度和准确度。据企业战略研究专家分析，采用无线网络可以提高 30%的办公效率，同时意味着为企业创造新的价值。下面介绍两个无线网络搭建案例。

5.5.1　案例一：ZigBee 无线组网和点对点通信

1. 实训内容

本案例是用 ZigBee 无线组网实现点对点通信数据传输案例，其基本内容是两个 ZigBee 节点进行点对点通信，ZigBee 节点 1 发送“Hello”字符串给 ZigBee 节点 2，节点 2 收到数据后，对接收到的数据进行判断，如果收到的数据是“Hello”，则使节点 2 上的 LED 灯闪烁。

2. 实训设备

(1) 计算机一台，安装 IAR EW8051 集成开发环境，安装 Z-Stack 协议栈。

(2) SmartRF04EB 或 CC Debugger 编程调试工具一套。

(3) 两个 ZigBee 节点模块。

3. 实训步骤

建立一个全新的 Z-Stack 工程。

(1) 在 ZigBee 无线传感网络中有三种设备类型，即协调器、路由器和终端节点，设备类型是由 Z-Stack 的不同编译选项来选择的。协调器主要负责网络的组建、维护、控制终端节点的加入等工作。路由器主要负责数据包的路由选择和转发。终端节点负责数据的采集和执行控制命令等，不具备路由功能。

(2) 在本实训中，ZigBee 节点 2 配置为一个协调器，负责 ZigBee 网络的组建，ZigBee 节点 1 配置为一个终端节点，通电后自动加入协调器建立的网络中，然后发送“Hello”字符串给协调器。

(3) 打开 ZStack-CC2530-2.5.1/Projects/zstack/Samples 目录，在这里建立工程，在该目录下已经有三个文件夹，分别是 GenericApp、SampleApp 和 SimpleApp。

(4) 建立一个新的 Z-Stack 工程，工程名为 MyFirstApp。先复制 GenericApp 到本目录下，快捷操作为：选择 GenericApp 文件夹，使之处于高亮状态，此时按住 Ctrl 键，往下拖动 GenericApp 文件夹，当出现“+”号时，释放鼠标，则可以快速复制 GenericApp 文件夹到当前目录。

(5) 重命名“复件 GenericApp”文件夹为“MyFirstApp”。

(6) 打开 MyFirstApp/Source 目录。

(7) 修改 MyFirsApp.c、MyFirstApp.h、OSAL_MyFirstApp.c 这三个文件。

(8) 打开路径 MyFirstApp/CC2530DB，将里面的文件重命名为：MyFirstApp.ewD、MyFirstApp.ewp、MyFirstApp.eww。

(9) 用文本编辑工具如记事本分别打开这三个文件，把里面所有的 GenericApp 字符串都替换为 MyFirstApp。

(10) 同样，用文本编辑工具打开 MyFirstApp/Source 文件夹下的三个文件，把里面所有的 GenericApp 字符串都替换为 MyFirstApp。

(11) 双击 MyFirstApp/CC2530DB 文件夹下的 MyFirstApp.eww，打开 IAR 工程。至此，全新的工程就初步建立完成。

(12) IAR 软件 Workspace 窗口文件列表的最上面一行显示的是工程名 MyFirstApp，工程名下面就是这个工程拥有的所有文件和文件夹。在工程名 MyFirstApp.上右击，弹出菜单，选择 Rebuild All 进行编译。编译完成，如果没有错误，则全新的工程就建立完成。

(13) 在一个 IAR 工程中，可以有多种配置，每种配置可以有不同的编译选项。

(14) 选择信道，可根据要求选择信道。在工程的 Workspace 下的 Tools 文件组下，打开 f8wConfig.cfg 文件，文件中定义了 0～26 信道，但这些定义都被注释掉，只要将文件中对应信道的语句前注释符“//”去掉就可选择该信道。

4. 协调器编程

选择 Coordiantir EB 配置，选择 Enclude from build 编程。

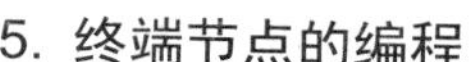

5. 终端节点的编程

(1) 先选择 EndDevice 的配置文件，找到 Workspace 的最顶端，即选择不同配置的地方，在这里选择 EndDeviceEB。

(2) 然后在 Coordinator.c 文件上右击，把 Coordinator.c 文件移出编译列表。

(3) 完成后，Coordinator.c 图标里面有一个叉，同时文件名也会变成灰色。

(4) 编写 EndDevice.c 文件。

EndDevice.c 是终端设备端的应用程序，主要功能是向协调器发送“Hello”消息。

6. ZigBee 数据传输实验剖析

本实训完成了 ZigBee 无线网络点对点的数据传输，下面具体了解一下整个工作的流程。

(1) 协调器通电后，会按照程序和工程中设定的参数选择信道、网络号建立 ZigBee 网络，这部分内容是在协议栈里面实现的，用户应用程序不需要编写代码来实现。

(2) 终端节点通电后，开始技术硬件电路的初始化，然后搜索周围空间有否 ZigBee 无线网络，如果有 ZigBee 无线网络再自动加入(这是最简单的操作，当然也可以控制节点加入网络)。终端节点加入网络后将定时发送数据给协调器(网络地址为 0)，最后使 LED 闪烁以示发送完成。

(3) 在了解具体的网络数据发送过程前，这里有几个重要的数据结构和函数需要了解，具体内容如下所述。

① 地址类型数据结构。ZigBee 设备的地址一共有 5 种类型，分别为 AddrNotPresent；Addr16 Bit；Addr64 Bit；AddrGroup；AddrBroadcast。

② 地址数据结构。定义通信的地址。

Addr：地址。

AddrMode：在定义 ZigBee 地址时，可以通过 AddrMode 设定五种地址模式。

Endpoint：端点，一个设备会有很多个端点，当进行通信时，其实就是端点到端点的通信。

PanId：网络 ID。

③ 输入消息包数据结构。定义协议栈底层接收到的无线数据包。

(4) 在 ZigBee 协议栈中进行数据发送，可以直接调用 AF 层的 AF_DataRequest()函数，该函数会调用协议栈里面与硬件相关的函数，并将数据通过天线发送到空间中。底层的操作我们无须了解也无法了解，因为 Z-Stack 并不是完全开源的协议栈，有很大一部分协议栈的实现都是使用库文件 lib 的形式提供给用户的。用户只需要掌握 AF_DataRequest()函数的使用方法即可。

(5) 终端节点给出网络地址。0x0000 发送数据后，协调器会收到该数据，但接收到的数据放在哪里？怎样通知用户应用程序有新的数据？这些都是通过操作系统来完成的。正是由于操作系统的存在，使我们开发用户程序变得非常简单，我们不需要去关心数据是怎么接收的，只需要知道数据在哪里，什么时候会接收到新的数据即可。当协调器接收到数据后，操作系统会将该数据封装成一则消息，然后将消息放入消息队列中，并且通知用户应用程序进行处理。

(6) 用户应用程序对消息的处理是在 MyFirstApp_ProcessEvent()函数中进行的，消息队列中的每则消息都会有一个任务 ID 和一个消息 ID，而表示新数据的消息 ID 是 AF_INCOMING_MSG_CMD。消息处理函数根据消息 ID 调用相应的子函数 MyFirstApp_MessageMSGCB()进行处理。

5.5.2 案例二：3G 无线通信的应用案例

1. 实践内容

利用 IoT-L01-05 型物联网综合实验箱配套的 USB 3G 上网卡实现 SMS 短信发送。

2. 程序设计要求

用户界面中需要有以下内容。

(1) 可编辑文本框 A，用来编辑收件人的电话号码。

(2) 可编辑文本框 B，用来编辑需要发送的信息。

(3) 发送按键。

3. 实践步骤

(1) 将一张联通的 WCDMA 3G SIM 卡插入实验箱配套的 E261 型 USB 3G 无线网卡中，并将无线网卡插到应用网关的 USB 接口上。

(2) 单击应用网关上的“3G-Dial UP”程序，此时会列出已经识别的 3G 网卡，选择其中的“E261”网卡，进入下一界面，单击“Connect”按钮，此时网关将通过 3G 接入网络，如果正常接入会有“Connect”提示，此时右方会出现几个默认的网站，单击网站地址，即可发现已经可以通过 3G 浏览网页，3G 功能调试成功。

(3) 在 PC 的 Ecplise 中建立“TestSMS”工程，输入上一小节的源码编译并下载至网关，测试短信发送功能。

练　习　题

一、填空题

1. 蓝牙是一种支持设备________通信(一般 10 m 内)的无线电技术，能在包括手机、平板电脑、无线耳机、笔记本电脑、相关外设等众多设备之间进行无线信息的交换。

2. 蓝牙系统一般由________、________、________和________四个功能单元组成。

3. ZigBee 网络包含 3 种节点类型：ZigBee 协调器(ZigBee Coordinator，ZC)、________和________。

4. IEEE 802.15.4—2003 标准定义了两个层：________和________。ZigBee 联盟在此基础上建立了________和________的框架(framework)。

二、单选题

1. ZigBee(　　)无须人工干预，网络节点能够感知其他节点的存在，并确定联结关系，组成结构化的网络。

A. 自愈功能
B. 自组织功能
C. 碰撞避免机制
D. 数据传输机制

2. (　　)不属于无线通信技术。

A. 数字化技术
B. 点对点的通信技术
C. 多媒体技术
D. 频率复用技术

3. 蓝牙的技术标准为(　　)。

A. IEEE 802.15　B. IEEE 802.2　C. IEEE 802.3　D. IEEE 802.16

4. (　　)不属于3G网络的技术体制。

A. WCDMA　B. CDMA2000　C. TD-SCDMA　D. IP

5. ZigBee(　　)增加或者删除一个节点，如果节点位置发生变动，节点发生故障等，网络都能够自我修复，并对网络拓扑结构进行相应的调整，无须人工干预，保证整个系统仍然能正常工作。

A. 自愈功能
B. 自组织功能
C. 碰撞避免机制
D. 数据传输机制

6. ZigBee 采用了 CSMA-CA(　　)，同时为需要固定带宽的通信业务预留了专用时隙，避免了发送数据时的竞争和冲突，并提供了明晰的信道检测。

A. 自愈功能
B. 自组织功能
C. 碰撞避免机制
D. 数据传输机制

7. 通过无线网络与互联网的融合，可将物体的信息实时、准确地传递给用户，这是指(　　)。

A. 可靠传递　B. 全面感知　C. 智能处理　D. 互联网

8. ZigBee 网络设备中的(　　)，只能传送信息给 FFD 或从 FFD 接收信息。

A. 网络协调器
B. 全功能设备(FFD)
C. 精简功能设备(RFD)
D. 交换机

9. ZigBee 堆栈是在(　　)标准基础上建立的。

A. IEEE 802.15.4
B. IEEE 802.11.4
C. IEEE 802.12.4
D. IEEE 802.13.4

10. ZigBee(　　)是协议的最低层，承担着和外界直接联系的任务。

A. 物理层　B. MAC 层　C. 网络/安全层　D. 支持/应用层

11. ZigBee(　　)负责设备间无线数据链路的建立、维护和结束。

A. 物理层　B. MAC 层　C. 网络/安全层　D. 支持/应用层

12. ZigBee(　　)建立新网络，保证数据的传输。

A. 物理层　B. MAC 层　C. 网络/安全层　D. 支持/应用层

13. ZigBee(　　)根据服务和需求可使多个器件之间进行通信。

A. 物理层　B. MAC 层　C. 网络/安全层　D. 支持/应用层

14. ZigBee 的频带，(　　)传输速率为 20 KB/S，适用于欧洲。

A. 868 MHz　B. 915 MHz　C. 2.4 GHz　D. 2.5 GHz

15. ZigBee 的频带，(　　)传输速率为 40KB/S，适用于美国。

A. 868 MHz　B. 915 MHz　C. 2.4 GHz　D. 2.5 GHz

16. ZigBee 的频带，(　　)传输速率为 250KB/S，全球通用。

A. 868 MHz　　B. 915 MHz　　C. 2.4 GHz　　D. 2.5 GHz

17. ZigBee 网络设备利用(　　)发送网络信标，建立一个网络，管理网络节点，存储网络节点信息，寻找一对节点间的路由消息，不断地接收信息。

A. 网络协调器　　B. 全功能设备(FFD)

C. 精简功能设备(RFD)　　D. 路由器

三、判断题

1. 物联网是互联网的应用拓展，与其说物联网是网络，不如说物联网是业务和应用。(　　)

2. ZigBee 是 IEEE 802.15.4 协议的代名词。ZigBee 就是一种便宜的、低功耗的近距离无线组网通信技术。(　　)

3. 物联网、泛在网、传感网等概念基本没有交集。(　　)

4. 在物联网节点之间进行通信的时候，通信频率越高，意味着传输距离越远。(　　)

5. 2009 年，IBM 提出“智慧地球”这一概念，那么“互联网+物联网=智慧地球”。(　　)

四、简答题

1. 蓝牙系统的构成。

2. 简述 ZigBee 中 NWK 层的作用。

五、实践题

本设计使用 STC12C5A60S2 单片机、数码管、HC-05 蓝牙模块、LED 彩灯、DS1302 时钟模块，进行蓝牙控制的灯光控制系统。

1. 本设计采用蓝牙作为上位机和下位机之间的通信方式，本设计使用手机 App 作为上位机控制下位机(单片机)。

2. 采用 DS1302 时钟芯片，通过开发板上的数码管显示时分秒，即使断开电源，DS1302 芯片中的时间也会正常显示，不需要重复写入。

3. 手机连接蓝牙后，手机 App 可以控制 LED 灯显示红、绿、蓝三种颜色，还可以向单片机发送 LED 灯亮的时间以及灯灭的时间。

4. 当灯亮的时候，可以通过按键调节占空比调节灯光亮度，也就是 PWM 调光。在灯光开启之前以及灯灭之后 PWM 调光按键无效。

第 6 章 无线传感器网络技术应用与案例

无线传感器网络是由部署在监测区域内部或附近大量廉价且具有通信、感测及计算能力的微型传感器节点，通过自组织构成的“智能”测控网络。无线传感器网络在军事、农业、环境监测、医疗卫生、工业、智能交通、建筑物监测、空间探索等领域有着广阔的应用前景和巨大的应用价值，被认为是未来改变世界的十大技术之一，而其产业被认为是全球未来四大高技术产业之一。

6.1 无线传感器网络基础知识

无线传感器网络的 3 个基本要素为传感器、感知对象和观察者。无线网络是传感器之间、传感器与观察者之间的通信工具，用于在传感器与观察者之间建立通信路径；协作地感知、采集、处理、发布感知信息是无线传感器网络的基本功能。

一组功能有限的传感器协作地完成大的感知任务是无线传感器网络的重要特点。传感器主要由感知单元、传输单元、存储单元和电源组成，完成感知对象的信息采集、存储和简单的计算后，传输给观察者以提供决策依据。观察者是无线传感器网络的用户，是感知信息的接收和应用者。观察者可以是人，也可以是计算机或其他设备。感知对象是观察者感兴趣的监测目标，也是无线传感器网络的感知对象。一个无线传感器网络可以感知网络分布区域内的多个对象，一个对象也可以被多个无线传感器网络所感知。

6.1.1 无线传感器网络背景知识

传感器网络(sensor network)最初起源于美国国防部高级研究计划局(Defense Advanced Research Projects Agency，DARPA)的一个研究项目。近年来，随着计算机技术、微电子技术和无线通信等技术的进步，多功能低功耗传感器得到了快速发展，使其在较小的体积内能够融合无线通信、信息采集和数据处理等多种功能。无线传感器网络(Wireless Sensor Network，WSN)由数量庞大的廉价微型传感器节点组成，并将传感器节点分布在侦测区域内，由无线通信技术构成一个多跳的、自组织的网络系统。

综合了嵌入式计算机技术和传感器技术的无线传感器网络、无线通信网络、分布式信息处理网络，能够协作地侦测、感知和采集不同环境或感知对象的信息并进行处理，传送信息至观察者。观察者、感知对象和传感器构成了传感器网络的 3 个要素。无线传感器网络可将客观上的物理世界与逻辑上的信息世界融合在一起，从而改变人类与客观世界的交互方式。人们可以通过传感器网络直接感知自然界，从而极大地扩展现有网络的功能，提高人类认识客观世界的能力。无线传感器网络具有十分广阔的应用前景，是计算机科学技术中一个新的研究领域，并引起了工业界和学术界的高度重视。

在无线传感器网络的研究初期，人们一度认为 Ad-Hoc 路由机制加上成熟的 Internet 技术对传感器网络的设计已经十分完善，但进一步深入的研究表明，传感器网络有着与传统网络截然不同的技术要求。传统网络以传输数据为目的，传感器网络以数据为中心。为了适应广泛的应用程序，传统网络的设计遵循端到端的边缘论原则，着重将一切与功能有关的处理都放在网络的端系统上，中间节点只是负责数据分组的转发，对于传感器而言，其未必是一种合理的选择。一些为自组织的 Ad-Hoc 网络设计的协议与算法未必适合传感器网络运用的需求和特点。由于应用程序不太关心单节点上的信息，节点标识(如 IP 地址等)的作用在传感器网络中显得不是十分重要；与具体应用相关的数据缓存、融合以及处理则在中间节点上显得很有必要。在密集型的无线传感器网络中，相邻节点间的距离非常短，为了节省功耗而采用多跳的低功耗通信方式，因此消除了长距离无线通信易受外界噪声干扰的影响，同时也增强了通信的隐蔽性。这些制约因素和独特的要求为无线传感器网络的研究设计提出了新的要求。

无线传感器网络的研究起步于 20 世纪 90 年代末期。21 世纪初，工业界、军界和学术界给予了无线传感器网络极大关注，许多关于传感器网络的研究项目在欧洲和美国相继启动。美国所有著名院校几乎都有研究小组在从事无线传感器网络相关技术的研究，芬兰、意大利、日本、巴西、德国和加拿大等国家的研究机构也开始了相关的研究。特别是美国的无线传感器网络技术研究得到了国防部和国家自然科学基金委员会等多部门的巨资支持。欧洲也在 2004 年年初于德国柏林举办了第一届“无线传感器网络论坛”。

我国也非常重视无线传感器网络技术的发展，国家自然科学基金委员会已经审批了大量与无线传感器网络相关的重点课题，在国家发展和改革委员会的下一代互联网示范工程中，也部署了大量与无线传感器网络相关的课题。2004 年起有更多的院校和科研机构加入该领域的相关研究队伍中来，无线传感器网络的研究在我国的天津大学、北京邮电大学、国防科技大学、西北工业大学、清华大学和哈尔滨工业大学等院校，以及合肥智能技术研究所、中科院软件研究所、中科院电子所、中科院自动化所、中科院计算所、沈阳自动化所和中科院上海微系统研究所等科研机构较早地得到了开展。如今，《国家中长期科学和技术发展规划纲要》又明确指出，要把传感器网络及智能信息处理作为发展的一个优先主题。随着无线传感器网络应用的日益发展和不断深入，支持无线传感器网络的超微型操作系统的研究以及无线传感器通信技术的研究，将成为未来无线传感器网络应用的发展趋势和热点。相信在未来的几年里，我国的无线传感器网络发展必将走在世界前列。

6.1.2　无线传感器网络的特点

作为一种新型的网络，与传统的无线网络相比较，无线传感器网络具有以下几种显著特点。

(1) 能量有限。节点通常由电池供电，每个节点的能源是有限的，一旦电池能量耗尽，节点就会停止正常工作。

(2) 节点数量多。成千上万个节点可被投入同一个区域执行监测任务，并利用节点之间的这种高度连接性来保证网络系统的抗毁性和容错性。

(3) 以数据为中心。节点不以全局唯一的 IP 地址来标识，只需要使用局部可以区分的标号进行标识。

(4) 多跳路由。由普通网络节点完成，网络中节点的通信距离一般在几十米到几百米范围之内，需通过中间网络节点与其射频覆盖范围之外的节点进行数据通信。

(5) 动态拓扑。无线传感器网络是一个动态网络，节点能够随处移动。节点可能因为电池能量用完或故障等原因，退出网络运行；节点也可能由于某种需要而被添加到当前网络中。

6.2　无线传感器网络体系结构及协议系统结构

无线传感器网络与移动专用网络(mobile adhoc network，MANET)相比，具有节点数量多、分布密集，通信采用广播方式，拓扑结构变化频繁，能量、计算和存储能力有限，没

有统一的标识等特点。这对无线传感器网络在设计上提出了新的要求和挑战，即资源受限，可扩展性、容错性、自组织、实时性和安全性有待增强等。其中，资源受限，尤其是能量有限是无线传感器网络的一个重要特征。由于传感器节点多采用电池供电，而且一旦部署就无人值守，更换电池成本过大，在设计无线传感器网络时，必须尽可能采用低功耗的器件、节能的协议算法和管理策略，以便减少传感器节点的能耗，延长整个网络的使用寿命。

组网与通信是通信体系的主要功能，这一层包括开放系统互联 OSI 7 层模型中的物理层、数据链路层、网络层和传输层。无线传感器网络的计算模型涉及网络的组织、管理和服务框架，以及信息传输路径的建立机制、面向需求的分布信息处理模式等问题，是无线传感器网络发展需要首先解决的问题。通信协议是核心内容，包括无线信道调制、共享信道分配、路由构建及与因特网互联等。

在通信体系的 4 层协议栈中，物理层负责数据的调制、发送与接收，涉及传输的媒介、频段的选择、载波产生、信号检测、调制解调方式、数据加密和硬件设计等。WSNs 采用的传输媒体主要有射频(RF)、可见光、红外线等，其中，射频是最常用的。到目前为止，物理层已基本完成了无线传感器网络节点的设计开发，代表性的节点有美国加利福尼亚大学洛杉矶分校和 Rockwell 自动化中心研制的 WINS，MIT 研制的 μAMPS，UC Berkeley 的 Smart Dust 和 Motes。在这些平台中，Motes 硬件平台和其配套的 TinyOS 操作系统应用最为广泛，为全球 300 多家研究机构所采用。目前，物理层的工作主要集中于低功耗、低成本、高可靠性的模块，特别是通信模块的研制和片上系统 SoC 的设计。

6.2.1 无线传感器网络体系结构

1. 无线传感器网络节点的构成及生成过程

无线传感器网络的形成方式多种多样，它以实际需求为目的，按照合理的 4 体系结构、通信协议进行快速组网。其生成过程归纳起来，主要有 4 步。

第 1 步，传感器节点通过人工、机械、飞行器空投等方法进行随机的撒播。

第 2 步，撒放后的传感器节点进入自检和启动唤醒状态，每个传感器节点会发出信号监控并记录周围传感器节点的工作情况。

第 3 步，这些传感器节点会根据监控到周围传感器节点的情况，采用相关的组网算法，从而按预设方式或规律结合形成网络。

第 4 步，组成网络的传感器节点根据有效的路由算法选择合适的路径进行数据通信。

2. 无线传感器网络结构形式

无线传感器网络系统一般包括传感器节点(sensor node)和汇聚节点(sink node)。节点的布置过程是通过人工、机械、飞行器空投等随机放置的方式完成的，密集地随机散落在被监测区域内。由于无线传感器网络工作区域的节点数量多、规模大，一般多采用聚类分层的管理模式。

节点布置好以后，以自组织形式构成网络，通过多跳中继方式将监测数据传送到 Sink 节点，Sink 节点也可以用同样的方式将信息发送给各节点。最终借助长距离或临时建立的

Sink 链路，将整个区域内的数据传送到远程中心进行集中处理。Sink 链路建立的方式有卫星链路、无人机在节点区域上空撒播等。

无线传感器网络根据需求和应用环境的不同，其体系结构可在一般形式基础上做相应的调整。

6.2.2　无线传感器网络的协议系统结构

图 6-1 所示为无线传感器网络的协议系统结构。由下至上为物理层、数据链路层、网络层、传输层、应用层。

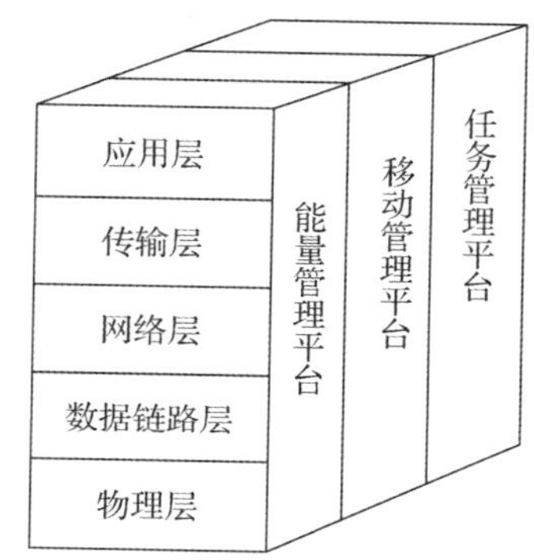

图 6-1　无线传感器网络的协议系统结构

1. 应用层

1) 传感器管理协议(SMP)

系统管理员通过传感器管理协议(SMP)能和传感器网络进行通信。SMP 要访问节点，就必须运用基于定位寻址的方式。

2) 数据查询和分发机制

从用户的角度，整个传感器网络看起来更像一个数据库，可以从里面查询各种需要的信息。如何按照一定的属性查询信息是个重要的课题，它包括查询数据的组成形式、查询数据的路由选择等，合理地选择查询属性和路由可以有效地节省能量。除了查询以外，另一种功能是有数据的广播，如何使有用的信息快速准确地传播到需要使用这些信息的节点处，同时又不造成广播泛滥，从而节省宝贵的能量也是亟待解决的问题。

传感器网络的一个重要运行方式就是“感兴趣”分发机制。用户发送他们所感兴趣的内容给传感器节点、子集节点或整个传感器网络。用户所感兴趣的内容包括整个环境的某一特定属性或者某一触发事件。另外一种方法是节点把所获取的数据简要地、以广告的方式发送给用户，用户启用询问机制，选择他们所感兴趣的数据。应用层协议用软件的形式，以有效的界面为用户提供所感兴趣的消息，这对底层操作很有用处。

3) 传感器查询和数据分发协议

传感器查询和数据分发协议(SQDDP)可把查询结果通过界面的形式提供给用户。应注意的是，这些查询结果通常不只是某些特定节点发出的，而是基于某些属性或基于某些位置。例如，温度超过 60℃的节点所在位置，就是基于属性进行寻址的查询。与此类似，

“获取区域 A 的温度”就是基于位置的查询。但是，对于每一个不同的传感器应用领域，SQDDP 可能是唯一的。

2. 传输层

当传感器网络需要和 Internet 或其他外部网络连接的时候，传输层就显得尤其重要。然而，对于传感器网络传输层的研究并不多。目前，基于传输窗口机制的 TCP 协议并不能完全和传感器网络匹配，必须有一种方法使传感器网络能和别的网络相互联结。在这种方法中，TCP 连接以 Sink 节点结尾，同时一种传输协议能够处理 Sink 节点和传感器节点的通信。这样，用户和 Sink 节点之间可以运用 UDP 或 TCP 的方式通过 Internet 或卫星来通信。此外，在 Sink 节点和传感器节点之间，纯粹通过 UDP 的方式来通信，这是因为每个传感器节点的存储能力都有限。

这和 TCP 不一样，在传感器网络中的端到端通信方式没有基于全球地址的通信功能。这种方式必须考虑运用基于属性进行寻址命名的方式显示数据包的目的地。因此，就需要一种新的传输层协议。研究传输层协议是一项具有挑战性的工作，尤其是硬件的限制，这包括能量和存储容量的限制。所以传感器网络的节点不能像 Internet 网络服务那样存储大量的数据。因此，在 Sink 节点处必须分离端到端的通信方式，在传感器网络中采用 UDP 类型的协议，在 Internet 或卫星网络中采用传统的 TCP/UDP。

3. 网络层

网络层主要研究传感器网络通信协议和各种传感器网络技术。传感器通信网络协议第一方面的研究是通过分析模拟，研究现有通信协议的性能，确定各种现有协议对于传感器网络的可用性及其优缺点。

传感器通信网络协议第二方面的研究是以数据为中心的新的通信协议的研究，包括通用能源有效性路由算法、面向应用的能源有效性路由算法的研究、动态传感器网络的路径重构技术的研究。除了上述两个方面的研究问题，网络层还有很多其他方面的研究问题，如可扩展的强壮传感器网络结构的研究；传感器节点的自适应控制技术的研究；资源受限的传感器网络设计策略和性能优化技术的研究；具有局部信息管理能力的能源极低的传感器节点的设计与管理技术的研究；感知数据处理策略的研究；异构传感器网络技术的研究；传感器网络的安全与认证机制的研究；嵌入与组合系统技术的研究；能源有效的介质存取、错误控制和流量管理技术的研究；移动传感器网络技术的研究；传感器网络的自扩展、自适应和自重构技术的研究；传感器网络中传感器节点协作和分组管理技术的研究；传感器网络中的时间同步技术的研究；数据分发、融合和信息处理技术的研究；仿真技术与仿真系统的研究等。

6.3 构建无线传感器的协议

无线传感器网络(WSNs)作为国际上一个新兴研究课题，吸引了很多研究者和机构广泛关注，就目前来看，无线传感器网络在医疗监护、社区监控、矿井生产及军事侦探等多个领域的应用正日趋广泛。无线传感器网络的关键技术有路由协议、MAC 协议、拓扑控制、定位技术等。以下对路由协议和 MAC 协议进行展开介绍。

6.3.1　无线传感器网 MAC 协议

1. 简介

MAC 协议位于 OSI 7 层协议中的数据链路层，数据链路层分为上层的逻辑链路控制(logical links control，LLC)和下层的媒体访问控制(MAC)，MAC 主要负责控制并连接物理层的物理介质。在发送数据的时候，MAC 协议可以事先判断是否可以发送数据，如果可以发送将给数据添加一些控制信息，最终将数据以及控制信息以规定的格式发送到物理层；在接收数据的时候，MAC 协议首先会判断输入的信息是否发生传输错误，如果没有错误，则去掉控制信息并发送至 LLC(逻辑链路控制)层。MAC 协议的主要功能则是避免多个节点同时发送数据产生冲突，控制无线信道的公平合理使用，构建底层的基础网络结构。MAC 协议最重要的功能是确定网上的某个站点占有信道，即信道分配问题。

在设计无线传感器网络的 MAC 层协议时，应重点关注三个问题：能量感知和节省；网络效率(包括公平性、实时性、网络吞吐率和带宽利用率等)；可扩展性。尽管蓝牙(bluetooth)、移动自组织网络(MANET)和无线传感器网络在通信基础设施上有相似的地方，但由于网络寿命的制约，没有哪个现存的蓝牙或移动自组织网络 MAC 协议可以直接用于无线传感器网络。除了节能和有效节能外，移动性管理和故障恢复策略也是无线传感器网络 MAC 协议关注的首要问题之一。尽管移动蜂窝网络、Ad-Hoc 和蓝牙技术是当前主流的无线网络技术，但它们各自的 MAC 协议不适合无线传感器网络，如 GSM 和 CDMA 中的介质访问控制主要关心如何满足用户的 QoS 要求并节省带宽资源，能耗是次要的；Ad-Hoc 网络则考虑如何在节点具有高度移动性的环境中建立彼此间的链接，同时兼顾一定的 QoS 要求，能耗也不是其首要关心的；而蓝牙采用了主从式的星形拓扑结构，这本身就不适合传感器网络自组织的特点。综上所述，我们需要为无线传感器网络设计符合其自身特点的 MAC 层协议。

2. 无线传感器网络 MAC 协议分类

1) 基于调度算法的 MAC 协议

在基于调度算法的 MAC 协议中，传感器节点可发送数据的时间通过一个调度算法来决定。这样，多个传感器节点就可以同时、没有冲突地在无线信道发送数据。在这类协议中，主要的调度算法是时分多路复用 TDMA，即将时间分成多个时间片，几个时间片组成一个帧，在每一帧中，分配给传感器节点至少一个时间片来发送数据。这类协议的调度算法通常会寻找一个尽可能近的用于发送数据的帧来获得较高的空间利用率和较低的数据包等待时间。

典型的协议有 SMACS、DE-MAC 和 EMACS。基于调度的 MAC 协议都是分布式的，因此需要时间同步机制，而不需要全局信息。这样，就可以在高动态变化的环境中比如网络拓扑改变的情况下充分适应并保持最佳的特性。这类协议保证了信道的公平使用，与合适的调度算法配合就可以避免冲突的发生。但是许多基于 TDMA 的协议必须使用较为精确的时间同步来调度，增加了网络的负载。另外，有些 TDMA 协议仍然存在一定的冲突

风险，导致很难控制这些冲突来保证实时性并节省能耗。

2) 非碰撞的 MAC 协议

非碰撞的 MAC 协议通过消除碰撞来节能。好的非碰撞协议能够潜在地提高吞吐量，减少时延，提供实时性保证。当前存在的问题是多信道的使用，这需要对无线传感器网络的节点硬件设计提出一个附加的要求(有些节点必须有两个收发器)。另一个问题是协议的复杂性(因为节点的计算能力有限，传感器网络的协议总是越简单越好)。

3) 基于竞争的 MAC 协议

多数分布式 MAC 协议采用载波监听或冲突避免的机制，并采用附加的信令控制消息来处理隐藏和暴露节点问题。基于竞争的协议对无线信道的访问采用竞争机制，比如，S-MAC、T-MAC、ARC-MAC。基于竞争的协议通常很难提供实时性保证，而且由于冲突的存在，导致了能量的浪费。基于竞争的协议在有些应用场合(如主要考虑节能而不太关心时延的可预测性时) 有较大的应用。基于竞争的协议需要解决的是提供一个实时性的统计上界。根据这类协议的分布式和随机的补偿特性，基于竞争的协议无法确切地保证不同节点数据包的优先级。因此，有必要限制优先级倒置的概率以建立统计上端到端的时延保证。

4) 混合的 MAC 协议

混合的 MAC 协议主要是将多种机制结合起来，以获取一个各种协议中长短互补的方案。比如，物理层驱动协议，混合 TDMA-FDMA 的 MAC，以及 CAT-MAC 。混合协议糅合了多种机制的协议，可以在很大程度上满足传感器网络的需求，但是必须注意消除各种机制的缺点。

通过对现有 MAC 协议的分析，我们认为可以在分析现有的非碰撞协议的基础上，对其性能的提高与其硬件成本的增加进行权衡，找到一个平衡点，开发一种既有较高实时性和能量有效性，又不因为硬件设备的附加而增加很多成本的协议；改进现有的非碰撞协议，降低其复杂度，以便其易于在传感器网络实现；结合其他机制，提出一种混合的协议，以满足传感器网络的需要。

3. 无线传感器网络 MAC 协议的设计思想

传感器节点的能量、存储、计算和通信带宽等资源有限，单个节点的功能比较弱，而传感器网络的强大功能是由众多节点协作实现的。多点通信在局部范围需要 MAC 协议协调其间的无线信道分配，在整个网络范围内需要路由协议选择通信路径。在设计无线传感器网络的 MAC 协议时，需要着重考虑以下几个问题。

(1) 节省能量。传感器网络的节点一般是以干电池、纽扣电池等提供能量，而且电池能量通常难以进行补充，为了长时间保证传感器网络的有效工作，MAC 协议在满足应用要求的前提下，应尽量节省使用节点的能量。

(2) 可扩展性。由于传感器节点数目、节点分布密度等在传感器网络生存过程中不断变化，节点位置也可能移动，还有新节点加入网络的问题，所以无线传感器网络的拓扑结构具有动态性。MAC 协议也应具有可扩展性，以适应这种动态变化的拓扑结构。

(3) 冲突避免。冲突避免是 MAC 协议的一项基本功能。它决定着网络中的节点何时、以何种方式访问共享的传输媒体和发送数据。在 WSN 网络中，冲突避免的能力直接影响着节点的能量消耗和网络性能。

(4) 信道利用率。信道利用率体现的是网络通信中信道带宽如何被使用。在蜂窝移动通信系统和无线局域网中，信道利用率是一项非常重要的性能指标。因为在这样的系统中，带宽是非常重要的资源，系统需要尽可能地容纳更多的用户通信。相比之下，WSN 网络里处于通信中的节点数量是由一定的应用任务所决定的，信道利用率则在 WSN 网络中退居次要的位置。

(5) 延迟。延迟是指从发送端开始向接收端发送一个数据包，直到接收端成功接收这一数据包所经历的时间。在 WSN 网络中，延迟的重要性取决于网络的应用。

(6) 吞吐量。吞吐量是指发送端能够在给定的时间内成功发送给接收端的数据量。网络的吞吐量受到许多因素的影响，如冲突避免机制的有效性、信道利用率、延迟、控制开销等。和数据传输的延迟一样，吞吐量的重要性也取决于 WSN 网络的应用。在 WSN 网络的许多应用中，为了获得更长的节点生存时间，允许适当牺牲数据传输的延迟和吞吐量等性能指标。

(7) 公平性。公平性通常指网络中各节点、用户、应用，平等地共享信道的能力。在传统的语音、数据通信网络中，它是一项很重要的性能指标。因为网络中每一个用户都希望拥有平等发送、接收数据的机会。但是在 WSN 网络中，所有的节点为了一个共同的任务相互协作，在某个特定的时刻，存在一个节点相比于其他节点拥有大量的数据需要传送。因此，公平性往往是用网络中某一应用是否成功实现来评价，而不是以每个节点平等发送、接收数据的机会来评价。

4. 无线传感器网络 MAC 协议

1) S-MAC 协议

S-MAC(sensor medium access control)协议是在 IEEE 802.11 协议的基础上，针对 WSN 网络的能量有效性而提出的专用于 WSN 网络的节能 MAC 协议，如图 6-2 所示。S-MAC 协议设计的主要目标是减少能量消耗，提供良好的可扩展性。它针对 WSN 网络消耗能量的主要环节，采用了以下三方面的技术措施来减少能耗。

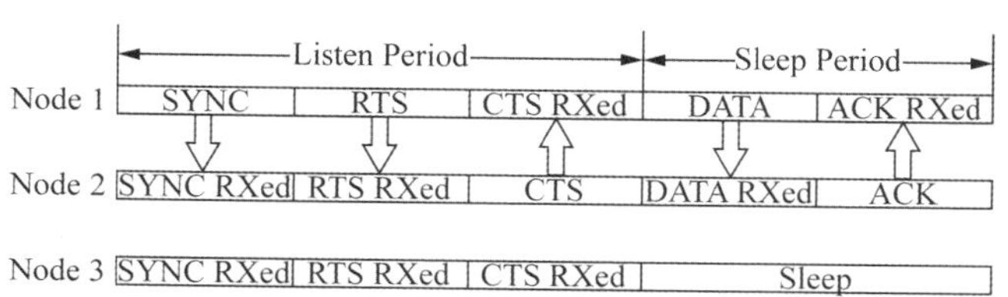

图 6-2　S-MAC 协议

(1) 周期性侦听和休眠。每个节点周期性地转入休眠状态，周期长度是固定的，节点的侦听活动时间也是固定的。如图 6-3 所示，图中向上的箭头表示发送消息，向下的箭头表示接收消息。上面部分的信息流，表示节点一直处于侦听方式下的消息收发状态；下面部分的信息流，表示采用 S-MAC 协议时的消息收发状态。节点苏醒后进行监听，判断是否需要通信。为了便于通信，相邻节点之间应该尽量维持调度周期同步，从而形成虚拟的同步簇。同时每个节点需要维护一个调度表，保存所有相邻节点的调度情况。在向相邻节点发送数据时唤醒自己。每个节点定期广播自己的调度，使新接入节点可以与已有的相邻

节点保持同步。如果一个节点处于两个不同调度区域的重合部分，则会接收到两种不同的调度指令，节点应该选择先收到的调度周期。

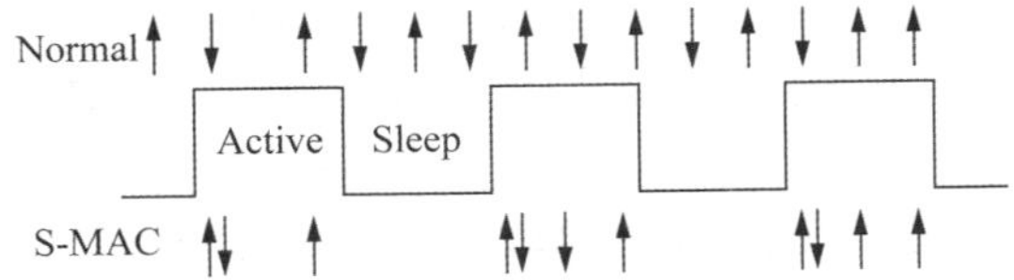

图 6-3　S-MAC 协议周期性侦听和休眠

(2) 消息分割和突发传输。考虑到 WSN 网络的数据融合和无线信道的易出错等特点，将一则长消息分割成几则短消息，利用 RTS/CTS 机制一次预约发送整个长消息的时间，然后突发性地发送由长消息分割而成的多则短消息。发送的每则短消息都需要一个应答 ACK，如果发送方没有收到某一则短消息的应答，则立刻重传该短消息。

(3) 避免接收不必要消息。采用类似于 IEEE 802.11 的虚拟物理载波监听和 RTS/CTS 握手机制，使不收发信息的节点及时进入睡眠状态。

S-MAC 协议同 IEEE 802.11 相比，具有明显的节能效果，但是睡眠方式的引入，节点不一定能及时传递数据，导致网络的时延增加、吞吐量下降；而且 S-MAC 采用固定周期的侦听/睡眠方式，不能很好地适应网络业务负载的变化。针对 S-MAC 协议的不足，其研究者又进一步提出了自适应睡眠的 S-MAC 协议。在保留消息传递、虚拟同步簇等方式的基础上，引入了如下的自适应睡眠机制：如果节点在进入睡眠之前，侦听到了邻居节点的传输，则会根据侦听到的 RTS 或 CTS 消息，判断此次传输所需要的时间；然后经过相应的时间后醒来一小段时间(称为自适应侦听间隔)，如果这时发现自己恰好是此次传输的下一跳节点，则邻居节点的此次传输就可以立即实施，而不必等待；如果节点在自适应侦听间隔时间内，没有侦听到任何消息，即不是当前传输的下一跳节点，则该节点会立即返回睡眠状态，直到调度表中的侦听时间到来。自适应睡眠的 S-MAC 在性能上通常优于 S-MAC，特别是在多跳网络中，可以大大减小数据传递的时延。S-MAC 和自适应睡眠 S-MAC 协议的可扩展性都较好，能适应网络拓扑结构的动态变化。缺点是协议的实现较复杂，需要占用节点大量的存储空间，这对资源受限的传感器节点显得尤为突出。

2) T-MAC 协议

T-MAC(timeout MAC)协议，实际上是 S-MAC 协议的一种改进型，如图 6-4 所示。S-MAC 协议的周期长度受限于延迟要求和缓存大小，而侦听时间主要依赖于消息速率。因此，为了保证消息的可靠传输，节点的周期活动时间必须适应最高的通信负载，从而导致网络负载较小时，节点空闲侦听时间会相对增加。针对这一不足，国际上提出了 T-MAC 协议。该协议在保持周期侦听长度不变的前提下，根据通信流量动态调整节点活动时间，用突发方式发送消息，以减少空闲侦听时间。其主要特点是引入了一个 TA 时隙。如图 6-5 所示的箭头表示的意义与图 6-4 相同。若 TA 期间没有任何事件发生，则节点会进入睡眠状态以实现节能。与 S-MAC 相比，T-MAC 主要的不同点是 T-MAC 同样引入串音避免机制，但在 T-MAC 协议中，其作为一个选择项，可以设置也可以不设置。T-MAC 与传统无占空比的 CSMA 和占空比固定的 S-MAC 比较，在负载不变的前提下，T-MAC 和 S-MAC 节能相仿，而在可变负载的场景中，T-MAC 要优于 S-MAC。但 T-MAC 协议的执行，会出现早睡眠问题，导致网络的吞吐量降低。为此，它采用了两种方法来提高早睡眠导致的数据吞吐量下降，即未来请求发送机制和满缓冲区优先机制，但效果并不是很理想。总之，T-MAC 协议在节能方面优于 S-MAC，但要牺牲网络的时延和吞吐量，T-MAC 的其他性能与 S-MAC 相似。

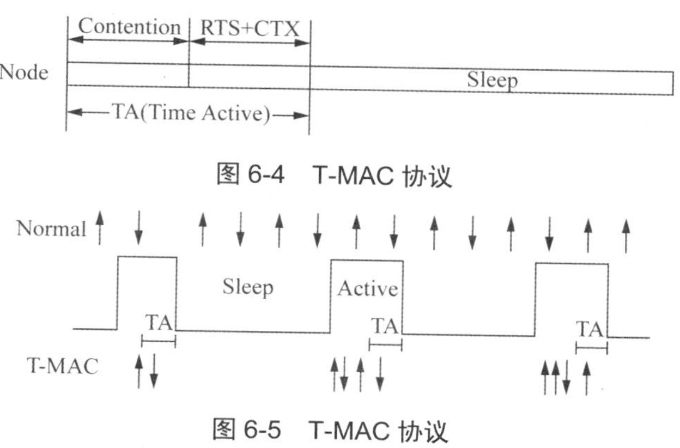

图 6-4　T-MAC 协议

图 6-5　T-MAC 协议

6.3.2　无线传感网路由协议

1. 简介

数据包的传送需要通过多跳通信方式到达目的端，因此路由选择算法是网络层设计的一项主要任务。路由协议主要负责将数据分组从源节点通过网络转发到目的节点，它主要包括两个方面的功能，即寻找源节点和目的节点间的优化路径以及将数据分组沿着优化路径正确转发。无线传感器与传统的无线网络协议不同之处在于，它受到能量消耗的制约，并且只能获取到局部拓扑结构的信息，由于这两个原因，无线传感器的路由协议必须在局部网络信息的基础上选择合适路径。传感器较强的应用相关性，导致不同应用中的路由协议差别很大，没有通用的路由协议。无线路由器的路由协议应具备以下特点。

(1) 能量优先。需要考虑到节点的能量消耗以及网络能量均衡使用的问题。

(2) 基于局部拓扑信息。WSN 为了节省通信能量，通常会采用多跳的通信模式，因此节点如何在只能获取到局部拓扑信息和资源有限的情况下实现简单高效的路由机制，这是 WSN 的一个基本问题。

(3) 以数据为中心。传统路由协议通常以地址作为节点的标识和路由的依据，而 WSN 由于节点的随机分布，所关注的是监测区域的感知数据，而不是具体哪个节点获取的信息。因此，必须形成以数据为中心的消息转发路径。

(4) 应用相关。设计者需要针对每一个具体应用的需求，设计与之相应的特定路由机制。

2. 几种常见的路由协议

1) 以数据为中心的路由协议

这类协议是建立在对目标数据的命名和查询基础之上，并通过数据聚合减少重复的数据传送，和传统的基于地址的路由有显著的差异。以数据为中心的路由协议主要有 SPIN、

DD、Rumor Routing、Gradient-based Routing、CADR、COUGAR 等。

2) 分层次的路由协议

分层次路由协议的主要目的是让节点参与特定的节点集群(cluster) 内的多跳通信，集群再进行数据聚合，减少向 sink 节点传送的消息数量，从而达到节省能量和提高可扩展性的目的。典型的集群形成是基于节点的能量储备及节点同集群的接近程度。分层次的路由协议主要有 LEACH、Hierarchica-l PEGASIS、TEEN、EARCSN 等。

3) 基于位置的路由协议

基于位置的路由协议利用节点的位置信息，通过把数据传送到指定区域而不是整个网络，来降低能耗。这方面的协议主要来源于移动 Ad-Hoc 网络，设计时都考虑了节点的移动性。但在节点移动性很小或者根本不移动的情况下，它们也非常适用。基于位置的协议有 MECN、GAF、GEAR 等。

4) 基于网络流的路由协议

基于网络流的路由协议的目标是在实现路由功能的同时，考虑端对端的时延要求，满足一些网络 QoS 要求。这类路由协议主要有 MLER、MCF、SAR、SPEED 等。

6.4 无线传感器网络感知节点技术的基本概况

1. 感知节点技术的发展趋势

感知的原始含义是指人类用心念来诠释自己器官所接收的信号，通过感官获得关于物体的有意义的印象。因为人体每一个器官(包括感觉、生殖与内脏的器官)都是外在世界信号的“接收器”，只要是它范围内的信号，经过某种刺激，相应的器官就能将其接收并转换成为感觉信号，再经由自身的神经网络传输到“头脑”中进行情感格式化处理，从而产生人类所谓的感知。而人类在科技发展进步中不断地利用机器实现智能感知，以代替人类的身体感知，因而出现了机器感知技术。

机器感知技术是研究如何用机器或计算机模拟、延伸和扩展人的感知或认知能力的技术，包括机器视觉、机器听觉、机器触觉等。比如计算机视觉、模式(包括文字、图像、声音等)识别、自然语言理解就是机器感知或机器认知方面高智能水平的计算机应用。而感知节点技术是一种简化的机器感知技术，是无线传感器网络的技术基础，包括用于对物质世界进行感知识别的电子标签、新型传感器、智能化传感网节点技术等。感知节点技术的发展受制于电子元器件、集成电路等硬件技术，也受制于软件、操作系统等软科技。

那么，感知节点技术的发展趋势怎样呢？根据 1965 年戈登·摩尔的预言(被称为摩尔定律)，集成电路上可容纳的晶体管数量每隔约 18 个月增加 1 倍，性能也提升 1 倍。之后的个人计算机的发展证实了这一定律，并且发展速度还在加快。从芯片制造工艺来看，在继 1965 年推出 10 μm 处理器后，芯片制造经历了 6 μm、3 μm、1 μm、0.5 μm、0.35 μm、0.25 μm、0.18 μm、0.13 μm、0.09 μm、0.065 μm、0.045 μm 和 0.022 μm 等多个阶段。台积电、三星，现在量产了 10 nm 工艺，台积电已经是第二代 5 nm 工艺了，并且还在研究 3 nm 工艺。

但是，传感器节点的性能并没有达到摩尔定律给出的发展速度。1999 年，WeC 传感器节点采用8位4 MHz主频的处理器，2002年Mica节点采用8位7.37 MHz的处理器，2004年Telos节点采用16位4 MHz的处理器，Telos节点仍然是目前最广泛采用的传感器节点。感知节点性能的提升十分缓慢。首先，最重要的原因是技术发展的不均衡。第一个就是传感失谐，目前很多应用的制约来自感知元件，在线感知和离线感知有巨大的不同。例如，对于水质量的监控，如果将水取样拿到实验室，那么可以进行人工辅助质量分析，人们也可以承受每台设备几十万元的成本。但是，如果将其放在某一个节点上，复杂度、成本和测量精度之间就存在着无法解决的矛盾；其次，功耗的制约，无线传感节点一般被部署在野外，不能有线供电，因此其硬件设计必须以节能为重要设计目标。例如，在正常工作模式下，WeC节点处理器的功率为15 mW，Mica节点处理器的功率为8 mW，Telos节点处理器的功率为3 mW；再次，还有价格和体积的制约，无线传感节点一般需要大量组网，以实现特定的功能，因此其硬件设计必须以廉价为重要设计目标；最后，从应用方式来看，无线传感节点需要容易携带、易于部署，因此其硬件设计必须以微型化为重要设计目标。传感器节点的发展曲线如图6-6所示。

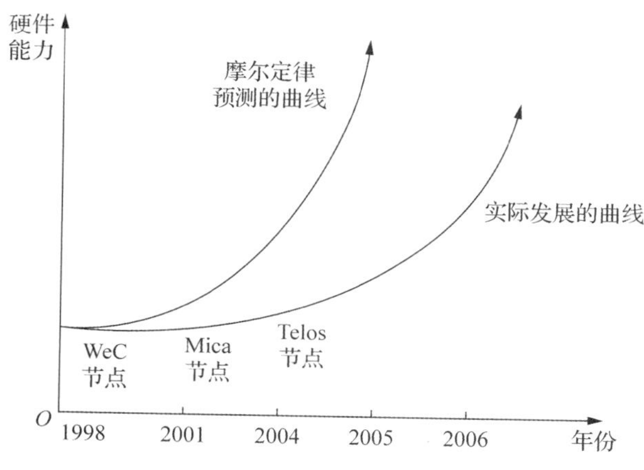

图6-6 传感器节点的发展曲线

在无线传感器网络中，要求感知节点具有的最重要的能力是智能化，此类感知节点也被称为智能化传感网络节点。智能化传感网络节点是指一个微型化的嵌入式系统，是传感器的智能化。图6-7所示为智能化传感网络节点的基本结构框图。

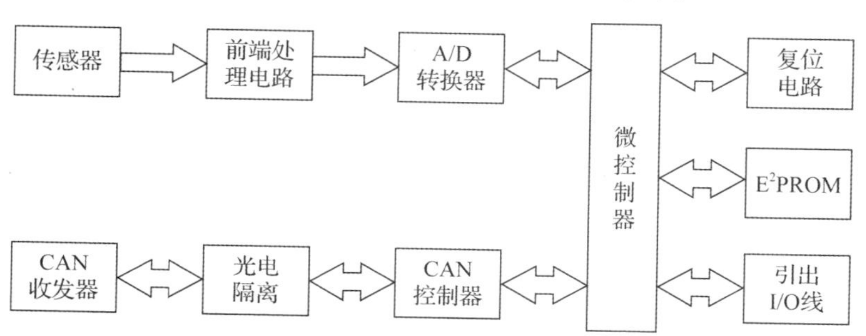

图6-7 智能化传感网络节点的基本结构框

在感知物质世界及其变化的过程中，需要检测的对象很多，例如温度、压力、湿度、

应变等。因此，需要微型化、低功耗的传感网络节点来构成传感网的基础层支持平台；还需要针对低功耗传感网络节点设备的低成本、低功耗、微型化、高可靠性等要求，研制低速、中高速传感网络节点核心芯片，以及集射频、基带、协议、处理于一体的，具备通信、处理、组网和感知能力的低功耗片上系统；同时，也需要针对物联网的行业应用研制系列节点产品。而这就需要采用 MEMS 加工技术设计符合物联网要求的微型传感器，使之可识别、配接多种敏感元件，并适用于各种检测方法。另外，传感网络节点还应具有较强的抗干扰能力，以适应恶劣工作环境的需求。更重要的研究方向是如何利用传感网络节点具有的局域信号处理功能在传感网络节点附近完成一定的信号处理，使原来由中央处理器实现的串行处理、集中决策系统变为一种并行的分布式信息处理系统。同时，还需要开发基于专用操作系统的节点级系统软件。

2. 感知节点设计的基本原则

由上一节可知，影响感知节点技术水平的因素较多，归纳起来主要有硬件平台和软件程序两大类。因此，在设计感知节点的硬件平台和软件程序时应考虑以下 4 个问题。

1) 低成本与微型化

只有低成本的节点才能被大规模部署，微型化节点才能使部署更加容易。低成本与微型化是实现传感器网络大规模部署的前提。通常，一个传感系统的成本是有预算的。在给定预算的前提下，部署更多的节点、采集更多的数据能大大提高系统的整体性能。因此，降低单个节点的成本十分重要。节点的大小对系统的部署也会产生极大的影响。就目标跟踪系统(如 VigiNet)而言，微型化的节点能以更高的密度部署，从而提高跟踪的精度；就医疗监控(如 Mercury)而言，微型化的节点更容易使用。

此外，不仅节点的硬件平台设计需要满足微型化的要求，节点的软件设计也需要满足微型化的要求。节点的成本和体积往往会对节点的性能产生影响。拥有 2 GB 内存和 320 GB 硬盘大小的个人计算机已十分常见，而 TelosB 节点的内存大小只有 4 KB，程序存储的空间只有 10 KB。因此，节点程序的设计必须节约计算资源，避免超出节点的硬件能耗。

2) 低功耗

由于环境条件的限制，传感器节点大多采用普通电池供电，只有一小部分采用太阳能等可持续能源供电。而通常人们希望整个网络系统能工作一年或更长时间，这就需要在硬件和软件设计中考虑使用低功耗技术。低功耗是实现传感器网络长时间部署的前提。

现有的节点在硬件设计上一般采用低功耗的芯片，即使在正常工作状态下，其功耗也比普通计算芯片小得多。例如，TelosB 节点使用的微处理器，在正常工作状态下功率为 3 mW，而一般计算机的功率为 200～300 W。此外，节点采用的微处理器芯片以及通信芯片都具备多种低功耗功能。例如，TelosB 节点使用的微处理器芯片有多达 5 种低功耗功能，在一般的睡眠状态下它的功耗仅为 225 μW，而在深度睡眠状态下它的功耗仅为 7.8 μW。

有了硬件的低功耗功能，还需要搭配软件节能策略来实现节能。软件节能策略的核心就是尽量使节点在不需要工作的时候进入低功耗状态，仅在需要工作的时候进入正常状态。除了单个节点要进行节能外，整个网络也需要均衡不同节点间的能量消耗，以保证系统的整体生命周期足够长。一方面，对于无线传感器网络而言，由通信产生的能量消耗占据了主导地位，即便为传感器节点添加再多的低功耗功能，如果不能配合一个高效的通信调度机制，也会出现节点发送的数据大量碰撞、网络极度拥塞的现象，整个传感器网络会被大量的重复数据占用信道；另一方面，如果节点多数都不会进入睡眠状态，那么会出现数据发送方长时间无法找到能够接收数据节点的现象，这会造成大量的传输机空置，节点等待的时间远远超出数据传输有效的时间，也会造成网络节点能耗效率低下。因此，睡眠状态下的 MAC 协议调度显得尤为重要。

3) 灵活性与可扩展性

传感器节点被用于各种不同的应用中，因此节点硬件和软件的设计必须具有灵活性和可扩展性。此外，灵活性与可扩展性也是实现传感器网络大规模部署的重要保障。节点的硬件设计需满足一定的标准接口，如统一节点和传感器的接口有利于给节点安装不同功能的传感器。同样，软件的设计最好是可剪裁的，即能够根据不同应用的需求安装不同功能的软件模块。同时，软件的设计还必须考虑系统在时间上的可扩展性。例如，传感网络能够不断地添加新的节点，且这一过程不能影响网络已有的性能(self scalable)。又如，节点软件能够通过网络自动更新程序(remote reprogramming)，而不需要把每次部署的节点收回、烧录，再重新部署。

4) 稳健性

传感器节点一般不经常与人进行交互，即使是穿戴在人身上的传感器，人们一般也不经常对其进行控制，因此无人看守通常是传感器节点与普通计算机的最大区别。稳健性是实现传感器网络长时间部署的重要保障。对于普通的计算机而言，一旦系统崩溃，人们可以采用重启的方法恢复系统，而传感器节点则不行。因此，节点程序的设计必须满足稳健性的要求，以保证节点能进行长时间正常工作。例如，在硬件设计上可以在价格允许的前提下，采用多型传感器，即使一种传感器坏了，也能使用另一种传感器继续工作。就整个网络而言，可以适当增加冗余性，从而增强整个系统的稳健性。在软件设计上，通常需要对功能进行模块化，并在系统部署前对各个功能模块进行完全的测试。

同时，在实际部署过程中，需要节点在没有人工干预的前提下仍然能够实现自动诊断和网络管理功能，这就对无线传感器节点的设计提出了更高的要求。一方面，感知节点软硬件设计的发展使节点的价格更加低廉，因此节点的部署可以更加泛在；另一方面，感知节点的计算能力更强，如 Imote2 节点，因此节点更加智能。同时，节点的 OS 也朝着方便人使用的方向发展，例如，Contiki OS、SOS 等增加了对动态加载的支持，使模块可以动态组合；Mantis OS 等增加了多线程支持，使节点编程更加容易。智能性、泛在性使节点的异构互联变得更加容易，已有的标准包括 IEEE 802.15.4、ZigBee、6LoWPAN、蓝牙、Wi-Fi 等。

物联网又会给传感器带来怎样的发展契机呢？可以这样认为，物联网将拓展无线传感器网络的应用模式，实现更透彻的感知、更深入的智能化，实现物物相连。因此，传感器节点的发展将会更加泛在和异构：一方面，传感器将朝着低价格、微体积的方向发展，并将应用到更多的场景中；另一方面，传感器节点将变得更加可靠，管理也会变得越来越方便，自我诊断和修复的能力将获得极大提升。

6.4.1 感知节点硬件技术

1. 电源技术

感知节点要适应野外部署，且满足低功耗、长寿命的功能要求，选择合适的电源至关重要。针对固定节点，如果周边有市电，那么可以通过变压器等装置供电；如果周边没有市电，那么可以采用便携电源供电，如太阳能、风能、干电池、锂电池等。针对移动节点，只能采用便携电源为其供电，而且需要将它与传感器、信号处理等部分组装到一起，这就要求电源必须具备体积小、便携等特性，此时诸如干电池、锂电池等才能满足要求。

1) 太阳能电源

太阳能电源发电有两种方式，一种是光—热—电转换方式，另一种是光—电直接转换方式。光—热—电转换方式利用太阳辐射产生的热能发电，一般是由太阳能集热器将所吸收的热能转换成蒸汽，再驱动汽轮机发电。前一个过程是光—热转换过程，后一个过程是热—电转换过程，转换过程与普通的火力发电一样。光—电直接转换方式的太阳能电源是根据特定材料的光电性质制成的，这种转换方式的电源也称为太阳能电池，其原理是利用半导体的光生伏特效应或者光化学效应直接把光能转化成电能，如图 6-8 所示。

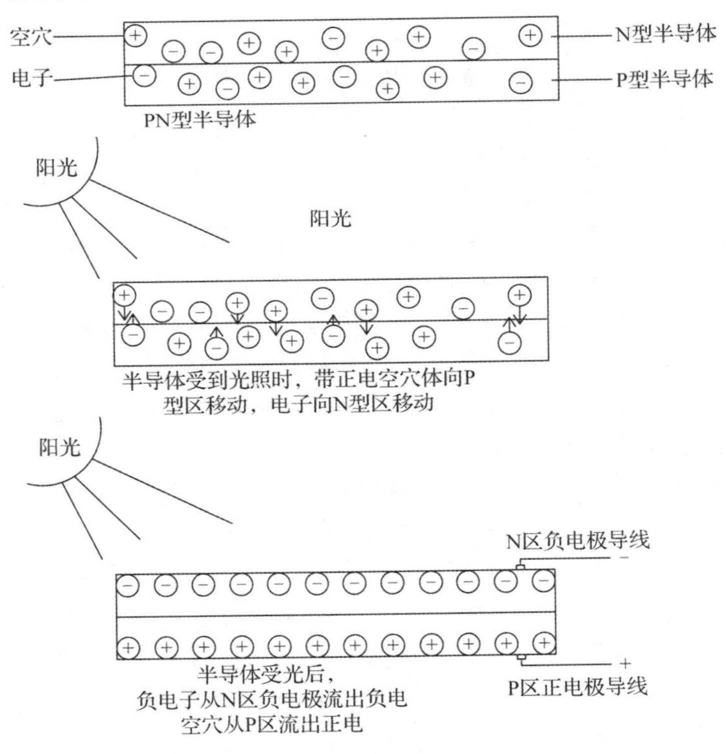

图 6-8 光生伏特效应原理示意

太阳光照在半导体 PN 结内，会形成新的空穴-电子对，在 PN 结内电场的作用下，光生空穴流向 P 区，光生电子流向 N 区，接通电路后就会产生电流。按照制作材料不同，太

阳能电源可分为硅基半导体电池、CdTe 薄膜电池、CIGS 薄膜电池、染料敏化薄膜电池、有机材料电池等。其中，硅基半导体电池又可分为单晶硅电池、多晶硅电池和无定形硅薄膜电池等。对于太阳能电池来说，最重要的参数是转换效率。单晶硅电池的转换效率为25.0%，多晶硅电池的转换效率为 20.4%，CIGS 薄膜电池的转换效率为 19.6%，CdTe 薄膜电池的转换效率为 16.7%，非晶硅(无定形硅)薄膜电池的转换效率为 10.1%。

太阳能电池有太阳能电池的极性、太阳能电池的性能参数、太阳能电池的伏安特性 3 个基本特性。太阳能电池的极性表示太阳能电池正面光照层半导体材料的导电类型(N 和 P)，与制造电池所用半导体材料的特性有关；太阳能电池的性能参数由开路电压、短路电流、最大输出功率、填充因子、转换效率等组成，是衡量太阳能电池性能优劣的标志；太阳能电池的伏安特性可以反映其转化能力，PN 结太阳能电池包含一个形成于表面的浅 PN 结、一个条状或指状的正面欧姆接触、一个涵盖整个背部表面的背面欧姆接触以及位于正面的一层抗反射层。当电池暴露于太阳光谱时，能量小于禁带宽度 *E*g 的光子对电池输出并无贡献；能量大于禁带宽度 *E*g 的光子才会对电池输出贡献能量 *E*g，小于 *E*g 的能量则会以热的形式被消耗掉。因此，在太阳能电池的设计和制造过程中，必须考虑这部分热量对电池稳定性、寿命等的影响。

太阳能电池组件构成如图 6-9 所示。

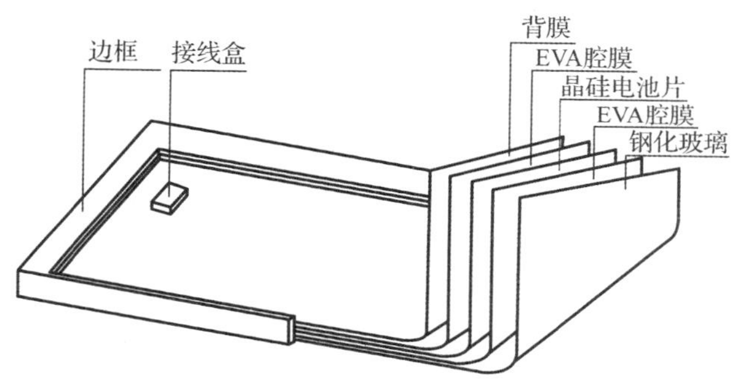

图 6-9　太阳能电池组件

2) 化学电池

电池是指盛有电解质溶液和金属电极以产生电流的杯、槽或其他容器。它是能将化学能转化成电能的装置，具有正极、负极之分。电池构成原理如图 6-10 所示。随着科技的进步，电池泛指能产生电能的小型装置，如太阳能电池。电池的性能参数主要有电动势、容量、比能量和电阻。利用电池作为能量来源，可以得到具有稳定电压、稳定电流、长时间稳定供电、受外界影响很小的电流，并且电池结构简单、携带方便、充放电操作简单易行、不受外界气候和温度的影响、性能稳定可靠。

化学电池可以将化学能直接转变为电能，电池内部会自发地进行氧化、还原等化学反应，而这两种化学反应分别是在两个电极上进行的。负极活性物质由电位较低并在电解质中稳定的还原剂组成，如锌、镉、铅等活泼金属以及氢或碳氢化合物等。正极活性物质由电位较高并在电解质中稳定的氧化剂组成，如二氧化锰、二氧化铅、氧化镍等金属氧化物以及氧或空气、卤素及其盐类、含氧酸及其盐类等。电解质则是具有良好离子导电性的材料，如酸、碱、盐的水溶液，有机或无机非水溶液，熔融盐或固体电解质等。

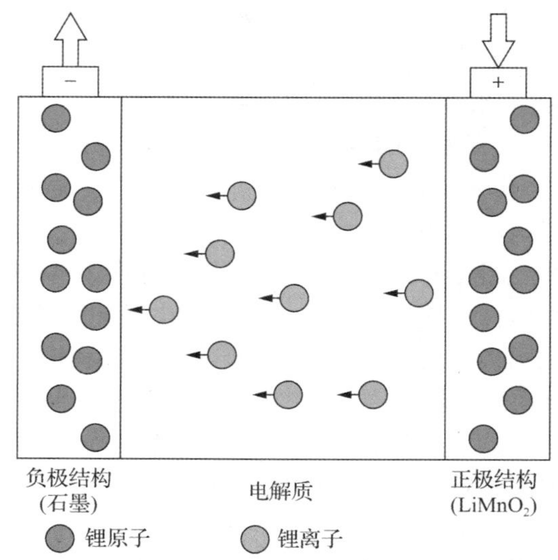

图 6-10　电池构成原理

当外接电路断开时，两极之间虽然有电位差(开路电压)，但没有电流，存储在电池中的化学能并不能转换为电能。当外接电路闭合时，在两电极电位差的作用下即有电流流过外接电路。同时，在电池内部，由于电解质中不存在自由电子，电荷的传递必然伴随两极活性物质与电解质界面的氧化反应或还原反应，以及反应物和反应产物的物质迁移。电荷在电解质中的传递也要由离子的迁移来完成。因此，电池内部正常的电荷传递和物质传递过程是保证电池正常输出电能的必要条件。充电时，电池内部的传电和传质过程的方向恰好与放电相反，且电极反应必须是可逆的，才能保证反方向传质与传电过程的正常进行。因此，电极反应可逆是构成电池的必要条件。

在电池中，能斯特(Nernst)方程可用来计算电极上相对于标准电动势(E_0)来说的指定氧化还原对的平衡电压(E)，则：

$$E = E_0 + \frac{\mathrm{R}T}{r\mathrm{F}} \lg \frac{\mathrm{Ox}}{\mathrm{Red}}$$

式中，E 为氧化型和还原型在绝对温度 T 及某一浓度时的电极电动势，E_0 为标准电极电动势，R 为气体常数 8.3143(J/K・mol)，T 为绝对温度，F 为法拉第常数(等于阿伏伽德罗常数 N_A 乘以每个电子的电量 e，大约为 96500 C/mol)，n 为电极反应中得失的电子数，Ox 为氧化物，Red 为还原物。

Nernst 方程反映了非标准电极电动势和标准电极电动势的关系，表明任意状态电动势与标准电动势、浓度以及温度之间的关系，也是计算电池能量转换效率的基本热力学方程式。一般一块 2000 mA・h 电池理论上可以持续输出 10 mA 的电流达 200 h。但实际上，由于电压变化、环境变化等多种因素，电池的容量并不能被完全利用，当电流流过电极时，电极电势都要偏离热力学平衡的电极电势，这种现象被称为极化。电流密度(单位电极面积上通过的电流)越大，极化越严重。极化现象是造成电池能量损失的重要原因之一。极化有以下三种类型。

(1) 由电池中各部分电阻造成的极化被称为欧姆极化。

(2) 由电极和电解质界面层中电荷传递过程的阻滞造成的极化被称为活化极化。

(3) 由电极和电解质界面层中传质过程迟缓而造成的极化被称为浓差极化。

减小极化的方法是增大电极反应面积、减小电流密度、提高反应温度以及改善电极表面的催化活性。电池标准是由国际电工委员会(International Electrotechnical Commission，IEC)制定的，其中镍镉电池的标准为 IEC 285，镍氢电池的标准是 IEC 61436，锂离子电池的标准是 IEC 61960。

3) 蓄电池

蓄电池是可充电电池的一种，这类电池共同的特点是可以经历多次充电和放电循环，从而实现反复使用。根据材料的不同，蓄电池可以分为铅蓄电池、铅晶蓄电池、铁镍蓄电池、镍镉蓄电池、银锌蓄电池等。

(1) 铅蓄电池。

铅蓄电池由正极板群、负极板群、电解液和容器等组成。极板是用铅合金制成的格栅，电解液为稀硫酸，两极板均覆盖有硫酸铅，其结构如图 6-11 所示。

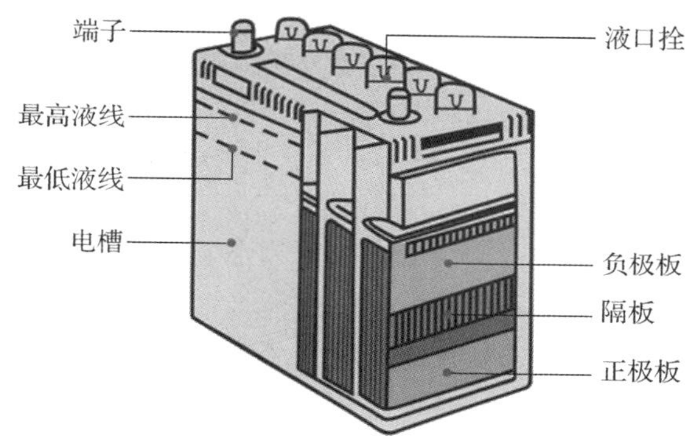

图 6-11　铅蓄电池结构

(2) 铅晶蓄电池。

铅晶蓄电池采用高导硅酸盐电解质取代硫酸液作为电解质，是传统铅酸电池电解质的复杂性改进型。通过无酸雾化工艺，铅晶蓄电池在生产、使用及废弃过程中都不存在污染问题，更符合环保要求。铅晶蓄电池用硅酸盐取代硫酸液作为电解质，从而克服了铅酸电池使用寿命短、不能大电流充放电等缺点，更加符合动力电池的必备条件。

铅晶蓄电池较铅酸电池具有无可比拟的优越性。铅晶蓄电池的使用寿命更长，一般铅酸电池循环充放电都在 350 次左右，而铅晶蓄电池在额定容量放电 60%的前提下，循环寿命 700 多次，相当于铅酸电池寿命的两倍。高倍率放电性能好。特殊的工艺使铅晶蓄电池具有高倍率放电的特性，一般铅酸电池放电只有 3 C，铅晶蓄电池放电最大可以达到 10 C。深度放电性能好。铅晶蓄电池可深度放电到 0 V，继续充电可恢复全部额定容量，这一特性相对铅酸电池来讲是难以达到的。耐低温性能好。铅晶蓄电池的温度适应范围比较广，从−20℃～50℃都能适应，特别是在−20℃的条件下，放电能达到 87%。环保性好。铅晶蓄电池采用的是新材料、新工艺和新配方，不存在酸雾等有害挥发物质，对土地、河流等不会造成污染，更加符合环保要求。

(3) 铁镍蓄电池。

与酸性蓄电池不同，铁镍蓄电池的电解液是碱性的氢氧化钾溶液，因此铁镍蓄电池是一种碱性蓄电池。其正极为氧化镍，负极为铁。充电、放电时，其电动势为 1.3～1.4 V。其优点是轻便、寿命长、易保养，缺点是效率不高。

(4) 银锌蓄电池。

银锌蓄电池正极为氧化银，负极为锌，电解液为氢氧化钾溶液。银锌蓄电池的比能量大，能大电流放电，耐震，可用作宇宙航行、人造卫星、火箭等的电源。而且，银锌蓄电池的充放电次数可达 100～150 次。其缺点是价格昂贵，使用寿命较短。

4) 燃料电池

燃料电池是一种把燃料在燃烧过程中释放的化学能直接转换成电能的装置。燃料电池与蓄电池的不同之处在于，它可以从外部分别向两个电极区域连续补充燃料和氧化剂而不需要充电。燃料电池由燃料(如氢、甲烷等)、氧化剂(如氧和空气等)、电极和电解液 4 部分构成。其电极具有催化性能，而且是多孔结构的，可以保证较大的活性面积。工作时，将燃料通入负极，将氧化剂通入正极，它们将各自在电极的催化下进行电化学反应，从而获得电能。燃料电池可把燃烧所放出的能量直接转变为电能，所以它的能量利用率较高，是热机效率的两倍以上。此外，它还具有以下优点。

(1) 设备轻巧。

(2) 不发生噪声，污染很小。

(3) 可连续运行。

(4) 单位质量输出电能高。

因此，燃料电池已在宇宙航行中得到应用，在军用与民用的各个领域中也有广阔的应用前景。

5) 温差电池

将两种金属接成闭合电路，并在两个接头处保持不同温度，此时产生的电动势即温差电动势，这种反应被称为塞贝克效应，而这种装置被叫作温差电偶或热电偶。金属温差电偶产生的温差电动势较小，常用来测量温度差。但是，也可以将温差电偶串联成温差电堆作为小功率的电源，称作温差电池。用半导体材料制成的温差电池的温差电效应较强。

6) 核电池

核电池是能把核能直接转换成电能的装置(目前的核发电装置是利用核裂变能量使蒸汽受热以推动发电机发电，但还不能将核裂变过程中释放的核能直接转换成电能)。通常，核电池包括辐射β射线(高速电子流)的放射性源(如锶-90)、收集这些电子的集电器以及电子由放射性源到集电器所通过的绝缘体 3 个部分。放射性源一端因失去负电成为正极，集电器一端因得到负电成为负极，从而在放射性源与集电器两端的电极之间形成电位差。这种核电池可产生高电压，但电流很小。它常用于人造卫星及探测飞船中，可长期使用。

2. 传感器模块

传感器是感知节点硬件的核心和关键技术，传感器输出的信号有模拟信号和数字信号。在传感器节点平台中，使用哪种传感器往往由具体的应用需求以及传感器本身的特点所决定。基于模拟信号的传感器可为每一个测量的物理量输出一个原始的模拟量，如电压，这些模拟量必须先被数字化才能被使用。目前常见传感器的特性如表6-1所示。

表6-1　传感器特性

厂　商	离散采样时间/ms	类　型	工作电压/V	工作能耗/mA
Taos	330	可见光传感器	2.7～5.5	1.9
Dallasr	400	温度传感器	2.5～5.5	1
Sensirion	300	湿度传感器	2.4～5.5	550
Intersema	35	压强传感器	2.2～3.6	1
Honeywell	30	磁传感器	—	4
Analog Devies	10	加速度传感器	2.5～3.3	2
Panasonic	1	声音传感器	2～10	0.5
Motorola	—	烟传感器	6～12	5
Melixis	1	被动式红外传感器	—	0
Li-Cor	1	合成光传感器	—	0
Ech2o	10	土壤水分传感器	2～5	2

3. 微处理器模块

自从1947年发明晶体管以来，70多年间半导体技术经历了硅晶体管、集成电路、大规模集成电路、超大规模集成电路等几代，发展速度之快是其他产业所没有的。半导体技术对整个社会产生了广泛的影响，因此它被称为“产业的种子”。中央处理器(CPU)是指计算机内部对数据进行处理并对处理过程进行控制的部件。伴随着大规模集成电路技术的迅速发展，芯片集成密度也越来越高，CPU可以集成在一个半导体芯片上，这种具有中央处理器功能的大规模集成电路器件，被统称为“微处理器”(microprocessor)。目前，微处理器已经无处不在，无论是录像机、智能洗衣机、移动电话等家电产品，还是汽车引擎控制、数控机床以及导弹精确制导等都要嵌入各类不同的微处理器。微处理器不仅是微型计算机的核心部件，还是各种数字化智能设备的关键部件。国际上的超高速巨型计算机、大型计算机等也都采用了大量的通用高性能微处理器组装而成。

1) 微处理器的发展历史

微处理器的发展大致可分为以下六个阶段。

第一代(1971—1973年)，是4位或8位微处理器，典型的微处理器有Intel 4004和Intel 8008。Intel 4004是一种4位微处理器，可进行4位二进制的并行运算，它有45条指令，速度为0.05 MIPS(Million Instructions Per Second，每秒百万条指令)。

第二代(1974—1977年)，典型的微处理器有Intel 8080/8085、Zilog公司的Z80和Motorola公司的M6800。与第一代微处理器相比，第二代的集成度提高了1～4倍，运算速度提高了10～15倍，指令系统相对更加完善，已具备典型的计算机体系结构、中断、直接存储器存取等功能。

第三代(1978—1984年)，这一时期Intel公司推出16位微处理器8086/8088。8086微处理器最高主频速度为8 MHz，具有16位数据通道，内存寻址能力为1 MB。

第四代(1985—1992 年)，32 位微处理器。典型的产品有 Intel 公司的 80386DX/80386SX，其内部包含 27.5 万个晶体管，数据总线是 32 位，地址总线也是 32 位，可以寻址到 4 GB 内存，且可以管理 64TB 的虚拟存储空间。

第五代(1993—2005 年)，奔腾(Pentium)系列微处理器，典型产品是 Intel 公司的奔腾系列芯片及与之兼容的 AMD 的 K6 系列微处理器芯片。奔腾系列微处理器内部采用了超标量指令流水线结构，具有相互独立的指令和数据高速缓存功能。

第六代到现在的第十一代(2005—2022 年)，是酷睿(Core)系列微处理器时代。酷睿系列微处理器的设计出发点是提供卓然出众的性能和能效，提高每瓦特性能，也就是所谓的能效比。

2) 微处理器的内涵

微处理器与一些芯片的概念容易混淆，如微机、微处理机、单片机等。微机和单片机是按照计算机规模分类的，即分为巨、大、中、小、微、单板、单片机。微处理器和 CPU 是按计算机处理器分类的，CPU 是计算机中央处理器的总称，而微处理器是微型计算机的中央处理器。具体的定义如下所述。

(1) 微处理器就是通常所说的 CPU，又叫中央处理器，其主要功能是进行算术运算和逻辑运算，内部结构大致可以分为控制单元、算术逻辑单元和存储单元等几部分。按照其处理信息的字长，微处理器可以分为 8 位微处理器、16 位微处理器、32 位微处理器以及 64 位微处理器等。

(2) 微计算机简称微型机或微机，它的发展是以微处理器的发展来表征的。将传统计算机的运算器和控制器集成在一块大规模集成电路芯片上作为中央处理单元，称为微处理器。微型计算机是以微处理器为核心，再配上存储器和接口电路等芯片构成的。

(3) 单片机又称单片微控制器，它不是完成某一个逻辑功能的芯片，而是把一个计算机系统集成到一块芯片上，这一块芯片就成了一台计算机。单片机是将 CPU、适当容量的存储器(RAM、ROM)以及 I/O 接口电路三个基本部件集成在一块芯片上，再通过接口电路与外围设备相连接而构成的。现在的单片 CPU 还集成了数模转换电路，还有的集成了根据行业需要定制的一些特殊电路等。

3) 微处理器的分类与基本结构

根据微处理器的应用领域，微处理器大致可以分为 3 类，即通用高性能微处理器、嵌入式微处理器和数字信号处理器。一般而言，通用高性能微处理器追求高性能，它们多用于运行通用软件，配备完备、复杂的操作系统。嵌入式微处理器强调处理特定应用问题的高性能，运行面向特定领域的专用程序，配备轻量级操作系统，主要用于蜂窝电话、CD 播放机等消费类家电。微控制器价位相对较低，在微处理器市场上需求量最大，主要用于汽车、空调、自动机械等领域的自控设备。

微处理器的结构主要可分为两部分，一部分是执行部件(EU)，即执行指令的部件，另一部分是总线接口部件(BIU)，与 8086 总线类似，执行从存储器获取指令的操作。微处理器分为 EU 和 BIU 后，可使获取指令和执行指令的操作重叠进行。16 位 8086 微处理器结构如图 6-12 所示。

从图 6-12 中可知，EU 部分由一个寄存器堆(由 8 个 16 位的寄存器组成，可用于存放数据、变量和堆栈指针)、算术运算逻辑单元 ALU(用于执行算术运算和逻辑操作)和标志寄存器(用于寄存这些操作结果的条件)组成，这些部件是通过数据总线传送数据的。总线接口部件也有一个寄存器堆，其中 CS、DS、SS 和 ES 是存储空间的分段寄存器。IP 是指令指针，内部通信寄存器也是暂时存放数据的寄存器，指令队列用于把预先取来的指令流存放起来。总线接口部件还有一个地址加法器，用于把分段寄存器值和偏置值相加，从而取得 20 位的物理地址，数据和地址通过总线控制逻辑与外面的 8086 系统总线相联系。8086 微处理器有 16 位数据总线，处理器与片外传送数据时，一次可以传送 16 位二进制数。8086 微处理器具有一个初级流水线结构，可以实现片内操作与片外操作的重叠。

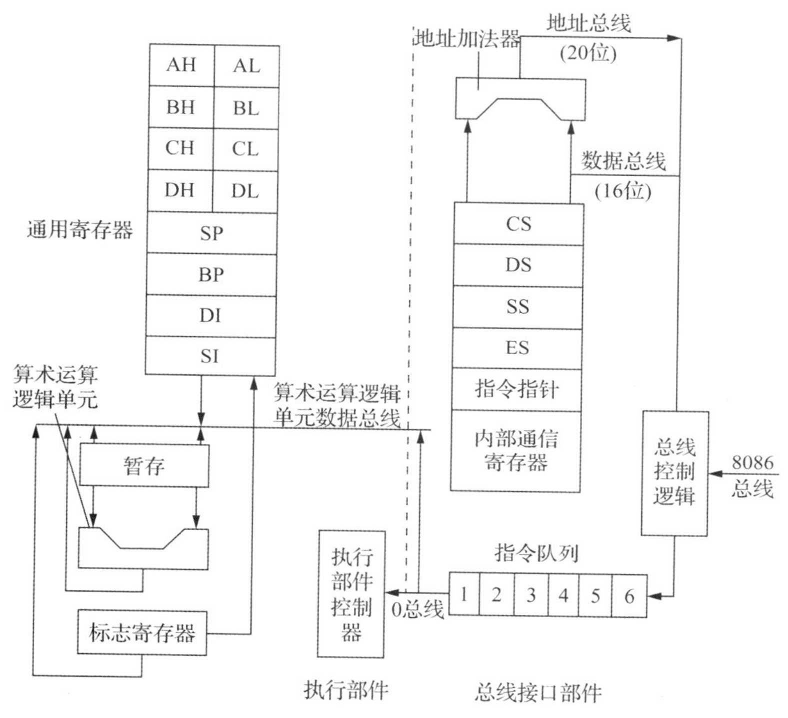

图 6-12　16 位 8086 微处理器结构

4) 其他微处理器情况

在微处理器研发方面，除了主流的 Intel 公司外，国内外还有其他公司和研究机构在进行这方面的研发。IBM 公司从 1975 年开始研制基于 RISC 设计的处理器，并在多年后出现了广泛应用的 ARM 系列芯片。摩托罗拉公司从 1975 年开始推出 6800 处理器，以此为基础研制出 MC68010、88000 的 32 位 RISC 处理器系列，后来因企业业务重点转移而被迫停产。Z-80 是由从 Intel 离职的 Frederico Faggin 设计的 8 位微处理器，是 8080 的增强版，后期被 51 系列处理器取代。

我国从 2004 年开始研发微处理器。由清华大学自主研发的 32 位微处理器 THUMP 芯片，工作频率为 400 MHz，功耗为 1.17 mW/MHz，芯片颗粒为 40 片，最高工作频率可达 500 MHz。自 2002 年起，中科院计算所陆续推出了龙芯 1 号、龙芯 2 号、龙芯 3 号 3 款微处理器，它们在服务器、高性能计算机、低能耗数据中心、个人高性能计算机、高端桌面应用、高吞吐计算应用、工业控制、数字信号处理、高端嵌入式应用等产品中具有广阔的

市场应用前景。

5) 在传感节点的应用

微处理器是负责无线传感节点中计算的核心部件。目前的微处理器芯片同时集成了内存、闪存、模/数转换器、数字 I/O 等，这种深度集成的特征使它们非常适合在无线传感网络中使用。微处理器特性中影响节点整体性能的几个关键特性包括：①功耗特性；②唤醒时间；③供电电压；④运算速度；⑤内存大小。

4. 存储模块

存储就是根据不同的应用环境通过采取合理、安全、有效的方式将数据保存到某些介质上并能保证有效地访问。总的来讲，它包含两方面的含义：一方面，它是数据临时或长期驻留的物理媒介；另一方面，它是保证数据完整安全存放的方式或行为。存储器是系统实现存储的记忆设备，其主要功能是存储程序和各种数据，并能在计算机系统运行过程中高速、自动地完成程序或数据的存取。存储器是具有记忆功能的设备，它采用具有两种稳定状态的物理器件来存储信息，这些器件也称为记忆元件。有了存储器，计算机才有记忆功能，才能保证正常工作。

按用途分，存储器可分为主存储器(内存)和辅助存储器(外存)，也可分为外部存储器和内部存储器。一个存储器包含许多存储单元，每个存储单元可存放一个字节(按字节编址)。每个存储单元的位置都有一个编号，即地址，一般用十六进制表示。大部分只读存储器用金属-氧化物-半导体(MOS)场效应管制成。其中，快闪存储器以其集成度高、功耗低、体积小，又能在线快速擦除的优点而获得飞速发展，并有可能取代现行的硬盘和软盘而成为主要的大容量存储媒介。

按功能分，存储器可分为只读存储器(ROM)和读写存储器(RAM)。ROM 表示的是只读存储器，即只能读出信息，不能写入信息，计算机关闭电源后，其内的信息仍旧被保存，一般用它存储固定的系统软件和字库等。RAM 表示的是读写存储器，可对其中的任一存储单元进行读或写操作，计算机关闭电源后，其内的信息丢失，再次开机需要重新装入，通常用来存放操作系统、各种正在运行的软件、输入和输出数据、中间结果及与外存交换信息等。RAM 就是常说的内存。

1) 只读存储器

只读存储器是一种只能读出事先所存数据的固态半导体存储器，为非易失性存储器。其特性是一旦存储资料就无法再修改或删除。通常用在不需要经常变更资料的电子或计算机系统中，并且资料不会因为电源关闭而消失。ROM 结构较简单，读出较方便，因而常用于存储各种固定程序和数据。

ROM 所存数据一般是装入整机前事先写好的，整机工作过程中只能读出 ROM 中的数据，而不像随机存储器那样能快速、方便地进行改写。ROM 所存数据比较稳定，断电后所存数据也不会改变。除少数品种的只读存储器(如字符发生器)可以通用之外，不同用户所需只读存储器的内容也不相同。为便于使用和大批量生产，相关厂商进一步研制出了可编程只读存储器(PROM)、可擦除可编程序只读存储器(EPROM)和电可擦除可编程只读存储器(EEPROM)。例如，早期的个人计算机(如 Apple Ⅱ或 IBM PC XT/AT)的开机程序(操作系统)或其他各种微计算机系统中的韧体(firmware)均采用此方式。

(1) 可擦除可编程只读存储器。可擦除可编程只读存储器，由以色列工程师 Dov Frohman 发明，是一种断电后仍能保留数据的计算机存储芯片。EPROM 是一组浮栅晶体管，被一个提供比电子电路中常用电压更高电压的电子器件分别编程。一旦编程完成后，EPROM 只能用强紫外线照射来擦除。通过封装顶部能看见硅片的透明窗口，很容易识别 EPROM，这个窗口同时也可用来擦除紫外线。

EPROM 双层栅(二层 poly)结构，如图 6-13 所示。浮栅中没有电子注入时，在控制栅施加电压的条件下，浮栅中的电子就会跑到上层，下层出现空穴，由于感应而吸引电子，并开启沟道。如果浮栅中有电子注入，即加大管子的阈值电压，沟道就会处于关闭状态并实现开关功能。

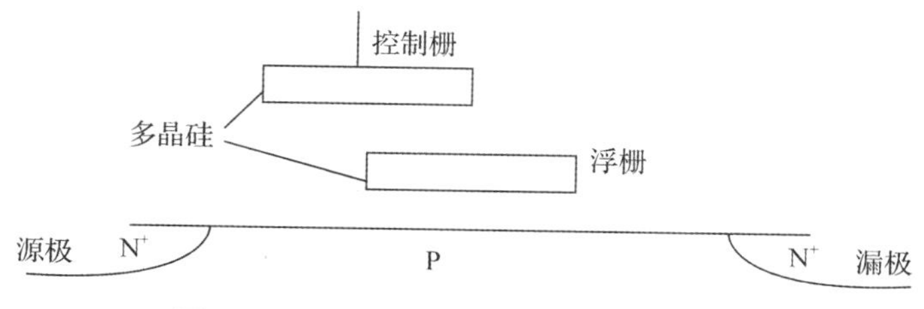

图 6-13　EPROM 双层栅(二层 poly)结构

EPROM 的写入过程如图 6-14 所示。当漏极加高压时，电子就会从源极流向漏极的沟道充分开启。在高压的作用下，电子的拉力加强，能量使电子的温度急剧上升，变为热电子。这种电子几乎不受原子的振动作用引起的散射影响，但在控制栅施加的高压下，热电子使能跃过 SiO_2 的势垒，注入浮栅中。在没有别的外力的情况下，电子能够很好地得到保持。在需要消去电子时，利用紫外线进行照射，给电子足够的能量其就可以逃逸出浮栅。EPROM 的写入过程利用了隧道效应，即能量小于能量势垒的电子能够穿越势垒到达另一边。量子力学认为物理尺寸与电子自由程相当时，电子将呈现波动性，这表明物体要足够小。就 PN 结来看，当 P 区和 N 区的杂质浓度达到一定水平且空间电荷极少时，电子就会因隧道效应向导带迁移。电子的能量处于某个允许的范围称为“带”，较低的能带称为“价带”，较高的能带称为“导带”。电子到达较高的导带时就可以在原子间自由地运动，这种运动就是电流。

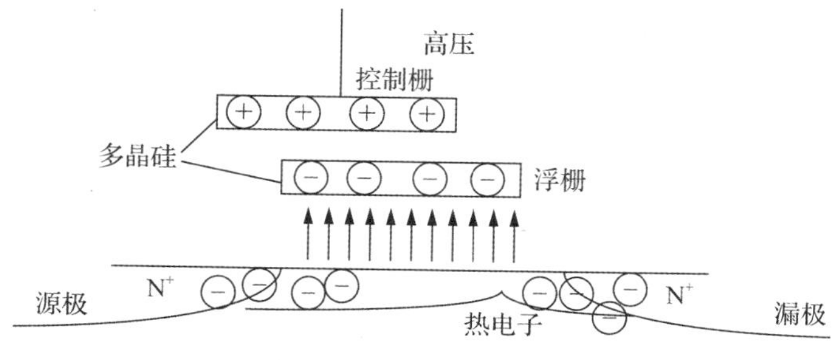

图 6-14　EPROM 的写入过程

EPROM 是一种具有可擦除功能且擦除后即可进行再编程的 ROM 内存。写入数据前必须先用紫外线照射 EPROM 的 IC 卡上的透明视窗的方式清除里面的内容。这一类芯片比较容易识别，其封装中包含“石英玻璃窗”，一个编程后的 EPROM 芯片的“石英玻璃窗”一般使用黑色不干胶纸覆盖，以防止遭到阳光直射。

(2) 电可擦除只读存储器。电可擦除只读存储器是一种可以通过电子方式多次复写的半导体存储设备，可以在计算机或专用设备上擦除已有信息，并重新编程。EEPROM 的擦除不需要借助其他设备，它是以电子信号来修改其内容的，而且以字节为最小修改单位，不必将资料全部擦除即可写入。在写入数据时，仍要利用一定的编程电压。修改内容时只需要用厂商提供的专用刷新程序就可以轻而易举地改写内容，所以它属于双电压芯片。借助于 EEPROM 芯片的双电压特性，可以使 BIOS 具有良好的防毒功能。在系统升级时，把跳线开关置于“ON”的位置，即可给芯片加上相应的编程电压，就可以方便地升级；平时使用时，则把跳线开关置于“OFF”位置，防止 CIH 类病毒对 BIOS 芯片进行非法修改。所以，至今仍有不少主板采用 EEPROM 作为 BIOS 芯片，并将其作为自己主板的一大特色。

与 EPROM 相比，虽然两者都具有可重复擦除的能力，但 EEPROM 一般可以即插即用，不需要用紫外线照射来擦除，也不需要取下，可以用特定的电压抹除芯片上的信息，具有写入新的数据方便、擦除速度较快等优点，彻底摆脱了 EPROM Eraser 和编程器的束缚。但 EEPROM 的使用寿命不长是它的致命缺陷，一般来说，它可被重新编程的次数为几万或几十万次，并且其存储容量偏小，很难满足现在日益增加的大容量存储的要求。

2) 随机存取存储器

随机存取存储器又被称作随机存储器，是与 CPU 直接交换数据的内部存储器，也叫主存(内存)。RAM 可以随时读写，而且速度很快，通常可以作为操作系统或其他正在运行中的程序的临时数据存储媒介。RAM 是存储单元的内容可按需随意取出或存入，且存取的速度与存储单元的位置无关的存储器。这种存储器在断电时将丢失其存储内容，故主要用于存储短时间使用的程序或数据。RAM 电路由地址译码器、存储矩阵和读/写控制电路 3 部分组成，如图 6-15 所示。

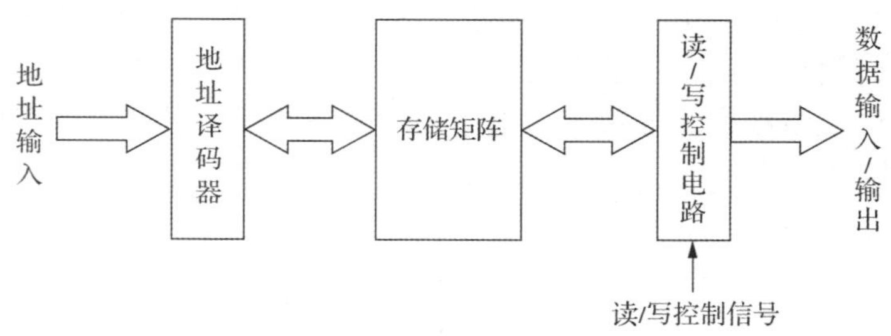

图 6-15　RAM 电路结构

存储矩阵由触发器排列而成，每个触发器能存储一位数据(0 或 1)。通常，可将每一组存储单元编为一个地址，存放一个“字”，每个字的位数等于这一组单元的数目。存储器的容量以“字数×位数”表示。地址译码器可以将每个输入的地址代码译成高(或低)电平信号，并从存储矩阵中选中一组单元，使之与读/写控制电路接通，并在读写控制信号的配合下将数据读出或写入。

RAM 的主要特点有五个：①随机存取；②易失性；③对静电敏感；④访问速度快；⑤需要刷新(再生)。

按照存储单元的工作原理，随机存储器又可分为静态随机存储器(static radom access memory，SRAM)和动态随机存储器(dynamic radom access memory，DRAM)两种。

与 SRAM 相比，DRAM 每隔一段时间就应刷新充电一次，否则内部的数据就会丢失，因此 SRAM 具有较高的性能，功耗较小。然而，SRAM 也有它的缺点，即它的集成度较低。相同容量的 DRAM 内存虽可以设计为较小的体积，但是 SRAM 却需要很大的体积。同样面积的硅片可以制作更大容量的 DRAM，因此 SRAM 价格更高。

(1) 非易失静态随机存取存储器。非易失静态随机存取存储器(non-volatile static random access memory，NVSRAM)具有 SRAM 和 EEPROM 的双重特点，且该芯片的芯片接口和操作时序等与标准 SRAM 完全兼容。NVSRAM 与 SRAM 的不同表现为其外部器件需要接一个电容，当外部电源断电时可以通过电容的放电提供电源，从而把 SRAM 里面的数据复制到 EEPROM 中，以达到断电不丢失数据的目的。NVSRAM 平时都是在 SRAM 中运行的，只有当外界突然断电时才会把数据存储到 EEPROM 中。当重新通电后又会把 EEPROM 中的数据复制到 SRAM 中，然后在 SRAM 中运行。它的缺点也很明显，功耗和成本相对较大而容量较小，且不能满足大容量存储的需要。

(2) 铁电存储器。铁电存储器(ferromagnetic random access memory，FRAM)的存储原理是利用铁电晶体的铁电效应实现数据存储。FRAM 的存储单元主要由电容和场效应管构成，但电容不是一般的电容，而是在两个电极板中间沉淀了一层晶态铁电晶体薄膜的电容。早期，FRAM 的每个存储单元都使用两个场效应管和两个电容，称为“双管双容”(2T2C)，每个存储单元均包括数据位和各自的参考位。FRAM 保存数据不需要电压，也不需要像 DRAM 一样周期性刷新。因为铁电效应是铁电晶体固有的一种偏振极化特性，与电磁作用无关，所以 FRAM 存储器的数据受外界影响较少。FRAM 并行读取速度最快可以达到 55 n/s，其缺点为价格较高，容量较小。

(3) Flash 闪存。闪存属于内存器件的一种，一般简称为“Flash”。闪存的物理特性与常见的内存有根本性的差异。各类 DDR、SDRAM 或者 RDRAM 都属于挥发性内存，只要停止电流供应，内存中的数据便无法保持，因此每次计算机开机都需要把数据重新载入内存。闪存则是一种非易失性(non-volatile)内存，在没有电流供应的条件下也能够长久地保持数据，其存储特性相当于硬盘，而这项特性正是闪存得以成为各类便携型数字设备存储介质的基础。目前，NOR Flash 和 NAND Flash 是两种主要的非易失闪存技术。

NOR Flash 技术是 Intel 于 1988 年开发的，它彻底改变了原先由 EPROM 和 EEPROM 一统天下的局面。其特点是芯片内可以执行(execute in place，XIP)，这样应用程序就可以直接在 Flash 闪存内运行，不必再把代码读到系统 RAM 中。NOR Flash 的传输效率很高，在 1～4 MB 时具有很高的成本效益，但是很低的写入和擦除速度却大大影响了它的性能。NOR Flash 带有 SRAM 接口，有足够的地址引脚来寻址，可以很容易地存取其内部的每一个字节。

NAND Flash 技术是东芝公司于 1989 年研发的，其存储单元采用串行结构，有更高的性能，并且像磁盘一样可以通过接口轻松升级。NAND 的结构能提供极高的单元密度，可以达到高存储密度，并且写入和擦除的速度也很快。应用 NAND 的困难在于 Flash 的管理需要特殊的系统接口。通常，读取 NOR 的速度比 NAND 稍快一些，但 NAND 的写入速度比 NOR 快很多。NAND 器件使用复杂的 I/O 口来串行地存取数据，各个产品或厂商的方法可能各不相同。NAND 器件有 8 个引脚用来传输控制、地址和数据信息。NAND 的读和写操作采用 512 B 块，这一点有点像硬盘管理此类操作，因此基于 NAND 的存储器可以取代硬盘或其他块存储设备。

5. 通信芯片

通信芯片(也称为通信集成电路 IC 芯片)对通信产业的迅猛发展功不可没，大幅增长的芯片需求也给全球半导体业注入了发展活力。通信芯片在移动通信、无线 Internet 和无线数据传输业的发展已经超过了 PC 机芯片的发展，尤其是支持第四、第五代移动通信系统的 IC 芯片将成为今后全球半导体芯片业最大的应用市场。通信芯片正在向着体积小、速度快、多功能和低功耗等方向发展，具体特点有体积微小化、高度集成化、数据处理速度快、功能多样性、功耗不断降低。

在无线传感器网络中，通信芯片是无线传感节点中重要的组成部分，是解决感知节点信息发射和接收的关键部件。通信芯片的主要性能参数有以下几个。

(1) 能耗。通信芯片有两个特点：一是在一个无线传感节点的总能量消耗中，通信芯片耗能所占的比例最大。例如，在目前常用的 TelosB 节点上，CPU 在正常状态时的电流只有 500 μA，而通信芯片在发送和接收数据时的电流近 20 μmA；二是低功耗的通信芯片在发送状态和接收状态消耗的能量差别不大，这意味着只要通信芯片运行，不管它有没有发送或接收数据，都会消耗差不多的能量。

(2) 传输距离。通信芯片的传输距离通常是我们在选择传感器节点时需要考虑的一个重要指标。芯片的传输距离受多个关键因素的影响。其中，最重要的影响因素是芯片的发射功率。显然，发射功率越大，信号的传输距离越远。一般来说，发射功率和传输距离的关系为 $P \propto d^n$。其中，P 表示发射功率，d 表示传输距离，n 一般介于 3～4。因此，要实现两倍的传输距离，发射功率需要增加 8～16 倍。影响传输距离的另一个重要因素是接收灵敏度。在其他因素不变的条件下，增加接收灵敏度可以增加传输距离。

(3) 发射功率和接收灵敏度。通信芯片的发射功率和接收灵敏度一般用单位 dBm 来衡量。通信芯片的接收灵敏度一般为-110～85 dBm。dBm 是表示功率大小的单位。两个相差 10 dBm 的功率(如-20 dBm 和-30 dBm)，其功率绝对值相差 10 倍；而两个相差 20 dBm 的功率，其功率绝对值相差 100 倍。如果用 x 表示功率的 dBm 值，用 P 表示绝对的功率值，则 $x=10 \cdot \lg 10P+30$。

因此，1 mW 相当于 0 dBm，而 1 W 相当于 30 dBm。目前，常用的低功耗通信芯片包括 CC1000 和 CC2420。CC1000 为早期的 Mica 系列节点所采用，如 Mica2。CC2420 则为后期的 Mica 系列节点所采用，如 MicaZ 和 TelosB 节点。

CC1000 是 Chipcon 公司生产的一款低功耗通信芯片。CC1000 可以工作在三个频道，分别是 433 MHz、868 MHz 和 915 MHz。但是，它工作在 868 MHz 和 915 MHz 频道时的发射功率只有 433 MHz 的一半，此时通信距离较短。因此，一般可选用 433 MHz 频道。CC1000 采用串口通信模式时，速率只能达到 19.2 kbps。此外，CC1000 是基于比特的通信芯片，即在发送和接收数据的时候都是以比特为单位，一个数据包的开始和结束必须用软件的方法来判断。

CC2420 是 Chipcon 公司后来生产的一款低功耗芯片，可以工作在 2.4 GHz 的频道上，

是一款完全符合 IEEE 802.15.4 协议规范的芯片。相比于 CC1000，CC240 最大的优点是数据传输率大大提高，达到了 250 kbps。此外，CC2420 是基于数据包的通信芯片，即 CC2420 能自动判断数据包的开始和结束，因此其传输和接收是以一个数据包为单位，这极大地简化了上层链路层协议的开发，并提高了处理效率。

6.4.2 感知节点软件技术

1. 软件的基本概况

按照国标规定，软件(software)是与计算机系统操作有关的计算机程序、规程、规则，以及可能产生的文件、文档及数据，即一系列按照特定顺序组织的计算机数据和指令的集合。软件具有下述 3 个含义。

(1) 系统运行时，能够提供所要求功能和性能的指令或计算机程序集合。

(2) 程序能够正常地处理信息的数据结构。

(3) 描述程序功能需求以及程序如何操作和使用所要求的文档。以开发语言作为描述语言，可以认为软件＝程序＋数据＋文档。

软件涉及的行业领域极其广泛，可以说涵盖了各行各业，特别是与电子元器件、计算机、网络设备和产业应用领域密切相关，主要体现为技术更新和产品升级，使本行业的产品方案与之联动变化，以更好地满足实际使用的需求。软件的主要特点包括以下几点。

(1) 软件不同于硬件，软件是计算机系统中的逻辑实体而不是物理实体，具有抽象性。

(2) 软件的生产不同于硬件，它没有明显的制作过程，一旦开发成功，可以大量拷贝同一内容的副本。

(3) 软件在运行过程中不会因为使用时间过长而出现磨损、老化以及用坏等问题。

(4) 软件的开发、运行在很大程度上依赖于计算机系统，受计算机系统的限制，在客观上会出现软件移植问题。

(5) 软件开发复杂性高，开发周期长，成本较大。

(6) 软件开发还涉及诸多社会因素。

软件可被划分为系统软件、数据库、中间件和应用软件。其中，系统软件可为计算机使用提供最基本的功能，但是并不针对某一特定应用领域。而应用软件则恰好相反，不同的应用软件根据用户和所服务的领域可以提供不同的功能。软件并不只是包括可以在计算机上运行的计算机程序，与这些计算机程序相关的文档一般也被认为是软件的一部分。简单地说，软件就是程序与文档的集合体。图 6-16 所示为软件分类图。

系统软件负责管理计算机系统中各种独立的硬件，使得它们可以协调工作。系统软件使得计算机使用者和其他软件将计算机当作一个整体，而不需要顾及底层每个硬件是如何工作的。系统软件可分为操作系统和支撑软件，其中操作系统是最基本的软件。

(1) 操作系统是管理计算机硬件与软件资源的程序，同时也是计算机系统的内核与基石。操作系统负责诸如管理与配置内存、决定系统资源供需的优先次序、控制输入与输出设备、操作网络与管理文件系统等基本事务，同时也提供了一个让使用者与系统交互的操作接口。

(2) 支撑软件是支撑各种软件开发与维护的软件，又称为软件开发环境(SDE)。它主要包括环境数据库、各种接口软件和工具组。著名的软件开发环境有 IBM 公司的 Web SpherE、微软公司的系列软件等。工具组包括一系列基本工具，比如编译器、数据库管理、存储器格式化、文件系统管理、用户身份验证、驱动管理、网络连接等方面的工具。

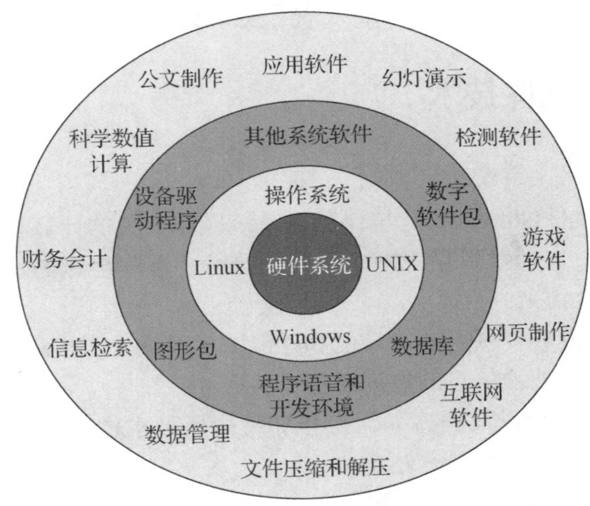

图 6-16　软件分类图

应用软件是为了某种特定的用途而被开发的软件。它可以是一个特定的程序，比如一个图像浏览器；它可以是一组功能联系紧密且能互相协作的程序的集合，比如微软的 Office 软件；它还可以是一个由众多独立程序组成的庞大的软件系统，比如数据库管理系统。

软件的应用是需要授权的，不同的软件一般都有对应的授权，软件的用户必须在同意所使用软件条款的情况下才能够合法地使用软件。此外，特定软件的使用条款也不能够与法律相违背。依据许可方式的不同，大致可将软件分为下述五类。

(1) 专属软件。此类授权通常不允许用户随意地复制、研究、修改或散布。违反此类授权条款通常应负严重的法律责任。传统的商业软件公司会采用此类授权方式，例如微软的 Windows 和办公软件。专属软件的源码通常被公司视为私有财产而予以严密保护。

(2) 自由软件。此类授权正好与专属软件相反，赋予用户复制、研究、修改和散布该软件的权利，并提供源码供用户自由使用，仅给予些许其他限制。Linux、FireFox 和 OpenOffice 为此类软件的代表。

(3) 共享软件。通常，用户可以免费取得并使用共享软件的试用版，但它在功能上或使用期间受到限制。开发者会鼓励用户付费以取得功能完整的商业版本。根据共享软件作者的授权，用户可以从各种渠道免费得到它的拷贝，也可以自由传播。

(4) 免费软件。此类软件可免费取得和转载，但并不提供源码，也无法修改。

(5) 公共软件。此类软件是指原作者已放弃权利，或著作权过期，或作者已经不可考究的软件。公共软件在使用上无任何限制。软件开发是根据用户要求建造出软件系统或者系统中的软件部分的过程，是一项包括需求捕捉、需求分析、设计、实现和测试的系统工程。软件一般是用某种程序设计语言来实现的，通常采用软件开发工具可以进行开发。软件开发流程如图 6-17 所示。

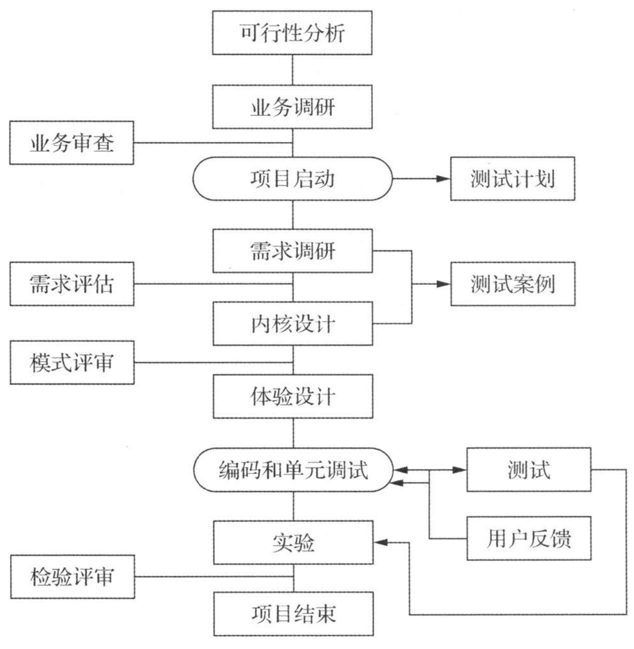

图 6-17　软件开发流程

软件的设计原理和方法一般包括设计软件的功能和实现的算法及方法、软件的总体结构设计和模块设计、编程和调试、程序联调和测试、编写和提交程序。相关步骤具体描述如下。

(1) 相关系统分析员和用户初步了解需求，然后列出要开发的系统的大功能模块，分析每个大功能模块有哪些小功能模块，对于有些需求比较明确的相关界面，在这一步里面可以初步定义好少量的界面。

(2) 系统分析员深入了解和分析需求，根据自己的经验和需求制作一份描述系统的功能需求文档。这种文档需要清楚地列出系统大致的大功能模块，以及大功能模块包含的小功能模块，并且还要列出相关的界面和界面功能。

(3) 系统分析员和用户再次确认需求。

(4) 系统分析员根据确认需求文档所列出的界面和功能需求，用迭代的方式对每个界面或功能做系统的概要设计。

(5) 系统分析员把写好的概要设计文档提交程序员，程序员根据所列出的功能进行代码的编写。

(6) 测试编写好的系统。将编写出的系统交给用户使用，用户使用后确认每个功能，然后验收。

2. 汇编语言

在电子计算机中，驱动电子器件进行运算的是一列高低电平组成的二进制数字，称为机器指令，机器指令的集合构成机器语言。早期的程序设计使用机器语言，将用 0、1 数字编成的程序代码打在纸带或卡片上，1 表示打孔，0 表示不打孔，再将程序通过纸带机或卡片机输入计算机进行运算。这样的机器语言由纯粹的 0 和 1 构成，十分复杂，不方便

阅读和修改，也容易产生错误，因而便诞生了面向机器程序设计的汇编语言。

在汇编语言中，用助记符(mnemonics)代替机器指令的操作码，用地址符号(address symbol)或标号(label)代替指令或操作数的地址，就可增强程序的可读性并且降低编写难度，像这样符号化的程序设计语言就是汇编语言，又称为符号语言。使用汇编语言编写的程序，机器不能直接识别，还要由汇编程序或者汇编语言编译器(即汇编器)将程序转换成机器指令。汇编程序将符号化的操作代码组装成处理器可以识别的机器指令，这个组装的过程称为组合或者汇编。因此，有时候人们也会把汇编语言称为组合语言。汇编语言工作过程如图 6-18 所示。

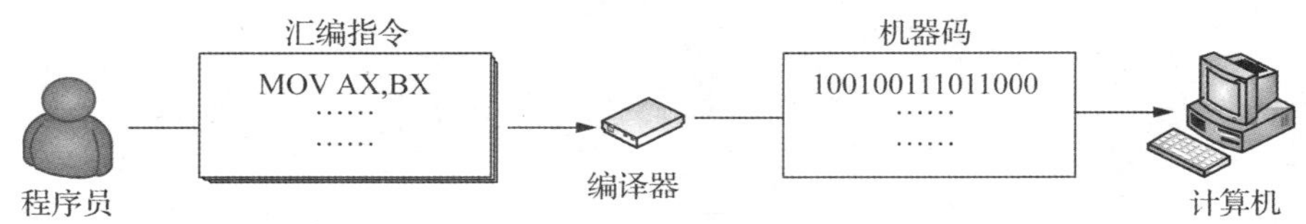

图 6-18　汇编语言工作过程

计算机中的处理器是在指令的控制下工作的，处理器可以识别的每一条指令被称为机器指令。每一种处理器都有自己可以识别的一整套指令，称为指令集。处理器执行指令时，根据不同的指令会采取不同的动作，以实现不同的功能，这样既可以改变自己内部的工作状态，也能控制其他外围电路的工作状态。

由上述分析可知，汇编语言表现出 3 个基本特征：①机器相关性；②高速度和高效率；③编写和调试的复杂性。

汇编语言中的指令集主要包括 12 类指令，即数据传送指令、整数和逻辑运算指令、移位指令、位操作指令、条件设置指令、控制转移指令、串操作指令、输入输出指令、高级语言辅助指令、控制和特权指令、浮点和多媒体指令、虚拟机扩展指令。

汇编语言的优点如下所述。

(1) 因为用汇编语言设计的程序最终会被转换成机器指令，所以能够保持机器语言的一致性、直接性、简洁性，并能像机器指令一样访问、控制计算机的各种硬件设备，如磁盘、存储器、CPU、I/O 端口等。使用汇编语言，可以访问所有能够被访问的软、硬件资源。

(2) 目标代码简短、占用内存少、执行速度快。汇编语言是高效的程序设计语言，经常与高级语言配合使用，以提高程序的执行速度和效率，并弥补高级语言在硬件控制方面的不足，应用十分广泛。

汇编语言的缺点有下述几点。

(1) 汇编语言是面向机器的语言，处于整个计算机语言层次结构的底层，故被视为一种低级语言，通常是为特定的计算机或系列计算机专门设计的。不同的处理器有不同的汇编语言语法和编译器，编译的程序无法在不同的处理器上执行，故缺乏可移植性。

(2) 难以从汇编语言代码上理解程序设计意图，程序可维护性差，即使是完成简单的工作也需要大量的汇编语言代码，很容易产生漏洞，难以调试。

(3) 使用汇编语言必须对某种处理器非常了解，而且只能针对特定的体系结构和处理器进行优化，开发效率很低，周期长且单调。

3. C语言

1) C语言产生的背景

针对汇编语言存在的编写难度大、不易理解和难以阅读等缺点，从20世纪50年代中期开始，涌现出大量不同的易懂易用的计算机语言。由于每种语言对应不同的系统，各种语言的兼容性非常差。因此，1958年国际组织制定了通用的算法语言ALGOL(algorithmic language)，它是计算机发展史上首批清晰定义的高级语言。由于ALGOL语句和普通语言表达式接近，更适于数值计算，所以ALGOL多用于科学计算机。但其标准输入/输出设施在描述上有所欠缺，使之在商业应用上受阻。1963年剑桥大学将ALGOL 60语言(也称为A语言)发展成为CPL(combined programming language)语言，1967年剑桥大学的Martin Richards对CPL语言进行简化产生了BCPL语言，1970年美国贝尔实验室的Ken Thompson对BCPL进行修改，定义为“B语言”，并采用B语言描述了第一个UNIX操作系统。

1972年，美国贝尔实验室的丹尼斯·里奇(D.M.Ritchie)在B语言的基础上设计了一种新的语言，取“BCPL”的第二个字母作为这种语言的名字，这就是C语言，因此丹尼斯·里奇被称为C语言之父。1977年，D.M.Ritchie发表了不依赖于具体机器系统的C语言编译文本——《可移植的C语言编译程序》，此后出现了许多版本的C语言。由于没有统一的标准，这些C语言之间出现了一些不一致的地方。为了改变这种状况，美国国家标准研究所(ANSI)为C语言制定了ANSI标准。自此，ANSI标准成为现行的C语言标准，即经典的87 ANSI C。1990年，国际化标准组织ISO接受了87 ANSI C为ISO C的标准(ISO 9899—1990)，并于2001年和2004年对该标准进行了两次技术修正。2011年ISO正式公布C语言新的国际标准草案ISO/IEC 9899—2011，即C11。目前，流行的C语言编译系统大多是以ANSI C为基础而开发的，但不同版本的C编译系统所实现的语言功能和语法规则略有差别。C语言具有强大的功能，许多著名的系统软件，如DBASEⅢ PLUS、DBASEⅣ都是用C语言编写的。C语言加上一些汇编语言子程序就更能显示C语言的优势，如PC-DOS 、WORDSTAR等就是用这种方法编写的。

常用的C语言IDE(集成开发环境)有Microsoft Visual C++、Borland C++、WatcomC++、Borland C++、Borland C++ Builder、Borland C++ 3.1 for DOS、WatcomC++ 11.0 for DOS、GNU DJGPP C++、Lccwin32 C Compiler 3.1、Microsoft C. High C. Turbo C. Dev-C++、C-FreE等。

2) 基本特征及特点

C语言是一种计算机程序设计语言，既有高级语言的特点，又具有汇编语言的特点。它可以作为系统设计语言编写工作系统应用程序，也可以作为应用程序设计语言编写不依赖计算机硬件的应用程序。单片机以及嵌入式系统都可以用C语言来开发。因此，它的应用范围非常广泛。C语言具备下述七个基本特征。

(1) C语言是高级语言，一共有32个关键字，9种控制语句。C语言程序书写自由，主要用小写字母表示。它把高级语言的基本结构和语句与低级语言的实用性结合起来，可以像汇编语言一样对位、字节和地址进行操作，而这三者是计算机最基本的工作单元。

(2) C语言的运算符丰富，共有34个运算符。C语言把括号、赋值、强制类型转换等都作为运算符处理，从而使它的运算类型极其丰富、表达式类型多样化，灵活使用各种运算符可以实现在其他高级语言中难以实现的运算。

(3) C 语言是结构式语言，其显著特点是代码及数据的分隔化，即程序的各个部分除了必要的信息交流外彼此独立。这种结构化方式可使程序层次清晰、便于使用、维护以及调试。C 语言是以函数形式提供给用户的，这些函数可方便地进行调用，并具有多种循环、条件语句控制程序流向，从而使程序完全结构化。

(4) C 语言功能齐全，具有各种各样的数据类型，并引入了指针概念，可使程序效率更高。C 语言的数据类型有整型、实型、字符型、数组类型、指针类型、结构体类型、共用体类型等。C 语言具有强大的图形功能，支持多种显示器和驱动器。而且它的计算功能、逻辑判断功能也比较强大，可以实现决策目的游戏、3D 游戏、数据库、联众世界、聊天室、Photoshop、Flash 和 3D MAX 等程序编写。

(5) C 语言适用范围广、可移植性好且数据处理能力很强。它适用于多种操作系统，如 DOS、UNIX，也适用于多种机型。在操作系统、系统使用程序以及需要对硬件进行操作的场合，C 语言明显优于其他解释型高级语言。有一些大型应用软件也是用 C 语言编写的，C 语言也适用于编写系统软件、二维或三维图形和动画。

(6) C 语言语法限制不太严格、程序设计自由度大。一般的高级语言语法检查比较严，能够检查出几乎所有的语法错误。而 C 语言允许程序编写者有较大的自由度。

(7) C 语言应用指针可以直接进行靠近硬件的操作，允许直接访问物理地址。但是，C 语言对指针操作不做保护，也给它带来了很多不安全的因素。C++ 语言在这方面做了改进，在保留了指针操作的同时又增强了安全性。

4. C++语言

1) C++语言的发展状况

由上一节可知，C 语言在应用过程中也暴露了一些缺陷，例如，类型检查机制相对较弱、缺少支持代码重用的语言结构等，造成用 C 语言开发大程序比较困难。为此，从 1980 年开始，美国贝尔实验室在 C 语言的基础上，开始对 C 语言进行改进和扩充，并将“类”的概念引入 C 语言，构成了最早的 C++ 语言，以后又经过不断地完善和发展，引进了运算符重载、引用、虚函数等许多特性。此后，美国国家标准化协会(ANSI)和国际标准化组织(ISO)一起制定了 C++ 语言标准，并于 1998 年正式发布了 C++ 语言的国际标准(ISO/IEC：98—14882)，使 C++ 语言成为过程性与对象性相结合的程序设计语言。

自此，国际组织依据实际需要每 5 年更新一次 C++ 语言的标准，在 2003 年通过了 C++ 03 标准第二版(ISO/IEC14882：2003)，这个版本是一次技术性修订，对第一版进行了错误修订、多义性减少等，但没有改变语言特性。2011 年，ISO 制定了 C++ 0x(ISO/IEC 14882：2011)标准，简称 ISO C++ 11 标准，用 C++ 11 语言标准取代当时已有的 C++ 语言、C++ 98 语言和 C++ 03 语言标准。2014 年发布的 C++ 标准第四版(ISO/IEC 14882：2014)是 C++ 11 的增量更新，主要是支持普通函数的返回类型推演、泛型 lambda、扩展的 lambda 捕获、对 constexpr 函数限制的修订、constexpr 变量模板化等。

2) 与 C 语言的关系

C 语言是 C++ 语言的基础，C++ 语言和 C 语言在很多方面可以相互兼容。C 语言是一

种结构化语言，重点在于算法与数据结构。C 程序的设计首要考虑的是如何通过一个过程，对输入(或环境条件)进行运算处理得到输出或实现过程(事物)控制。而 C++语言首要考虑的是如何构造一个对象模型，让这个模型能够契合与之对应的问题域，这样就可以通过获取对象的状态信息得到输出或实现过程(事物)控制。因此 C++语言和 C 语言的最大区别在于它们解决问题的思想方法不一样。C++语言是对 C 语言的“增强”，表现在以下 6 个方面。

(1) 类型检查更为严格。

(2) 增加了面向对象的机制。

(3) 增加了泛型编程的机制(Template)。

(4) 增加了异常处理。

(5) 增加了运算符重载。

(6) 增加了标准模板库(STL)。

C++语言一般被认为是 C 语言的超集合(superset)，但这并不严谨。大部分的 C 代码可以很轻易地在 C++环境中正确编译，但仍有少数差异导致某些有效的 C 代码在 C++环境中失效，或者在 C++环境中有不同的行为。它与 C 语言之间的不兼容之处主要有两个方面：最常见的差异之一是 C 语言允许从 void* 类型隐式转换到其他的指针类型，但 C++不允许。下面的代码是有效的 C 代码：//从 void* 类型隐式转换为 int*类型；int*i=malloc(sizeof(int)*5)；但要使上述代码在 C 环境中和 C++环境中都能运作，就需要使用显式转换，代码为：int*i=(int*)malloc(sizeof(int)*5)。另一个常见的差异是可移植问题，C++语言定义了新关键字，例如 new、class，它们在 C 程序中可以作为识别字，例如变量名。在 C 标准(C99)中去除了一些不兼容之处，也支持了一些 C++的特性(如用“//”进行注解)以及在代码中混合声明。不过，C99 也纳入了几个和 C++冲突的新特性，例如可变长度数组、原生复数类型和复合逐字常数等。若要混用 C 和 C++的代码，则所有在 C++中调用的 C 代码都必须放在“extern "C" { /* C 代码 */ }”内。

C++语言是 C 语言的超集，它不仅包含了 C 语言的大部分特性，例如指针、数组、函数、语法等，还包含了面向对象的特点，例如封装、继承、多态等。但是，C++与 C 相比还是有许多的区别，主要体现在下述九个方面。

(1) 全新的程序思维，C 语言是面向过程的，而 C++是面向对象的。

(2) C 语言有标准的函数库，但其结构松散，只是把功能相同的函数放在一个头文件中；而 C++对于大多数函数都集成得很紧密，特别是 C 语言中所没有的而 C++中才有的 API 是对 Windows 系统的大多数 API 的有机组合，是一个集体，但也可以单独调用。

(3) C++中的图形处理与 C 语言的图形处理有很大的区别，C 语言标准中不包括图形处理，C 语言中的图形处理函数基本上是不能用在 C++中的。

(4) C 语言和 C++中都有结构的概念，但是在 C 语言中结构只有成员变量，而没成员方法。而在 C++中，结构可以有自己的成员变量和成员函数。同时，在 C 语言中结构的成员是公共的，什么函数想访问它的都可以；而在 C++中它没有加限定符时是私有的。

(5) C 语言可以编写很多方面的程序，但是 C++可以编写得更全面，如 DOSr 程序、DLL 软件、控件软件、系统软件。

(6) C 语言对程序文件的组织是松散的，几乎全要程序处理；而 C++对文件的组织是系统的，各文件分类明确。

(7) C++中的IDE智能化程度很高，调试功能强大，并且方法多样。

(8) C++可以自动生成用户想要的程序结构，使用户可以节省很多时间，比如加入MFC中的类的时候、加入变量的时候等会自动生成用户需要的结构。

(9) C++中的附加工具也有很多，可以进行系统的分析，可以查看API，可以查看控件。

总的来说，C++语言是一种面向对象的程序设计语言，它模仿了人们建立现实世界模型的方法。C++语言的基础是对象和类，现实世界中客观存在的事物都被称为对象。例如，一辆汽车、一家百货商场等。C++中的一个对象就是描述客观事物的一个实体，也是构成信息系统的基本单位。类(class)是对一组性质相同对象的描述，是用户定义的一种新的数据类型，也是C++语言程序设计的核心。

5. Java 语言

1) Java 语言的发展状况

Java 平台和语言的研发始于 1990 年 SUN 公司的内部项目。该项目是“Stealth 计划”，后来改名为“Green 计划”，它瞄准下一代智能家电(如微波炉)领域的程序设计。SUN 公司预测未来科技将在家用电器领域大显身手。该公司的研发团队使用的是内嵌类型平台，可以使用的资源极其有限，最初考虑使用 C 语言。但是很多成员，包括 JGosling(被誉为 Java 之父)等工程师，发现 C 语言和可用的 API 在垃圾回收系统、可移植的安全性、分布程序设计和多线程功能等方面存在很大缺陷，在移植内嵌类型平台方面也有较大欠缺。因此，SUN 公司的工程师提议在 C 的基础上开发一种面向对象，且易于移植到各种设备上的平台。

2) Java 语言的体系与结构

目前，Java 语言包括 3 个体系，分别为 Java SE 标准版(Java 2 Platform Standard Edition，J2SE)、Java EE 企业版(Java 2 Platform Enterprise Edition，J2EE)和 Java ME 微型版(Java 2 Platform Micro Edition，J2ME)。Java SE 标准版包括构成 Java 语言核心的类，如数据库连接、接口定义、输入/输出、网络编程等。Java SE 标准版主要用于桌面应用软件的编程。Java EE 企业版包括 J2SE 中的类，并且还包括用于开发企业级应用的类，如 EJB、servlet、JSP、XML、事务控制等。Java EE 主要用于分布式网络程序的开发，如电子商务网站和 ERP 系统。Java ME 微型版包含了 J2SE 中的一部分类，用于消费类嵌入式电子系统的软件开发，如呼叫机、智能卡、手机、PDA、机顶盒等。

Java 语言的结构如图 6-19 所示。Java 由 4 个部分组成：Java 编程语言，即语法；Java 文件格式，即各种文件夹、文件的后缀；Java 虚拟机(JVM)，即处理“.class”文件的解释器；Java 应用程序接口(Java API)。

编写 Java 程序时，应注意下述几点。

(1) 大小写。Java 对于大小写是否严格，这就意味着标识符“Hello”与“hello”是不同的。

(2) 类名。对于所有的类来说，类名的首字母应该大写。如果类名由若干单词组成，那么每个单词的首字母应该大写，例如 MyFirstJavaClass。

(3) 方法名。所有的方法名都应该以小写字母开头。若方法名含有若干单词，则后面

的每个单词首字母应该大写，例如 myFirstJavaMethod。

<table>
<tr><td colspan="4">网页应用和应用</td></tr>
<tr><td colspan="2">Java基本API</td><td colspan="2">Java引本API</td></tr>
<tr><td colspan="2">Java基本类</td><td colspan="2">Java引本API</td></tr>
<tr><td colspan="4">Java虚拟机</td></tr>
<tr><td colspan="4">移植界画面</td></tr>
<tr><td>适配层</td><td>适配层</td><td>适配层</td><td></td></tr>
<tr><td>浏览器</td><td rowspan="2">操作系统</td><td rowspan="2">小型操作系统</td><td>Java操作系统</td></tr>
<tr><td>操作系统</td><td></td></tr>
<tr><td>硬件</td><td>硬件</td><td>硬件</td><td>硬件</td></tr>
</table>

图 6-19　Java 语言的结构

(4) 源文件名。源文件名必须和类名相同，保存文件的时候应该使用类名作为文件名保存，文件名的后缀为“.java”。如果文件名和类名不相同，会导致编译错误。

(5) 主方法入口。所有的 Java 程序都从“public static void main(String [] args)”方法开始执行。

Java 语言的数据类型如图 6-20 所示。

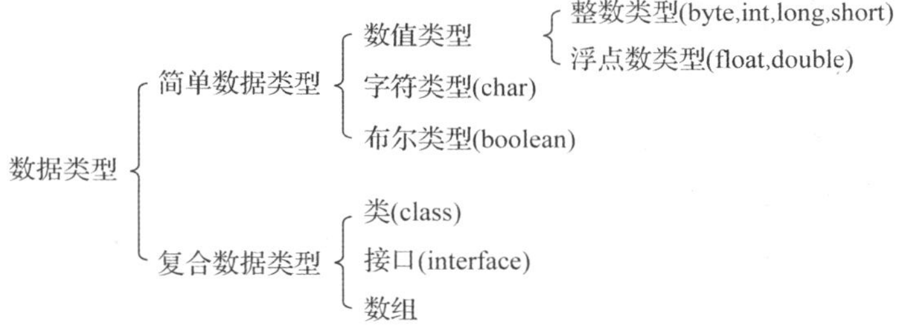

图 6-20　Java 语言的数据类型

Java 语言没有无符号整数类型、指针类型、结构类型、联合类型、枚举类型，因此 Java 编程简单易学。final 属性是专门定义常值变量的保留字，被 final 修饰的变量在该变量赋值以后永不改变，变量初值是该变量的默认值。常量与变量一样也有各种类型。变量与常量定义的例子如下所述。

```
int a1, b1, c1;             //a1, h1, c1 变量为整数型
int d1, d2=10;              //dl, d2 变量为整数型, d2 的初值为 10
char ch1, ch5;              //chl, ch5 变量为字符型
final float PI=3.1416;      //PI 常量为浮点型, 值为 3. 1416
```

3) Java 语言的基本特征

Java 编程语言特征的风格十分接近 C 语言和 C++语言，是一种纯粹的面向对象的程序设计语言，继承了 C++语言面向对象技术的核心，舍弃了 C 语言中容易引起错误的指针(以引用代替)、运算符重载(operator overloading)、多重继承(以接口代替)等特性，增加了垃圾回收器功能，用于回收不再被引用的对象所占据的内存空间，使程序员不用再为内存管

理而担忧。同时，Java 还引入了泛型编程(generic programming)、类型安全的枚举、不定长参数和自动装/拆箱等语言特性。

Java 不同于一般的编译执行计算机语言和解释执行计算机语言。首先，Java 将源代码编译成二进制字节码(bytecode)，然后依赖各种不同平台上的虚拟机来解释执行字节码，从而具备了“一次编译、到处执行”的跨平台特性。不过，每次执行编译得到字节码都需要消耗一定的时间，这同时也在一定程度上降低了 Java 程序的性能。其次，编辑 Java 源代码可以使用任何无格式的纯文本编辑器，在 Windows 操作系统上可以使用微软记事本(Notepad)、EditPlus 等程序，在 Linux 平台上可使用 vi 工具等。在记事本中可以输入下述各种代码。

```
public class HelloWorld {
      //Java 程序的入口方法，程序将从这里开始执行
      public static void main(String[] args) {
      //向控制台打印一条语句
          System.out.println("Helloworld!");
      }
}
```

编辑上面的 Java 代码时，应注意 Java 程序严格区分大小写，需将编写好的文本文件保存为 HelloWorld.java，该文件就是 Java 程序的源程序。编写好 Java 程序的源代码后，再编译该 Java 源文件就可以生成字节码了。

Java 语言的基本特征主要表现在以下几个方面。

(1) Java 语言是易学的。

(2) Java 语言是强制面向对象的。

(3) Java 语言是分布式的。

(4) Java 语言是健壮的。

(5) Java 语言是安全的。

(6) Java 语言是体系结构中立的。

(7) Java 语言是可移植的。

(8) Java 语言是解释型的。

(9) Java 语言是原生支持多线程的。

(10) Java 语言是动态的。

Java 语言的优良特性使 Java 应用具有无与伦比的健壮性和可靠性，并减少应用系统的维护费用。Java 对对象技术的全面支持和 Java 平台内嵌的 API 能缩短应用系统的开发时间，同时降低成本。Java 的“一次编译，到处执行”的特性使它能够提供一个随处可用的开放结构，以及在多平台之间传递信息的低成本方式。特别是 Java 企业应用编程接口(Java Enterprise APIs)，为企业计算及电子商务应用系统提供了有关技术和丰富的类库。

实际上，Java 语言从 C 语言和 C++语言继承了许多成分，甚至可以将 Java 看成类似 C 语言发展和衍生的产物。比如，Java 语言在变量声明、操作符形式、参数传递、流程控制等方面与 C 语言、C++语言完全相同。但 Java 语言与 C 语言和 C++语言又有许多差别，主要表现在以下几个方面。

(1) Java 中对内存的分配是动态的，它采用面向对象的机制，并用运算符 new 为每个

对象分配内存空间，而且实际内存还会随程序运行情况而改变。在程序运行的过程中，Java 系统会自动对内存进行扫描，将长期不用的空间作为“垃圾”进行收集，使系统资源得到更充分的利用。按照这种机制，程序员不必关注内存管理问题，这使 Java 程序的编写变得更加简单明了，并且避免了由于内存管理方面的差错而导致系统出问题。而 C 语言则是通过 malloc()和 free()这两个库函数来分别实现内存分配和内存空间释放的，C++语言中则通过运算符 new 和 delete 来分配和释放内存。在 C 和 C++中，程序员必须非常仔细地处理内存的使用问题。一方面，如果对已释放的内存再做释放或者对未曾分配的内存作释放，都会导致死机；另一方面，如果不将长期不用的或不再使用的内存释放，就会浪费系统资源，甚至导致资源枯竭。

(2) Java 不是在所有类之外定义全局变量，而是在某个类中定义一种公用的静态变量来实现全局变量的功能。Java 不用 goto 语句，而是用 try-catch-finally 异常处理语句来代替 goto 语句处理出错的功能。

(3) Java 不支持头文件和宏定义。而 C 语言和 C++语言中都用头文件来声明类的原型、全局变量、库函数等，采用头文件结构会使系统的运行维护相当复杂。因此，Java 中只能使用关键字 final 来定义常量。

(4) Java 对每种数据类型都分配固定长度。比如，在 Java 中，int 类型总是 32 位的，而在 C 语言和 C++语言中，对于不同的平台，同一个数据类型可能分配不同的字节数，同样是 int 类型，在 PC 机中为 16 位，而在 VAX-11 中，则为 32 位。因此，C 语言具有不可移植性，而 Java 则具有跨平台性(平台无关性)。

(5) 类型转换不同。在 C 语言和 C++语言中，可通过指针进行任意类型的转换，这常常带来不安全性。而在 Java 中，程序运行时系统会对对象进行类型相容性检查，以防止不安全的转换。

(6) 结构和联合的处理。Java 中不允许类似 C 语言的结构体(struct)和联合体(union)，所有的内容都封装在类里面。

(7) Java 不再使用指针。指针是 C 语言和 C++语言中最灵活也最容易产生错误的数据类型。由指针所进行的内存地址操作常常会造成不可预知的错误，同时通过指针对某个内存地址进行显式类型转换，从而可以访问一个 C++中的私有成员，破坏安全性。而 Java 用“引用”的方式替代指针，对指针进行完全的控制，程序员不能直接进行任何指针操作。

(8) 避免平台依赖。Java 语言编写的类库可以在其他平台的 Java 应用程序中使用，而不像 C++语言必须运行于单一平台。在 B/S 开发方面，Java 要远远优于 C++。

Java 适合团队开发，软件工程可以相对做到规范。由于 Java 语言本身极其严格的语法特点，因此利用 Java 语言无法写出结构混乱的程序。这将强迫程序员编写规范的代码。这是一种其他编程语言很难比拟的优势。但是，这也导致 Java 很不适合互联网模式的持续不断修改，互联网软件工程管理上的不足、持续地修修补补将导致架构被破坏。

6. VHDL 语言

VHDL 语言(very-high-speed integrated circuit hardware description language，VHDL)诞生于 1982 年，1987 年被 IEEE 和美国国防部确认为标准硬件描述语言，主要用于描述数

字系统的结构、行为、功能和接口。除了含有许多具有硬件特征的语句外，VHDL 的语言形式和描述风格及句法与一般的计算机高级语言十分类似。VHDL 的程序结构特点是将一项工程设计，或称为设计实体(可以是一个元件、一个电路模块或一个系统)分成外部(或称为可视部分及端口)和内部(或称为不可视部分)，这就涉及实体的内部功能和算法完成部分了。一个设计实体在定义了外部界面后，一旦其内部开发完成后，其他设计就可以直接调用这个实体。这种将设计实体分成内外部分的概念是 VHDL 系统设计的基本点。

一个 VHDL 程序由五个部分组成，包括实体(entity)、结构体(architecture)、配置(configuration)、包(package)和库(library)。实体和结构体两大部分可以组成程序设计的最基本单元。图 6-21 所示为 VHDL 程序的基本组成。配置可用来从库中选择所需要的单元来组成该系统设计不同规格的不同版本。VHDL 和 Verilog HDL 已成为 IEEE 的标准语言，通常使用 IEEE 提供的版本。包是存放每个设计模块都能共享的设计类型、常数和子程序的集合体。库可用来存放已编译的实体、结构体、包和配置。在程序设计中可以使用 ASIC 芯片制造商提供的库，也可以使用由用户生成的 IP 库。

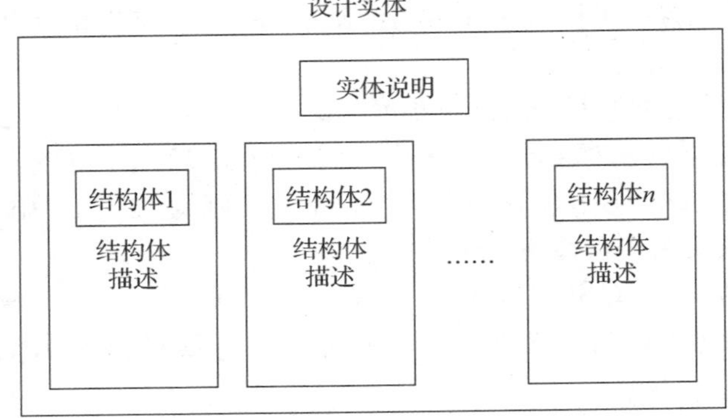

图 6-21　VHDL 程序的基本组成

VHDL 语言能够成为标准化的硬件描述语言并获得广泛应用，其自身必然具有很多其他硬件描述语言所不具备的优点。归纳起来，VHDL 语言主要具有下述各种优点。

(1) VHDL 语言功能强大，设计方式多样。

(2) VHDL 语言具有强大的硬件描述能力。

(3) VHDL 语言具有很强的移植能力。

(4) VHDL 语言的设计描述与器件无关。

(5) VHDL 程序易于共享和复用。

VHDL 语言是一种描述、模拟、综合、优化和布线的标准硬件描述语言，因此可以使设计成果在设计人员之间方便地进行交流和共享，从而减少硬件电路设计与制造的工作量，缩短开发周期。

6.4.3　常用微处理器

1. 单片微处理器

单片机又称单片微处理器，它不是完成某一个逻辑功能的芯片，而是集成了一个计算

机系统的芯片，相当于一个微型的计算机。与计算机相比，单片机只缺少了 I/O 设备。单片机是采用超大规模集成电路技术把具有数据处理能力的中央处理器 CPU、随机存储器 RAM、只读存储器 ROM、多种 I/O 口、中断系统和定时器/计数器等功能，可能还包括显示驱动电路、脉宽调制电路、模拟多路转换器、A/D 转换器等电路集成到一块硅片上，构成的一个小而完善的微型计算机系统。单片机具有体积小、质量轻、价格便宜、容易掌握等优点。单片机组成如图 6-22 所示。

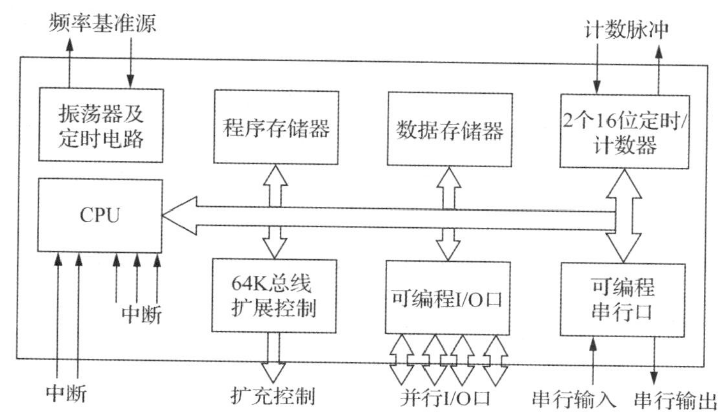

图 6-22　单片机组成

中央处理器包括运算器、控制器和寄存器。运算器由运算部件即算术逻辑单元、累加器和寄存器等几部分组成。ALU 的作用是对传来的数据进行算术或逻辑运算，输入来源为两个 8 位数据，分别来自累加器和数据寄存器。ALU 能完成对这两个数据的加、减、与、或、比较大小等操作，最后将结果存入累加器。运算器有两个功能：① 执行各种算术运算；② 执行各种逻辑运算，并进行逻辑测试，如零值测试或两个值的比较。

运算器所执行的全部操作都是由控制器发出的控制信号指挥的，并且一个算术操作产生一个运算结果，一个逻辑操作产生一个判决。

控制器由程序计数器、指令寄存器、指令译码器、时序发生器和操作控制器等组成，是发布命令的“决策机构”，可以协调和指挥整个微机系统的操作。其主要功能如下所述。

(1) 从内存中获取一条指令，并指示下一条指令在内存中的位置。

(2) 对指令进行译码和测试，并产生相应的操作控制信号，以便于执行规定的动作。

(3) 控制 CPU、内存和输入/输出设备之间数据流动的方向。

微处理器内通过内部总线可将 ALU、计数器、寄存器和控制部分互联，并通过外部总线与外部的存储器、输入/输出接口电路连接。外部总线又被称为系统总线，分为数据总线 DB、地址总线 AB 和控制总线 CB。通过输入/输出接口电路实现与各种外围设备的连接。

CPU 内的主要寄存器包括以下几个部分。

(1) 累加器 A 是微处理器中使用最频繁的寄存器，在进行算术和逻辑运算时有双重功能：运算前可用于保存一个操作数，运算后可用于保存所得的和、差或逻辑运算结果。

(2) 数据寄存器 DR 可通过数据总线向存储器和输入/输出设备送(写)或取(读)数据的暂存单元。它可以保存一条正在译码的指令，也可以保存正在送往存储器中存储的一个数据字节等。

(3) 指令寄存器 IR 和指令译码器 ID。指令包括操作码和操作数。指令寄存器可用来保存当前正在执行的一条指令。当执行一条指令时，先把它从内存中取到数据寄存器中，然后再传送到指令寄存器。当系统执行给定的指令时，必须对操作码进行译码，以确定所要求的操作，指令译码器就是负责这项工作的。其中，指令寄存器中操作码字段的输出就是指令译码器的输入。

(4) 程序计数器 PC。PC 用于确定下一条指令的地址，以保证程序能够连续地执行下去，通常又被称为指令地址计数器。在程序开始执行前必须将程序第一条指令的内存单元地址(即程序的首地址)送入 PC，并使它指向下一条要执行指令的地址。

(5) 地址寄存器 AR。地址寄存器用于保存当前 CPU 所要访问的内存单元或 I/O 设备的地址。由于内存与 CPU 之间存在着速度上的差异，所以必须使用地址寄存器来保存地址信息，直到内存读/写操作完成为止。

显然，CPU 向存储器存数据、从内存获取数据和从内存读出指令都要使用地址寄存器和数据寄存器。同样，如果把外围设备的地址作为内存地址单元来看的话，那么当 CPU 和外围设备交换信息时，也需要使用地址寄存器和数据寄存器。

根据发展情况，从不同角度区分，单片机大致可以分为通用型/专用型、总线型/非总线型及工控型/家电型。

(1) 从适用范围角度区分，单片机可分成通用型、专用型。例如，80C51 单片机为通用型，它不是为某种专门用途设计的。专用型单片机是针对一类产品甚至某一种产品设计生产的，例如为了满足电子体温计的要求，在片内集成 ADC 接口等功能的温度测量控制电路。

(2) 从并行总线角度区分，单片机可分成总线型、非总线型。总线型单片机普遍设置有并行地址总线、数据总线、控制总线，这些引脚用以扩展并行外围器件，外围器件都可以通过串行口与单片机连接。许多单片机已把所需要的外围器件及外设接口集成在一片硅片内，因此在许多情况下可以不必并行扩展总线，这样就会大大减少封装成本和芯片体积，这类单片机被称为非总线型单片机。

(3) 从应用的领域角度区分，单片机可分成工控型、家电型。工控型寻址范围大，运算能力强；用于家电的单片机多为专用型，通常封装小、价格低，外围器件和外设接口集成度高。上述分类并不是唯一和严格的标准。例如，80C51 类单片机既是通用型又是总线型，还可以用作工控。

目前，单片机的制造商较多，产品各有优势和用途，主要有以下几种。

(1) STC 公司生产的 STC 单片机。

(2) Microchip 公司生产的 PIC 单片机。

(3) 台湾义隆公司生产的 EMC 单片机。

(4) Atmel 公司生产的 8 位 ATMEL 单片机(51 单片机)。

(5) Philips 公司生产的 Philips 51LPC 系列单片机(51 单片机)。

(6) 台湾盛扬半导体生产的 HOLTEK 单片机。

(7) 德州仪器 TI 公司生产的单片机(51 单片机)。

(8) 台湾松翰公司生产的 SONIX 单片机。

(9) 飞思卡尔公司生产的 8 位单片机系列。

(10) 深联华公司生产的深联华单片机(51 单片机)。

单片机的应用领域十分广泛，如智能仪表、实时工控、通信设备、导航系统、家用电器、汽车电子等。传感器节点采用单片机就能获得使节点升级换代的功效，是传感器实现数字化、智能化、微型化必要的技术手段，从而可使普通传感器节点成为智能感知节点。结合不同类型的传感器，可用于诸如电压、电流、功率、频率、温度、流量、速度、厚度、角度、长度、硬度、元素、压力、气体、湿度、离子、生物等信息量的测量。

在众多的单片机中，应用最广泛的是 51 系列单片机和 MSP430 系列单片机。

(1) 51 系列单片机。51 系列单片机是对所有兼容 Intel 8031 指令系统单片机的统称。该系列单片机的始祖是 Intel 的 8004 单片机，后来随着 Flash Rom 技术的发展，8004 单片机取得了长足的进展，成为应用最广泛的 8 位单片机之一。51 系列单片机是基础入门的一种单片机，一般不具备自编程能力。图 6-23 所示为 8051 系列单片机内部结构。

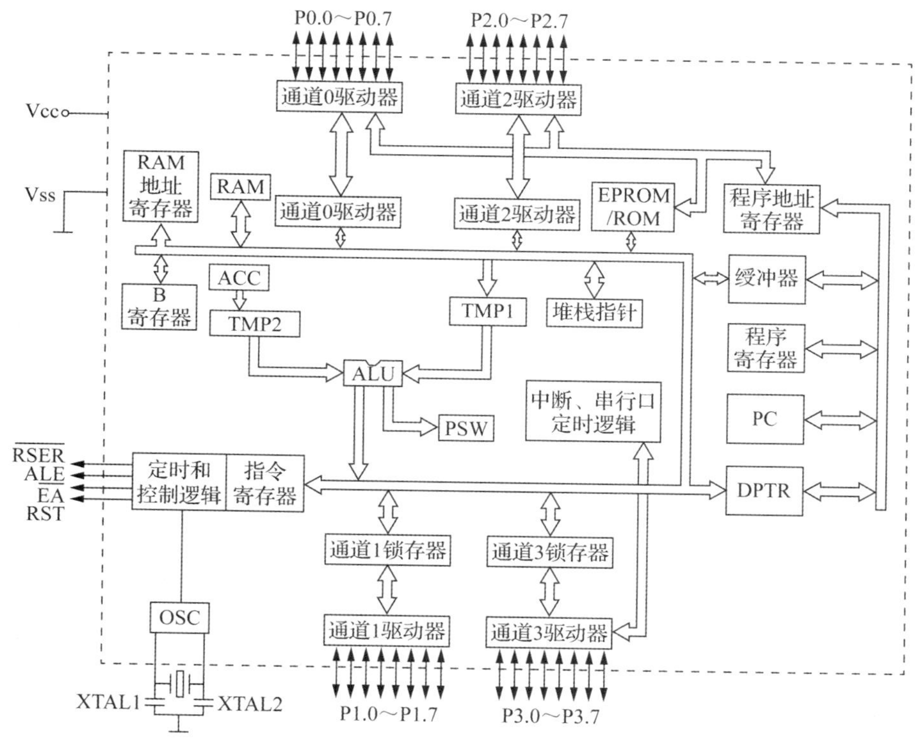

图 6-23　8051 系列单片机内部结构

(2) MSP430 系列单片机。MSP 系列单片机包含 CPU、程序存储器(ROM、OTP 和 Flash ROM)、数据存储器(RAM)、运行控制、外围模块、振荡器和倍频器等主要功能模块，其基本结构如图 6-24 所示。

在 MSP430 系列单片机中，CPU 由一个 16 位的 ALU、16 个寄存器和一套指令控制逻辑组成，其逻辑简图如图 6-25 所示。在 16 个寄存器中，程序计数器 PC、堆栈指针 SP、状态寄存器 SR 和常数发生器 CGl、CG2 这四个寄存器都有特殊用途。除了 R3 和 R2 外，所有寄存器都可作为通用寄存器用于所有指令操作。常数发生器可为指令执行时提供常数，而不能用于存储数据，对 CGl、CG2 访问的寻址模式可以区分常数数据。CPU 内部有一组 16 位数据总线和 16 位地址总线。CPU 运行正交设计、对模块高度透明的精简指令集。PC、SR 和 SP 配合精简指令集所实现的控制，使应用开发可实现复杂的寻址模式和软件算法。

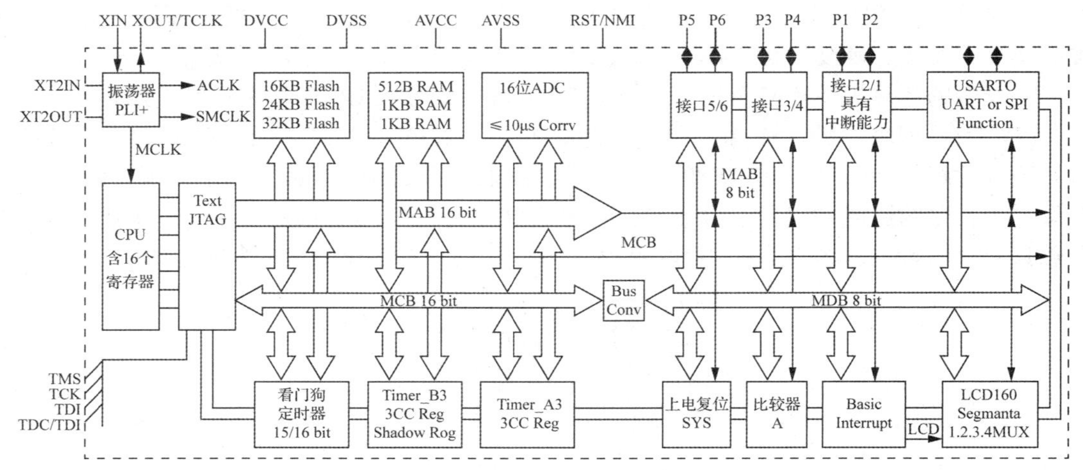

图 6-24　MSP430 系列单片机基本结构

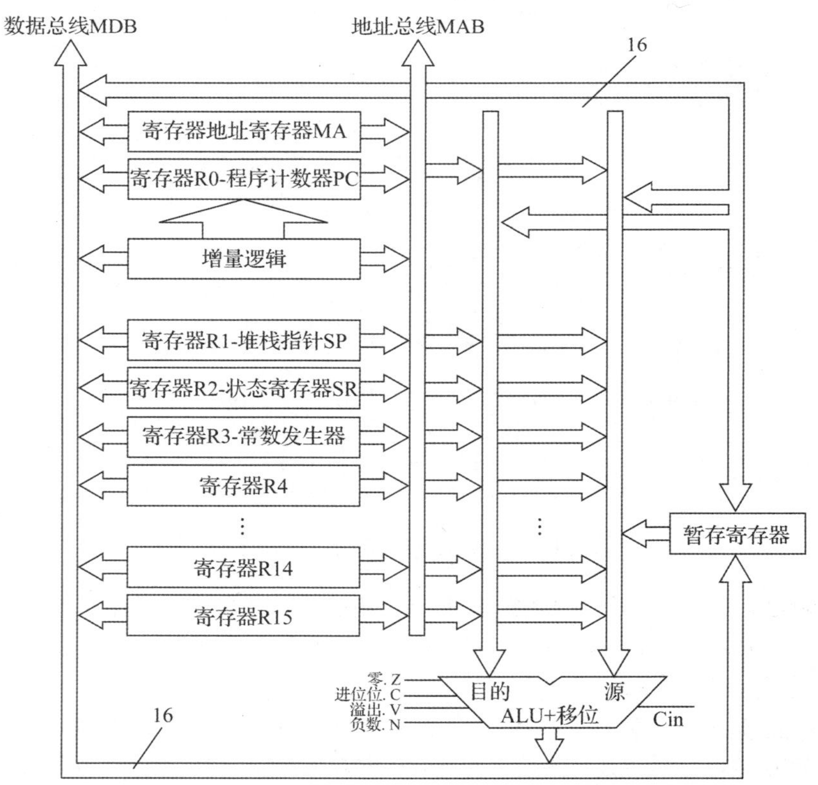

图 6-25　MSP430 系列单片机 CPU 逻辑简图

存储器一般会采用“冯·诺依曼结构”，RAM、ROM 和全部外围模块都位于同一个地址空间内，即用一个公共的空间对全部功能模块进行寻址。支持外部扩展存储器是未来性能增强的目标。特殊功能寄存器及外围模块安排在 000H～1FFH 区域，RAM 和 ROM 共享 0200H～FFFFH 区域，数据存储器(RAM)的起始地址是 0200H。

程序存储器有 ROM、OTP 和 Flash ROM 3 种类型，ROM 容量为 1～60 KB。Flash 芯片内部集成有两段 128 B 的信息存储器以及 1 KB 用于存放自举程序的自举存储器(BOOT ROM)；对代码存储器可以采用字形式访问，而对数据可以采用字或字节方式访问，每次访问需要 16 条数据总线(MDB)和当前存储器模块所需的地址总线(MAB)。存储器模块由模块允许信号自动选中，64 KB 空间的顶部 16 个字，即 0FFFFH～0FFE0H，保留存放复位和中断的向量。在程序存储器中还可以存放表格数据，以实现查表处理等应用。程序对程序存储器可以任意读取，但不能写入。数据存储器经两条总线与 CPU 相连，即存储器地址总线 MAB 和存储器数据总线 MDB，如图 6-26 所示。数据存储器可以以字或字节宽度集成在片内，其容量为 128 B～10 KB，所有指令都可以对字节或字进行操作。但是，对堆栈和 PC 的操作是按字的宽度进行的，寻址时必须对准偶地址。

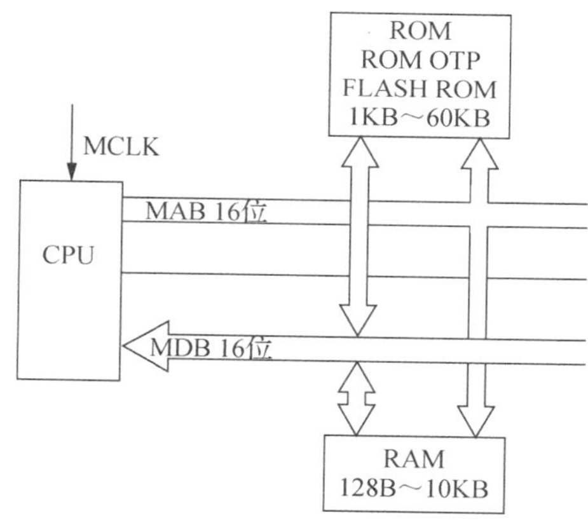

图 6-26 数据存储器与 CPU 连接示意

目前，MSP430 系列单片机有 430x1xx 系列、430F2xx 系列、430C3xx 系列、430x4xx 系列、430F5xx 系列、430G2553 等。其特点主要有：①处理能力强；②运算速度快；③超低功耗；④片内资源丰富；⑤方便高效的开发环境。

综合比较，MSP430 系列单片机与 51 系列单片机各有特点，两者的性能对比如表 6-2 所示。

表 6-2 MSP430 系列单片机与 51 系列单片机性能对比

性 能	MSP430 系列单片机	51 系列单片机
工作电压/V	3.3	5
基本架构	16 位	8 位
功能模块	混合型	单一型
指令	没有位指令	支持位指令

续表

性　能	MSP430 系列单片机	51 系列单片机
组成	片上资源丰富	片上资源较少
成本	较高	较低
功耗	低	高

2. ARM 处理器

ARM(advanced risc machines)处理器是 ARM 计算机公司面向低预算市场设计的 32 位系列微处理器，在低功耗、低成本和高性能的嵌入式系统应用领域占据着领先地位。1990 年，ARM 公司通过 Acorn 重组而成立。在此之前 Acorn 公司已开发出自己的第一代 32 位、6 MHz、3.0 处理器，即 ARM1，并用它制做出一台 RISC 指令集的计算机，也就是说 ARM 处理器还是在沿用传统的方式。所谓 RISC，就是精简指令集，是相对于复杂指令集 CISC 而言的。CISC 任务处理能力强，Intel 采用的是 CISC 指令，它在桌面计算机领域应用广泛。RISC 通过精简 CISC 指令种类、格式、简化寻址方式，获得了省电高效的效果，可以满足手机、平板计算机、数码相机等便携式电子产品的需要。

ARM 公司的理念决定了该公司不生产芯片，转而以授权的方式将芯片设计方案转让给其他公司，即“Partnership”开放模式。ARM 公司在 1993 年实现盈利，并于 1998 年在纳斯达克和伦敦证券交易所两地上市，经过二十多年的发展，ARM 系列处理器已成为主流处理器。ARM 的发展代表了半导体行业的某种发展趋势，即从完全的垂直整合到深度的专业化分工。20 世纪 70 年代半导体行业普遍采用上中下游的垂直整合封闭式生产体系，20 世纪 80 年代半导体行业开始分化，出现了垂直整合和分工化的系统制造、定制集成两个体系。台积电的晶圆代工模式进一步推动了专业分工的发展，半导体行业分工进一步细化，形成 IP、设计、晶圆封装、上下游体系，而 ARM 处于产业链顶端。

ARM 处理器的内核有 4 个功能模块 T、D、M、I，可根据不同要求配置 ARM 芯片。其中，T 功能模块表示 16 位 Thumb，可以在兼顾性能的同时减少代码；M 功能模块表示 8 位乘法器；D 功能模块表示 Debug，该内核中放置了用于调试的结构，通常为一个边界扫描链 JTAG，可使 CPU 进入调试模式，从而可方便地进行断点设置、单步调试；I 功能模块表示 EmbeddedICE Logic，用于实现断点观测及变量观测的逻辑电路功能，其中的 TAP 控制器可接入边界扫描链。

ARM 处理器内核基本结构如图 6-27 所示。由该图 6-27 可知，ARM 芯片的核心，即 CPU 内核(ARM720T)，由一个 ARM7TDMI 32 位 RISC 处理器、一个单一的高速缓冲 8 KBCache 和一个存储空间管理单元 MMU(memory management unit)构成。8 KB 的高速缓冲有一个四路相连的寄存器，并被组织成 5/2 线四字(4×5/2×4 字节)。高速缓冲直接与 ARM7TDMI 相连，因而高速缓冲来自 CPU 的虚拟地址。当所需的虚拟地址不在高速缓冲中时，由 MMU 将虚拟地址转换为物理地址。一个 64 项的转换旁路缓冲器(TLB)用来加速地址转换过程，并减少页表读取所需的总线传送量。通过转换高速缓冲中未存储的地址，MMU 就能够节约功率。通过内部数据总线和扩展并行总线，ARM 可以和存储器(SRAM/Flash/Nand-Flash 等)、用户接口(LCD 控制器/键盘/GPIO 等)、串行口(UARTs/红外

IrDA 等)相连。一个 ARM720T 内核基本由以下 4 部分组成。

(1) ARM7TDMI CPU 核。该 CPU 核支持 Thumb 指令集、核调试、增强的乘法器、JTAG 以及嵌入式 ICE。它的时钟频率可编程为 18 MHz、36 MHz、49 MHz、74 MHz。

(2) 存储空间管理单元(MMU)与 ARM710 核兼容，并增加了对 Windows CE 的支持。该存储空间管理单元提供了地址转换和一个有 64 项的转换旁路缓冲器。

(3) 8 KB 单一指令和数据高速缓冲存储器以及一个四路相连高速缓冲存储器控制器。

(4) 写缓冲器(Write Buffer)。

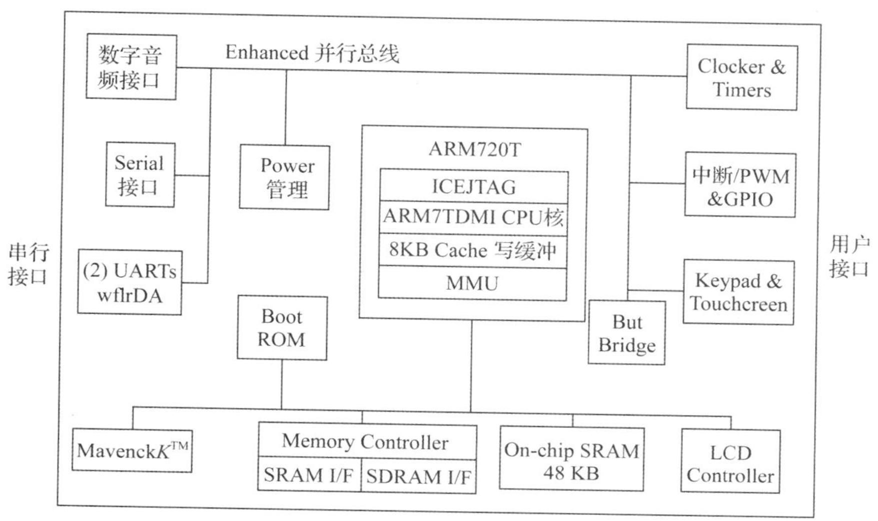

图 6-27　ARM 处理器内核基本结构

目前，ARM 系列处理器主要包括 ARM7 系列、ARM9 系列、ARM9E 系列、ARM10E 系列、SecurCore 系列、Intel 的 StrongARM11 系列。其中，ARM7、ARM9、ARM9E 和 ARM10E 为 4 个通用处理器系列，每一个系列都可以提供一套相对独特的性能来满足不同应用领域的需求。SecurCore 系列专门为安全要求较高的应用而设计。ARM 处理器的主要特点有以下几点。

(1) 体积小、低功耗、低成本、高性能。

(2) 支持 Thumb(16 位)/ARM(32 位)双指令集，能很好地兼容 8 位/16 位器件。

(3) 大量使用寄存器，指令执行速度更快。

(4) 大多数数据操作都在寄存器中完成。

(5) 寻址方式灵活简单，执行效率高。

(6) 指令长度固定。

3. DSP 处理器

1) DSP 处理器的研发背景

数字信号处理是将信号以数字方式表示并处理的理论和技术。数字信号处理与模拟信号处理是信号处理的子集。数字信号处理的目的是对真实世界的连续模拟信号进行测量或滤波。因此，在进行数字信号处理之前需要将信号从模拟域转换到数字域，这通常可通过

模数转换器实现。而数字信号处理的输出经常也要变换到模拟域，而这是通过数模转换器实现的。

DSP(digital signal processor)包含数字信号处理及其处理器两种含义，常说的DSP是指数字信号处理器，DSP处理器是一种适合完成数字信号处理运算的处理器。自20世纪60年代以来，随着计算机和信息技术的飞速发展，数字信号处理技术应运而生并得到迅速发展，已经在通信等领域得到了极为广泛的应用。在当今的数字化时代背景下，DSP已成为通信、计算机、消费类电子产品等领域的基础器件。DSP处理器的发展大致可分为以下三个阶段。

(1) DSP理论及单片器件诞生阶段。

(2) DSP微处理器诞生阶段。

(3) 快速发展阶段。

2) DSP的现状与发展趋势

目前，DSP处理器一直保持着快速的发展势头，国际先进半导体公司处于领先地位，如美国DSP Research公司、Pentek公司、Motorola公司、加拿大Dy4公司等。以Pentek公司一款处理板4293为例，它使用8片TI公司生产的300 MHz TMS320C6203芯片，具有19 200 MIPS的处理能力，同时集成了8片32 MB的SDRAM，数据吞吐600 MB/s。Pentek公司另一款处理板4294集成了4片Motorola MPC7410 G4 PowerPC处理器，工作频率为400/500 MHz，两级缓存256K×64 b，最高具有16 MB的SDRAM。ADI公司的TigerSHARC芯片也由于其出色的协同工作能力，可以组成强大的处理器阵列，在诸多领域(特别是军事领域)获得了广泛应用。再以英国Transtech DSP公司的TP-P36N为例，它由4～8片TS101b(TigerSHARC)芯片构成，时钟250 MHz，具有6～12 GFLOPS的处理能力。

3) DSP的组成与基本结构

以ADSP-21xx为例，DSP的内部包括以下功能单元。

(1) 计算单元。

(2) 数据地址产生器和程序控制器。

(3) 存储器。

(4) 串口。

(5) 定时器。

(6) DMA接口。

(7) 模拟接口。

为了达到快速进行数字信号处理的目的，DSP芯片一般都具有程序和数据分开的总线结构、流水线操作功能、单周期完成乘法的硬件乘法器以及一套适合数字信号处理的指令集。图6-28所示为DSP的基本结构。以TI公司的TMS320系列DSP芯片为例，其总线结构是哈佛结构。哈佛结构是不同于传统的冯·诺依曼存储结构的并行体系结构，其主要特点是将程序和数据存储在不同的存储空间，即程序存储器和数据存储器是两个相互独立的存储器，每个存储器独立编址、独立访问。与两个存储器相对应的是系统中设置了两条总线，即程序总线和数据总线，从而使数据的吞吐率提高了一倍。而冯·诺依曼存储结构则是将指令、数据、地址都存储在同一存储器中，统一编址，依靠指令计数器提供的地址

来区分指令、数据和地址。读取指令和读取数据都可访问同一存储器，数据吞吐率低。在哈佛结构中，由于程序和数据存储在两个分开的空间中，取指和执行能完全重叠运行。为了进一步提高运行速度和灵活性，TMS320 系列 DSP 芯片在基本哈佛结构的基础上做了以下改进：一是允许数据存放在程序存储器中，并被算术运算指令直接使用，从而增强了芯片的灵活性；二是指令存储在高速缓冲器中，当执行此指令时，不需要再从存储器中读取指令，节约了一个指令周期的时间。

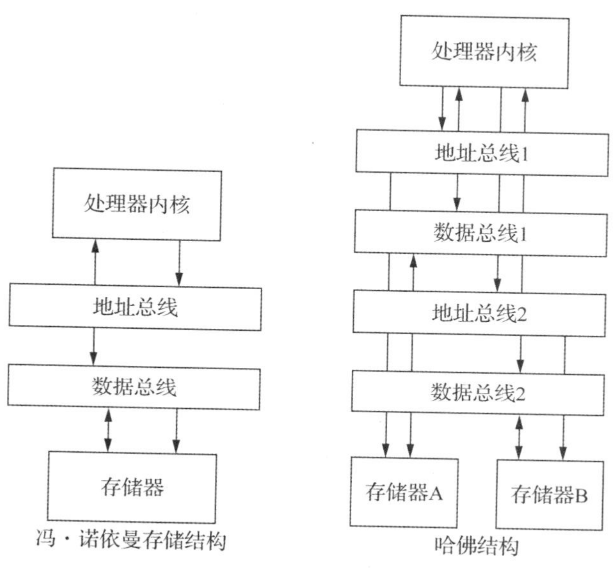

图 6-28　DSP 的基本结构

一般通用处理器(general purpose processor，GPP)系统只有一套总线(包括数据总线和地址总线)和单一存储器，无论是数据还是指令都要经过同样的数据通道进入处理器内核。而哈佛结构将指令存储空间和数据存储空间分离开设计，各自拥有独立的总线，使读取指令和访问数据可以同时进行，从而缓解了存储器的瓶颈效应。

在寻址方式方面，进行数字信号处理时，处理器往往要同时维护多个数据缓冲区，而且每个缓冲区的指针都要频繁移动。GPP 虽然有基址寄存器和变址寄存器，但是这些寄存器不能自动更新，而且数量也有限，每个寄存器往往要管理多个缓冲区。DSP 用特殊的硬件来寻址数据存储器，有大量寄存器可以用作数据指针(如 ADSP21060 有 16 个)，指针的更新可以和其他操作并行执行，所以不必占用处理时间。DSP 还支持一些特殊的寻址方式，如用来实现环形缓冲区的环形寻址、实现 FFT 变换所必需的逆序寻址等。

在零耗循环方面，GPP 每执行一次循环都要用软件判断循环结束条件是否满足，并更新循环计数器，以及进行条件转移。这些例行操作要消耗几个周期的时间，这种消耗对于短循环是相当可观的。与 GPP 不同，DSP 可以用硬件实现更新计数器等例行操作，不用额外消耗任何时间，所以 DSP 可以实现零耗循环。由于数字信号处理程序 90%的执行时间是在循环中度过的，所以零耗循环对提高程序效率是非常重要的。

在程序执行时间可预测方面，实时处理不仅要求处理器必须具有极高的计算速度，而且还要求程序的执行时间容易预测，否则开发人员无法判断自己的系统是否可以满足实时

要求。高性能 GPP 普遍采用了 Cache 和动态分支预测技术，这些动态特性虽然能够从统计角度提高处理速度，但也会使执行时间很难精确预测。因为当前指令的执行时间要受到程序运行历史过程的影响。尽管从理论上说，程序员可以推测出最坏情况下的执行时间，但是由于各种动态特性的相互影响，最坏执行时间可能远远超过程序的典型执行时间，这将导致系统设计过于保守，严重浪费资源。与 GPP 不同，DSP 的动态特性较少，而且还可以通过设置 MAX(求最大值)、MIN(求最小值)、CLIP 进行预测，DSP 生产商还提供了能够精确模拟每一条指令执行状态的软件仿真器 Simulator，使设计人员在硬件系统完成之前就能够调试程序并验证处理时间。值得注意的是，TI 的 TMS320C6011 设置了可选择的两级 Cache，而 AD 的 TigerSHARC 采用了动态分支预测技术。这是否意味着 DSP 正在丧失程序执行时间可预测的特点，或者正在准备采取其他措施(如提供工具软件)来弥补因芯片结构日趋复杂对预测时间造成的不利影响？

在外围设备方面，GPP 硬件系统(如 PC 机)的开发一般由专业公司承担，用户只从事软件开发。而 DSP 工程师往往需自己设计硬件平台，而且许多 DSP 应用系统特别是嵌入式系统对体积、功耗有严格的限制，所以 DSP 必须具备开发简便的特点。多数 DSP 支持 IEEE 1149.1 标准，用户可以通过 JTAG 端口对 DSP 进行在线实时仿真。另外，DSP 体现了片上系统的设计思想，在片上集成了 DMA、中断控制、串行通信口、上位机接口、定时器等外围设备，有的 DSP 还包含 AD 转换器和 DA 转换器。所以，用户通常只需要外加很少的器件就可以构成自己的 DSP 系统。

4) DSP 的算法

DSP 处理器可以直接实现算法，绝大多数使用定点算法，数字表示为整数或-1.0 到+1.0 之间的小数形式。有些处理器采用浮点算法，数据表示成尾数加指数的形式。

4. FPGA 处理器

1) 可编程器件的各个发展阶段

(1) 20 世纪 70 年代，PLD 诞生及简单 PLD 发展阶段。

(2) 20 世纪 80 年代，乘积项可编程结构 PLD 发展与成熟阶段。

(3) 20 世纪 90 年代至今，复杂可编程器件发展与成熟阶段

2) PLD/FPGA 结构与原理

FPGA 是在 PAL、GAL、CPLD 等可编程器件的基础上进一步发展的产物，是作为专用集成电路(ASIC)领域中的一种半定制电路而出现的，既弥补了定制电路的不足，又克服了原有可编程器件门电路数有限的缺点。

(1) PLD 的基本结构与原理。

图 6-29 所示为基于乘积项的 PLD 基本结构示意图。

这种 PLD 可分为宏单元(mavcocells)、可编程连线(PIA)和 I/O 控制块 3 部分。宏单元是 PLD 的基本结构，可以实现基本的逻辑功能。可编程连线负责信号传递，可以连接所有的宏单元。I/O 控制块负责输入/输出的电气特性控制，如可以设定集电极开路输出、摆率控制、三态输出等。如图 6-29 所示的 INPUT/GCLK1、INPUT/GCLRn、INPUT/OE1、INPUT/OE2 为全局时钟、清零和两个输出使能信号，这 4 个信号均由专用连线与 PLD 中每个宏单元相连，信号到每个宏单元的时延相同，并且时延最短。

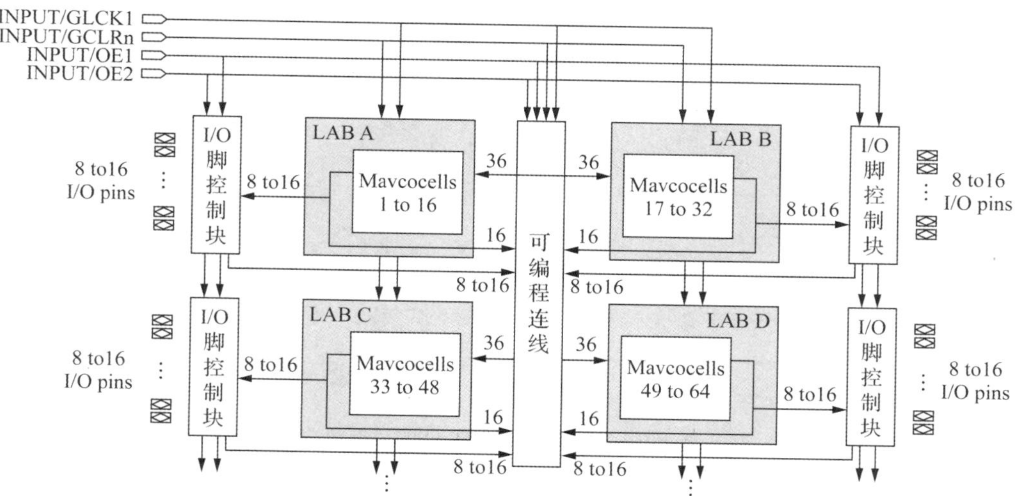

图 6-29　基于乘积项的 PLD 基本结构示意图

宏单元的具体结构如图 6-30 所示。

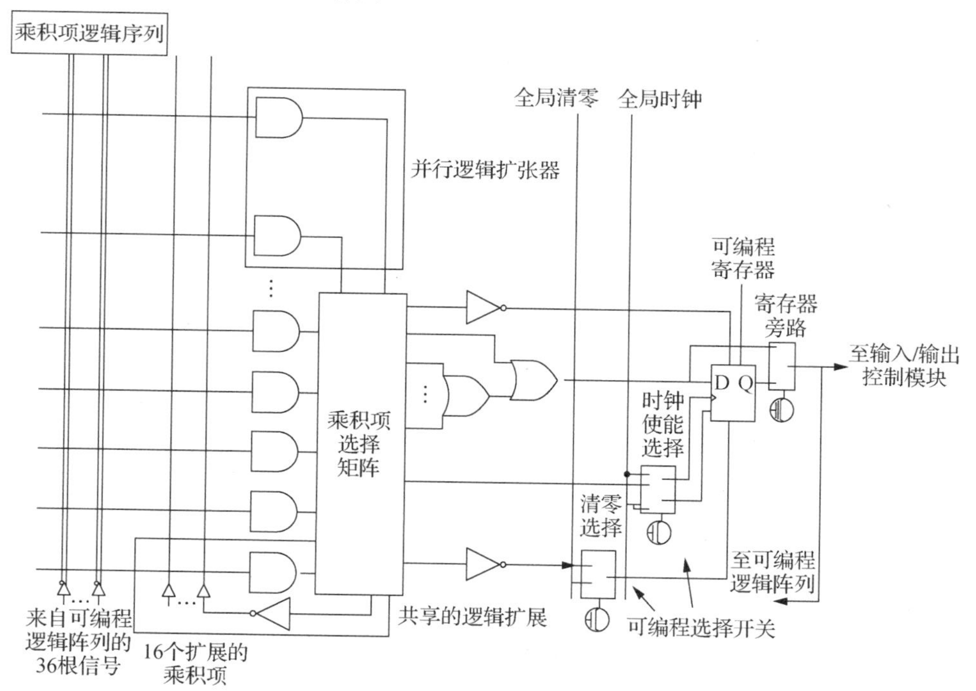

图 6-30　宏单元的具体结构

那么，PLD 是如何利用以上结构实现其逻辑的呢？下面以如图 6-31 所示的一个简单电路为例进行具体说明。假设组合逻辑的输出(AND3 的输出)为 f，以(!D)表示 D 的“非”，则：

$$f=(A+B)\cdot C\cdot(!D)=A\cdot C\cdot(!D)+B\cdot C\cdot(!D)$$

PLD 将以如图 6-32 所示的方式来实现组合逻辑 f，图中的 A、B、C、D 是由 PLD 芯

片的管脚输入后再进入可编程连线阵列(PLA)，在内部会产生 *A*、*A* 反、*B*、*B* 反、*C*、*C* 反、*D*、*D* 反 8 个输出。图中每一个叉表示相连(可编程熔丝导通)，所以可得到上述公式的结构，从而实现一个组合逻辑。

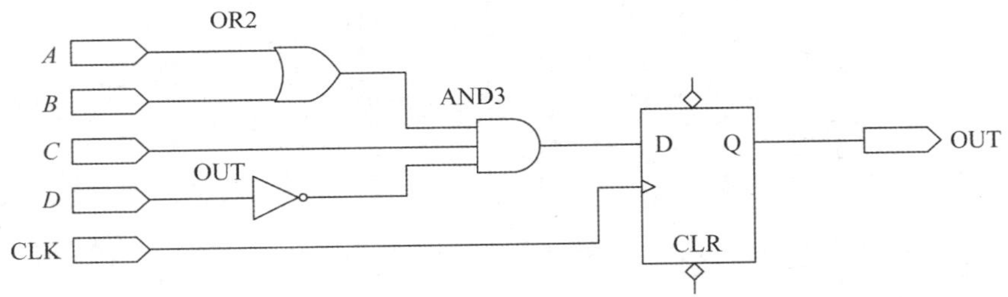

图 6-31　乘积项结构 PLD 的简单电路

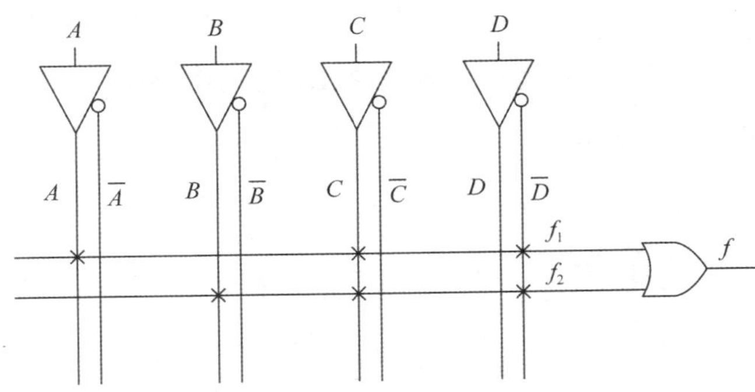

图 6-32　组合逻辑 *f* 的 PLD 实现方式

相比较而言，图 6-32 所示的电路中 D 触发器的实现比较简单，可直接利用宏单元中的可编程 D 触发器来实现。时钟信号 CLK 由 I/O 脚输入后进入芯片内部的全局时钟专用通道，直接连接到可编程触发器的时钟端。可编程触发器的输出端与 I/O 脚相连，把结果输出到芯片管脚，最终实现组合逻辑电路。上述步骤都是由软件自动完成的，不需要人为干预。

对于简单电路而言，只需要一个宏单元就可以完成。但对于复杂电路的复杂逻辑，一个宏单元是不能实现的，这时就需要通过并联扩展项和共享扩展项将多个宏单元相连，宏单元的输出也可以连接到可编程连线阵列，且基于乘积项的 PLD 基本都是由 EEPROM 和 Flash 工艺制成的，一通电就可以工作，无须其他芯片配合。

(2) FPGA 基本结构与工作原理。

采用查找表(LUT)结构的 PLD 芯片称为 FPGA，如 Altera 的 ACEX 和 APEX 系列，Xilinx 的 Spartan 和 Virtex 系列等。查找表(LUT)，本质上是一个 RAM。目前，FPGA 中多使用 4 输入的 LUT，每一个 LUT 可以看成一个有 4 位地址线的 16x1 的 RAM。当用户通过原理图或 HDL 语言描述了一个逻辑电路后，PLD/FPGA 开发软件会自动计算逻辑电路的所有可能的结果，并把结果事先写入 RAM。然后，每输入一个信号进行逻辑运算就等于输入一个地址进行查表，找出地址对应的内容，然后输出。

图 6-33 所示为以 Xilinx Spartan-II 为例的 FPGA 内部结构示意图。

其内部结构主要包括 CLBs、I/O 块、RAM 块和可编程连线，一个 CLB 包括两个切片，每个切片都包括两个 LUT、两个触发器和相关逻辑，切片可以看成 Spartan-II 实现逻

辑的最基本结构。图 6-34 所示为 Altera 的以 FLEX/ACEX 为例的 FPGA 内部结构示意图。

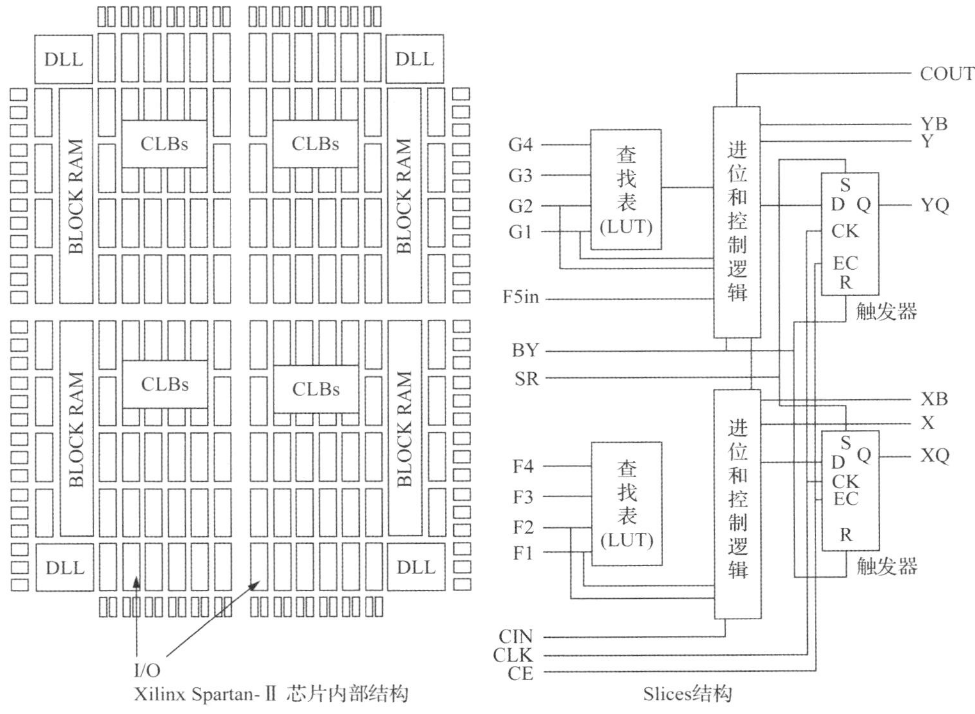

图 6-33　以 Xilinx Spartan-II 为例的 FPGA 内部结构示意

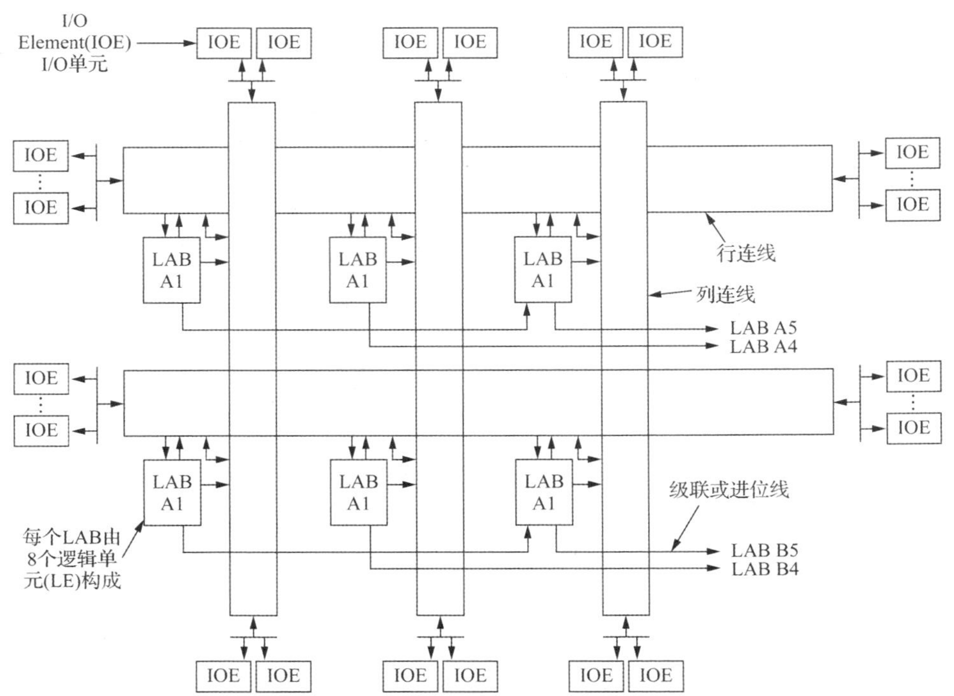

图 6-34　以 FLEX/ACEX 为例的 FPGA 内部结构示意

图 6-35 所示为逻辑单元(LE)内部结构实际逻辑电路 LUT 的实现方式。

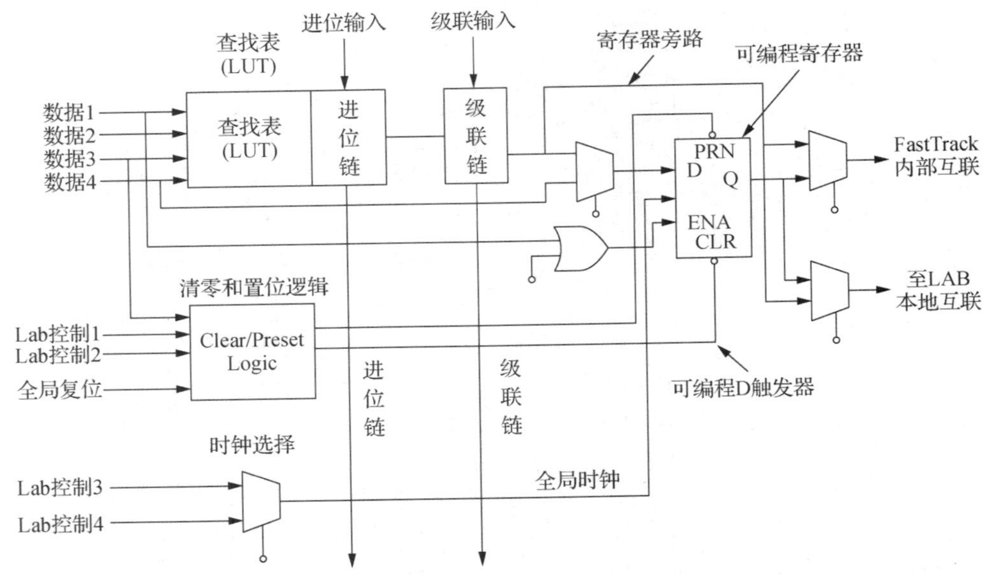

图 6-35　逻辑单元(LE)内部结构实际逻辑电路 LUT 的实现方式

6.4.4　操作系统

1. 操作系统概述

1) 发展历史

操作系统(operating system，OS)是管理和控制硬件与软件资源的计算机程序，是直接运行在“裸机”上最基本的系统软件，任何其他软件都必须在操作系统的支持下才能运行。它的出现和发展伴随着计算机技术的进步，大概经历了下述 4 个阶段。

(1) 20 世纪 80 年代以前，最基本的操作系统。

(2) 20 世纪 80 年代，个人计算机操作系统出现。

(3) 20 世纪 90 年代，嵌入式操作系统发展阶段。

(4) 21 世纪以来，操作系统多样化发展。

2) 操作系统的功能与分类

按应用领域划分主要有桌面操作系统、服务器操作系统和嵌入式操作系统 3 种类型。

3) 操作系统的组成与内核结构

操作系统主要由驱动程序、内核、接口库及外围四大部分组成，并不是所有的操作系统都严格包括这四大部分。例如，在早期的微软视窗操作系统中，这四部分耦合程度很深，难以区分彼此。而在使用外核结构的操作系统中，则根本没有驱动程序的概念。

在四大部分组成中，内核是一个操作系统的核心，是提供硬件抽象层、磁盘及文件系统控制、多任务等功能的系统软件，负责管理系统的进程、内存、设备驱动程序、文件和网络系统，决定着系统的性能和稳定性。图 6-36 所示为操作系统内核结构示意图。

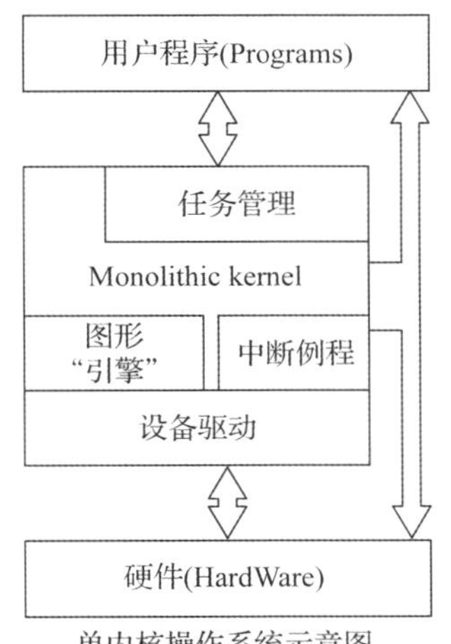

单内核操作系统示意图

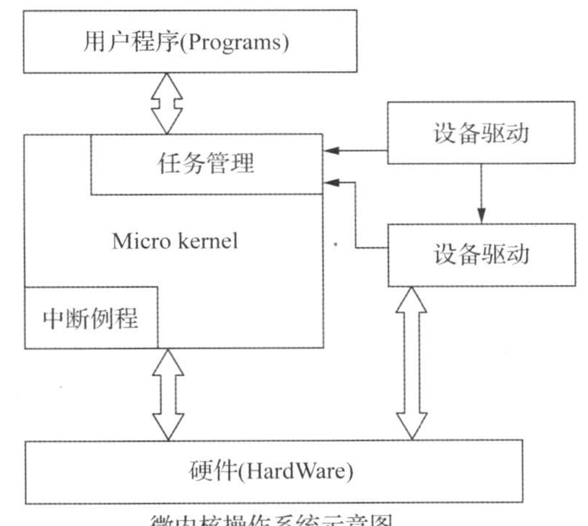

微内核操作系统示意图

图 6-36　操作系统内核结构示意图

内核是操作系统的基础，是为众多应用程序提供计算机硬件安全访问的一部分软件，这种访问是有限的，并且内核可以决定一个程序在什么时候对某部分硬件进行操作及操作时长。直接对硬件操作是非常复杂的，所以内核通常会提供一种硬件抽象的方法来完成这些操作。硬件抽象的方法隐藏了复杂性，为应用软件和硬件提供了一套简捷、统一的接口，使程序设计更为简单。

严格地说，内核并不是计算机系统中必要的组成部分。程序可以直接调入计算机中执行，这样的设计说明了设计者不希望提供任何硬件抽象和操作系统的支持，它常见于早期计算机系统的设计中。随后，一些辅助性程序，例如程序加载器和调试器，被设计到机器核心当中，或者固化在只读存储器中，这些变化的发生使操作系统内核的概念更加明晰了。

内核的结构可以分为以下几种。

(1) 单内核(monolithic kernel)，又称为宏内核。单内核结构是一种操作系统中各内核部件混居的结构，该结构产生于 1960 年，历史最长，是操作系统内核与外围分离时的最初形态。

(2) 微内核(micro kernel)，又称为微核心。微内核结构是 1980 年产生的，强调结构性部件与功能性部件的分离。自 1980 年起大部分理论研究都集中在以微内核为主要内容的新兴结构上。然而，在应用领域之中，以单内核结构为基础的操作系统却一直占据着主导地位。

(3) 混合内核(hybrid kernel)，类似于组合微内核结构，只不过它的组件更多地在核心态中运行，以便获得更快的执行速度。

(4) 外内核(exo kernel)，其设计理念是尽可能地减少软件的抽象化，这使得开发者可以专注于硬件的抽象化。外内核的设计极为简化，它的目标是同时简化传统微内核的信息传递机制，以及整块性核心的软件抽象层。

2. WSN 操作系统

1) WSN 操作系统(WSNOS)总体框架

以伯克利大学开发的无线传感器网络专用 WSNOS——TinyOS 为例，可以说明其总体架构。图 6-37 所示为 TinyOS 的总体架构。物理层硬件为框架的最低层，传感器、收发器以及时钟等硬件能触发事件的发生，再交由上层处理，相对下层的组件也能触发事件交由上层处理，而上层会发出命令给下层处理。为了协调各个组件任务的有序处理，操作系统需要采取一定的调度机制。

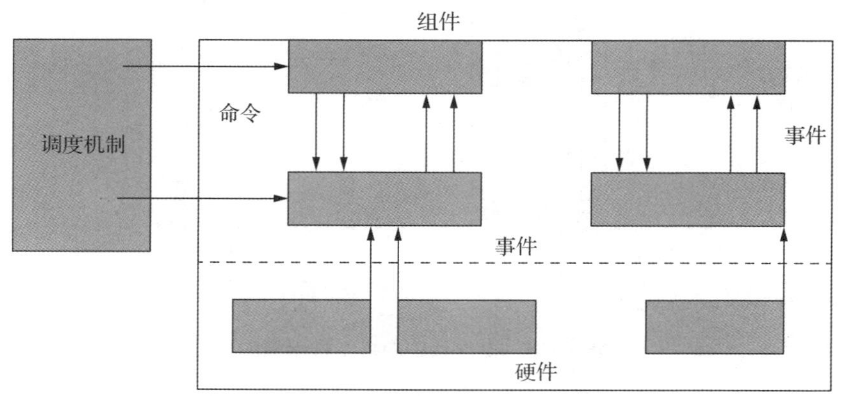

图 6-37　TinyOS 的总体架构

WSNOS 组件的具体内容包括一组命令处理函数，一组事件处理函数，一组任务集合和一个描述状态信息及固定数据结构的框架。除了 WSNOS 提供的处理器初始化、系统调度和 C 运行时库三个组件是必需的以外，其他每个应用程序都可以非常灵活地使用任何 WSNOS 组件。这种面向组件的系统框架有三个主要特征。

(1) “事件-命令-任务”的组件模型可以屏蔽低层细节，有利于程序员编写应用程序。

(2) “命令-事件”的双向信息控制机制，使得系统的实现更加灵活。

(3) 调度机制独立成一块，有利于为了满足不同调度需求而进行的修改和升级。

2) WSNOS 内核分析

TinyOS 是最早的节点微型操作系统。以 TinyOS 为例介绍 WSNOS 的内核。其内核主要有以下几个部分。

(1) 任务调度。

(2) 中断嵌套。

(3) 时钟同步。

(4) 任务通信和同步。

(5) WSNOS 内存管理。

3) nesC 编辑语言

TinyOS 操作系统和 nesC 编程语言的组合已经成为 WSN 以节点为中心编程的事实标准。nesC 语言是 C 语言的扩展，提供了一组语言结构来为分布式的嵌入式系统(如 motes)提供开发环境。TinyOS 是利用 nesC 编写的基于组件的操作系统。与传统的编程语言不同，nesC 必须面对 WSN 的独特挑战。例如，传感网络中的活动(如感知获取、消息传输和到达)是通过事件来初始化的，例如对物理环境变化的监测。这些事件可能发生在节点处理数据时，即传感器节点必须能够在执行它们处理的任务时同时响应事件。此外，传感器节点通常资源受限且硬件易发生故障，因此针对传感器节点的编程语言应该考虑这些特性。

基于 nesC 的应用由组件集合组成，其中每个组件提供并使用“uses”接口的方法调用隐藏了下层组件的细节。接口描述了使用某种形式的服务(如发送消息)。下面的代码展示了一个具体的 TinyOS 定时器服务的例子，这个示例提供了 StdControl 和 Timer 接口，使用了 Clock 接口。

```
module TimerModule {
    provides {
         interfaceStdControl;
         interface Timer;
}
uses interface Clock as Clk;
}
interface StdControl {
     command result_t init();
}

interface Timer {
     command result_t start (char type, unit32_tinterval);
command result_t stop ();
event result_t fired();
}

interface Clock {
   command result_t setRate (char interval, char scale);
event result_t fire ();
}

interface Send {
     command result_t send (TOS_Msg*msg, unit 16_t length);
     event result_t sendDone (TOS_Msg*msg, result_t success);
}

interface ADC {
     command result_t getData ();
     event result_t dataReady (unit16_t data);
}
```

这个示例还显示了 Timer、Std Control、Clock、Send(通信)和传感器(ADC)接口。Timer 接口定义了两种类型的命令(本质上是函数)，即启动和停止。Timer 接口还定义了一个事件，也是一个函数。接口的提供者执行命令，而用户执行事件。同样，所有其他接口在这个例子中都定义了命令和事件。

模块是由应用程序代码实现的组件，而配置组件是通过连接现有组件的接口实现的。每个 nesC 应用程序都有一个顶级配置，用来描述组件是如何连接到一起的。在 nesC 中，函数(即命令和事件)被描述为 f.i，其中 f 是接口 i 中的一个函数，可使用 call 操作(命令)或 signal 操作(事件)来调用函数。下面的代码是一个定期获取传感器读数的应用程序的部分关键代码。

```
module Periodic Sampling {
    provides interface StdControl;
    uses interface ADC;
    uses interface Timer;
    uses interface Send;
}

implementation {
    unit16_t sensorReading;
    command result_t StdContol.init () {
       return call Timer.start (TIMER_REPEAT, 1000);
}

event result_t Timer.fred () {
    call ADC.getData ();
    return SUCCESS;
}
event result_t ADC.datReady (unit16_t data) {
    sensorReading = data;
    …
    return SUCCESS;
}
…
}
```

本示例中 StdControl.init 在引导时被调用，它创建了一个重复计时器，每隔 1000 ms 计时到期。计时器到期后，通过调用 ADC.getData 会触发实际的传感器数据采集(ADC.dataReady)，从而可以得到一个新的传感器数据样本。

回到 TinyOS 计时器的例子，下面的代码显示了如何通过连接两个子组件，即 TimerModule 和 HWClock(它提供了访问芯片上的时钟)，在 TinyOS 中建立定时器服务(TimerC)。

```
configuration TimerC {
    provides {
        interface StdControl;
    Interface Timer;
    }
  }

Implementation {
   components TimerModule, HWClock;

   StdControl = TimerModule.StdControl;
   Timer = TimerModule.Timer;

   TimerModule.Clk->HWClock.Clock;
}
```

在 TinyOS 中，代码要么以异步方式执行(响应一个中断)，要么以同步方式执行(作为

一个预定任务)。当并发执行更新到共享状态的时候，可能出现竞争。在 nesC 中，如果代码可以从至少一个中断处理程序中到达，那么称它为异步代码(AC)；如果代码只能从任务到达，那么称它为同步代码(SC)。同步代码总是原子地(atomic)同步到其他代码，因为任务总是顺序执行且没有抢占。然而，当从异步代码修改到共享状态或者从同步代码修改到共享状态，竞争就可能发生。因此，nesC 为编程人员提供了两种选择以确保其原子性：第一种选择是把所有的共享代码变换为任务(即只使用 SC)；第二种选择是使用原子部分(atomic section)来修改共享状态，共享状态就是用简短的代码序列使 nesC 能自动运行。原子部分利用原子关键字表示，它表示声明的代码块是自动运行的，即没有抢占，代码如下。

```
…
event result_t Timer.fired () { bool localBusy;
    atomic {
        localBusy = busy;
        busy = TRUE;
}
    …
}
…
```

非抢占的方式可以通过禁止中断的原子部分来实现。但是，为了确保中断不被禁用太久，在原子部分中不允许有调用命令或信号事件。

6.5　传感网系统的设计与开发

进入 21 世纪，计算机将对人类的生活方式产生更深远的影响，微型嵌入式计算设备可以实时采集、处理各种相关信息，然后利用各种通信技术手段同其他异构设备实现各种互联事务处理和数据交互，无论何时何地都可以向人类提供需要的信息。MIT 技术评论(technology review)在预测未来技术发展的报告中，将无线传感器网络列为改变世界的十大新技术之一。无线传感器网络的出现引起了世界各科研机构的高度重视。无线传感器网络的广阔应用前景也引起了国内学术界和工业界的高度重视，国内许多高校及研究院所均开始从不同的角度入手，开始对无线传感器网络进行各个方面的研究。所以，以下将简要介绍无线传感器系统的设计与开发。

6.5.1　无线传感器网络系统设计基本要求

1. 系统总体设计原则

无线传感器网络的载波媒体可能的选择包括红外线、激光和无线电波。为了提高网络的环境适应性，所选择的传输媒体应该在多数地区都可以使用。红外线的使用不需要申请频段，不会受到电磁信号的干扰，而且红外线收发器价格便宜。激光通信保密性强、速度快。下面通过对无线传感器网络节点的制作工艺及各种不同场合下的应用进行分析，总结了以下 4 条基本设计原则。

(1) 节能是传感器网络节点最主要的问题。

(2) 成本的高低是衡量传感器网络节点设计优劣的重要指标。

(3) 微型化是传感器网络追求的终极目标。

(4) 可扩展性也是设计时必须考虑的问题。

2. WSN 路由协议设计要求

对于传感器网络的特点与通信需求，网络层需要解决通过局部信息来决策并优化全局行为(路由生成与路由选择)的问题，其协议设计非常具有挑战性。根据上述因素的考虑和对当前各种路由协议的分析，在 WSN 路由协议设计时一般应遵循下述各项设计原则。

(1) 健壮性。

(2) 减少通信量以降低能耗。

(3) 保持通信量负载平衡。

(4) 路由协议应具有安全机制。

(5) 可扩展性。

6.5.2 无线传感器网络的实现方法

1. 系统总体方案

系统由基站节点、传感器节点和上位机组成。节点硬件模块主要包括 7 部分，即处理器(MSP430F149)、Si4432 射频收发模块、电源管理模块、串口通信模块、JTAG 下载模块、传感器接口模块和 E2PROM 存储模块。

2. 自组织协议设计

在协议中，可以通过定义数据包的格式和关键字实现节点的自组织。

1) 协议格式

自组织协议格式为 Pre-Sync-Key-From-Mid-Fina-Data-Che-Flag。

2) 自组织算法

网络由一个基站和若干个传感器节点组成，基站通电初始化后就会马上进入低功耗状态(Si4432 射频模块处于睡眠状态)；传感器节点能随机地部署在需要采集信息的区域内，通电初始化后开始组网，图 6-38 所示为自组织算法流程。

3. 节点硬件设计

传感器节点要求低功耗、体积小，因此选用的芯片都是集成度高、功耗低、体积小的芯片，其他器件基本上采用贴片封装。节点硬件框如图 6-39 所示。

4. 系统软件设计

图 6-40 所示为系统软件的结构图，本系统软件设计注重低功耗、数据采集实时性、系统稳健性及可靠性，在低功耗设计中采用智能控制策略，可使系统在工作时处于全速工作状态，其他器件时刻处于低功耗状态。

1) 基站软件

基站节点因通过上位机 USB 供电，所以一直处于全速工作状态，加快了对外部的响

应速度。通电初始化后，根据中断程序中的标志位值可对获得的信息进行相应处理，处理完后把标志位置零，循环执行此操作。基站节点通过串口与上位机相连；因此外部事件包括串口中断事件和接收到数据中断事件。

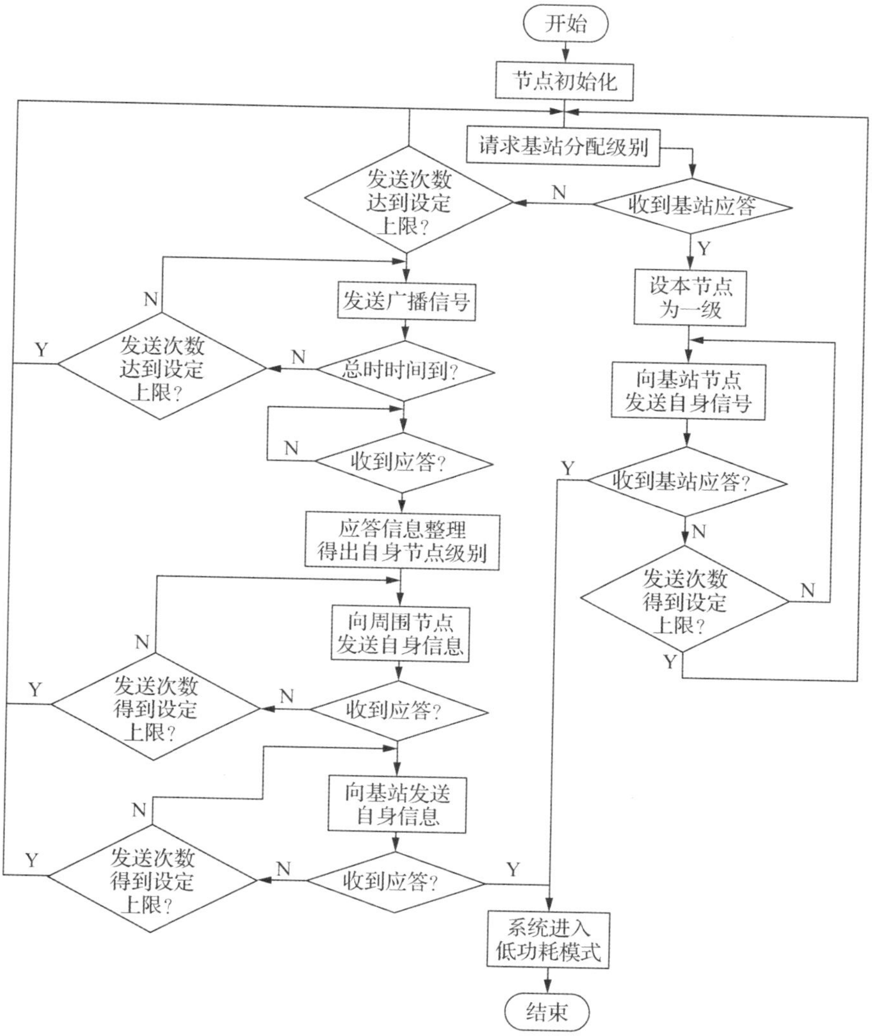

图 6-38　自组织算法流程

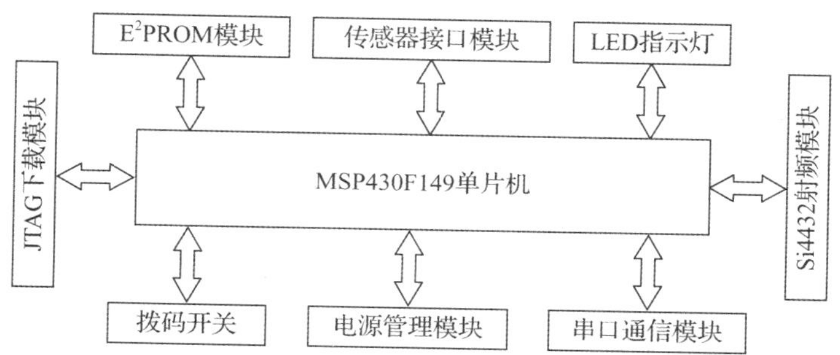

图 6-39　节点硬件框图

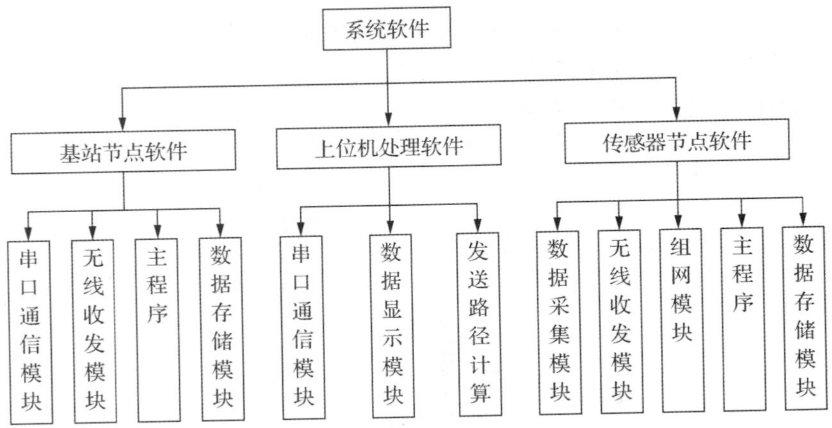

图 6-40　系统软件结构图

2) 传感器节点软件

传感器节点主程序主要是实现组网，当节点通电初始化后设定发射功率为最小，请求入网。如果入网不成功，则会加大发射功率，继续请求入网。经试验证实，发射功率越小，电池的使用寿命就越长。入网成功后，保存入网信息，并马上进入低功耗状态，同时使用外部接收数据中断和定时器采集中断。程序流程分别如图 6-41 和图 6-42 所示。

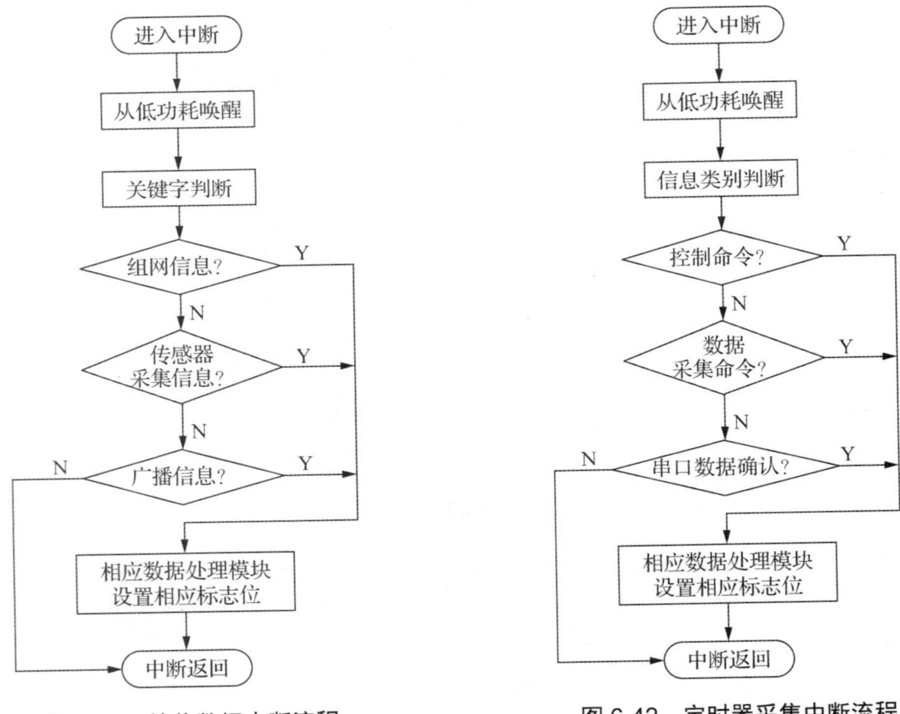

图 6-41　接收数据中断流程

图 6-42　定时器采集中断流程

3) 上位机软件

上位机软件的主要功能有发送重组网命令、向任意传感器节点发送采集信息命令、建立良好的人机界面用于观察传感器采集来的信息、帮助基站节点处理数据减轻基站的负担等。

6.6　无线传感器网络的应用案例

无线传感器网络的计算模型涉及网络的组织、管理和服务框架，信息传输路径的建立机制，面向需求的分布信息处理模式等问题，是无线传感器网络发展需要首先解决的问题。通信协议是核心内容，包括无线信道调制、共享信道分配、路由构建及与因特网互联等。

6.6.1　案例一：基于 Z-Stack 协议栈的无线传感器网络组网

1. 实践内容

利用 Z-Stack 协议栈组成基于 Z-Stack 的星状组网。

2. 实践设备

硬件：B1 板 ZigBee 协调器模块多个，LCD 显示屏一个，Debugger(CC Debugger)仿真器一台。

软件：IAR Embedded WorkBench。

3. 实践原理

1) 星状网络拓扑图

ZigBee 星状网络是使用 ZigBee 协调器启动之后向周围发出一个空闲网络编号(PANID)使其他终端节点加入该网络编号的网络，协调器自身位于网络当中，各个终端节点与协调器是一一对等的点对点通信，如图 6-43 所示。

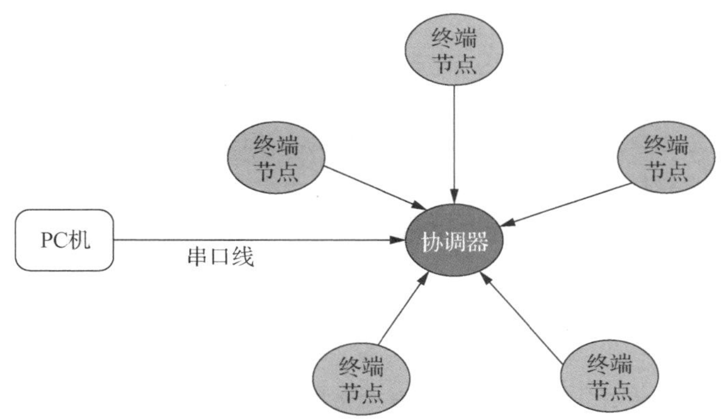

图 6-43　星状网络通信拓扑图

2) 关键事件函数

(1) 应用层向操作系统注册事件，向操作系统注册设备信息报告函数。

(2) 向操作系统分配任务事件片函数，当其向操作系统注册了事件之后，操作系统只会处理一次，而有的事件需要操作系统不停地处理，这个时候就得使用 osal_start_timerEx (uint8 taskID，uint16 event_id，uint16 timeout_value)来向操作系统申请分配时间片，使其能

在操作系统表面被不停地处理。

(3) 向操作系统申请设备状态报告事件时间片。

4. 实践步骤

(1) 替换工程文件。

(2) 替换之后的 App 下源文件。

(3) 设置 CoordinatorEB 工作空间。

(4) 设置 SensorEB 工作空间。

(5) 完成星状组网任务。

5. 核心源码解析

1) Sensor.c 源代码(终端节点上的源码)

(1) 函数名：zb_HandleOsalEvent(uint16 event)。

函数功能：处理系统事件。

函数参数：event 为系统事件号。

(2) 函数名：zb_SendDataConfirm(uint8 handle，uint8 status)。

函数功能：每次数据发送之后操作系统调用以确保数据发送成功。

函数参数：handle 为数据传输识别操作号，status 为操作状态。

(3) 函数名：sendReport(void)。

函数功能：终端设备向协调器发送传感器数据。

2) Collector.c 源码(协调器上的源码)

(1) 函数名：zb_HandleOsalEvent(uint16 event)。

函数功能：处理系统事件。

函数参数：event 为系统事件号。

(2) 函数名：zb_SendDataConfirm(uint8 handle，uint8 status)。

函数功能：每次数据发送之后操作系统调用以确保数据发送成功。

函数参数：handle 为数据传输识别操作号，status 为操作状态。

(3) 函数名：zb_BindConfirm(uint16 commandId，uint8 status)。

函数功能：终端设备绑定报告。

函数参数：commandId 为命令号，status 为操作状态。

6.6.2 案例二：基于 Z-Stack 的无线数据(温湿度)传输

1. 实践内容

采用 AM2321 温湿度传感器，设计一个基于 Z-Stack 的无线数据(温湿度)传输实践程序。

2. 实践设备

硬件：终端节点(带 AM2321)、协调器、串口线、电源、计算机等。

软件：IAR Embedded WorkBench，STC_ISP_V479 或者串口调试助手。

3. 实践原理

1) Z-Stack 组网通信基本流程

本实践的协调器与终端节点采用固定的 PANID=0x2FFFF(同一个地方多人实验最好自己独立使用一个 PANID，另外 PANID 设定与其他已启动的 PANID 相同的话，那么用户的 PANID 会自动加 1)。

2) ModBus 指令介绍

ModBus 协议是 1979 年由 Modicon 发明，应用于电子控制器上的一种通用语言，它已经成为一种通用工业标准，目前由 IDA 组织管理，它定义了一个控制器能认识使用的消息结构，而不管它们经过何种网络通信。

ModBus 协议的 ASCII 和 RTU 两种传输方式如下所述。

ASCII 模式下的帧格式如表 6-3 所示。

表 6-3　ASCII 模式下的帧格式

开　始	地　址	功 能 码	数　据	LRC	结　束
1 字节	2 字节	2 字节	0~2×252 字节	2 字节	2 字节 CR，LF

RTU 模式下的帧格式如表 6-4 所示。

表 6-4　RTU 模式下的帧格式

地　址	功 能 码	数　据	CRC 校验
8 位	8 位	N×8 位	16 位

如果将控制器设为在 ModBus 网络上以 RTU(远程终端单元)模式通信，那么在消息中的每个 8 bit 就会包含 2 个 4 bit 的十六进制字符。这种方式的主要优点是在同样的波特率下，可比 ASCII 方式传送更多的数据。

3) ModBus 协议的功能码

如表 6-5 所示，只列出 ModBus 协议的技术资料中常用的 21 个功能码。

表 6-5　常用功能码

功能码	名　称	用途描述
01	读取线圈状态	取得一组逻辑线圈的当前状态，判断是 ON 还是 OFF
02	读取输入状态	取得一组开关输入的当前状态，判断是 ON 还是 OFF
03	读取保持寄存器	在一个或多个保持寄存器中读取当前的二进制值
04	读取输入寄存器	在一个或多个输入寄存器中取得当前的二进制值
05	强置单线圈	强置一个逻辑线圈的通断状态
06	预置单寄存器	把具体二进制装入一个保持寄存器
07	读取异常状态	取得 8 个内部线圈的通断状态，这 8 个线圈的地址由控制器决定，用户逻辑可以将这些线圈定义
08	回送诊断校验	把诊断校验报文送至从机
09	编程(适用 485)	使主机模拟编程器功能，修改 PC 逻辑

续表

功能码	名　称	用途描述
10	探询(适用 485)	可使主机与一台正在执行长程序任务的从机通信，查询该从机是否完成操作任务
11	读取事件个数	使主机发出单询问，判断操作是否成功
12	读取通信事件记录	使主机检索每台从机的 ModBus 事务处理记录，如果某一种事务处理完毕，记录会出现相关错误
13	编程(484 等)	使主机模拟编程器功能，修改 PC 从机逻辑
14	探询(484 等)	使主机与正在执行任务的从机通信，定期探询从机是否已完成其程序操作，仅在有 13 这个功能码的报文发送后，本功能码才可发送
15	强置多线圈	强置一串连续逻辑线圈的通断
16	预置多寄存器	把具体的二进制值装入一串连续的保持寄存器
17	报告从机标识	使主机判断编址从机的类型及该从机运行指示灯的状态
18	MICRO 84	使主机模拟编程功能，修改 PC 状态逻辑
19	重置通信链路	发生非可修改错误后，从机复位于已知状态，可重置顺序字节
20	读取通用参数	显示扩展存储器文件的数据信息
21	写入通用参数	把通用参数写入扩展存储文件或者对其进行修改

4. 实验步骤

实验步骤应该注意以下事项。

(1) AM2321 是由保护塑料外壳包裹的感应元件，基本通过空气来接触外界，所以你用手直接触摸它的外壳时温度的变化可能比较小，如果你将其放在温差比较大的两处地方，会看到温湿度变化明显。

(2) 注意串口调试助手的参数设置：96008N1。

(3) 程序中采用 ModBus 数据格式，在 Read_Sense(void)函数中采用终端节点地址及寄存器地址来做判断并无复杂之处，只是一种传输数据的格式而已。

6.6.3 家庭自动化系统设计实例

1. 基于 ZigBee 的智能照明系统设计

系统主要由四大部分构成，即照明灯部分、协调器部分、上位 PC 机部分、用户客户端部分。照明灯部分由 CC2530 芯片、检错电路、光敏感传感器、MW 调光及开关、照明灯组成。CC2530 芯片可以通过 PMW 控制灯的明暗和开关。检错电路和光敏感传感器将检测灯的状态信息发送给 CC2530 芯片，芯片收集处理信息。协调器由 CC2530 芯片和 MAX232 组成。协调器部分与照明灯部分的 CC2530 芯片基于 Zstack 协议搭建 ZigBee 无线通信技术以实现无线通信。下位的 CC2530 芯片将信息无线发送至协调器 CC2530 芯片，协调器 CC2530 芯片收集多组信息，集成处理。协调器经由 MAX232 串口通信与上位 PC 机连接。PC 机收集数据，处理分析，监控整个系统。PC 机基于 TCP/IP 协议搭建无线局域网，客户端通过无线网络连接 PC 机，获取信息，同步数据，实现智能监控。整个过程由上到下，由上位 PC 机发起，然后由灯控上的节点应答。

1) 系统的总体结构设计

智能照明系统基本由 4 部分组成，即协调器节点、灯控节点、上位机 Web 平台和 Android 或 WinCE 控制终端。本设计的 ZigBee 协议栈是以 Z-Stack 协议栈为基础而进行开发的。Zstack 协议栈由 TI 官方建立，它的普及性极强，二次开发容易，适用于各种人群。而上位机拥有 Web 平台功能且具有服务器性能，因此可借助服务器来组建无线局域网，从而将手持控制终端设备加入局域网中，以便达到手持设备与协调器节点相互通信的目的。不但如此，底层协调器节点和各灯控节点之间也具有同样的数据通信协议。这个协议为了避免发生多个灯控节点同时发送数据产生冲突的状况，故采用了一问一答的主从式通信方式。此通信的过程全部是由上位机发起，由灯控节点来进行应答。

在上层监控软件中，客户端与手持设备的通信协议一般可采用 TCP/IP。基于整个系统数据流传输的过程，便可以将下层两个传感器所采集到的数据优先传递给灯控节点中的主控 MCU，然后再经过 ZigBee 协议传到上层网关及监控客户端。该系统所采用的 CC2530 芯片由 TI 公司生产，具有符合低功耗环境开发的基本条件。由于它可直接编码且代码移植性好，并具有技术成熟、价格低廉等优势，从而成为目前 ZigBee 开发的主流芯片。

该系统的光敏传感器输入接口为数字 I/O 端口 p0_1，温度传感器输入接口为 p1_1，灯控开关和 PWM 调光的输出接口为 p1_4。基于 Z-Stack-CC2530-2.2.2-1.3.0 协议栈就可以成功地开发该系统。该系统可根据外界光照强度自动调节灯泡亮度。首先底层自动检测电路要一直处于工作状态，假如在灯泡损坏的情况下，而灯泡又需要打开，这时便会由底层检测电路反馈错误信息，并同时将反馈的错误信息显示在上位机和手持设备上，从而告知用户，以便他们及时更换。在整个系统的设计中，为了使其能进行维护和检测，可以将协调器和所有灯控的节点作为基础，然后将收集到的温度和光照以数据的方式向协调器传输，最后再由协调器将接收到的数据发给上位机和手持设备。

2) 硬件的设计

(1) 灯控的节点设计。系统灯控节点主要由 6 部分构成，即 CC2530 芯片、传感器模块、差错检测电路、PWM 调光及开关、外围电路和电源。

由 2530 主芯片和所有管脚的外接电路构成了芯片模块，该模块可以进行快速接收、传送和处理数据。而传感器模块部分主要采用的是 DS18B20 温度传感器和光敏传感器，该模块主要用于感知周围的环境，并将感知到的参数传送给 CC2530 芯片。调光模块含有电压升压模块，功能是对灯泡的亮暗进行调节，靠的是芯片模块的自主调控或用户对 PWM 信号的设定。

系统的检错电路主要由一个 2N551 小功率三极管、两个二极管及电阻来对电压的变化进行控制。信号输出端在左侧箭头所指的方向，当其处于高压状态时，输出的数字信号为 1，这时便可由协议栈内部进行编程，若此时灯控节点的内部接收到了触发信号，便会立即向协调器节点发送预警信号，最后由 TCP/IP 协议将数据同步到 Web 和手持客户端，以便用户及时发现并更换灯泡。

(2) 协调器的节点设计。协调器的节点由 5 部分组成，分别为无线收发器 CC2530、射频天线 RF、电源模块、晶振电路和串口电路。RF 的输入/输出是高阻和差动的。当使用不平衡天线时，为了使系统的性能优化，此时应使用不平衡变压器，该变压器可以运行在多

种场合(如在电感器和电容器中)。对于电源模块，主要是给 CC2530 的数字 I/O 和部分模拟 I/O 提供电压为 2.8 V 左右(±0.8 V)的直流电。串口电路是为了将通过芯片接收到的数据传送给上位机，但是因为上位机与芯片 CC2530 的电平不一致，为此需要一个转换电路能够将电平进行转换，所以我们选用了 MAX232 电平转换电路。

3) 灯控系统的软件设计

软件设计的部分主要由客户端、服务器和底层 ZigBee 协议栈所构成，客户端若想从服务器获取数据信息，需要将所有客户端连接到总服务器上，从而实现数据的交互。

软件设计上位机是服务器与主节点通过 RS232 串口通信的纽带，并借助建立 TCP/IP 协议来与手持设备创建连接，同时利用互联网和 Socket 通信来保持手持设备与服务器信息的同步和更新。

上位机软件主要可分为串口与网络初始化、建立连接与数据传输校验处理 3 部分。开始时，上位机运行，并获取系统的串口数据，再通过选取相应的 COM 口从而获取本机的相应 IP。接着，需手动选定 COM 接口和调制参数，并在手持设备上输入本机 IP 建立起连接。连接成功之后，便可通过上位机和各个节点与已连接的设备进行数据的传输和校验，从而实现报警、调节等一系列功能。

2. 基于 GPRS/ZigBee 的智能家居控制系统

智能家居控制系统从结构上可分为传感模块、中央处理器和用户 3 部分。传感器和中央处理器之间通过 RS-485 总线完成数据的交换。中央处理器和用户之间通过 GPRS 技术完成家居状态信息的反馈以及命令的发送、接收，从而实现用户、中央处理器和传感模块之间的信息交互，并进行远程控制。

智能家居控制系统可实现以下功能。

(1) 智能家居控制系统可通过语音、远程电话接收命令，并将命令转化处理，实现对应命令的要求。

(2) 智能家居控制系统可以完全监控室内各项指标，包括室内可燃气体、烟雾浓度监测，温湿度监测，光照强度监测，室内人物监测，门窗开闭监测。

(3) 智能家居控制系统对各项监测数据迅速处理。包括可燃气体、烟雾浓度超标，启动信息发送，向用户发送信息并报警；室内温度偏离预定值，自动启动空调调节功能，使温度向预定值靠近；室内光照强度发生变化，自动控制窗帘开闭、电灯开闭，使室内光照接近预定值。

(4) 工作于防盗模式下，监测房屋内是否有人，若有人，启用摄像头对人物拍照，向用户发送消息，并等待用户回应，根据用户的回应，判断是否报警。若在 10 min 之内未接收到回应，则会报警。

1) 硬件设计

智能家居控制系统整体采用以 ARM 为核心的嵌入式系统技术，传感模块、外围家电设备、控制模块以及中心处理器之间通过 RS-485 总线进行连接。

传感模块接收外部信息，经 RS-485 总线传送给中心处理器，中心处理器对数据进行分析处理，将命令经由 RS-485 总线传输至控制模块，进而实现对外围家电的控制；或经由串口将信息送至 SIM300(GPRS 模块)，然后由 SIM300 将信息发送至用户手机。同时用户可以通过手机短信的形式将命令发送，由 SIM300 接收，再由中心处理器解析，达到远

程控制的目的。

GPRS 技术是实现智能家居控制系统无线传输的重要技术支柱。由于其面向用户，故本系统需要极高的系统安全保障和稳定性。安全保障主要是防止来自系统内外有意和无意的破坏，安全防护措施包括信道加密、信源加密等。稳定性是指系统能够 24 小时不间断运行，即使出现硬件和软件故障，智能家居控制系统也能持续稳定地运行。智能家居控制系统安全防护措施主要包括以下几种。

(1) 利用 SIM 卡的唯一性，对用户 SIM 卡对应的手机号码进行鉴别授权，在网络侧对 SIM 卡号和 APN 进行绑定，划定用户可接入的系统范围。

(2) 对于特定用户，可通过数据中心分配特定的用户账号和密码，其他没有数据中心分配的用户账号和密码的用户将无法进入系统，智能家居控制系统的安全性进一步增强。

(3) 数据加密：通过 VPN 对整个数据传送过程进行加密保护。

2) 软件设计

软件需要根据硬件的使用情况制订设计方案，由于智能家居控制系统使用的是 ARM-LINUX 系统，且该系统支持众多的网络协议，对硬件功能的稳定性以及实时性提供了重要的保障。在这里，我们选择了 TCP/IP 协议，将 GPRS 无线传输与 RS485 总线控制作为本系统软件设计过程中两大重要组成部分。其中 RS485 总线技术相对应用比较广泛，使用较为普及，在此不做重点论述。以下将以 GPRS 无线传输作为重点话题并展开论述。

在短信发送之前，需要考虑编码转换问题。在 LINUX 系统中，中文字符采用 GB-2312 模式存储，但在 GPRS 数据传输过程中，数据格式为 16 位 PDU 编码。在此，我们使用函数 icnov()实现了 GB-2312 编码向 16 位 PDU 编码的转换。编码转换完毕之后，便可以开始发送信息。在发送过程中，首先需要等待 MC35 模块接收到 AT 指令后的 OK 响应。然后通过 AT 和 CSCA 设置短信中心号码及格式然后发送 AT+CMCS=“电话号码”，得到提示符。此时可以向 MC35 模块发送编辑好的 PDU 编码并以特定格式结束。得到响应“OK”则发送成功，否则发送失败，需重新执行上述各种操作。

3) 结论

智能家居能够使我们的生活更舒适、更方便、更快捷，其从根本上改变了传统的生活方式。它的出现可以说是 21 世纪人类生活方式的一次“大革命”。它能够对我们居家的电器进行高效率、精准的智能化控制，例如，它能根据室内的光线强度自动调节灯的亮度，能根据主人的语音指令自动开启热水器以及电视机和窗帘机等家用电器，真正使人贴心、放心和舒心。

3. ZigBee 在智能家居中的应用

智能家居，又被称为智能住宅，是以住宅为平台，利用综合布线技术、自动控制技术、网络通信技术、安全防范技术、音视频技术将与家居生活有关的设备集成，构建高效的住宅设施与家庭日常事务管理系统，提升家居的安全性、便利性、舒适性、艺术性，并营造环保节能的居住环境。智能家居起源于 20 世纪 80 年代的美国，随着我国人民生活水平的不断提高，已经有越来越多的厂商和个人开展了对智能家居的研究，并有各类相关产品问世。

传统的智能家居更多的是通过有线的方式组建，比如常见的 Ethernet、CEBus、X-10

等，其中得到最广泛应用的是 X-10，主要是因为其相对低廉的价格和用户可自行装设的特点；CEBus 的性能虽然优于 X-10，但是由于售价较高而难以得到普及；Ethernet 主要用于高速数据传输网络，用于家庭自动化控制则会受到电缆布线的限制。和采用有线网络通信技术的智能家居产品相比较，无线技术解决方案最吸引人的地方是安装布置的灵活性、低廉的安装费用和在智能家居系统进行重新布置时的可移动性。尽管无线通信技术和有线相比较有明显的优势，而且无线局域网技术和蓝牙技术已经在市场上获得了巨大的成功，但无线通信技术在智能家居领域应用相对还是较少。这主要是因为目前没有一项标准化的、获得各厂商一致认可的无线通信技术适合在智能家居领域进行广泛的推广，而且现有的一些针对智能家居领域无线通信产品的价格偏高，导致无线通信技术在智能家居的应用停滞不前。随着近年来人类在微电子机械系统(MEMS)、无线通信、数字电子方面取得的巨大成就，使发展低成本、低功耗、小体积、短通信距离的多功能传感器成为可能。近年来所涌现的一项新的无线通信技术——ZigBee 技术将改变这种状况。ZigBee 技术产品以其低成本、低功耗、低传输速率、优秀的组网能力，被广泛认为将在未来的几年中对智能家居行业产生重大的影响。

ZigBee 技术能够在低功耗条件下提供短距离、低速的数据传输，使用普通干电池的 ZigBee 无线传感器能够持续运行 2～3 年。另外，ZigBee 技术优秀的组网能力也使它和其他无线通信技术在智能家居系统中的应用相比尤其具有无可比拟的优势。具体地分析，ZigBee 技术有以下几种优势。

(1) 低成本，ZigBee 技术是免协议专利费的，而且每块芯片的价格为 2 美元左右。

(2) 低功耗，在低耗电待机模式下，两节五号干电池可支持 1 个节点工作半年至两年时间，甚至更长。

(3) 低速率，ZigBee 工作在 20～250 kbps 的较低速率，在不同频带间分别提供 250 kbps(2.4 GHz)、40 kbps(915 MHz)和 20 kbps(868 MHz)的原始数据吞吐率可以满足低速率传输数据的应用需求。

(4) 短时延，ZigBee 的响应速度较快，一般从睡眠状态转入工作状态只需 15 ms，节点连接进入网络只需 30 ms，进一步节省了电能。相对而言，Wi-Fi 需要 3 s，而蓝牙则需要 3~10 s。

(5) 大容量，ZigBee 可采用星状、树状和网状网络结构，由一个主节点管理若干子节点，一个主节点最多可管理 254 个子节点，同时主节点还可由上一层网络节点管理，最多可组成 65 000 个节点。

(6) 高安全性，ZigBee 提供了三级安全模式，包括无安全设定、使用访问控制列表(ACL)防止非法获取数据以及采用高级加密标准(AES 128)的对称密码，以灵活确定其安全属性。基于上述特点可看出，ZigBee 主要可应用于短距离范围内并且数据传输速率不高的各种电子设备之间，其典型的传输数据类型有周期性数据(如传感器数据)、间歇性数据(如照明控制)和重复性低反应时间数据等。因此 ZigBee 技术十分适合应用于智能家居系统之中。

目前，ZigBee 的开发以大厦自动化设备、产业、医疗及家庭自动化等领域为目标。尤其在自动仪表领域，ZigBee 拥有很高的关注度。但在智能家居市场，由于竞争技术较多，ZigBee 成为唯一标准的可能性很低，但因为自身的技术特点，发展前景还是值得期待的。

目前，国际上智能家居领域专家们的共识是，ZigBee 技术在智能家居中的应用将不可阻挡，但是多种无线技术并存的局面将会持续很长时间，能否完全取代其他技术，成为智能家居领域的首选，还要多方面的共同努力，进一步完善技术，加快标准化的脚步。

6.6.4 楼宇自控系统设计实例

楼宇自控系统(building automation system，BAS)是智能建筑中不可缺少的重要组成部分，在智能建筑中占有举足轻重的地位。它可对建筑物内部的能源使用、环境及安全设施进行监控，它的目的是营造一种安全可靠、节约能源、轻松舒适的工作或居住环境，同时极大地提高大厦管理的科学性和智能化水平。

BAS 设计为集散控制系统，它是将计算机网络及接口技术应用于楼宇自控系统。它通过系统中央监控管理中心的集中管理和各现场控制器的分散控制实现对建筑物内水、暖、电、消防、保安等各类设备的综合监控与管理。管理者可以通过中央监控管理中心的可视化图形界面对所有设备进行操作、管理等，同时通过网络实时地获取各种设备运行状态的报告和运行参数，可以有效地提高管理水平和工作效率。利用计算机网络和接口技术将分散在各个子系统中不同楼层的直接数字控制器连接起来，通过联网实现各个子系统与中央监控管理级计算机之间及子系统相互之间的通信，构建分散控制、集中管理的功能模式，即集散控制系统。

1. BAS 的基本构成和基本功能

BAS 通常包括空调系统、给排水系统、供配电系统、照明系统、电梯系统、消防系统及保安监控系统等子系统，由主控制器、传感器件、执行机构和各种软件构成。

主控制器。主控制器是整个系统中各离散化现场控制器(DDC)的协调者，其作用是实现全面的信息共享，实现现场控制器与中央监控管理中心之间的信息传递、数据存储、现场或远端报警等功能。主控制器含有 CPU、存储器、I/O 接口，通过网络接口连接在一级网络上。现场控制器(即直接数字控制器 DDC)。DDC 用于控制现场设备，与安装在设备上的传感器件和执行机构相连，每个 DDC 都包含 CPU、存储器、I/O 接口。DDC 可以分设在不同的场所，并尽量靠近被监控点，通过网络接口连接在二级网络上。

传感器件。传感器件是指装设在各监控点的传感器，包括各种敏感元件、端点和限位开关，接收并传送信号。

执行机构。接收控制信号并调节被监控设备。

各种软件。包括基本软件和应用软件，具有支持系统完成本身运行和外部控制所需要的各种功能。

BAS 的基本功能如下所述。

(1) 数据采集。

(2) 各种设备启/停控制与监视。

(3) 设备运行状况图像显示。

(4) 各种参数的实时控制和监视。

(5) 参数与设备非正常状态报警。

(6) 动力设备节能控制及最优控制。

(7) 能量和能源管理及报表打印。

(8) 事故报警报告及设备维修事故报告打印输出。

2. BAS 工程设计的关键

一个成功的 BAS 工程必须具备以下要素。

(1) 系统的可靠性：BAS 在应用中稳定可靠，将发生故障的概率降到最低可能的限度。

(2) 系统的可扩展性：随着系统应用及技术的发展，BAS 要为未来的发展留出可扩展的空间。

(3) 系统的互操作性。

(4) 系统能提供精确的、量化的控制模式，为大楼能源控制提供可靠保证。任一业主为大楼安装 BAS 的直接动因就是能实现大楼能源消耗大幅降低以达到节省大楼营运成本的目的。这就要求 BAS 整个控制过程应尽可能精确。

(5) 系统的可监控性：BAS 的执行机构分散在各个楼层的不同位置，为使系统及操作人员能够监控到自动控制指令是否正常，应考虑配置一套独立的反馈传感器。

(6) 系统的联动性。

3. BAS 的设计与选型

BAS 的设计与选型过程如下所述。

(1) 确定建筑物的功能，了解业主的需求。

(2) 了解机电专业对控制系统的要求，确定 BAS 监控范围，探讨控制方案，确定控制功能和网络结构。

(3) 系统选型。BAS 是涉及计算机技术、控制技术、通信技术等多种高新技术的复杂系统，如何根据大厦的功能要求从众多的产品中选择合适的产品是十分重要的，需要综合技术、经济各项指标进行全面客观的比较分析和实地考察，才能确定。通常可以从以下几个方面进行考虑。

①可靠性高；②技术先进；③互操作性好；④符合主流标准；⑤满足实用要求；⑥便于维修；⑦生命周期成本低；⑧厂家实力与售后服务过硬。

(4) 与土建专业共同确定中央控制室的位置、面积，确定竖井数量、位置、面积、布线方式等，以使建筑设计满足智能化系统运行的要求，与智能化系统设计形成和谐统一的整体，并为智能化系统留有可扩充的余地。

(5) 画出大楼 BAS 控制网络图。

(6) 完成配电设备二次回路设计和各种仪表的选择、调节阀计算，确定 BAS 现场传感器的规格、尺寸和安装方式。

(7) 画出各子系统的控制系统图及各层管线敷设平面图。

(8) 列出 BAS 设备、材料表，写出设计、施工要点，各专业图纸会签。

4. BAS 的设计

BAS 的设计应注意以下几个问题。

(1) BAS 前端所测信号尤其是像温度这样的模拟信号必须尽可能准确。

如何保证系统前端信号准确，我们采取了下述措施。合理配置前端传感器数量。探测

点数设置过少，则无法获取精确的前端信号；而前端传感器数量(点数表)过多则易造成信号之间耦合，并使系统成本增大。正确选择传感器的安装位置。举例来说，安装于送风管道内的温度传感器如果安装在靠近机组送风口处，则传感器检测的温度值可能偏低；如果安装在离送风口较远处，则传感器测得温度值可能要高一些。这就必须根据风管的实际情况合理选择传感器安装位置。

(2) BAS 控制环节少，能提供丰富的控制计算软件。

目前，各 BAS 厂商提供的 DDC 采用的是计算机数字输出信号直接控制电动水阀阀门的开度，而无须中间调节器。另外，DDC 内含有丰富的计算控制程序，有比例(P)算法、比例积分(PI)算法、比例积分微分(PID)算法。不同的 PID 系数，被控对象生成的反应特性曲线不同：PID 系数较高，则对象反应特性曲线较陡，也就是反应过渡过程较短；PID 系数较低，则对象反应特性曲线较为平缓，也就是反应过渡过程相对较长。理论上说，过渡过程较短的话，则系统响应快，换句话说，也就是系统控制精度较高，但这并不是说系统控制精度越高就越好，例如，由于系统本身惯性较大，如果 BAS 控制精度越高，系统越容易引起振荡，系统也就越不稳定。这就要求在工程设计和调试的过程中正确进行软件组态，选择恰当的采样周期和控制函数，保证 BAS 响应输出最优化，在系统控制精度和系统稳定度之间找到最佳平衡点。

(3) 保证阀门的“零”开度。

各类电动水阀是 BAS 的主要执行机构，在空调运行控制过程中阀门开度是 BAS 的主要调节内容。其中，保证阀门“零”开度是 BAS 控制精度的重要保证。换句话说，选择正确流量特性和合适口径的电动水阀是 BAS 成功的重要保证。

电动调节水阀的流量特性是指空调水流过阀门的相对流量与阀门相对开度之间的函数关系，目前工程上常用的主要有直线流量特性、等百分比流量特性的电动水阀。

单位行程变化所引起的相对流量变化与点的相对流量成正比关系的是等百分比流量特性水阀。该类型水阀可调范围相对较宽，比较适合具有自平衡能力的空调水系统。因此，BAS 中大量应用的是等百分比流量特性的电动水阀。

电动水阀的口径决定了阀门的调节精度。水阀口径选择过大，不仅增大了业主投资成本，而且可使阀门基本行程单位变大导致阀门调节精度降低，达不到节能目的；水阀口径选择过小，往往会出现即使水阀全部打开系统也难以达到设定温度值的现象，无法实现控制目标。

(4) BAS 的联动性。

BAS 联动设计目前存在着 3 种方式。

第一种方式是认为应将各子系统进行集成，即将我们通常所称的 3A 的系统进行集成，这种做法在最初的几年中势头较大。一谈到智能建筑，就要进行如此集成，否则就不称其为智能建筑，经过近两年的大量工程实践，这种方式已逐步降温。

第二种方式是建筑内的各子系统都相对独立，各子系统除处理自身系统的工作外，与其他各子系统没有系统上的物理联系。这种做法，各子系统工作状态好坏，完全由该子系统自身的状况所决定，不受其他子系统影响。

第三种方式则是有选择性地在某些平时工作上有联系的子系统之间，建立一种联动关系，也不妨称为有关子系统的小集成。

在 BAS 工程设计中，我们对楼宇自控系统、闭路监视系统、防盗报警系统、门禁系统进行了有机的集成，或称为联动，以满足实际运行管理的需要。有关子系统的联动关系，可以某事件为例，看其之间的相互关系和动作。例如，保安系统设置的闭路电视和防盗报警系统，白天由于监视区域内人员来回走动，闭路监视系统处于工作状态，而防盗报警系统则处于撤防状态。此建筑中人流相对在上班期间流动。当人员下班离开后，防盗报警系统就会进入设防状态。考虑到夜间无人办公，有些公共区域的照明由 BAS 控制关闭，只留下少量的照明灯。一旦防盗报警的探测器探测到有人非法闯入，就会立即将报警信号送至 BAS，由 BAS 控制开启相关区域的照明。同时，闭路监视系统立即进行跟踪监视，保安监控的录像机则进行实时录像。另外，对于大楼内设置的门禁系统，也会与消防报警系统联动，当发生火灾报警并确认后，有关消防通道上的门禁也将被解除，使人员能够顺利疏散，以保证楼内人员的生命安全。

通过对工程设计的实践，在设计中，若要做到各子系统能有机地进行联动，首先要求各子系统在通信协议上应该保持一致，避免在集成过程中出现无法集成的现象，或是需要一些额外的设施方可集成，给业主造成不必要的负担。关于信息资源的一致性，这不仅是对承包商提出要求，而且是对智能建筑系统的全过程提出要求。因为目前市场还未制定一种统一的规范，所有的系统并不完全是由一家承包商来提供，而各生产厂家的产品并不都完全保持一致，它们的通信协议也有所不同。因此，在设计阶段，设计人员应根据工程要求和特点合理进行子系统之间的集成，在集成过程中，可以要求各子系统的通信协议必须满足 TCP/IP 协议的要求。在楼宇设备的控制中，我们强调产品和系统的开放性，目的也就是使产品能保持信息资源的一致性。值得注意的是，有许多产品供应商或承包商都称自己的产品或系统是开放的，能与各家的产品进行通信，将不同厂商的产品或系统集成在一个系统内，并由主系统对其进行监视和控制。但必须注意，并不是所有的产品都是完全开放的，它们可能是通信协议的差异导致系统集成中的不尽如人意，或是需付出额外的软件编制费用，修改接口界面。建议从规划设计开始，就必须强调系统的开放性，强调系统联网中的信息资源共享问题，在以后施工、安装过程中，均应有所要求，前后一致，满足要求。

(5) BAS 实施中存在的问题如下。

① 在系统深化设计中，对档次、标准等有所降低，控制点较少且不合理，精度满足不了要求，只求系统能够运行。

② 设计 BAS 不仅是电气专业弱电人员的工作。在 BAS 中，最重要的是 HVAC，这就要求其必须与设备专业的人员密切配合，包括承包商的深化设计等，均应与设备专业人员密切配合；否则，对原设计人员的设计思想、控制要求等，均不能做到切合实际，而只能将系统运行起来，达不到预期的目的。

③ 施工问题，质量达不到要求。目前国内的承包商由于经营方面的原因，在工地现场施工人员素质差，无法达到预期的设计和功能。

④ 公司内部人员知识水平参差不齐，对工程的管理方式落后。

6.6.5 无线抄表系统设计实例

基于 ZigBee 无线网络平台的自动抄表系统具有以下特点。

(1) 无须布设通信线路，各设备之间实现无线自动组网连接，降低了系统的安装成本。

(2) 由于系统没有控制线路，避免了恶意破坏，整个系统的各个模块具有集成度高、可靠性强、功耗低、成本低、体积小等优点。

(3) ZigBee 具有自组织功能，使网络无须人工干涉，网络节点能够感知其他节点的存在，并确定连接关系。

(4) 整个网络使用的无线频率是国际通用的免费频段(2.4～2.48 GHz，ISM)，传输方式采用的是抗干扰能力强的直接序列扩频方式，使网络具备了卓越的物理性能。本文提出一种基于 LabVIEW 和 ZigBee 的无线抄表系统方案，完成硬件设计和软件设计。本设计克服了传统人工抄表模式的弊端，给水、电、气管理的自动化带来了方便。

1. 无线抄表系统总体设计

无线抄表系统主要包括两部分，即上位机和下位机。上位机是小区物业管理中心的 PC 机，主要功能是发送命令给下位机及显示查询结果。下位机主要由数据采集器、路由器、协调器组成。采集器用于处理和采集用户多个电能表信息，并通过无线射频信道与协调器交换数据，采集器通过 RS-485 总线与电能表连接，向下可与仪表通信，通过仪表总线集抄一栋单元楼所有住户的仪表数据，这样就构成了 ZigBee 网络的一个节点，向上则与路由中继器进行通信，将数据通过 ZigBee 网络上传至协调器。采集器节点通常被安置在居民楼顶，这样可以减小环境对设备的干扰，各节点之间采用基于 ZigBee 协议的无线方式进行数据传输，最终将采集到的数据发送至上位机数据管理平台。

2. 下位机硬件设计

在硬件设计过程中，ZigBee 射频模块核心微处理器选用 TI 公司推出的低功耗片上系统 CC2530 射频芯片，与第一代 CC2430 相比，CC2530 功耗更低，最大通信距离为 400 m，多达 256 kb 的闪存可以支持更大的应用，其强大的地址识别和数据包处理引擎，能够很好地匹配 RF 前端，封装更小。

1) 采集器与路由器硬件设计

采集器的任务是接收上位机的指令，根据指令的要求抄取底层连接的数字仪表上的数据，再通过无线网络将数据发送给上位机。路由器的主要功能是扩展无线传感器网络的传输范围；转发集中器与采集器间的通信命令与数据信息。采集器与仪表通过 RS-485 标准串行接口连接。根据 RS-485 通信协议，仪表通过 RS-485 接口向采集器返回报文即仪表数据，采集器再将这些数据打包后通过无线网络传送给集中器，集中器再将数据包上传给上位机。采集器与路由器硬件由核心处理器 CC2530 无线模块、RS-485 接口电路、无线通信电路、电源电路等几部分组成。

2) 协调器硬件设计

协调器的硬件主要功能包括负责启动、配置与协调整个 ZigBee 网络；下发集抄中心的命令与数据信息给 ZigBee 网络中的任一设备；接收 ZigBee 网络中任一设备返回的仪表数据、仪表状态与网络状态信息并上传到小区管理中心上位机。

3. 下位机软件设计

1) 采集器软件设计

采集器接收到协调器发送的命令(用户地址)后，与本模块负责管理的用户地址对比，若在本模块负责范围内，则采集器会发送相应用户数据信息给协调器。

2) 协调器软件设计

首先对协调器进行串口初始化，包括设置波特率、中断等，并以广播方式建立网络，之后对串口和无线进行监测，当串口或无线事件发生时进行处理，若是串口事件发生，则协调器通过串口可接收到上位机命令并无线发送出去，若是无线网络事件发生，则协调器会进行处理，协调器会自行判断新节点是加入网络还是接收无线数据。

4. 上位机软件设计

上位机所用的串口通信程序采用 LabVIEW 编写，LabVIEW 是一种程序开发环境，由美国国家仪器(NI)公司研制开发，是图形化编辑语言 G 编写程序，产生的程序是框图的形式。在本设计过程中，上位机程序主要实现对下位机的控制和对信息的读取与显示等功能。其中用到的函数：①VISA 串口中断；②VISA 串口字节数；③VISA 读取；④VISA 关闭；⑤VISA 配置串口。

下面是采用 LabVIEW 实现的数据显示部分，本部分通过字符串截取控件筛选出需要显示的数据，通过控件显示，再通过字符串/数值转换控件将数据转化为数值，这样可以通过仪表、波形图等控件显示出来，比原先更加直观而且便于观察。

5. 模拟测试

为了测试抄表节点的实际运行效果，在实验室环境进行了模拟测试。模拟网络由 1 个协调器、1 个路由器、2 个抄表终端节点、3 个数字量传感器模拟水、电、气信息量，并连接至有 RS-485 总线的系统板，1 台 PC 机通过 RS-232 通信接口与协调器相连。例如通过设置 LabVIEW 设计的上位机软件来查询 1 号楼 1 单元 101 室的用量信息。

在选择不同的单元、门牌号时，程序会通过串口发送不同的指令以获取不同的用户数据。此外，上位机还可以导入用户头像，在选择时可以显示图片，并使显示的图片更加直观。还可添加语音播报功能，用于播报查询信息和显示系统时间。

模拟实现了自动抄表过程，但还存在很多不足之处，例如传输距离只有几十米，通信距离比较短。在实际应用中，若要扩展通信范围，一方面可在采集器端增加功率放大器，另一方面也可以在抄表两端之间再加一个中继器，这样才可以实现更远距离地抄表，另外目前水、煤气仪表仍然是机械表，没有 RS-485 接口，只有电表具有 RS-485 接口，何时能将机械表更换成电子表还有待于国家相关部门的改进。

6.6.6 建筑能源管理系统应用设计实例

绿色建筑是指最大限度地节约资源、保护环境和减少污染，为人们提供健康、舒适和高效的使用空间，以及与自然和谐共处的建筑。建筑能源管理系统以绿色建筑为核心，在保障高舒适度的同时，坚持以“低碳、高效”为原则，打造低能耗、高舒适度的绿色建筑。

关键的核心产品采用非常先进的绿色建筑能源管理技术，实时监测各弱电子系统的运行状态，并将数据汇集到中心数据库，系统自动分析各设备的能耗、能效情况并给出合理建议，从而进一步对设备进行优化，以实现整个弱电系统信息资源的合理共享与分配，确

保建筑内所有设备处于高效、节能的最佳运行状态。绿色建筑侧重于系统整体的节能运行，其运行管理模式及系统控制策略易于理解和应用。

1. 核心理念

(1) 在保障用户舒适度的同时，侧重于建筑整体节能合理地运行。

(2) 在保证整栋建筑环境适宜的前提下，合理使用能源，降低建筑能源消耗，提高能源利用效率，让整栋建筑节能合理地运行。

(3) 通过对弱电子系统的监测，让所有设备节能高效地运行。

(4) 实时监测各弱电子系统的能耗、能效和运行参数，通过相同设备能效指标对比，及时发现低能效设备，进而对设备进行优化，提高设备性能；通过对设备运行参数监测，及时发现设备故障，减少对设备的影响，延长设备使用寿命，让所有设备节能高效地运行。

(5) 对所有设备集中管控，实现资源调度、资源整合、资源共享。

(6) 对所有设备集中管控，在时间维度上避免浪费，实现在不该用能时段不用能，在该用能时段合理用能，让所有设备协调工作，实现资源利用最大化。

2. 优势特点

(1) 人机交互技术。基于人机交互的界面设计，采用 WEB 的展现方式，同时建筑能源管理系统支持个性化需求，用户可根据自己的喜好设置不同的展现形式，满足不同人群的需求。

(2) 多终端访问。满足多种不同终端，即个人计算机、手机、iPad 等不同的终端访问，支持多种主流浏览器。

(3) 多样化的数据分析。数据呈现丰富，功能配置灵活。采用数据层层挖掘技术，最大限度地发挥数据价值。

(4) 设备运行管理。关注设备的运行管理，通过监测找出设备运行异常状况，进而优化设备，提高设备性能，延长设备使用寿命。

(5) 分布式海量存储技术。分布式海量存储技术，能够快速处理大数据量。

(6) 强大的系统兼容性、开放性和扩展性。建筑能源管理系统能够与光伏发电系统、暖通空调系统、智能照明系统、地热采暖系统、楼宇自控系统等第三方系统完美对接，最终只需登录自己的系统就可以满足所有的需求，并且系统可提供二次开发手册、驱动开发、WEB 接口，保证系统的开放性和可扩展性。

3. 建设目标

建筑能源管理系统的总体建设目标——实现“六化”，达到节能管理的目的。

(1) 能耗数据化。对能源资源消耗数据进行采集，使其以数据的形式展示出来。

(2) 数据可视化。在采集数据基础上，通过综合计算、对比分析等方式，从管理角度使数据更具可视化。

(3) 节能指标化。通过制定合理的节能指标化体系，实现定额管理。

(4) 管理动态化。在数据可视化的基础上更进一步加强管理，获得“可预测”的管理效果。

(5) 决策科学化。提供节能监管决策数据的支持，便于领导科学决策。

(6) 服务人性化。平台不仅提供管理的功能，更是作为服务平台提供人性化的能源管理服务。

4. 系统结构

建筑能源管理系统是一整套能源管理解决方案，能够提供从硬件到软件的设备和技术措施。硬件方面，支持国内外大多数通信采集仪表(支持 OPC、Modbus、TCP/IP 等协议)；软件方面，包括数据采集、实时数据、历史数据、能源管理分析数据、系统管理、数据展示、分析、控制等多种功能，如图 6-44 所示。

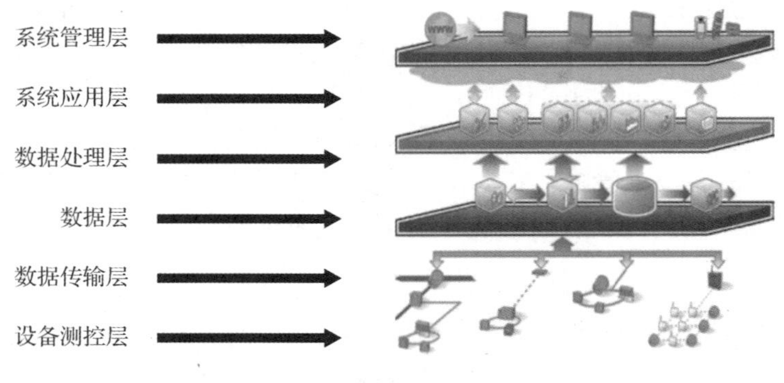

图 6-44 系统结构

(1) 设备测控层。硬件层一般采用多功能智能仪表，实时动态采集数据并上传到数据层，二者之间通过采集软件连接。

(2) 数据传输层。将底层数据通过各种协议和规定上传汇总到建筑能源管理系统，交由系统进行处理和分析。

(3) 数据层。包括实时数据库、历史数据库、能源管理数据库，是整个系统的核心基础。

(4) 数据处理层。对海量数据进行存储和预处理，为分析和决策做好准备。

(5) 系统应用层。包含 3D 展示、实时监测、集中控制、动态分析等，是整个系统的核心和关键。

(6) 系统管理层。包含基础信息的配置和管理，以及整个软件的配置。

5. 能源管理网络组建

能源管理网络可用以完成能耗监测数据的实时传输，计量仪表的状态监测等。其具有两种功能：一种是计量仪表与网关之间的网络传输；另一种是网关与服务器之间的网络传输。

计量仪表与网关之间的网络传输：提供 RS-485 接口的电力监测仪表、液体流量计算仪、气体流量计算仪与以太网网关之间采用的 RS-485 总线，一条总线支持最大 32 台从设备。

网关与服务器之间的网络传输：可以利用已有的通信网络，以太网接口就地接入公司(大厦)内部网络。此外，为了系统的安全可靠性，需要公司(大厦)IT 部门配合，为 EMS 能源管理系统开辟一个独立的 VLAN 区域。同时 EMS 服务器提供双网卡配置，接入公司(大厦)内部办公网络，以方便运行管理人员远程访问 EMS 信息。

6. 构建绿色建筑评价体系

1) 用电能耗数据自动采集

(1) 一级总计量配电室进出线(变配电监测)。

采集对象。10 kV/变配电室所有进出线回路。

采集类型。模拟量：I——电流、U——电压、P——有功功率、Q——无功功率、PF——功率因数、E——电度量、THD——谐波。

状态量。断路器状态、故障信号等。

(2) 二级区域用电计量。

采集对象。办公区域：①楼层/房间；②部门/科室。

公共区域：①大厅；②物业；③食堂；④车库；⑤室外。

采集类型。I——电流、U——电压、P——有功功率、PF——功率因数、E——电度量。

(3) 三级区域用电计量。

采集对象。房间、小型办公场所。

采集类型。E——电度量。

2) 水量数据的自动采集

采集对象。主要针对建筑一次供水管网进水总管、二次供水管网各功能区域建筑进水总管进行实时用水监测和计量。

采集类型。需在各监测点合适位置加装智能远传水表，采集以下数据，累计流量数据。

3) 空调冷热量计量管理

采集对象。针对空调系统冷热源输出总管和各功能区域测点管道进行冷热量计量。

采集类型。瞬时流量、累计流量、进回水管温度、冷热量值。

4) 市政热力(或锅炉)供暖计量管理

采集对象。针对供暖系统一、二次管网进行供暖计量。

采集类型。一次蒸汽管网，瞬时流量、累计流量、管道内蒸汽温度、蒸汽质量；二次供暖管网，瞬时流量、累计流量、进回水管温度、热量值。

5) 天然气计量管理

采集对象。针对燃气进行总计量。

采集类型。瞬时流量、累计流量。

6) 太阳能光伏发电系统

太阳能光伏发电子系统开放通信协议通过 OPC 标准协议方式将相关电流、电压、功率、电量、设备运行情况等数据上传给能源管理平台服务器。当光伏发电量不能满足供电需求时，可以自动切换至市电，保证供电系统的连续可靠运行。

7) 楼宇自控系统能源数据接入

建筑物的节能措施主要通过建筑设备管理系统(BAS)实施。能源管理平台和 BAS 的完美结合，是能源控制和管理措施实施的保障，通过 OPC 方式可将 BAS 重要参数转发给能源管理平台，从而实现能源管理平台对楼宇自控系统数据的整合。目前，能源管理和 BAS 分属不同智能化系统，两系统相互融合后成为智能化系统。

8) 其他系统数据接入

平台必须预留标准的网络接口，以方便接入其他系统数据，综合进行能耗分析、考核和合理化管理。

7. 系统功能详述

1) 建筑基础信息配置

用户可自由地在系统中配置所管辖的建筑信息，包括向系统中添加建筑、配置建筑的楼层及支路信息，配置楼层及房间用户信息，能源收费及价格信息等。当用户管辖建筑增加或减少时，可以快速方便地自行配置。

2) 能耗数据实时监测

能耗数据实时监测主要是对各仪表进行实时监测，当其发生故障时，通过监测画面，可及时找出出现故障的仪表，方便用户及时跟踪处理故障，主要内容如下所述。

(1) 网络通信状态监测。对整个楼宇的网络通信进行实时监测，当发现网络通信异常时，可及时有针对性地对通信异常的网络进行维护。

(2) 各仪表通信状态。对每个仪表通信状态进行监测，发现没信号及通信中断故障进行及时报警及高亮显示，方便用户有针对性地维护，而不用人为地将每个仪表都去检查一遍。

(3) 参数实时监测。对各仪表采集量进行实时监测，用户可随时判断各个采集点的失压、失流和采不上数据的点，方便及时发现、及时处理。

(4) 供水管网监测。对各供水采集仪表进行监测，可查看各仪表的实时流量、累计流量等，当仪表有故障时，可及时发现和处理。

3) 建筑分类能耗分析

系统在完成数据处理与上传的同时，可将建筑能耗进行分类分析，该部分功能符合114 号文的定义，即将建筑能耗分为六类：①耗电量；②耗水量；③耗气量(天然气量或者煤气量)；④集中供热耗热量；⑤集中供冷耗冷量；⑥其他能源应用量(如集中热水供应量、煤、油、可再生能源等)。

可选择楼层，查看该楼层多种灯具的开启状况、照度、功率等。

可手动控制灯具的开关、照度强弱，并可根据预设方案或人体感应技术自动控制灯具开关和照度，从而达到节能的目的。

4) 建筑分项能耗分析

照明插座用电。为建筑物主要功能区域的照明、插座等室内设备用电。主要包括照明和插座用电、走廊和应急照明用电、室外景观照明用电。

空调用电。主要包括冷热站用电、空调末端用电。

动力用电。主要包括电梯用电、水泵用电、通风机用电。

特殊用电。主要包括信息中心、洗衣房、厨房餐厅、游泳池、健身房用电或者其他特殊用电。

建筑总能耗为建筑各分类能耗(除水耗量外)所折算的标准煤量之和。

总用电量＝Σ各变压器总表直接计量值

分类能耗量＝Σ各分类能耗计量表的直接计量值

分项用电量＝Σ各分项用电计量表的直接计量值

单位建筑面积用电量＝总用电量/总建筑面积

单位空调面积用电量＝总用电量/总空调面积

5) 能耗数据分析

通过对建筑能耗数据的统计与分析，结合模型建筑物能耗对比，可以确定建筑物的能耗状况和设备能耗效率，从而采取建筑物能源管理的优化措施。能耗数据分析模块是能耗管理软件的精髓所在，目前市场上各种软件的算法不尽相同，其效果还需市场验证。然而，以模糊语言变量及模糊逻辑推理为基础的计算机智能控制技术的发展将极大地提高能源管理水平。

6) 能耗指标统计

以图表形式展现以下能耗指标：建筑总能耗、总用电量、单位建筑面积用电量、单位空调面积用电量、单位建筑面积分类能耗量、单位空调面积分类能耗量、单位建筑面积分项能耗量、单位空调面积分项能耗量，并显示同类建筑的各项指标平均值，可使用户对建筑的用能情况一目了然。

7) 能源消耗分析

能源消耗分析包括能耗构成分析和能耗趋势分析。能耗构成分析可采用饼状图的形式展现指定时间段内各类能耗所占总能耗的百分比情况；能耗趋势分析可采用折线图的形式展现指定时间段内指定能源的消耗趋势情况。

8) 能耗报表管理

能耗报表管理是指系统自动生成所需要的数据(日/月/季/年)报表、定期阶段报表和事件报表，并能以用户所需要的格式和方式保存、导出或打印。报表的类型、内容和格式可由用户动态调整。

9) 能耗报表分析

能耗报表分析是指系统可提取各类能耗数据进行自动分析，确立标杆值并对各监控点的能耗情况进行能耗水平判定，对能耗改善提出一套完整的诊断流程，并提供能耗分析报告，帮助用户采取某种节能措施并进行设备改造。

10) 人工数据上传

人工数据上传是指系统针对尚未安装自动采集仪的支路或无法使用数据采集仪进行自动采集的能源消耗(如汽油、煤等)，提供人工数据上传及审核的功能，避免因数据缺失而出现的各类问题。

11) 数据备份管理

用户手动或系统自动备份保存各项数据；当发生特殊情况导致数据丢失时，可自动导入最近的备份数据将其恢复，避免出现数据丢失导致的各项损失。

12) 报警设置

用户可根据不同楼层、不同支路、不同设备的用能需求，分时间段制定不同的报警策略，一旦发生不合理的能源消耗时，系统就会按照所设置的报警方式对用户进行提醒，避免设备故障或人为造成的能源浪费；在一段时间后，用户也可通过历史报警记录，分析当前的节能策略是否需要进行修改，最大限度地确保能源和资金的合理利用。

13) 系统管理

系统管理是指用户通过此模块对系统的底层设置进行管理。例如，可通过此模块对能

耗指标进行配置管理；对生产报表的要求和样式进行配置管理；对系统用户进行权限的配置管理；查看系统运行的日志；等等。

练　习　题

一、单选题

1. 工信部明确提出我国物联网技术的发展必须把传感系统与(　　)结合起来。

A. TD-SCDMA　　B. GSM　　C. CDMA 2000　　D. WCDMA

2. 物联网节点之间的无线通信，一般不会受到(　　)因素的影响。

A. 节点能量　　B. 障碍物　　C. 天气　　D. 时间

3. 物联网产业链可以细分为标识、感知、处理和信息传送 4 个环节，4 个环节中的核心环节(　　)。

A. 标识　　B. 感知　　C. 处理　　D. 信息传送

4. (　　)不属于物联网系统。

A. 传感器模块　　B. 处理器模块　　C. 总线　　D. 无线通信模块

5. 在我们现实生活中，下列公共服务(　　)还没有运用物联网。

A. 公交卡　　B. 安全门禁　　C. 手机通信　　D. 水电费缴费卡

6. 下列有关传感器网与现有的无线自组网区别的论述中，(　　)论述是错误的。

A.传感器网节点数目更加庞大　　B. 传感器网节点容易出现故障

C.传感器网节点处理能力更强　　D. 传感器网节点的存储能力有限

二、判断题

1. 传感网：WSN、OSN、BSN 等技术是物联网的末端神经系统，主要解决“最后100 m”的连接问题，传感网末端一般是指比 M2M 末端更小的微型传感系统。　　(　　)

2. 无线传感网(物联网)由传感器、感知对象和观察者 3 个要素构成。　　(　　)

3. 传感器网络通常包括传感器节点、汇聚节点和管理节点。　　(　　)

4. 中国科学院早在 1999 年就启动了传感网的研发和标准制定工作，与其他国家相比，我国的技术研发水平处于世界前列，具有国际同发优势和重大影响力。　　(　　)

5. 低成本是传感器节点的基本要求。只有低成本，才能大量地布置在目标区域中，体现出传感器网络的各种优点。　　(　　)

6. “物联网”的概念是在 1999 年提出的，它的定义很简单，即把所有物品通过射频识别等信息传感设备相互连接起来，实现智能化识别和管理。　　(　　)

7. 物联网和传感器网络是一样的。　　(　　)

8. 传感器网络规模控制起来非常容易。　　(　　)

9. 物联网的单个节点可以做得很大，这样就可以感知更多的信息。　　(　　)

10. 传感器不是感知延伸层获取数据的一种设备。　　(　　)

第 7 章 基于物联网的公交车收费系统设计

为了提高公交卡的收费效率，本章将详细介绍基于物联网的公交车收费系统。该系统采用了 RFID 技术，高效实现公交卡的充值和消费功能，仅仅需要手机，通过软件办理新卡，系统采集客户信息，刷卡时，通过 RFID 技术将客户信息传给公交车，系统就会自动扣除该用户的乘车费用。

7.1 系统需求

整个公交车收费系统的需求体现在业务办理程序。业务办理程序主要包括办理新卡、公交卡充值、余额查询以及注销卡等功能模块。因此，公交车收费系统的软件设计流程如图 7-1 所示。

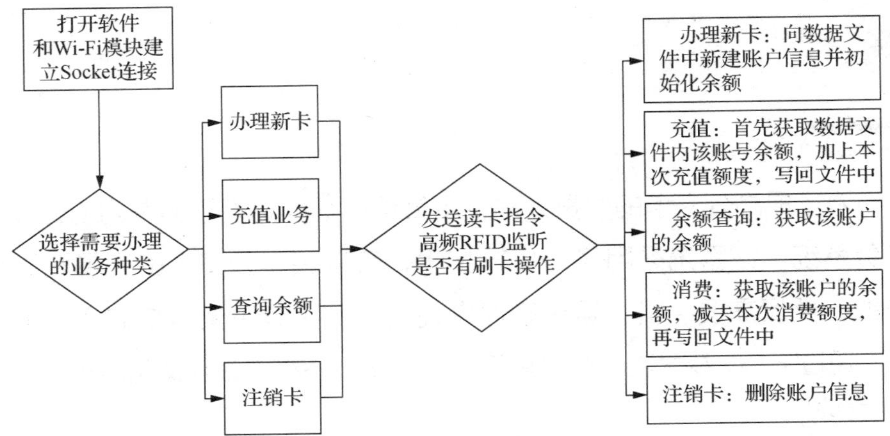

图 7-1　公交车收费系统的软件设计流程

7.2 公交车收费流程

乘车时的打卡收费功能实质上是由公交车收费程序完成的，其软件设计流程如图 7-2 所示。

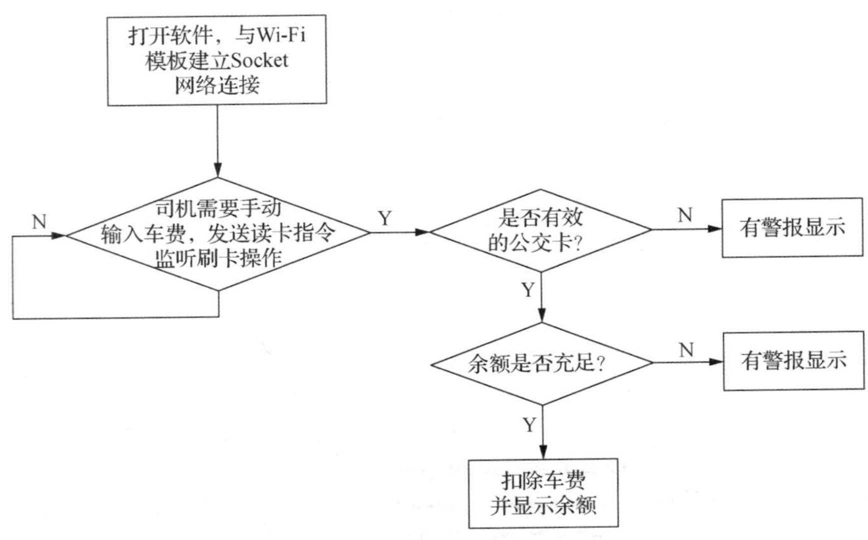

图 7-2　打卡收费程序的软件设计流程

7.3　系统硬件

公交车收费系统的硬件设备主要包括以下几种。

(1) Android 数据网关。程序的运行环境，处理获取的卡号，执行相关操作，并显示金额。

(2) USB 无线网卡。插在数据网关的 USB 接口上，使数据网关具备 Wi-Fi 通信功能。

(3) 高频 RFID 读卡器。读卡设备，用于读取 IC 卡数据。

(4) Wi-Fi 模块。通过串口线与高频 RFID 读卡器相连，将读卡数据通过 Socket 连接发送给数据网关。

(5) 高频 IC 卡。用户公交卡。

7.4　软件设计

公交车收费系统使用 Android 数据网关，连接无线 AP 点，通过串口跟控制芯片连接，控制芯片将 RFID 读卡器的数据通过无线 AP 发送，对公交卡用户执行开户、充值、余额查询、消费、销户等操作。公交车收费系统框架如图 7-3 所示。

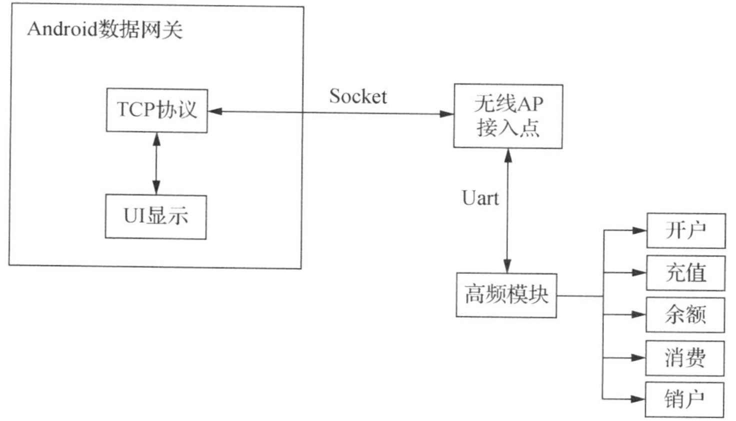

图 7-3　公交车收费系统框架

当 RFID App 与无线 AP 接入点建立 Socket 后，就可以进行开户、充值操作，并显示账户余额。其控制流程分别为开户流程和消费流程。开户流程如图 7-4 所示；消费流程如图 7-5 所示。

1. 公交系统数据库的设计

本系统数据库非常简单，在实验室阶段，只用一张用户表即可完成，如表 7-1 所示，只注册用户姓名、联系电话，如果需要可以添加更多用户信息，比如年龄、工作单位等。

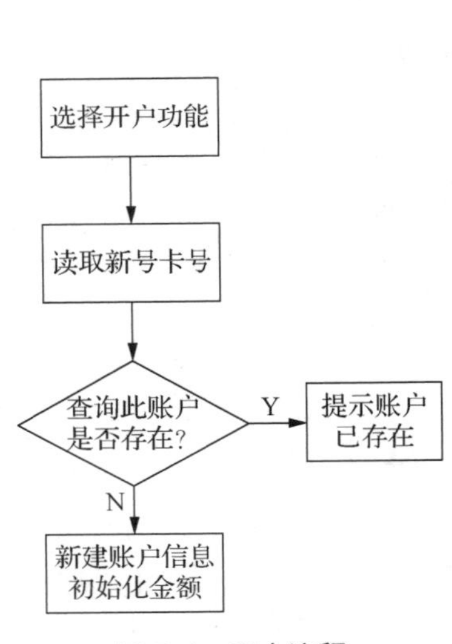

图 7-4　开户流程

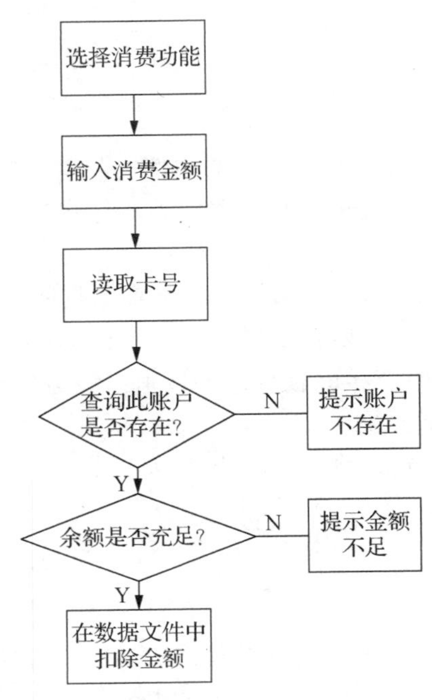

图 7-5　消费流程

表 7-1　用户表

字 段 名	数据类型	长　度	主　键	索　引	外　键	说　明
User_ID	Int	8				用户编号
User_name	String	20				姓名
ID_NO	String	18				身份证号码，实名认证公交卡
Icard	String					公交卡号
Status	Bool	1				卡状态：0 正常；1 暂停使用以及其他状态
Tel	String	11				用户联系电话
password	String	20				消费密码：用于特定时候身份验证
Money	Float					余额
Scores	Float					消费积分：特定情况使用
Con_logs	Text					用于记录消费日志

2. 软件设计

Wi-Fi 模块通过 TCP/IP 跟安卓后台通信(软硬件交互部分)系统连接，Wi-Fi 模块跟单片机连接，需通过 USART。如果通过串口通信，那么模块连线就比较简单了，只需要进行如下所述各种操作即可。

```
ESP8266 <----->STM32
GND <----->GND
3.3V<----->3.3V
TXD<----->PA3 //IO(口功能复用，串口收发数据)
RXD <----->PA2
```

1) Wi-Fi 模块使用

ESP8266 支持 AT 指令：在 AT 模式下可以通过串口的 AT 指令对系统参数进行配置。指令格式为 AT+<at 指令>=<值>，例如，“AT+CWMODE”查询当前模块的 Wi-Fi 模式。再如，“AT+CWMODE=3”设置模块 Wi-Fi 模式为 AP+STA 模式。

所有支持 AT 的指令，如表 7-2 所示。

表 7-2　ESP8266 支持指令

RST	重启模块
GMR	查看模块版本信息
CWMODE	设置模块 Wi-Fi 模式
CWJAP	设置模块加入 AP 热点
CWLAP	列表当前可用 AP 热点
CWQAP	退出当前连接的 AP 热点
CWSAP	设置 AP 模式下的 Wi-Fi 参数
CWLIF	查看已接入设备的 IP
CIPSTATUS	获得连接状态
CIPSTART	建立 TCP 连接或注册 UDP 端口号
CIPSEND	发送数据
CIPCLOSE	关闭 TCP 或 UDP
CIFSR	获取本地 IP 地址
CIPMUX	启动多连接
CIPSERVER	配置为服务器
CIPMODE	设置模块传输方式
CIPSTO	设置服务器超时时间
CIUPDATE	网络固件升级

ESP8266 模块可支持 3 种模式，即 AP 模式、STA 模式和 AP+STA 模式。建议采用 AP 模式，即将模块作为无线 Wi-Fi 热点，允许其他 Wi-Fi 设备连接到本模块，实现串口与其他设备之间的无线(Wi-Fi)数据转换互传。AP 模式下包括 2 个子模式，即 TCP 服务器、TCP 客户端，UDP 将本模块设置成 TCP 服务器端的过程，使用 AT 指令：

(1) AT+CWMODE=2：设置模块 Wi-Fi 模式为 AP 模式。

(2) AT+RST：重启生效。

(3) AT+CWSAP=“myWi-Fi”，“123456：设置模块的 AP 参数：SSID 为 78”，1，4myWi-Fi，密码为，通道号为 1，加密方式为：WPA_WPA2_PSK。

(4) AT+CIPMUX=1 ：开启多连接。

(5) AT+CIPSERVER=1，8888 ：开启 SERVER 模式，设置端口为 8888。

2) 安卓端的传输控制协议

传输控制协议(Transmission Control Protocol/Internet Protocol，TCP/IP)。Socket 是应用层与 TCP/IP 簇通信的中间抽象层，Socket 是一接口组，它可把复杂的 TCP/IP 簇的内容隐藏在套接字接口后面，只需使用 Socket 提供的接口即可。

安卓端创建服务器端的步骤如下。

(1) 创建 ServerSocket 对象，绑定监听端口。

(2) 通过 accept()方法监听客户端请求。

(3) 连接建立之后，通过获取输入流，获取客户端请求信息。

(4) 创建输出流，返回给客户端信息。

(5) 关闭资源。

安卓端创建客户端的步骤如下所述。

(1) 创建 Socket 对象，指定需要链接的服务器地址和端口号。

(2) 建立连接后，获取输出流，向客户端发出请求信息。

(3) 获取输入流，读取服务器端反馈的信息。

(4) 关闭相应资源。

3) 读卡器部分

读卡器主要内容包括 STM32 芯片与 RC522 模块的通信，RC522 模块与 IC 卡之间的识别过程，RC522 跟单片机的通信，具体过程如下。

(1) 读写通信控制寄存器，设定通信参数。

(2) 写要发送给 MIFARE 卡的命令和数据到 RC522 的 FIFO。

(3) 写命令字到 RC522 的命令寄存器，开始与 MIFARE 卡通信。

(4) 读状态寄存器检测 RC522 与 MIFARE 卡通信状态，根据状态进行相应控制。

(5) 结束，返回该次通信最终状态字，指示通信是否成功。

4) 对卡的操作

对卡的操作可以分成 4 步，即寻卡→防冲突→选卡→读/写卡；使用二次编程的函数接口。

(1) 寻卡。

向 FIFO 中写入 PICC_REQIDL 命令，通过 PCD_TRANSCEIVE 命令将 FIFO 中的数据通过天线发送出去，此时若有卡在天线作用范围内，将识别命令，并返回卡类型和卡片序列号；卡类型(TagType)如下所述。

```
0x4400 = Mifare_UltraLight
0x0400 = Mifare_One(S50)
0x0200 = Mifare_One(S70)
0x0800 = Mifare_Pro(X)
0x4403 = Mifare_DESFire
```

关于下面两条命令的区别如下所述。

```
#define PICC_REQIDL        0×26        //寻天线区内未进入休眠状态
#define PICC_REQIDL        0×52        //寻天线区内全部卡
```

第一条命令读取完卡后还会再次读取。

第二条命令读取完卡后会等待卡离开天线作用范围，直到再次进入。

(2) 防冲突。

向 FIFO 中写入 PICC_ANTICOLL＋0x20，通过 PCD_TRANSCEIVE 命令将 FIFO 中数据通过天线发送出去，卡返回卡序列号(共 5 字节，第 5 字节是卡序列号校验码)；由于是非接触式的，同一时间天线作用范围内可能不止 1 张卡时，即有多于 1 张的 MIFARE 1 卡发回了卡序列号应答，则会发生冲突。此时，由于每张卡的卡序列号各不相同，MCM 接收到的信息(即卡序列号)至少有 1 位既是 0 又是 1(即该位的前、后半部都有副载波调制)，MCM 找到第 1 个冲突位将其置 1(排除该位为 0 的卡)，然后查第 2 个，依次排除，最后不再有冲突的 SN 即为被选中的卡。

(3) 选卡。

向 FIFO 中写入 PICC_SElECTTAG＋0x70＋卡序列号，通过 PCD_TRANSCEIVE 命令将 FIFO 中数据通过天线发送出去，卡返回卡容量(对于 MIFARE 1 卡来说，可能为 88H 或 08H)。

(4) 写数据。

向 FIFO 中写入 PICC_WRITE＋块地址，通过 PCD_TRANSCEIVE 命令将 FIFO 中的数据通过天线发送出去。要注意写块 3 数据，因为块 3 包含了所在扇区的密钥及访问条件，如果操作不当，将导致扇区无法正常使用。

(5) 读数据。

向 FIFO 中写入 PICC_READ＋块地址，通过 PCD_TRANSCEIVE 命令将 FIFO 中的数据通过天线发送出去。

实　践　题

以 IoT-L01-05 物联网综合型实验箱为硬件平台，利用其配套的丰富硬件资源和实践程序，模拟实现公交车收费系统。分析源程序代码，写出实践步骤，视情况可修改源程序，增加公交车收费系统的功能。

第 8 章 基于物联网的环境监测报警系统设计

随着物联网技术的发展，为环境保护提供了新的发展机遇。利用物联网技术对环境监测系统进行改进，可使监测系统变得更加智能化。基于物联网技术创建的监测系统主要由 3 个部分组成，分别是现场环境参数采集显示终端、大数据存储和服务器。这 3 个部分所发挥的作用不同，现场环境参数采集显示终端主要负责对各项参数的采集和数据的传输，其中包括周边环境的温度、湿度、PM2.5 浓度、烟雾浓度等，然后通过多种途径被上传到域网。此部分所涉及的技术主要有传感技术等。

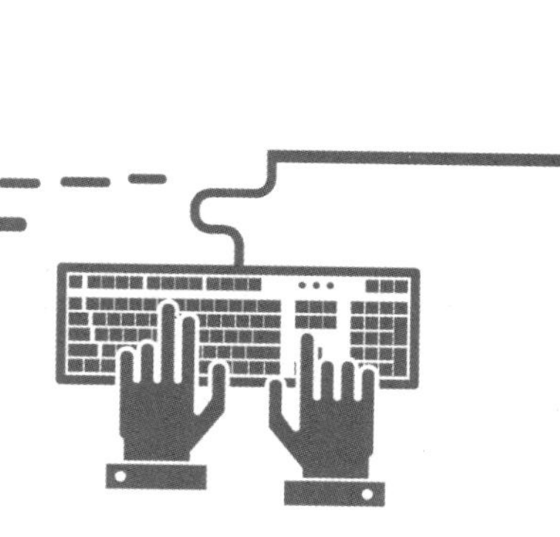

8.1 需 求 分 析

物联网环境监测报警系统使用 Wi-Fi 网络、ZigBee 网络与大量传感器节点所组成的硬件平台对周围环境进行监测。丰富的传感器类型可以全面感知周围环境的各项参数，自组的 ZigBee 网络则可提供稳定的数据通信网络，Wi-Fi 无线 AP 接入点将连接环境监测系统与互联网以达到远程监控的目的，图 8-1 所示为环境监测报警系统软件的工作流程。

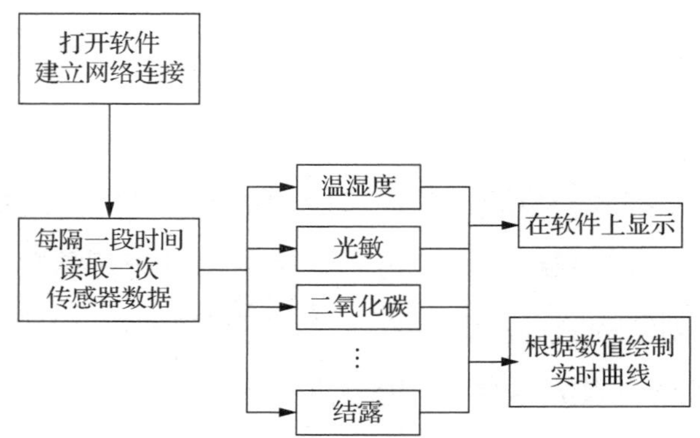

图 8-1　环境监测报警系统软件工作流程

8.2 系 统 硬 件

物联网环境监测报警系统的硬件设备主要包括以下几个部分。

(1) Android 数据网关，即程序的运行环境，发送数据采集指令，获取返回的数据并解析，显示数据并绘制实时曲线。

(2) USB 无线网卡，即插在数据网关 USB 接口上的无线网卡，使数据网关具备 Wi-Fi 通信功能。

(3) 各类传感器，即温湿度、光敏、结露、烟雾、酒精传感器等，传感器使用方法及指令解析在前面章节已有详述，在这里不做说明。

(4) Wi-Fi 模块，即通过串口线与高频 RFID 读卡器相连，将读卡数据通过 Socket 连接发送给数据网关的模块。

8.3 系统整体设计

物联网环境监测报警系统基于 Wi-Fi、ZigBee 网络，打开软件后首先配置所需传感器设备的节点，然后开始运行。系统开始运行后会根据配置的设备节点生成相应的指令发送给传感器设备，传感器设备接收到指令之后则返回数据给 Android 数据网关，网关解析数据后显示在屏幕上，采集环境数据的流程如图 8-2 所示。

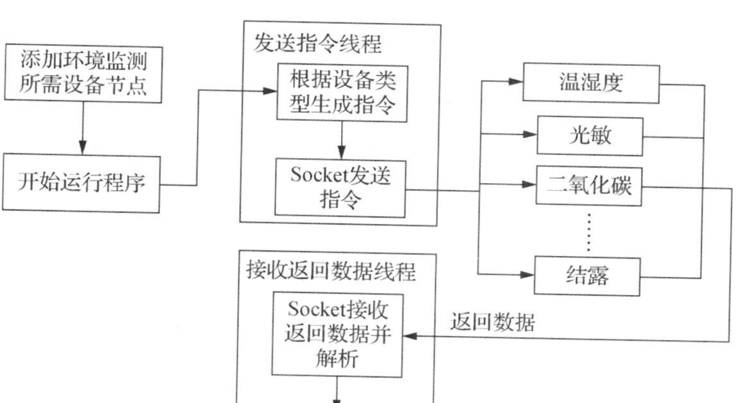

图 8-2　采集环境数据流程

实时曲线绘制功能如图 8-3 所示。指令发送与图 8-2 一致。同时双击屏幕上的传感器设备节点后，可跳转到实时曲线绘制界面。

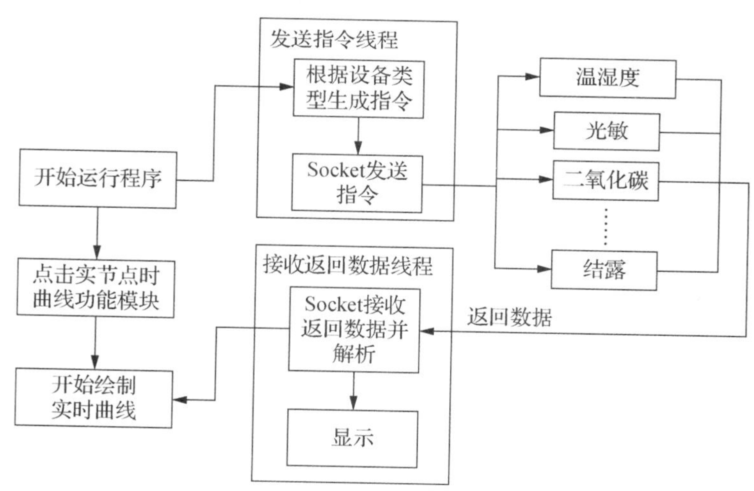

图 8-3　实时曲线绘制功能框图

8.4　智能环境监测系统结构设计

1. 系统主程序结构

智能环境监测系统结构设计可分为两个部分，分别是硬件设计和软件设计。在软件设计中又包含 3 个部分，分别是数据采集、数据传输和控制输出，每个部分都采用多个进程协同完成功能，每个进程其职责都是单一的，但又是互相协作的。智能环境监测系统可利用 Contiki 嵌入式操作系统进行各部分任务进程的调度。

2. 数据采集流程

数据采集主要是指利用专门的软件读取各个传感器输出的数字信号，并将这些数字信号利用相关仪器直接存储起来，然后等待数据传输流程提取数据。其中主要包括利用相应仪器对环境信息传感器获取数字信号的读取等。

3. 数据传输流程

数据传输流程主要指利用专门的 FIFO 队列提取各个传感器数据，根据 JSON 格式打包后利用串口通过 Wi-Fi 传输数据的过程。详细流程内容包括利用感知层传感器数据字节流→字节转 FIFO 节点结构体→放入接收 FIFO 缓存队列→从接收缓存中依次读取字节→判断协议包头相等→读取整个首部→对首部进行校验→读取数据域→对整个数据进行校验→将数据存入专门的结构体中→存入接收包缓冲队列→从接收包中取出协议包→判断该包目标地址→删除应答包→发送回应包→处理包。

案　例　题

以 IoT-L01-05 物联网综合型实验箱为硬件平台，利用其配套的丰富硬件资源和实践程序，模拟实现基于物联网的环境监测报警系统。分析源程序代码，写出实践步骤，视情况可修改源程序，增加物联网的环境监测报警的功能。

第 9 章
基于物联网的智能泊车系统设计

由于居民生活水平的提高以及汽车产业的发展，城市车辆的数量开始大幅度增长，因此产生了停车难、交通拥堵等问题。其中，停车位不足以及不能高效利用更是加剧了停车难、违章乱停等现象的产生。传统的停车场已经不能适应城市的现状。在国内，为解决传统停车场存在的诸多问题，部分停车场已采用新型停车场设备，在一定程度上缓解了传统停车场承受的停车压力，但仍未从根本上解决停车难问题。与此同时，国外的智能停车场设备也开始在较多的停车场中投入使用。功能完善的智能化停车场设备能够缓解城市现有的交通压力，改善停车环境，给车主提供便捷快速的停车服务。

9.1　智能泊车系统简述

1. 系统简介

基于物联网的智能泊车系统是综合运用RFID、ZigBee技术、Wi-Fi及Android技术发明的智能泊车系统。系统主要包括控制、出入口、停车位、Android客户端软件4个部分。控制部分主要包括系统管理及界面显示；出入口部分包括读卡、闸机控制、拍照3个部分；停车位部分通过ZigBee外接光敏传感器来实现车位状态的获取，并发送到协调器。

智能泊车系统具有以下几个特点。

(1) 模块化，安装方便。

(2) 场景真实，形象直观。

(3) 方便快捷，简单生动。

2. 实现目标

(1) 实现ETC一体化以及智能化收费。

(2) 在目前已有的循迹赛道上，增加两个闸门，一个控制器(使用ARM替代原有PC)，一个双通道UHF读卡器，两路摄像头，根据需要可增加停车位。

(3) 读卡器通过网线连接到控制器，摄像头直接连接到控制器上，闸口动作由ZigBee节点控制步进电机完成。

(4) 读卡操作。在每一个闸口上放置一个天线，进行读卡操作。

(5) 拍照操作。在每一个闸口上放置一个摄像头，进行拍照操作。

(6) 停车位通过ZigBee连接光敏传感器实现。

(7) 建立进站刷卡界面。

(8) 建立出站计费界面。

9.2　智能泊车系统的结构设计

1. 系统框图

智能泊车系统如图9-1所示。

2. 基本架构及各模块功能

1) 硬件架构

智能泊车系统的硬件架构如图9-2所示。

2) 软件架构

智能泊车系统的软件架构如图9-3所示。本系统软件主要包括上位机、下位机、Android手机客户端3部分。

3) 基本流程图

智能泊车系统基本流程如图9-4所示。

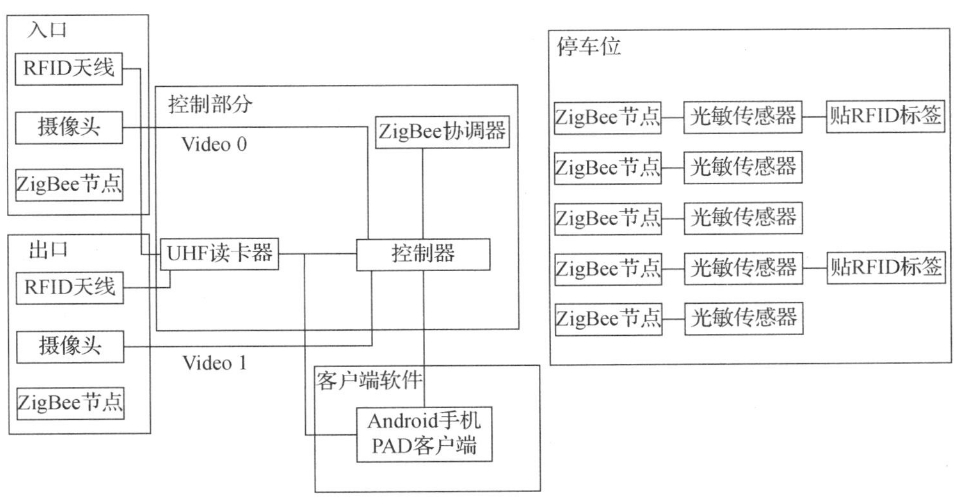

图 9-1　智能泊车系统

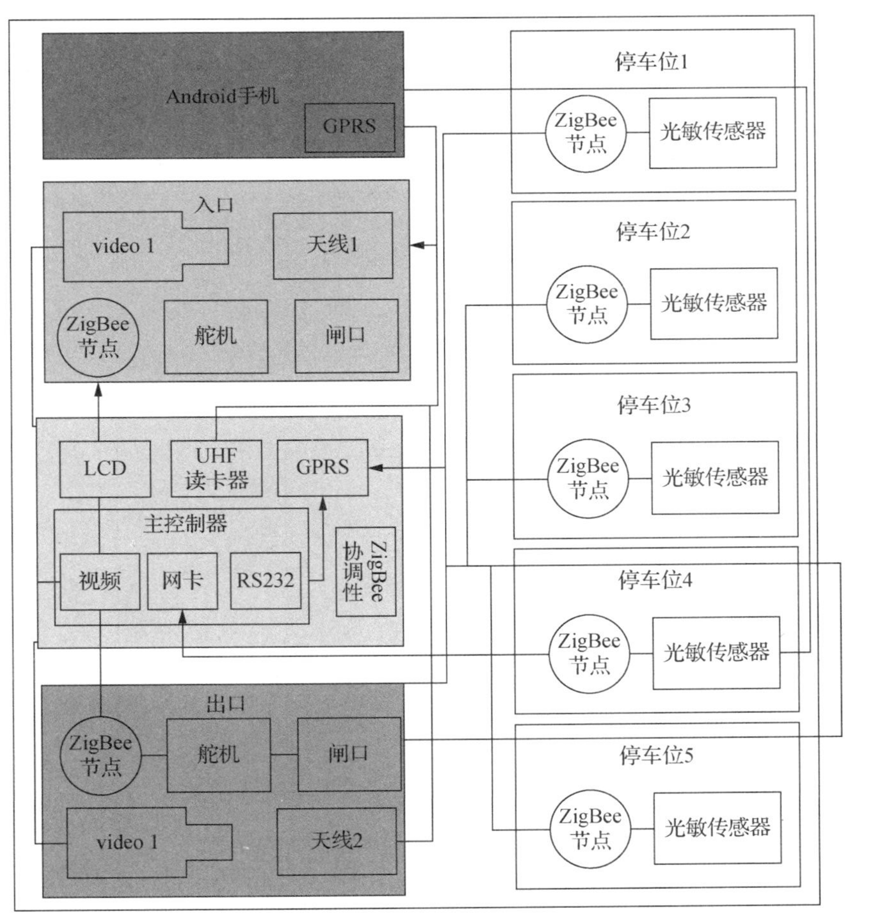

图 9-2　智能泊车系统的硬件架构

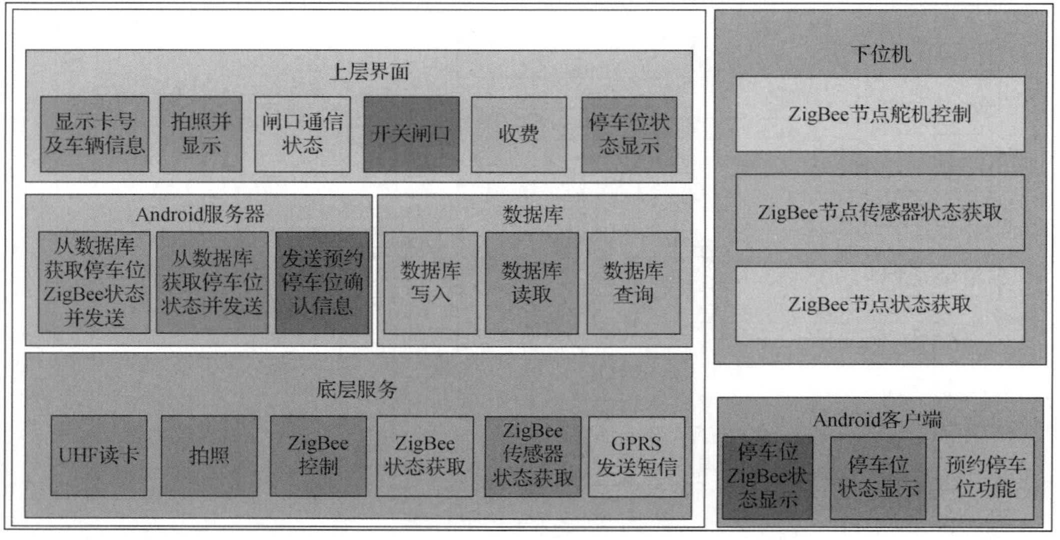

图 9-3　智能泊车系统的软件架构

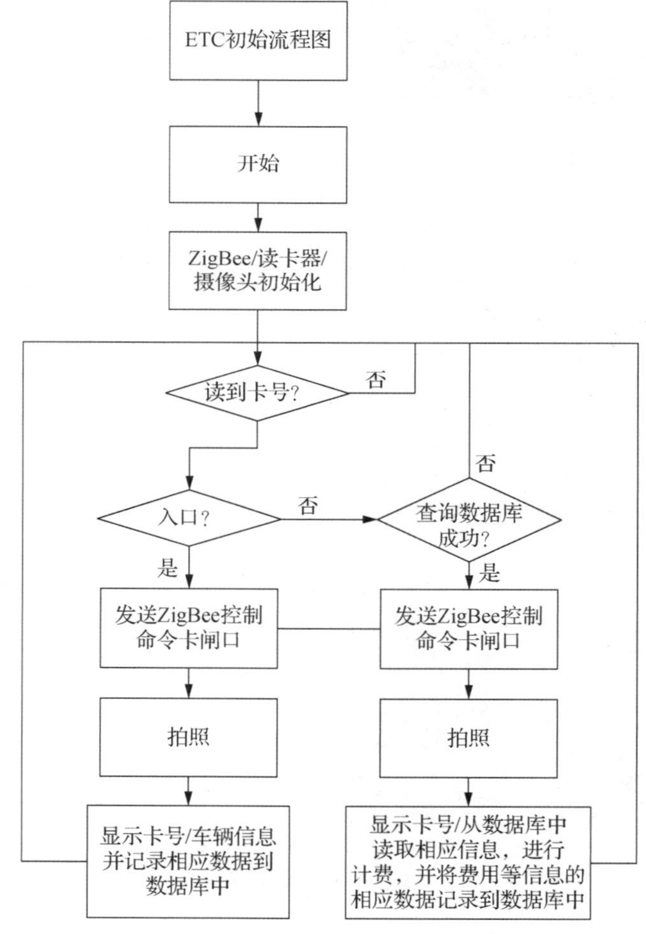

图 9-4　智能泊车系统的基本流程

9.3　智能泊车系统的模块接口设计

1. ZigBee 控制

基本结构如下所述。

(1) 表示 ZigBee 网络基本信息结构体。

(2) 表示 ZigBee 传感器节点的基本信息结构体。

(3) 表示 ZigBee 节点的基本信息结构体。

(4) ZigBee 节点结构。

(5) 基本函数如下。

① 获取网络的基本信息函数：NwkDesp *GetZigBeeNwkDesp(void);。

功能：获取当前 ZigBee 网络的基本信息。

参数：无。

返回值：NwkDesp 指针。

② 控制闸口的开关状态函数：int SetSensorStatus(unsigned int nwkaddr，unsigned int status);。

功能：设置 ZigBee 网络中传感器状态(只针对设置型传感器)。

参数：nwkaddr 传感器节点网络地址，status 状态，0 设置 IO 低电平，1 设置 IO 高电平。

返回值：整形，0 成功，非 0 失败。

③ 获取节点传感器状态函数：SensorDesp *GetSensorStatus(unsigned int nwkaddr);。

功能：获取当前 ZigBee 网络节点的传感器状态。

参数：ZigBee 网络节点网络地址。

返回值：SensorDesp 指针。

④ 获取网络节点设备信息函数：DeviceInfo* GetZigBeeDevInfo(unsigned int nwkaddr);。

功能：获取当前 ZigBee 网络节点的设备信息。

参数：ZigBee 网络节点网络地址。

返回值：DeviceInfo 指针。

⑤ 获取当前 ZigBee 网络节点的拓扑结构数据链表函数：NodeInfo *GetZigBeeNwkTopo(void);。

功能：获取当前 ZigBee 网络节点的拓扑结构数据链表。

参数：无。

返回值：DeviceInfo 指针，即保存 ZigBee 节点信息的链表头。

⑥ ZigBee 串口监听线程开启处理函数：int ComPthreadMonitorStart(void);。

功能：ZigBee 串口监听线程开启处理函数。负责创建串口监听线程，并处理相应串口数据包。应用程序需要调用该函数方可以更新监测 ZigBee 网络信息及节点状态。

参数：无。

返回值：整形，0 成功，非 0 失败。

⑦ ZigBee 串口监听线程关闭函数：int ComPthreadMonitorExit(void)。
功能：ZigBee 串口监听线程关闭函数。
参数：无。
返回值：整形，0 成功，非 0 失败。

2. GPRS 发送短信

(1) tty_init();。串口初始化。
(2) gprs_init();。GPRS 初始化。
(3) void gprs_msg(char *number，char* pText):。发送短信。
参数：number 为电话号码，pText 为短信内容。
返回值：无。
(4) tty_end():。关闭串口。

3. 下位机 ZigBee 控制舵机接口

函数：int SetSensorStatus(unsigned int nwkaddr，unsigned int status);。
功能：设置 ZigBee 网络中传感器状态(只针对设置型传感器)。
参数：nwkaddr 传感器节点网络地址，status 状态，0 设置 IO 低电平，1 设置 IO 高电平。
返回值：整形，0 成功，非 0 失败。
该函数可根据节点的网络地址，控制闸口的开关状态。

9.4　智能泊车系统的界面设计

1. 控制器界面显示

控制器界面的主要功能如下。
(1) 出入口 RFID 卡号，对应的车辆参数。
(2) 车辆登记编号。
(3) 车型显示。
(4) 车辆照片。
(5) 卡片金额相关信息。
(6) 显示出入口拍摄的照片。
(7) 出入口闸门状态。
(8) 手动开关闸操作。
(9) 闸口节点状态显示。
(10) 读卡器通信状态显示。
(11) 停车位节点在线状态显示。
(12) 停车位占用状态显示。
(13) 停车位预约状态显示。

2. Android 客户端界面显示

(1) 停车位节点在线状态显示。
(2) 停车位占用状态显示。
(3) 停车位预约状态显示。
(4) 停车位预约功能。
(5) 车辆进入停车场动画演示。

9.5　智能泊车系统的软件设计

1. ZigBee 电机控制程序

1) 步进电机工作原理简介

步进电机是将输入的电脉冲信号转换成角位移的特殊同步电机，它的特点是每输入一个电脉冲，电动机转子便转动一步，转一步的角度称为步距角，步距角越小，表明电机控制的精度越高。转子的角位移与输入的电脉冲成正比，因此电动机转子转动的速度便与电脉冲频率也成正比。

2) 步进电机 42BYGH1.8 说明

步进电机相序如表 9-1 所示。

表 9-1　步进电机相序

相　序	BLK	YEL	RED	BRN	WHT	BLU
A 相	1	0	0	0	0	0
B 相	0	0	1	0	0	0
C 相	0	0	0	1	0	0
D 相	0	0	0	0	0	1

3) 步进电机 42BYGH1.8 驱动电路

ZigBee Core 和步进电机 42BYGH1.8 驱动电路如图 9-5 和图 9-6 所示。

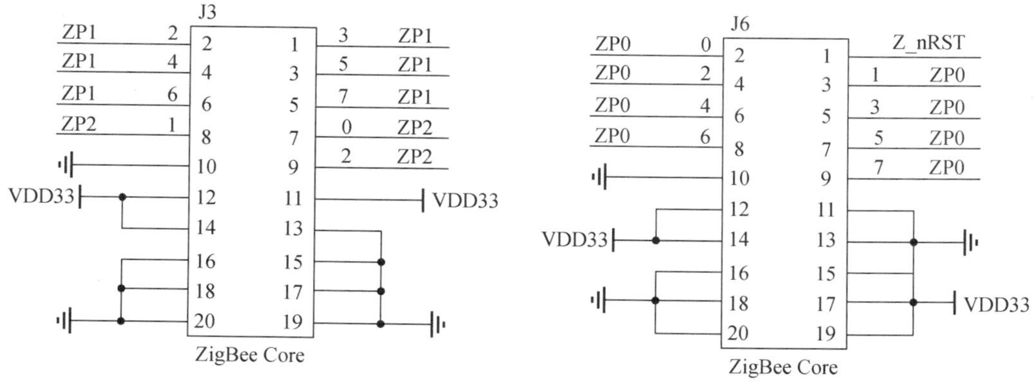

图 9-5　ZigBee Core

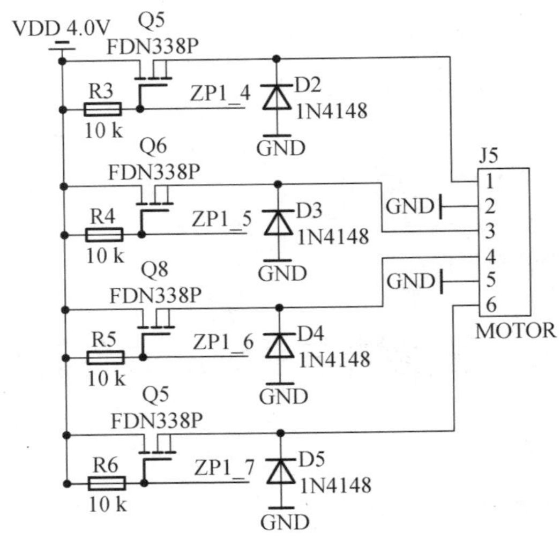

图 9-6　步进电机驱动电路

2. 基于 Z-Stack 的串口控制程序

1) 实现原理

使用 IAR 开发环境设计程序，在 ZStack-1.4.2-1.1.0 协议栈源码例程 SampleApp 工程基础上，可以实现无线组网及通信，即协调器自动组网，路由或终端节点自动入网，并设计上位机串口数据协议，检测和控制 ZigBee 网络中节点与相关传感器的状态。

2) ZigBee (CC2430)模块 LED 硬件接口

ZigBee (CC2430)模块 LED 硬件接口如图 9-7 所示。

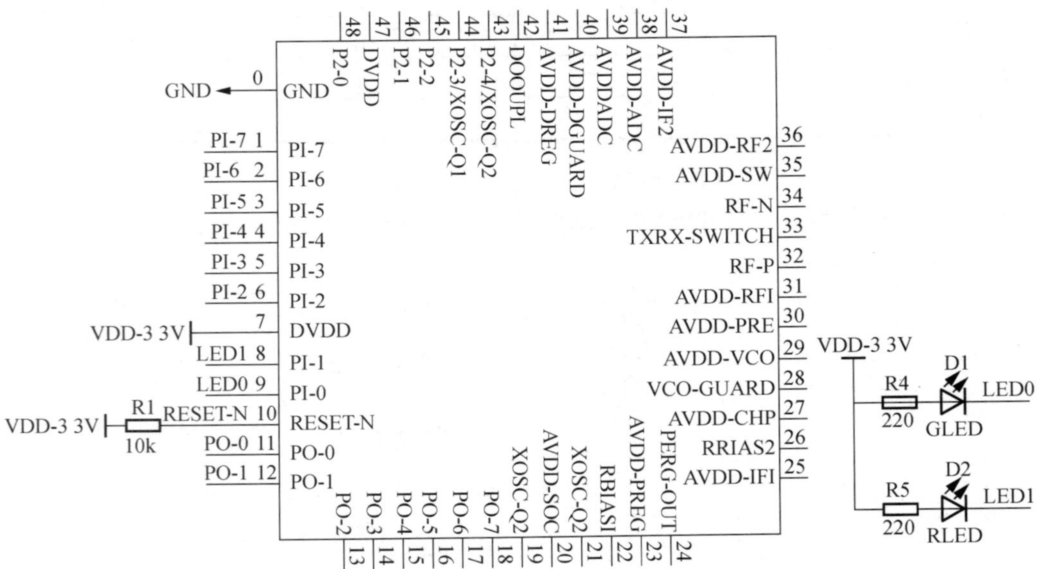

图 9-7　LED 硬件接口

ZigBee(CC2430)模块硬件上设计有 2 个 LED 灯，可用来编程调试使用，其分别连接

CC2430 的 P1_0、P1_1 两个 I/O 引脚。从原理图上可以看出，2 个 LED 灯共阳极，当 P1_0、P1_1 引脚为低电平时，LED 灯点亮。

串口控制程序系统框图如图 9-8 所示。

图 9-8 串口控制程序系统框图

3) SampleApp 简介

TI 的 ZStack-1.4.2-1.1.0 协议栈中自带了一些演示系统 DEMO，存放在默认安装目录 C:\Texas Instruments\ZStack-1.4.2-1.1.0\Projects\zstack\Samples 下，本次系统将利用该目录下的 SampleApp 系统工程来实现 ZigBee 模块的自动组网和通信。

4) MT 层串口通信

协议栈中将串口通信部分放到了 MT 层的 MT 任务中进行处理，因此我们在使用串口通信的时候要在编译工程(通常是协调器工程)时在编译选项中加入 MT 层相关任务的支持：MT_TASK、ZTOOL_P1 或 ZAPP_P1。

MT 层串口通信任务处理流程如图 9-9 所示。

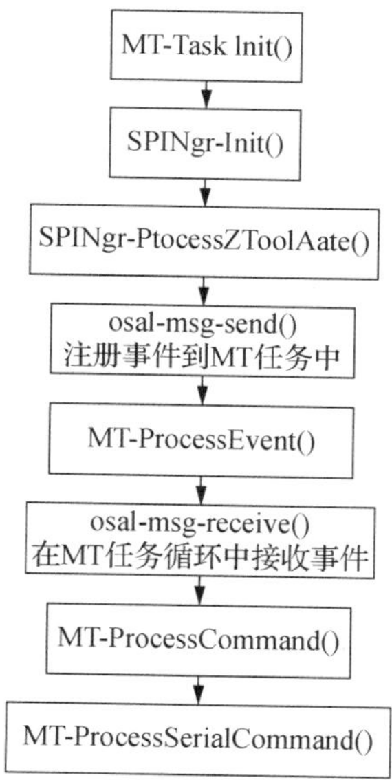

图 9-9 MT 层串口通信任务处理流程

上述处理过程针对的是特定输出格式的串口数据，因此在一般串口终端无法解析。

5) 应用层任务

在智能泊车系统中应用层的任务为 SampleApp 任务，该任务负责 ZigBee 网络的创建和加入控制流程，主要是根据 ZigBee 闪存中网络信息来启动系统。

6) 分别下载上面编译好的程序到 ZigBee 模块

DemoEB 工程编译后选择 debug 即可下载至模块中，进入 debug 模式后单击 run 运行

工程，方可运行软件。

7) 启动设备测试

首先启动协调器模块，建立网络成功后 LED2 点亮，再启动路由节点 ZigBee 模块，入网成功后该模块的 LED2 也点亮。网络组建成功后，通过将 PC 机串口线接到 ZigBee 协调器模块对应的串口上，就可打开串口终端软件，再设置波特率为 115 200，即可在串口终端中输入程序中指定的串口命令控制协调器模块。协调器通过串口接收到命令后，无线控制远程节点状态。

3. RFID 读卡程序

RFID 即射频识别，俗称电子标签。RFID 技术是一种非接触式的自动识别技术，它通过射频信号可自动识别目标对象并获取相关数据，识别工作无须人工干预，可工作于各种恶劣环境。RFID 技术可识别高速运动物体并可同时识别多个标签，操作快捷方便。

1) UHF 读写器模块

智能泊车系统采用的读写器是结构完整、功能齐全的 915 M 的 RFID 读写器，它含有射频(RF)模块、Wi-Fi 模块、数字信号处理模块、输入/输出端口和串行通信接口，具备读写器同步功能，是多协议 UHF 读写器，支持 ISO 18000-6B 和 EPC 协议国际标准，能读写 UCODE、TI、Alian 等标签。智能泊车系统采用的是 EPC 协议国际标准标签。可以通过更换外接不同增益的天线(最多 2 个)，扩展读卡有效范围，降低用户硬件成本。

(1) 通信协议——物理层。

物理层可以进行信号的比特数据发送与接收。物理层设计应符合 RS-232 规范要求。具体设计要求包括 1 位起始位、8 位数据位、1 位停止位以及无奇偶校验。

(2) 通信协议——数据链路层。

数据链路层可以具体规定命令和响应帧的类型和数据格式。帧类型可分为命令帧、响应帧、读写器命令完成响应帧。

命令帧格式定义如表 9-2 所示。

表 9-2　命令视频帧

Packet Type	Station Num	Length	Command Code	Command Data	…	Command Data	Command Data	Checksum
0xA5	0xFF	n+2	1 Byte	Byte 1		Byte n-1	Byte n	cc

为了说明这一算法，我们以读写器单卡识别 EPC 标签的命令为例加以说明。读写器识别单标签命令帧如表 9-3 所示。

表 9-3　读写器识别单标签命令帧

Packet Type	Station Num	Length	Command Code	Command Data	Checksum
0xA5	0xFF	3	0x92	04	cc

响应帧格式定义如表 9-4 所示。

读写器命令完成响应帧格式定义如表 9-5 所示。

表 9-4　响应帧格式

Packet Type	Station Num	Length	Command Code	Command Data	…	Command Data	Command Data	Checksum
0xE5	0xFF	n+2	1 Byte	Byte 1		Byte n-1	Byte n	cc

表 9-5　读写器命令完成响应帧格式

Packet Type	Station Num	Length	Command Code	Status	Checksum
0xE9	0xFF	0x03	1 Byte	1 Byte	cc

2) 主要协议

UHF 读写器支持多种协议，主要包括获取及设置读卡器参数、升级类协议、ID 匹配类协议、天线设置类协议、功率设置协议、读卡及写卡协议等。

本 IoT-ETC 系统，主要使用多通道读卡协议及读取 ID 数据命令帧协议。Multiple Tag Identify(Extension)协议如表 9-6 所示。

表 9-6　Multiple Tag Identify(Extension)协议

Length	Command Code	Command Data	Checksum
3	0xC2	Tag Type	cc

对于 ISO 18000-6B 标签，响应帧格式如表 9-7 所示。

表 9-7　响应帧格式

Length	Response Code	Response Data	Response Data	Response Data	Checksum
9*n+4	0xC2	Tag Type	ID Count	n*(1+8 ID)	cc

GET ID BUF 协议如表 9-8 所示。

表 9-8　GET ID BUF 协议

Length	Command Code	Command Data	Command Data	Checksum
0x04	0x61	Operation Type	ID Counts	cc

读写器接收此命令帧后，返回命令响应帧，命令响应帧格式如表 9-9 所示。

表 9-9　命令响应帧格式

Length	Response Code	Response Data	Response Data	Response Data	Response Data	Checksum
10*n+5	0x61	Operation Type	n IDs	More Id	ID Data 10 Bytes	cc

3) 关键代码分析

(1) 建立连接。

函数接口：int GetConnect(char *ipaddr，int port)。

功能：建立到读卡器服务器的连接。

参数：ipaddr 为服务器地址，port 为端口号(默认为 4001)。

返回值：成功返回 int 型 soketfd，连接错误返回-1。

(2) 双通道读卡函数。

函数接口：int MultipleTagIdentify(int fd，unsigned int TagType，unsigned char **pInIdBuff，unsigned char **pOutIdBuff);。

功能：获得出入口读到的卡号。

参数：fd 为连接 Socket，TagType：1 为 ISO 18000 标签，4 为获取 gen 标签的 EPC 值，对 6 在此版本中不支持；返回正确时，**pInIdBuff 为指向入口(通道 1)的卡号(12*sizeof(unsigned char)个)，**pOutIdBuff 为指向出口(通道 2)的卡号(12*sizeof(unsigned char)个)，未读到卡返回 NULL。

返回值：正常值为 0，网络连接阻塞时返回值为-1，系统出现错误时返回值为-2。

4. 智能泊车系统 GUI 综合程序

1) 实现原理

物联网 IPA 系统控制器部分界面采用 Qt 跨平台的 GUI 设计方法，对系统中的 RFID 读卡模块、ZigBee 无线传感器模块、摄像头模块等进行本地的界面显示和控制。

2) 智能泊车系统总体流程

智能泊车系统总体流程如图 9-10 所示。

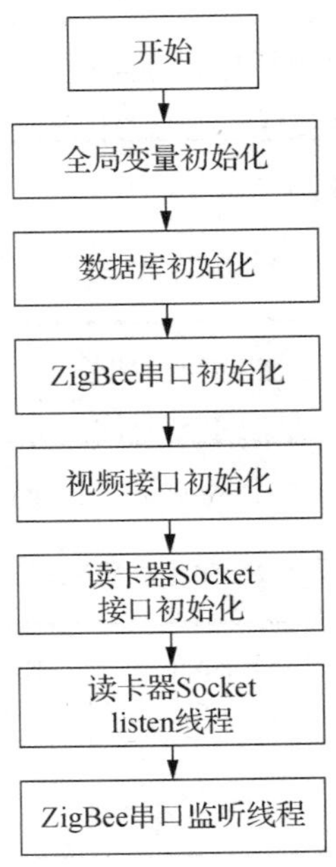

图 9-10 智能泊车系统总体流程

3) RFID 线程

RFID 线程负责读卡与整个系统联动控制，流程如图 9-11 所示。

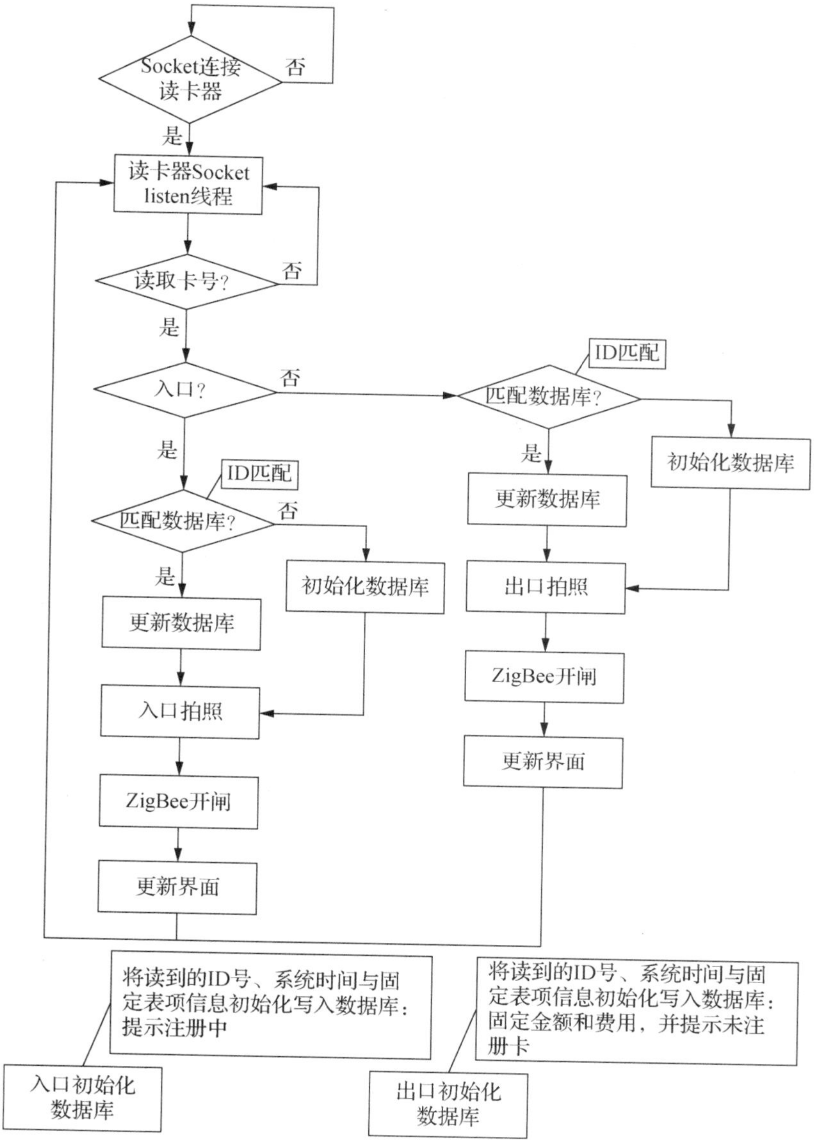

Socket连接读卡器
否
是
读卡器Socket listen线程
读取卡号?
否
是
入口?
否
是
ID匹配
匹配数据库?
否
是
更新数据库
初始化数据库
入口拍照
ZigBee开闸
更新界面
ID匹配
匹配数据库?
是
更新数据库
初始化数据库
出口拍照
ZigBee开闸
更新界面
将读到的ID号、系统时间与固定表项信息初始化写入数据库；提示注册中
入口初始化数据库
将读到的ID号、系统时间与固定表项信息初始化写入数据库；固定金额和费用，并提示未注册卡
出口初始化数据库

图 9-11　RFID 流程

4) ZigBee 线程

ZigBee QT 线程负责使用串口相关命令获取 ZigBee 设备链表节点信息，提供给其他线程或结盟线程服务。

5) ZigBee 设备链表维护线程

ZigBee 网络中节点维护是使用链表的方式，通过串口指定的命令格式可获取协调器设备传递的网络节点信息。关于 ZigBee 支持的串口命令具体见 ZigBee 部分相关系统文档。

6) SQLite 数据库

智能泊车系统分别使用 2 个 SQLite 数据库对 RFID 读卡的信息进行逻辑判断和信息处理，其中存储了 ID 卡的相关信息如 ID 号、状态、时间、车辆及车主信息等。另外一个数据库用来保存停车位信息及预约状态。

5. Server 服务器

使用 Server 服务器可以简单地完成智能泊车系统。Server 实现的功能包括从数据库读取停车位的状态信息，为客户端提供车位查询、预约车位、查找车位、短信确认等功能服务。

1) 多线程实现 Server 服务器

该服务器采用 C/S 方式，能够解决多个客户端的问题，主要采用多线程、多进程来实现。服务器进程占用资源较大，因此采用多线程实现客户端。服务器可为每一个客户端连接启动一个线程，进行通信然后断开连接，销毁线程。

2) SQLite 数据库的使用

SQLite 是一种嵌入式数据库。它可以满足对外部程序库以及操作系统的最低要求，因此非常适合应用于嵌入式设备，同时可以应用于一些稳定的、很少修改配置的应用程序中。SQLite 是使用 ANSI-C 开发的，可以被任何标准的 C 编译器编译。SQLite 能够运行在 Windows/Linux/Unix 等各种操作系统，占用资源更少，处理速度更快，SQLite 在嵌入式设备中的应用较为常见。

3) 数据通信协议或数据格式

数据通信协议是指基于 TCP 网络协议而自定义的一种协议。

4) 流程图

主线程流程如图 9-12 所示；数据库处理线程流程如图 9-13 所示；网络通信线程流程如图 9-14 所示。

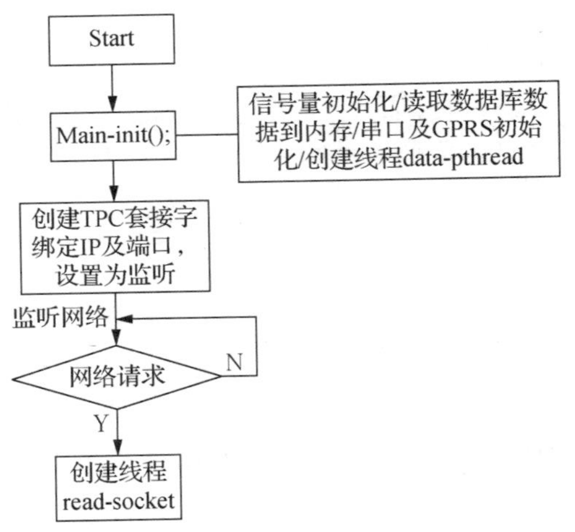

图 9-12　主线程流程

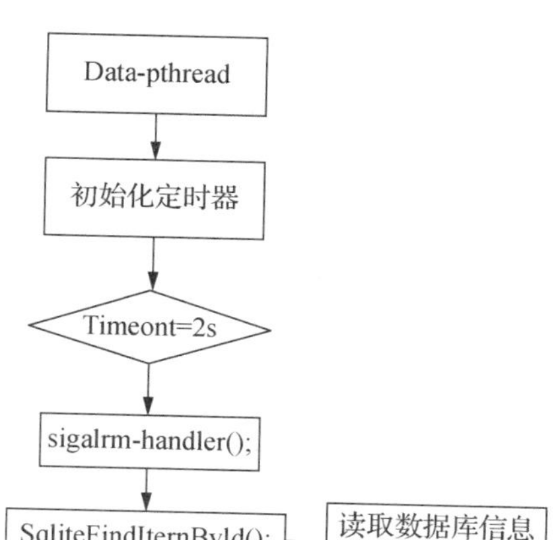

图 9-13　数据库处理线程流程

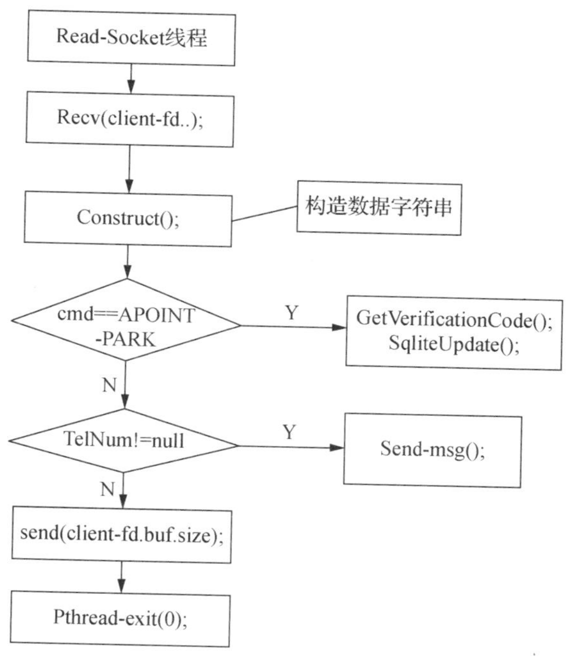

图 9-14　网络通信线程流程

6. Android 客户端

本实例介绍 Android SDK 开发的步骤，智能泊车客户端软件的实现原理，并对 Android View 布局、Intent 对象的使用及调用另一个 Activity 做简单介绍；对各种控件的使用方法，如 VideoView、TextView、EditText、AlertDialog、ProgressDialog 等，以及文件操作、网络通信做简要说明。

1) Activtiy 组件调用 Activity 组件

Intent 是一个将要执行动作的抽象描述。由 Intent 协助完成各组件之间的调用与通信。在 Android 平台中，Activity 组件可以通过“startActivity”方法来调用其他组件，该方法仅有一个参数，就是意向对象，要传递的数据被存放在意向对象的附加容器中。

2) 开场动画

在运行智能泊车客户端之前，会显示一段生动活泼的开场动画(videoview)，这里是通过 videoview 控件实现，动画以.3gp 格式存放在以下资源空间：/res/raw/start.3gp。

3) 流程图

Start Activity 流程如图 9-15 所示；Menu Activity 流程如图 9-16 所示；Status Activity 流程如图 9-17 所示。

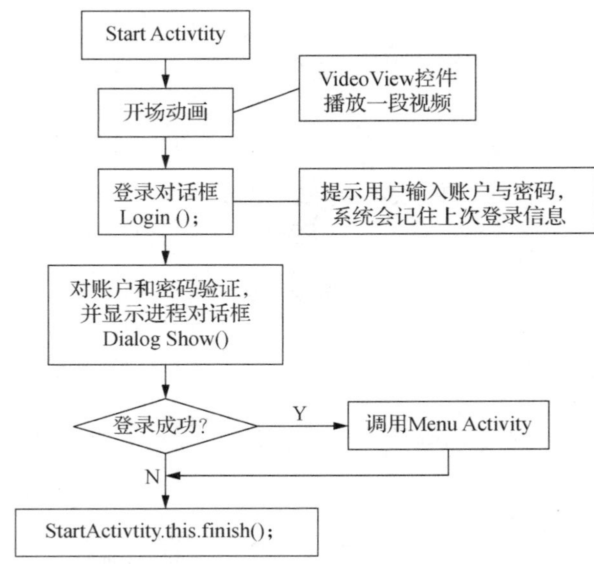

图 9-15　Start Activity 流程图

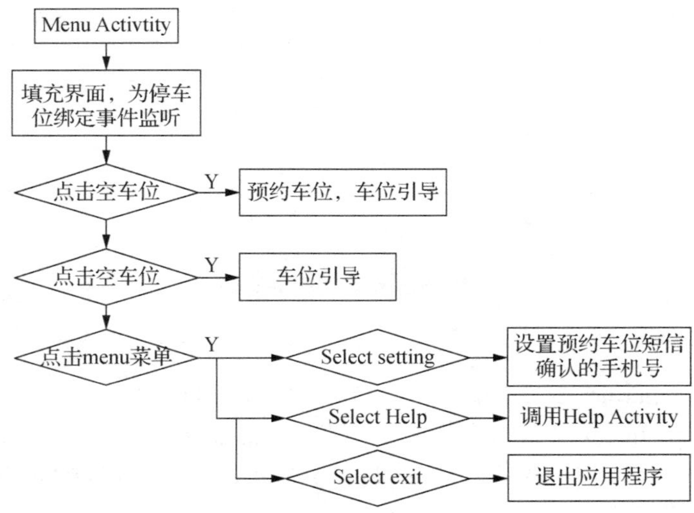

图 9-16　Menu Activity 流程

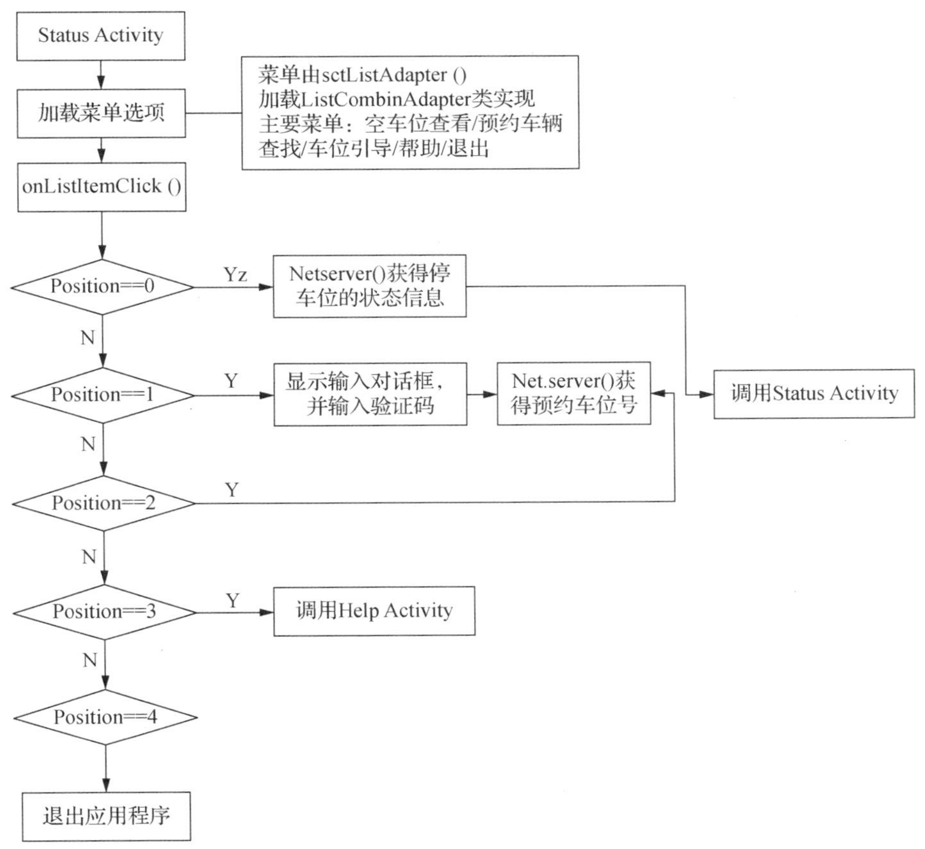

图 9-17　Status Activity 流程

练　习　题

1. 基于物联网技术的新型数据采集与监控系统怎样设计？
2. 无线 GPRS 环境质量在线监测系统怎样设计？
3. 基于物联网技术的路灯无线监控系统怎样设计？
4. 物联网用于城市供水无线调度监控解决方案怎样设计？
5. 基于物联网的智能家居安防系统怎样设计？

第 10 章
应用层及其应用

应用层位于物联网三层结构中的最顶层，其功能为“处理”，即通过云计算平台进行信息处理。应用层与最低端的感知层一起，是物联网的显著特征和核心所在，应用层可以对感知层采集数据进行计算、处理和知识挖掘，从而实现对物理世界的实时控制、精确管理和科学决策。

物联网应用层的核心功能主要体现在两个方面：一是“数据”，应用层需要完成数据的管理和数据的处理；二是“应用”，仅仅管理和处理数据还远远不够，必须将这些数据与各行业应用相结合。

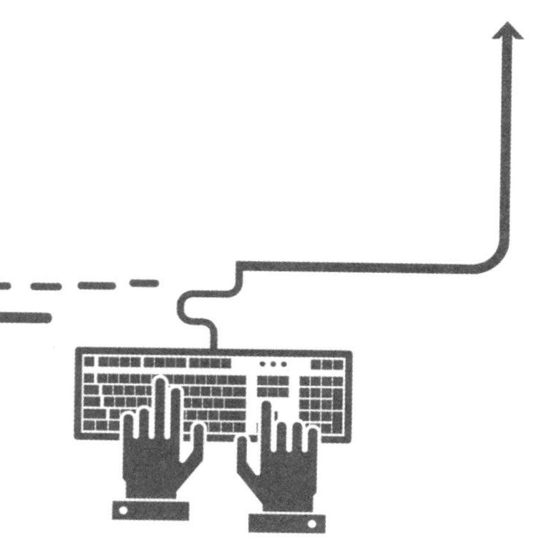

10.1　物联网与云计算技术

物联网是互联网向物理世界的延伸，云计算是基于物联网的 IT 资源的使用和交互模式。物联网和云计算的关系是一种优势互补的关系，云计算是实现物联网的核心。

运用云计算模式，可使物联网中数以兆计的各类物品的实时动态管理、智能分析变得可能。物联网通过云计算将射频识别技术、传感器技术、纳米技术等新技术充分运用在各行各业之中。

从物联网的结构来看，云计算将成为物联网的重要环节。物联网与云计算的结合必将通过对各种能力资源共享、信息价值深度挖掘等带动整个产业链和价值链的升级与跃进。各种物体充分连接，并通过无线等网络将采集到的各种实时动态信息送达计算处理中心，然后进行汇总、分析和处理。

10.1.1　认识云计算

1. 云计算简介

云计算是一种基于互联网的计算方式，通过这种方式，共享的软硬件资源和信息可以按需提供给计算机和其他设备。云计算是基于互联网的相关服务的增加、使用和交付模式，一般通过互联网来提供动态、易扩展且经常是虚拟化的资源。云是网络、互联网的一种比喻说法。过去在图中往往用云来表示电信网，后来也用来表示互联网和底层基础设施的抽象含义。狭义云计算是指 IT 基础设施的交付和使用模式，通过网络以按需、易扩展的方式获得所需资源；广义云计算是指服务的交付和使用模式，通过网络以按需、易扩展的方式获得所需服务。这种服务可以是 IT 和软件、与互联网相关，也可以是其他服务。它意味着计算能力也可以作为一种商品通过互联网进行流通。

互联网上的云计算服务特征和自然界的云—水循环具有一定的相似性，因此，云是一种相当贴切的比喻。通常云计算服务应该具备以下几个特征：①基于虚拟化技术快速部署资源或获得服务；②实现动态的、可伸缩的扩展；③按需求提供资源、按使用量付费；④通过互联网提供、面向海量信息处理；⑤用户可以方便地参与；⑥形态灵活，聚散自如；⑦减少用户终端的处理负担；⑧降低了用户对于 IT 专业知识的依赖。

云计算和物联网是新一代信息技术产业的核心，它们之间有着紧密的联系。

第一，物联网和云计算是国家非常重视的战略性新兴产业，是国家重点推动跨越式发展的新一代信息技术产业。物联网产业有很大的市场容量，有巨大的发展潜力，是重大的应用领域。

第二，物联网的形成和发展会产生分布在各处的大量的数据，这些数据需要协调和处理，而云计算对于物联网数据处理可以发挥重要的支持作用。没有云计算，物联网就会成为“物离网”，也就是一个一个的信息孤岛，没有云计算平台支持的物联网价值不大。小范围的传感器数据处理和整合技术早已成熟，如工控领域，但这并不是真正的物联网。

第三，对于云计算来说，物联网是一种应用，一种国家重点推动的巨大的应用领域。

但从业务层次来看，物联网与其他应用对于云计算来说没有本质的区别，云计算并不关心具体的应用。物联网产业要得到真正的蓬勃发展离不开云计算的支撑，物联网项目在进行的时候一定要考虑到后面的支撑平台。

当物联网与云计算“牵手”时，需要注意两大关键问题。

关键问题 1：规模化是其结合基础。

技术总能带给人们很多的想象空间，作为当前较为先进的技术理念，物联网与云计算的结合也存在着很多可能性，业界人士首先认为，规模化是云计算服务物联网的前提条件。物联网的规模足够大之后，才有可能和云计算结合起来，因此物联网应具备三个特征：一是全面感知，即利用 RFID、传感器、二维码等随时随地获取物体的信息；二是可靠传递，通过各种电信网络与互联网的融合，将物体的信息实时准确地传递出去；三是智能处理，利用云计算、模糊识别等各种智能计算技术，对海量的数据和信息进行分析和处理，对物体实施智能化的控制。比如智能电网、地震台网监测等都需要云计算。而对一般性的、局域的、家庭网的物联网应用，则没有必要结合云计算。

关键问题 2：实用技术是实现条件。

第一是互联网技术在物联网的扩展，包括 IP 技术在各种物体上的实现，无线接入网络，网络与信息的融合等；第二是 IT 虚拟化技术，这也是云计算的基础，只有实现了 IT 虚拟化，才能真正实现资源共享和 IT 服务能力的按需提供，这其中的关键技术涉及服务器虚拟化、网络虚拟化和存储虚拟化，当然如果能够将服务器、网络和存储加以融合，让服务器与网络之间、网络与存储之间也能够达到资源共享的虚拟化，这将会在计算能力的有效利用、服务能力的错峰处理和绿色节电环保等方面更具有吸引力；第三是如何对物联网、云计算平台进行管理、控制与应用，从而让其更好地实现可靠、安全、连续的服务；第四，也是很重要的一点，即基于云计算和物联网的各种业务与应用，只有通过合适的业务模式和实用的实际服务才能让物联网和云计算更好地为人类服务，才能形成一个有效、良性的价值链体系和业务生态系统，从而推动整个信息产业、IT 及各行各业良性地可持续发展。

物联网与云计算的结合通过对各种能力资源共享(包括计算资源、网络资源、存储资源、平台资源、应用资源、管理资源、服务资源、人力资源)、业务快速部署、人物交互新业务扩展、信息价值深度挖掘等多方面的促进，从而可以带动整个产业链和价值链的升级与跃进。同时物联网与云计算结合的数据中心需要更可靠和更严谨的虚拟化平台支撑，而且对数据中心的规划、建设、运营、维护、管理以及节能环保、高可靠性、高可用性、安全性、可管理性及高性能等方面提出了更高的要求。

一旦信息技术能够实现社会化、集约化、专业化，人类社会就将会进入一个用信息和信息技术精确调控物质和能量的时代，将极大地提高资源利用率和生产力水平。因此，感知、认知与控制变得尤为重要，物联的兴起就是最典型的证明，其中尤以智能电网和智能交通最具代表性。云计算就像物联网的基石，为大家统一使用，因此是它开创了软件社会化大生产模式。依托互联网，通过端设备，随时随地获得个性化服务，你会发现人们开始买计算不买计算机、买存储不买存储器、买带宽不买交换机，因为他们可以在同一个设备端享受网络上不同的服务，在不同设备端享受网络上同一种服务。设备端通过联网服务定制，可以实现个性化服务，不同设备端可以享受集群服务，并促使软件服务业实现社会化、集约化、专业化的大转型。社会化、集约化和专业化的云计算中心通过软件的重用和柔性重组，进行服务流程的优化与重构，可以提高利用率。云计算促进了软件开发商之间的资源聚合、信息共享和协同工作，形成面向服务的计算，为网络时代的软件工程开辟了新的道路。

“三化”加速物联网的构建。初期的互联网支持尽力而为的服务，“核心简单，边缘丰富”。云计算要求云计算中心支持社会化、集约化和专业化的信息服务，“网络丰富，边缘简单，交互智能”。

当然，物联网与云计算的结合在实现高效、灵活、方便和更多价值的同时，在人及信息的安全性、价值链形成过程中的利益分配平衡及可管理性、对人类的行为习惯和道德观念的影响等方面都存在着一定的风险和不确定性。

2. 物联网未来发展的核心技术

物联网本身结构复杂，主要包括 3 部分：首先是感知层，可用于信息的采集，可以应用的技术包括智能卡、RFID 电子标签、识别码、传感器等；其次是网络层，可用于信息的传输，借用现有的无线网、移动网、固联网、互联网、广电网等即可实现；最后是应用层，可用于物与物之间、人与物之间的识别与感知，发挥智能作用。具体的核心是感知层中的技术，从现阶段来看，物联网发展的瓶颈就在感知层。国际电信联盟(ITU)将传感器技术、射频识别(RFID)技术、微机电系统(MEMS)、智能嵌入技术列为物联网关键技术。

1) 传感器技术

传感器技术同计算机技术与通信技术一起被称为信息技术的“三大支柱”。从仿生学观点来看，如果把计算机看成处理和识别信息的“大脑”，把通信系统看成传递信息的“神经系统”的话，那么传感器就是“感觉器官”。

传感器技术是主要研究关于从自然信源获取信息，并对之进行处理(变换)和识别的一门多学科交叉的现代科学与工程技术，它涉及传感器(又称换能器)、信息处理和识别的规划设计、开发、制/建造、测试、应用及评价改进等活动。传感器技术的核心即传感器，它是负责实现物联网中物与物、物与人信息交互的必要组成部分。获取信息靠各类传感器，它们有各种物理量、化学量或生物量的传感器。按照信息论的凸性定理，传感器的功能与品质决定了传感器系统获取自然信息的信息量和信息质量，是高品质传感器技术系统构造的第一个关键。信息处理包括信号的预处理、后置处理、特征提取与选择等。识别的主要任务是对经过处理的信息进行辨识与分类。它利用被识别(或诊断)对象与特征信息间的关联关系模型对输入的特征信息集进行辨识、比较、分类和判断。因此，传感器技术是遵循信息论和系统论的。它包含了众多的高新技术，被众多的产业广泛采用。它也是现代科学技术发展的基础条件，应该受到足够的重视。微型无线传感器技术以及以此组件的传感网是物联网感知层的重要技术手段。

2) 射频识别技术

射频识别(RFID)技术是 20 世纪 90 年代开始兴起的一种非接触式自动识别技术，该技术的商用促进了物联网的发展。它通过射频信号等一些先进手段自动识别目标对象并获取相关数据，有利于人们在不同状态下对各类物体进行识别与管理。RFID 系统通常由电子标签和阅读器组成。电子标签内存有一定格式的标识物体信息的电子数据，是未来几年代替条形码技术走进物联网时代的关键技术之一。该技术具有一定的优势：能够轻易嵌入或附着，并对所附着的物体进行追踪定位；读取距离更远，存取数据时间更短；标签的数据存取有密码保护，安全性更高。RFID 目前有很多频段，集中在 13.56 MHz 频段和 900 MHz 频段的无源 RFID 标签应用最为常见。短距离应用方面通常采用 13.56 MHz HF 频段；而 900 MHz 频段多用于远距离识别，如车辆管理、产品防伪等领域。阅读器与电子标签可按通信协议互传信息，即阅读器向电子标签发送命令，电子标签根据命令可将内存的标识性数据回传给阅读器。RFID 技术与互联网、通信等技术相结合，可实现全球范围内物品跟踪与信息共享。但其技术发展过程中也遇到了一些问题，主要是芯片成本，其他如 FRID 反碰撞防冲突、RFID 天线研究、工作频率的选择及安全隐私等问题，都在一定程度上制约了该技术的发展。

3) 微机电系统

微机电系统(MEMS)是指利用大规模集成电路制造工艺，经过微米级加工，得到的集微型传感器、执行器以及信号处理和控制电路、接口电路、通信、电源于一体的微型机电系统。MEMS 技术近几年的飞速发展，为传感器节点的智能化、小型化、功率的不断降低创造了成熟的条件，目前已经在全球形成百亿美元规模的庞大市场。近年来，更是出现了集成度更高的纳米机电系统(nano electro mechanical system，NEMS)。微机电系统具有微型化、智能化、多功能、高集成度和适合大批量生产等特点。MEMS 技术属于物联网的信息采集层技术。

4) 智能嵌入技术

嵌入式系统是以应用为中心，以计算机技术为基础，并且软硬件可裁剪，适用于应用系统对功能、可靠性、成本、体积、功耗有严格要求的专用计算机系统。它一般由嵌入式微处理器、外围硬件设备、嵌入式操作系统以及用户的应用程序 4 部分组成，用于实现对其他设备的控制、监视或管理等。目前，大多数嵌入式系统还处于单独应用阶段，以控制器(MCU)为核心，与一些监测、伺服、指示设备配合才能实现一定的功能。Internet 现已成为社会重要的基础信息设施之一，是信息流通的重要渠道，如果嵌入式系统能够连接到 Internet 上面，则可以方便、低廉地将信息传送到世界上任何一个地方。

3. 物联网对世界发展的影响

业内专家认为，物联网一方面可以提高经济效益，大大节约成本；另一方面也可以为全球经济的复苏提供技术动力。目前，美国、欧盟等都在投入巨资深入研究探索物联网。我国也正在高度关注、重视物联网的研究，工业和信息化部会同有关部门，在新一代信息技术方面正在开展研究，以形成支持新一代信息技术发展的政策措施。中国移动原总裁王建宙提及，物联网将会成为中国移动未来的发展重点。运用物联网技术，上海移动已为多个行业客户量身打造了集数据采集、传输、处理和业务管理于一体的整套无线综合应用解决方案。最新数据显示，目前已将超过 10 万个芯片装载在出租车、公交车上，形式多样的物联网应用在各行各业大显神通，确保了城市的有序运作。在世博会期间，“车务通”全面运用于上海公共交通系统，以最先进的技术保障 2010 上海世博园区周边大流量交通的顺畅；面向物流企业运输管理的“e 物流”，将为用户提供实时、准确的货况信息、车辆跟踪定位、运输路径选择、物流网络设计与优化等服务，从而大大提升物流企业综合竞

争能力。此外，物联网普及以后，用于动物、植物和机器、物品的传感器与电子标签及配套的接口装置的数量将大大超过手机的数量。物联网的推广将会成为推进经济发展的又一个驱动器，为各产业开拓了一个潜力无穷的发展机会。按照目前对物联网的需求，近年内就需要按亿计的传感器和电子标签，将大大推进信息技术元件的生产，同时增加大量的就业机会。

要真正建立一个有效的物联网，有两个重要因素。一是规模性，只有具备了规模，才能使物品的智能发挥作用。二是流动性，物品通常都不是静止的，而是处于运动的状态，必须保持物品在运动状态，甚至高速运动状态下都能随时实现对话。在今天，物联网已经是一个新的万亿元级的通信业务。

10.1.2　云计算基本架构

1. 传统 IT 部署架构及其存在的主要问题

传统 IT 部署架构是“烟囱式”的，或者叫作“专机专用”系统。在这种架构中，新的应用系统上线的时候，需要分析该应用系统的资源需求，确定基础架构所需的计算、存储、网络等设备的规格和数量。

传统 IT 部署模式存在的主要问题有以下两点。

1) 硬件高配低用

考虑到应用系统未来 3～5 年的业务发展，以及业务突发的需求，为满足应用系统的性能、容量承载需求，往往在选择计算、存储和网络等硬件设备的配置时，会留有一定比例的余量。但是，硬件资源上线后，应用系统在一定时间内的负载并不会太高，使得较高配置的硬件设备利用率也不会太高。

2) 整合困难

用户在实际使用中也注意到了资源利用率不高的问题。当需要上线新的应用系统时，会优先考虑部署在既有的基础架构上。但是，因为不同的应用系统所需的运行环境、对资源的抢占会有很大的差异，更重要的是考虑到可靠性、稳定性、运维管理问题，将新、旧应用系统整合在一套基础架构上的难度非常大。更多的用户往往选择新增与应用系统配套的计算、存储和网络等硬件设备。这种部署模式，造成了每套硬件与所承载应用系统的“专机专用”，多套硬件和应用系统构成了“烟囱式”部署架构；使得整体资源利用率不高，占用过多的机房空间和能源；随着应用系统的增多，IT 资源的效率、可扩展性、可管理性都将面临很大的挑战。

2. 云计算基础架构及其优势

云计算基础架构的引入，有效地解决了传统基础架构存在的问题，使云计算基础架构在传统基础架构计算、存储、网络硬件层的基础上，增加了虚拟化层和云层。

1) 虚拟化层

大多数云计算基础架构都广泛采用了虚拟化技术，包括计算虚拟化、存储虚拟化、网络虚拟化等。通过虚拟化层，屏蔽了硬件层自身的差异和复杂度，向上呈现为标准化、可灵活扩展和收缩、弹性的虚拟化资源池。

2) 云层

对资源池进行调配、组合，根据应用系统的需要自动生成、扩展所需的硬件资源，将更多的应用系统通过流程化、自动化部署和管理，提升 IT 效率。相对于传统基础架构，云计算基础架构通过虚拟化整合与自动化，以及应用系统共享基础架构资源池，实现了高利用率、高可用性、低成本、低能耗，并且通过云平台层的自动化管理，实现了快速部署、易于扩展、智能管理，帮助用户构建 IaaS(基础架构即服务)云业务模式。

10.1.3　云计算基础架构融合

1. 云计算基础架构资源的整合

云计算基础架构资源池，使得计算、存储、网络以及对应虚拟化单个产品和技术本身不再是核心；重要的是这些资源的整合；形成一个有机的、可灵活调度和扩展的资源池；面向云应用实现自动化的部署、监控、管理、运营和维护。云计算基础架构资源的整合，对计算、存储、网络虚拟化提出了新的挑战，并带动了一系列网络、虚拟化技术的变革。

在传统模式下，服务器、网络和存储是基于物理设备连接的。因此，针对服务器、存储的访问控制、QoS 带宽、流量监控等策略，基于物理端口进行部署；管理界面清晰，并且设备及对应的策略是静态、固定的。在云计算基础架构模式下，服务器、网络、存储、安全采用了虚拟化技术，这些虚拟化的结构使得设备以及相应的问题是动态变化的。

2. 计算虚拟化与网络融合联动的例子

服务器采用了虚拟化技术，因此一台独立的物理服务器可以变成多个虚拟机，并且这些虚拟机是动态的，能够随着应用系统、数据中心环境的变化而迁移、增加和减少。例如，服务器 Server1 由于某种原因(如负载过高)，其中的某个虚拟机 VM1 迁移到同一集群中的服务器 Server2。此时，如果要保持虚拟机 VM1 的业务访问不会中断，需要实现虚拟机 VM1 的访问策略能够从端口 Port1 迁移到端口 Port2。这就需要交换机可以感知虚拟机的状态和变化，并自动更新迁移前后端口上的策略。这是一个简单的计算虚拟化与网络融合联动的例子。

3. 云计算基础架构融合的关键在于网络

事实上，云计算基础架构融合的关键在于网络。目前，计算虚拟化、存储虚拟化技术已经相对成熟并自成体系。但就整个 IT 基础架构来说，网络是将计算资源池、存储资源池、用户连接在一起的纽带。只有网络能够充分感知到计算资源池、存储资源池和用户访问的动态变化，才能在进行动态响应、维护网络连通性的同时，保障网络策略的一致性；否则，通过人工干预和手工配置，会大大降低云基础架构的灵活性、可扩展性和可管理性。

4. 云计算基础架构可分为 3 个层次的融合

1) 硬件层的融合

例如，虚拟以太网端口汇聚器或虚拟以太网端口聚合(virtual ethernet port aggregator，VEPA)技术和方案，是将计算虚拟化与网络设备和网络虚拟化进行融合，实现虚拟机与虚拟网络之间的关联。此外，还有以太网光纤通道(fiber channel over ethernet，FCoE)技术和方案，将存储与网络进行融合，以及横向虚拟化、纵向虚拟化，实现网络设备自身的融合。

2) 业务层的融合

典型的方案是云安全解决方案。通过虚拟防火墙与虚拟机之间的融合，可以实现虚拟防火墙对虚拟机的感知、关联。在确保虚拟机迁移、新增或减少时，防火墙策略也能够自动关联。此外，还有虚拟机与 LB(负载均衡)之间的联动。当业务突发而资源不足时，传统方案需要人工发现虚拟机资源不足，再手工创建虚拟机，并配置访问策略。采用这种方式响应速度很慢，而且非常费时费力。而业务层的融合通过自动探测某个业务虚拟机的用户访问和资源利用率情况，在业务突发时，可以按需自动增加相应数量的虚拟机，与 LB 联动进行业务负载分担；同时，当业务突发减小时，可以自动减少相应数量的虚拟机，以节省资源，这样不仅有效解决了虚拟化环境中面临的业务突发问题，而且大大提升了业务响应的效率和智能化。

3) 管理层的融合

云计算基础架构通过虚拟化技术与管理层的融合，可以提升 IT 系统的可靠性。例如，虚拟化平台可与网络管理、计算管理、存储管理联动。当设备出现故障影响虚拟机业务时，可自动迁移虚拟机，保障业务系统被正常访问。此外，对于设备正常、操作系统正常，但某个业务系统无法访问的情况，虚拟化平台还可以与应用管理联动，探测应用系统的状态。例如 Web(网络)、App(应用程序)、DB(数据库)等的响应速度。当某个应用无法被正常访问时，它将会自动重启虚拟机，恢复业务的正常访问功能。

10.1.4 云应用

“云应用”是云计算技术在应用层的具体体现，是“云计算”概念的子集。云计算作为一种宏观技术发展概念而存在，而云应用则是直接面对用户解决实际问题的技术。

云应用遍及各个方面。下面将介绍云存储、云服务、云物联、云安全及云办公这几个方面的应用。

1. 云存储

云存储是一个新概念，是由云计算概念衍生和发展而来的。如图 10-1 所示，云存储是指通过网格技术、分布式文件系统或集群应用等功能，将网络中数量庞大且种类繁多的存储设备通过应用软件集合起来协同工作，共同对外提供数据存储和业务访问服务，保证数据的安全性，并节约存储空间。当云计算系统运算和处理的核心是大量数据的存储和管理时，云计算系统中就需要配置大量的存储设备，那么云计算系统就会转变成为一个云存储系统，所以云存储是一个以数据存储和管理为核心的云计算系统。

目前，国内外发展比较成熟的云存储有很多。比如，我国的百度网盘是百度推出的一项云存储服务，已覆盖主流 PC 和手机操作系统，包括 Web 版、Windows 版、Mac 版、Android 版、iPhone 版和 Windows Phone 版。

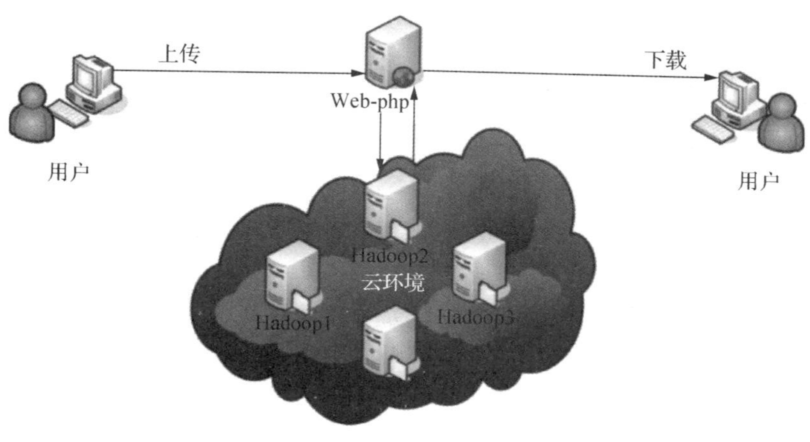

图 10-1　云存储

2. 云服务

微软 Hotmail、谷歌 gmail、苹果 ICloud 等，这些服务主要以邮箱为账号，用户登录账号后，内容在线同步的作用。当然，邮箱也可以获得这种效果，在没有 U 盘的情况下，有人经常会把文件发给自己的邮箱，以方便在其他地方也可以阅览，这也是云服务的最早应用，可以实现在线运行，随时随地接收文件。

现在的移动设备基本上都具备了自己的账户云服务功能，例如，苹果 ICloud，只要用户的东西存入了 ICloud，用户就可以在计算机、平板、手机等设备上轻松读取自己的联系人以及音乐、图像数据等。它是一个可以将用户所有 iOS 设备串联在一起的云端网络，通过它可以让用户从不同的设备上看到个人的应用，省去了拷贝以及相互传输的麻烦，当然它的应用并不仅限于此，它可以让用户的所有绑定设备随时随地被看到及修改，随用随取，同步后的文档内容与最后一次修改相同，当然前提是用户的设备已经连接网络。ICloud 可以将用户在 iPhone 上看到的书签位置记录下来，当用户需要用 iPad 继续阅读的时候，可以从上次阅读的地方继续看。

3. 云物联

云物联是基于云计算技术的物物相连。云物联可以将传统物品通过传感设备感知的信息和接收的指令连入互联网中，并通过云计算技术实现数据的存储和运算，从而建立起物联网。基于云计算和云存储技术的云物联是物联网技术和应用的有力支撑，可以实时感知各个“物体”当前的运行状态，将实时获取的信息进行汇总、分析、筛取，确定有用信息为“物体”的后续发展做出决策。一款叫作 ZigBee 系列智能开关的云物联产品，实现了基本的人与物交互，可以应用于家庭、办公、医院和酒店等场合，无论用户身处世界的哪个角落，都可以使用 Web、手机、平板电脑等设备实现场景远程控制，让用户随时随地掌控家居照明。

4. 云安全

云安全(cloud security)是云计算机技术发展过程中信息安全的最新体现，也是云计算机技术的重要应用。云安全融合了并行处理和未知病毒行为判断等新兴技术，通过网状的大量客户端对互联网中软件行为的异常进行监测，获取互联网中木马、恶意程序的最新信息，并传送到服务器端进行自动分析和处理，再把病毒和木马的解决方案分发到每一个客户端。将整个互联网变成一个超大的杀毒软件，这就是云安全的宏伟目标。值得一提的是，云安全是由我国企业最先提出的概念，中国网络安全企业在云安全的技术应用上已走在了世界的前列。目前，云安全内容非常广泛。下面以 360 云安全为例进行介绍。

360 使用云安全技术，在 360 云安全计算中心建立了存储数亿个木马病毒样本的黑名单数据库，以及已经被证明是安全文件的白名单数据库。360 系列产品利用互联网，通过联网查询技术，把对计算机里的文件扫描检测从客户端转到云端服务器，极大地提高了对木马病毒查杀和防护的及时性、有效性。同时，90%以上的安全检测计算由云端服务器承担，从而降低了客户端计算机资源占用，使计算机运行速度变得更快。

5. 云办公

云办公作为 IT 业界的发展方向，正在逐渐形成其独特的产业链，并有别于传统办公软件市场，通过云办公更有利于企事业单位降低办公成本和提高办公效率。随着互联网的深入发展和云计算时代的来临，基于云计算的在线办公软件 Web Office 已经进入了人们的生活，其中比较有代表性的就是微软的 Office 365。进入“微软中国”网站，注册账号，即可体验云上的 Word、Excel 等办公软件。Office 365 相比传统版本的 Office，实现了云端存储的同步，如图 10-2 所示，这对于用户来说是非常方便的事情，无须考虑携带 U 盘，只要在联网的时候就能轻松享受云计算机带来的方便、快捷。用户可随时随地使用 Office 进入办公状态。不管用户是在办公室还是在外出差，只要能够上网，Office 应用程序始终为最新版本。用户可以在 PC/Ma 或 iOS、Android 移动设备进行创建、编辑并与任何人进行分享。

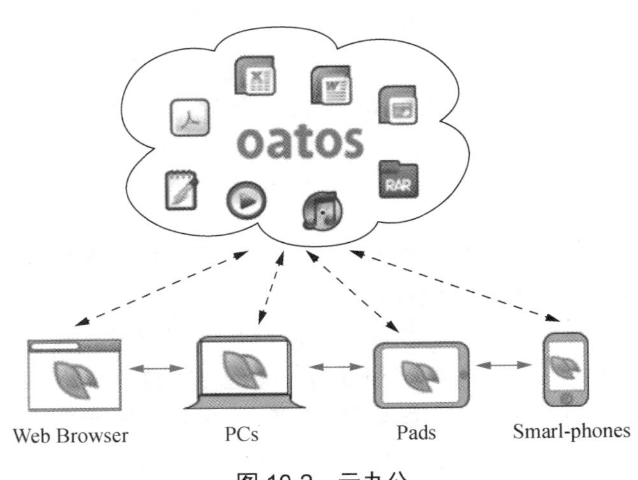

图 10-2　云办公

10.2　物联网与大数据

大数据时代的到来，是全球知名咨询公司麦肯锡最早提出的，麦肯锡称：“数据，已经渗透到当今每一个行业和业务职能领域，成为重要的生产因素。人们对于海量数据的挖掘和运用，预示着新一波生产率增长和消费者盈余浪潮的到来。”《互联网进化论》一书提出了“互联网的未来功能和结构将与人类大脑高度相似，也将具备互联网虚拟感觉、虚拟运动、虚拟中枢、虚拟记忆神经系统”概念，物联网对应了互联网的感觉和运动神经系统。云计算是互联网的核心硬件层和核心软件层的集合，也是互联网中枢神经系统萌芽。大数据代表了互联网的信息层(数据海洋)，是互联网智慧和意识产生的基础。包括物联网、传统互联网、移动互联网都在源源不断地向互联网大数据层汇聚数据和接收数据。

近几年，“大数据”一词的持续升温也带来了大数据泡沫的疑虑，大数据的前景与目前云计算、物联网、移动互联网等是分不开的。下面就来了解一下大数据与这些热点的关系。

10.2.1　大数据的定义

1. 大数据时代的背景

半个世纪以来，随着计算机技术全面融入社会生活，信息量已经积累到一个开始引发变革的程度。“信息爆炸”不仅使世界充斥着比以往更多的信息，而且其增长速度也在加快，同时也诞生了“大数据”(big data)这个概念。如今，这个概念几乎应用到所有人类智力与发展的领域中。Big Data 是近年来的一个技术热点，历史上，数据库、数据仓库、数据集市等信息管理领域的技术，很大程度上也是为了解决过量数据存储的问题。被誉为“数据仓库之父”的 Bill Inmon 早在 20 世纪 90 年代就经常提及 Big Data。2011 年 5 月，在以“云计算相遇大数据”为主题的 EMC World 2011 会议中，EMC 提出了“Big Data”概念。21 世纪是数据信息大发展的时代，移动互联、社交网络、电子商务等极大地拓展了互联网的边界和应用范围，各种数据正在迅速膨胀并变大。

2. 大数据时代的到来

近年来，互联网、云计算、移动通信和物联网技术得到迅猛发展。无所不在的移动设备、RFID、无线传感器每分每秒都在产生数据，数以亿计用户的互联网服务时时刻刻在产生巨量的交互。互联网(社交、搜索、电商)、移动互联网(微博)、物联网(传感器、智慧地球)、车联网、GPS、医学影像、安全监控、金融(银行、股市、保险)、电信(通话、短信)都在疯狂产生数据：①全球每秒钟发送 2.9 百万封电子邮件；②我们每天会分享 9500 万个照片和视频；③一天发送 5 亿条推文；④人们在微信上一天共可发送 650 亿条消息；⑤淘宝每天产生 3000 万条订单。

根据 IDC 做出的估测，数据一直都在以每年 50%的速度增长，也就是说每两年就增长一倍(大数据摩尔定律)，并且大量新数据源的出现则导致了非结构化、半结构化数据爆发式的增长，这意味着人类在最近两年产生的数据量相当于之前产生的全部数据量。据预测，到 2025 年，全球每天将创建 463EB 的数据。这些数据的增长主要是因为整个互联网行业在飞速膨胀。这不是简单的数据增多的问题，而是全新的问题。大数据时代的到来，使我们要处理的数据量实在是太大、增长太快了，而业务需求和竞争压力对数据处理的实时性、有效性又提出了更高要求，传统的常规技术手段根本无法应付。

3. 大数据的特征

1) 数据(volume)量大

大数据的起始计量单位至少是 P(1000 个 T)、E(100 万个 P)或 Z(10 亿个 T)。非结构化数据的超大规模和增长，比结构化数据增长快 10～50 倍，是传统数据仓库的 10～50 倍。

2) 类型(variety)繁多

大数据的类型可以包括网络日志、音频、视频、图片、地理位置信息等，具有异构性和多样性的特点，没有明显的模式，也没有连贯的语法和句义，多类型的数据对数据的处理能力也提出了更高的要求。

3) 价值(value)密度低

大数据价值密度相对较低。如随着物联网的广泛应用，信息感知无处不在，信息海量，但价值密度较低，存在大量不相关信息。因此需要对未来趋势与模式做可预测分析，利用机器学习、人工智能等技术进行深度复杂分析。而如何通过强大的机器算法更迅速地完成数据的价值提炼，是大数据时代亟待解决的难题。

4) 速度(velocity)快、效率(efficiency)高

处理速度快，时效性要求高，需要实时分析而非批量式分析，以及数据的输入、处理和分析需要连贯性，这是大数据区分于传统数据挖掘最显著的特征。面对大数据的全新特征，既有的技术架构和路线已经无法高效地处理这些海量的数据，而对于相关组织来说，如果投入采集的信息无法通过及时处理反馈有效信息，那将是得不偿失的。可以说，大数据时代对人类的数据驾驭能力提出了新的挑战，也为人们获得更为深刻、全面的洞察能力提供了前所未有的空间与机遇。

10.2.2 大数据的相关技术

1. 对现有技术的挑战

1) 对现有数据库管理技术的挑战

传统的数据库技术不能处理数 TB 级别的数据，也不能很好地支持高级别的数据分析。急速膨胀的数据体量即将超越传统数据库的管理能力。如何构建全球级的分布式数据库(globally distributed database)，如何将机器扩展到数百万台，将数据中心扩展到数以百计，将数据增加至上万亿的行在未来是一个不小的挑战。

2) 对经典数据库技术的挑战

经典数据库技术并没有考虑数据的多类别(variety)、结构化数据查询语言(SQL)，在设计之初是没有考虑非结构化数据的。

3) 实时性的技术挑战

传统的数据仓库系统和各类 BI 应用对处理时间的要求并不高。因此这类应用往往运行一两天才能获得结果，这种效率在今天依然是可行的。但实时处理的要求，是区别大数据应用和传统数据库技术、BI 技术的关键差别之一。

4) 对网络架构、数据中心、运维的挑战

人们每天创建的数据量正呈爆炸式增长态势，但就数据保存来说，我们的技术改进并

不大，而数据丢失的可能性却在不断增大。如此庞大的数据量首先在存储上就是一个亟待解决的严重问题，因此硬件的更新速度将是大数据发展的基石。

2. 大数据处理技术

面对大数据时代的到来，技术人员纷纷研发和采用了一批新技术，主要包括分布式缓存、基于 MPP 的分布式数据库、分布式文件系统、各种 NoSQL 分布式存储方案等。充分利用这些技术，可以更好地提高分析结果的真实性。大数据分析意味着企业能够从这些新的数据中获取新的洞察力，并将其与已知业务的各个细节相融合。以下是一些目前应用较为广泛的技术。

1) 分析技术

数据处理。自然语言处理技术。

统计和分析。A/B test；　top N 排行榜；地域占比；文本情感分析。

数据挖掘。关联规则分析；分类；聚类。

模型预测。预测模型；机器学习；建模仿真。

2) 大数据技术

数据采集。ETL 工具。

数据存取。关系数据库；NoSQL；SQL 等。

基础架构支持。云存储；分布式文件系统等。

计算结果展现。云计算；标签云；关系图等。

3) 数据存储技术

结构化数据。海量数据的查询、统计、更新等操作效率低。

非结构化数据。图片、视频、word、pdf、ppt 等文件存储；不利于检索、查询和存储。

半结构化数据。转换为结构化存储；按照非结构化存储。

4) 解决方案

Hadoop(MapReduce 技术)。

流计算(twitter 的 storm 和 yahoo!的 S4)。

3. 大数据与云计算

云计算的模式是业务模式，本质上是数据处理技术。大数据是资产，云计算可为数据资产提供存储、访问和计算服务。大数据与云计算是相辅相成的。

1) 云计算及其分布式结构

当前云计算更偏重海量存储和计算，以及提供云服务、运行云应用，但是缺乏盘活数据资产的能力。挖掘价值性信息和预测性分析，为国家、企业、个人提供决策和服务，是大数据的核心议题，也是云计算的最终目标。大数据处理技术正在改变目前计算机的运行模式，正在改变着这个世界。它能处理各种类型的海量数据，无论是微博、文章、电子邮件、文档、音频、视频，还是其他形态的数据；它工作的速度非常快速，实际上几乎实时；它具有普及性，因为它所用的都是最普通低成本的硬件，而云计算可将计算任务分布在大量计算机构成的资源池上，使用户能够按需获取计算力、存储空间和信息服务。云计算及其技术给了人们廉价获取巨量计算和存储的能力，云计算分布式架构能够很好地满足

大数据存储和处理需求。这样的低成本硬件+低成本软件+低成本运维模式，更加经济和实用，使得大数据处理和利用成为可能。

2) 云数据库

NoSQL 被广泛地称为云数据库，因为其处理数据的模式完全是分布于各种低成本服务器和存储磁盘，因此它可以帮助网页和各种交互性应用快速处理运行过程中的海量数据。它采用分布式技术结合了一系列技术，可以对海量数据进行实时分析，满足了大数据环境下一部分业务需求，但是还无法彻底满足大数据存储管理需求。云计算对关系型数据库的发展将产生巨大的影响，而绝大多数大型业务系统(如银行、证券交易等)、电子商务系统所使用的数据库还是基于关系型的数据库，随着云计算的大量应用，势必对这些系统的构建产生影响，进而影响整个业务系统及电子商务技术的发展和系统的运行模式。基于关系型数据库服务的云数据库产品将是云数据库的主要发展方向，云数据库(CloudDB)，提供了海量数据的并行处理能力和良好的可伸缩性等特性，提供了同时支持在线分析处理(OLAP)和在线事务处理(OLTP)能力，提供了超强性能的数据库云服务，并成为集群环境和云计算环境的理想平台。它是一种高度可扩展、安全和可容错的软件，客户能通过整合降低 IT 成本，管理不同位置的多个数据，提高所有应用程序的性能并实时性做出更好的业务决策。因此，云数据库要能够满足以下条件。

(1) 海量数据处理。对类似搜索引擎和电信运营商级的经营分析系统这样的大型应用而言，需要能够处理 PB 级的数据，同时应对百万级的流量。

(2) 大规模集群管理。分布式应用可以更加简单地部署、应用和管理。

(3) 低延迟读写速度。快速的响应速度能够极大地提高用户的满意度。

(4) 建设及运营成本。云计算应用的基本要求是希望在硬件成本、软件成本以及人力成本方面都有大幅度的降低。

所以云数据库必须采用与支撑云环境相关的技术，比如数据节点动态伸缩与热插拔、对所有数据提供多个副本的故障检测与转移机制和容错机制、SN(share nothing)体系结构、中心管理、节点对等处理，连通任一工作节点就是连入了整个云系统、任务追踪、数据压缩技术以节省磁盘空间。

4. 大数据与分布式技术

1) 分布式数据库

“支付宝”公司在国内最早使用 Greenplum 数据库，将数据仓库从原来的 Oracle RAC 平台迁移到 Greenplum 集群。Greenplum 强大的计算能力可用来满足支付宝日益发展的业务需求。Greenplum 数据引擎软件专为新一代数据仓库所需的大规模数据和复杂查询功能所设计，基于海量并行处理(MPP)和完全无共享(share nothing)架构，基于开源软件和 x86 商用硬件设计(性价比更高)。

2) 分布式文件系统

在分布式文件系统中，其中谷歌(Google)的 GFS 是基于大量安装有 Linux 操作系统的普通 PC 构成的集群系统，整个集群系统由 1 台 Master(通常有几台备份)和若干台 TrunkServer 构成。GFS 中文件备份成固定大小的 Trunk 分别存储在不同的 TrunkServer 上，每个 Trunk 有多份(通常为 3 份)拷贝，也存储在不同的 TrunkServer 上。Master 负责维护 GFS 中的 Metadata，即文件名及其 Trunk 信息。客户端先从 Master 上得到文件的 Metadata，根据要读取的数据在文件中的位置与相应的 TrunkServer 通信，获取文件数据。

在 Google 的论文发表后，就诞生了 Hadoop。目前，Hadoop 被很多大型互联网公司追捧，在百度的搜索日志分析，腾讯、淘宝和支付宝的数据仓库都可以看到 Hadoop 的身影。Hadoop 具有低廉的硬件成本、开源的软件体系、较强的灵活性、允许用户自己修改代码等特点，同时能支持海量数据存储和计算。Hive 是一个基于 Hadoop 的数据仓库平台，将转化为相应的 MapReduce 程序基于 Hadoop 执行。通过 Hive，开发人员可以方便地进行 ETL 开发。

3) HBase

Facebook 选择 HBase 来做实时消息存储系统，替换原来开发的 Cassandra 系统。Facebook 选择 HBase 是基于短期小批量临时数据和长期增长的很少被访问到的数据这两个需求来考虑的。HBase 是一个高可靠性、高性能、面向列、可伸缩的分布式存储系统，利用 HBase 技术可在廉价 PC Server 上搭建大规模结构化存储集群。HBase 是 BigTable 的开源实现，使用 HDFS 作为其文件存储系统。Google 运行 MapReduce 来处理 BigTable 中的海量数据，HBase 同样利用 MapReduce 来处理 HBase 中的海量数据；BigTable 利用 Chubby 作为协同服务，HBase 则利用 Zookeeper 作为对应。

10.2.3　大数据的应用

1. 大数据在互联网企业的应用

1) IBM

IBM 大数据提供的服务包括数据分析、文本分析、蓝色云杉(混搭供电合作的网络平台)；业务事件处理；IBM Mashup Center 的计量、监测和商业化服务(MMMS)IBM 的大数据产品组合中的最新系列产品的 InfoSphere bigInsights，全部基于 Apache Hadoop。该产品组合包括打包的 Apache Hadoop 的软件和服务，代号是 bigInsights 核心，用于开始大数据分析；软件被称为 bigsheet，软件目的是帮助从大量数据中轻松、简单、直观地提取、批注相关信息；为金融、风险管理、媒体和娱乐等行业量身定做的行业解决方案。

2) 阿里巴巴

基于对大数据价值的沉淀，依据信用体系等，阿里巴巴将集团下的阿里金融与支付宝两项核心业务合并成立阿里小微金融。另外，为了便于在内部解决数据的交换、安全和匹配等问题，阿里集团还构建了一个数据交换平台。在这个平台，各个事业群可以实现数据的内部流转，实现价值最大化。

3) EMC

EMC 斩获了纽约证券交易所和 Nasdaq，其提供的大数据解决方案已包括 40 多种产品。

4) Oracle

Oracle 大数据机与 Oracle Exalogic 中间件云服务器、Oracle Exadata 数据库云服务器以及 Oracle Exalytics 商务智能云服务器一起组成了 Oracle 最广泛、高度集成化系统产品组合。

2. 大数据在政府机构的应用

大数据在以下几个方面可以进一步协助政府发挥机构的职能作用。

(1) 重视应用大数据技术，盘活各地云计算中心资产。把原来大规模投资产业园、物联网产业园的政绩工程改造成智慧工程。

(2) 在安防领域，应用大数据技术，提高应急处置能力和安全防范能力。

(3) 在民生领域，应用大数据技术，提升服务能力和运作效率，以及个性化的服务水平，比如医疗、卫生、教育等部门。

(4) 解决在金融、电信等领域中数据分析的问题一直被广泛重点地关注，但受困于存储能力和计算能力的限制，对数据的分析只局限在交易型数据的统计分析。

3. 大数据在银行业的应用

1) 中国民生银行

中国民生银行建立了统一的金融科技平台，根据数据智能分析向前台提供服务与反馈，支持实现以客户为中心的服务模式与体验，并整合日益互联互通的各种服务渠道；平台具有持续地从广泛的渠道获取、量度、建模、处理、分析大容量多类型数据的功能，可及时在互联互通的流程、服务、系统间共享数据，并将经过智能分析与加工的数据用于业务决策与支持，智能化分析和预测客户需求。通过部署云计算，实现自动化、高能效、虚拟化和标准化的云部署目标，大数据的分析推动了中国民生银行的转型与创新。

2) 中信银行信用卡中心

中信银行信用卡中心近年来发卡量与业务数据增长迅速，业务数据规模也线性膨胀，因此在数据存储、系统维护、数据有效利用等方面都面临着巨大压力。面对业务的不断增长，需要制订可扩展、高性能的数据仓库解决方案，以实现业务数据的集中和整合，并支持多样化和复杂化数据分析提升信用卡中心的业务效率。通过从数据仓库提取数据，改进和推动有针对性的营销活动。采用大数据方案，可以结合实时、历史数据进行全局分析，风险管理部门现在可以每天评估客户的行为，并对客户的信用额度实时进行调整。原有内部系统、模型整体性能显著提高。

中信银行通过利用大数据技术实现了秒级营销，使用 Greenplum 数据仓库解决方案提供了统一的客户视图，更有针对性地进行营销。2011 年，中信银行信用卡中心通过其数据库营销平台进行了 1286 次宣传活动，每次营销活动配置平均时间从 2 周缩短到 2～3 天。

3) 中国建设银行

未来互联网金融模式下资源配置的特点是资金供需信息直接在网上发布并匹配，供需双方甚至不需银行、券商或交易所等中介，直接匹配完成信评级的重要依据。中国建设银行充分跟进大数据时代的脚步，建立善融商务企业商城，面向阿里巴巴普通会员全面放开，不用提交任何担保、抵押，只需凭借企业的信用资源就可以“微贷”。“微贷”通过网络低成本广泛采集客户的各类数据信息，分析挖掘的数据，判断客户资质，用户可以 24 小时随用随借、随借随还。在善融商务平台，每一笔交易，中国建设银行都有记录并且能鉴别真伪，可作为客户授信评级的重要依据。此外，还可对消费者购买行为进行分析，比如点击量、跨店铺点击、订单流转量甚至聊天信息等。

4) 中国光大银行

中国光大银行在大数据技术方面也做了多方面的尝试。正在尝试打通社会化大数据库，期待社会化数据内外通达，例如，把银行内部的客户号和新浪的微博号挂接起来，在一定程度上实现群体营销；另外，外部数据引入的动作很关键，把微博、QQ、邮箱等社交化的与能很快找到客户的方式通达起来。跟传统的数据存储放在一起，同等对待，建立一个更加立体丰富的数据库。基于以上思考，中国光大银行在新浪微博开发平台上开发了一个缴费应用——“V 缴费”。中国光大银行目前正在尝试前瞻性的应用，如在线营销方案、微博营销(把微博上用户跟中国光大银行用户相匹配，采用中文分析引擎)、客户行为分析(包括电话语音、网络的监控录像等)和风险控制与管理(结构化非结构化数据整合，分析系统存在 IT 风险或者钓鱼网站防欺诈)，等等。

5) 摩根大通

摩根大通在以下几方面也开始着手大数据建设。

(1) 开始使用 Hadoop 技术以满足日益增多的需要，包括诈骗检验、IT 风险管理和自助服务。

(2) 使用分布式存储平台，存储 150 PB 在线存储数据、30 000 个数据库和 35 亿个用户登录账号。

(3) 利用 Hadoop 存储大量非结构化数据，允许公司收集和存储 Web 日志、交易数据和社交媒体数据。

(4) 数据被汇集至一个通用平台，以方便以客户为中心的数据挖掘与数据分析工具使用。

6) 阿里金融

我国有将近 4 200 万个小微企业，占企业总数的 97.3%。由于分布零散、业务不规范、盈利不明朗、信贷时间长、信用难以构建等现状，使这些小微企业的贷款相当困难。基于阿里巴巴在 B2C 多年来的建树，其提出了小额金融信贷。它完全是构建在互联网的基础上，通过数据分析，以自主服务模式为主的、面对小微企业的信贷工厂，具有 24 小时开放、随时申请、随时审批、随时发放的特点，是纯互联网的小额信贷服务。

10.3　物联网对大数据的促进作用

在当今社会，大数据和物联网交织在一起，我们周围的每台设备都可以连接到云端，实时共享数据。智慧农业、电子医疗、智能零售、智能家居、智慧城市、智能环境是当今世界中的一些物联网应用，这些行业应用生成大量数据，旨在改善其业务流程，增强客户体验，并在日益激烈的竞争中保持行业优势。这意味着物联网可以直接影响数据，使其规模膨胀(大数据)，因此应利用新物联网时代技术从数据中获取准确信息，以做出明智的业务决策。

将科幻变为现实，物联网正在触及我们生活的方方面面和每个角落，该技术带来的好处超乎想象。物联网是将一台机器连接到另一台机器的新方式。未来，通过自动化服务和系统，可以大大提高我们生活的舒适性和便利性。因此，大多数主要商业领袖甚至初创企业都在通过收集大量数据在这个领域进行大量投资，目的是利用来自传感器、制动器和摄

像头大数据的强大功能，并通过大数据分析来解读，从而获得可操作的洞察力。

从数据采集到数据安全再到数据分析，物联网对大数据产生了巨大的影响，任何一家公司的成功都取决于它们如何收集、分析、管理和利用这些数据。

10.3.1 认识物联网 M2M

M2M 是物联网现阶段的主要表现形式，M2M 不是简单的数据在机器和机器之间的传输，如图 10-3 所示。它是机器和机器之间的一种智能化、交互式的通信。也就是说，即使人们没有实时发出信号，机器也会根据既定程序主动进行通信，并根据所得到的数据智能化地做出选择，对相关设备发出正确的指令。可以说，智能化、交互式已成为 M2M 有别于其他应用的典型特征，具备这种特征的机器也被赋予了更多的“思想”和“智慧”。

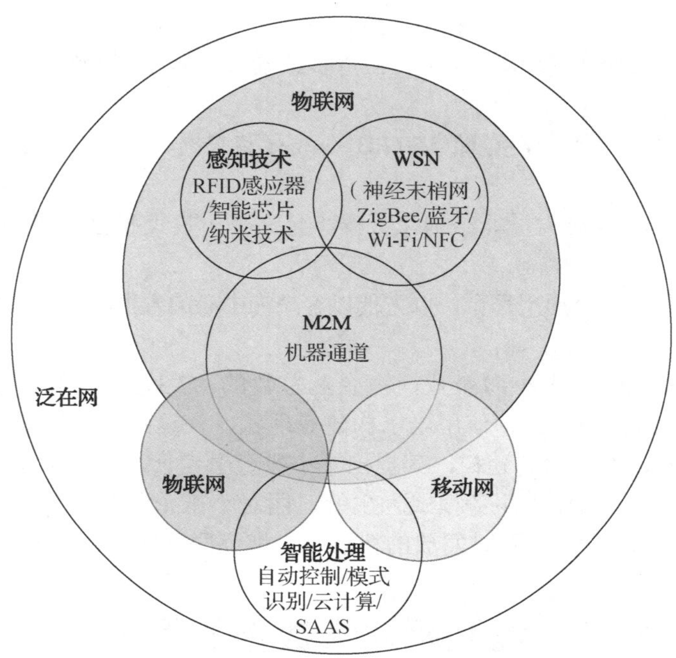

图 10-3　物联网结构

M2M 有下述 3 个基本特征。

(1) 数据和节点(DEP)。

(2) 通信网络。

(3) 数据融合点(DIP)。

DEP 和 DIP 可以用于任何子系统集成。一般而言，一个数据端点(DEP)是指一个微型计算机系统，一个连接到程序或者是更高层次子系统的端点。另一个端点连接到通信网络。在大多数 MSM 应用中，都有几个 DEP。此外，一个典型的 M2M 应用只有一个数据结合点。虽说是这样，但是可以设想 M2M 应用有多个 DIP。对于 DIP 没有硬性的规定。例如，可以形成一个互联网服务器或特殊的软件应用在交通控制主机。

M2M 应用的信息流也未必是面向服务器的。相反，DIP 和 DIP 之间的直接通信路线

是被支持的，还有单个 DEP 之间直接和间接的联系，就像我们所熟知的 P2P(Peer to Peer)联系一样，M2M 应用的通信网络是 DEP(数据终点)和 DIP(数据集成点)之间的中央连接部分。

就物理部分来说，这种网络的建立可以使用局域网、无线网络、电话网络/ISDN，或者是类似的基于 M2M 的监控基础架构。如今，无数的应用程序使用复杂的网络设备，其中大多数系统提供每天 24 小时、每周 7 天、没有任何人监督的服务。个别子系统故障，整个应用程序至少是一部分将受到损害。然而，尽快检测出具体的故障仍是一个问题。这里有一个基于 M2M 的基础设施并利用数据终点来监测的解决方案。该数据终点(DEP)在每一种情况下都通过特殊的监测传感器检查基础设施组成部分的可用性。任何潜在的故障都能通过 DEP 被迅速监测。单独的 DEP 通过通信网络和监控应用软件相连接，这个应用软件用于数据集成点(DIP)，它从单独的监控基础设施的 DEP 接收失败、错误和故障信息(图的 X、Y 和 Z)。除了与 DEP 连接之外，DIP 监控软件还有另外两个接口，即配置接口和通知接口。配置接口是决定谁、什么时候对系统负责，这可能会导致产生不同的通知方案。该接口对监控行为进行明确界定。通知接口发送各种消息(SMS、电子邮件、自动发送传真，或者拨打某个电话号码和播放音频文件)。

M2M 技术是一种无处不在的设备互联通信新技术，它让机器之间、人与机器之间实现超时空无缝链接，从而孕育出各种新颖应用与服务。

如图 10-4 所示，M2M 产品主要由 3 部分构成。

(1) M2M 终端，即特殊的行业应用终端，而不是通常的手机或笔记本电脑。

(2) 传输通道(WMMP/WMMP-A)，从无线终端到用户端的行业应用中心之间的通道。

(3) M2M 平台，也就是终端上传数据的汇聚点，对分散的行业终端进行监控。

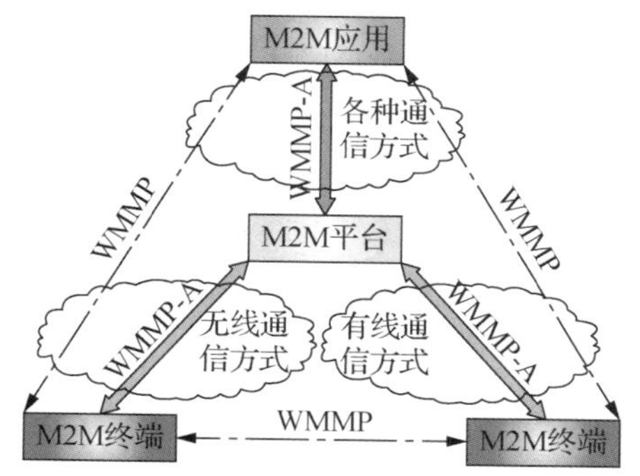

图 10-4　M2M 产品结构

M2M 产品的特点是行业特征强，用户自行管理，而且可位于企业端或者托管。M2M 涉及 5 个重要的技术部分，即机器、M2M 硬件、通信网络、中间件和应用，与 M2M 体系结构类似，如图 10-5 所示。

1. 智能化机器

“人、机器、系统”的联合体是 M2M 的有机结合体。可以说，机器是为人服务的，而系统则都是为了机器能够更好地服务于人而存在的。

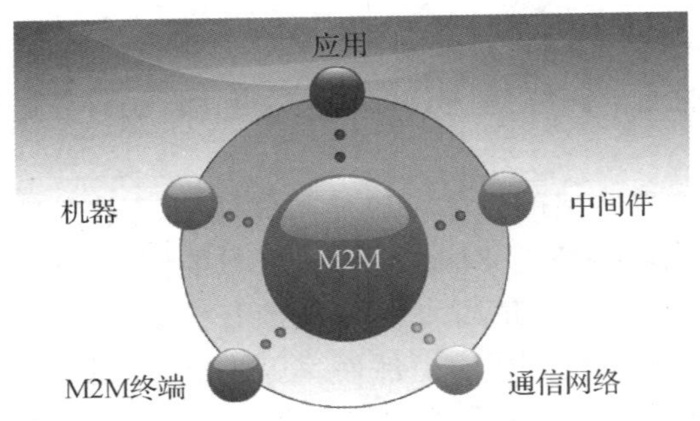

图 10-5　M2M 5 个技术部分

2. M2M 硬件

实现 M2M 的第一步就是从机器设备中获得数据，然后把它们通过网络发送出去。使机器具有“开口说话”能力的基本途径有两条：在制造机器设备的同时就嵌入 M2M 硬件；或是对已有机器进行改装，使其具备联网和通信的能力。M2M 硬件是使机器获得远程通信和联网能力的部件。一般来说，M2M 硬件产品可分为下述五类。

1) 嵌入式硬件

嵌入机器里面，使其具备网络通信能力。常见的产品是支持 GSM/GPRS 或 CDMA 无线移动通信网络的无线嵌入式数据模块。典型产品有 ST4SIM-201 M2M 嵌入式 SIM 芯片和 eSIM 控制器 OPTAGA 系列。

2) 可改装硬件

在 M2M 的工业应用中，厂商拥有大量不具备 M2M 通信和联网能力的机器设备，可改装硬件就是为满足这些机器的网络通信能力而设计的。其实现形式各不相同，包括从传感器收集数据的输入/输出(I/O)部件；完成协议转换功能，将数据发送到通信网络的连接终端(connectivity terminals)设备；有些 M2M 硬件还具备回控功能。

3) 调制解调器

嵌入式模块将数据传送到移动通信网络上时，起到调制解调器(Modem)的作用。而如果要将数据通过有线电话网络或者以太网输送出去，则需要相应的调制解调器。典型产品有 BT-Series CDMA、GSM 无线数据 Modem 等。

4) 传感器

传感器可以让机器具备信息感知的能力。传感器可分为普通传感器和智能传感器两种。智能传感器(smart sensor)是指具有感知能力、计算能力和通信能力的微型传感器。由智能传感器组成的传感器网络(sensor network)是 M2M 技术的重要组成部分。一组具备通信能力的智能传感器以 Ad-Hoc 方式构成无线网络，协作感知、采集和处理网络所覆盖的地理区域中感知对象的信息，并发布给用户。另外，也可以通过 GSM 网络或卫星通信网络将信息传送给远方的 IT 系统。典型产品如英特尔的基于微型传感器网络的“智能微尘”(smart dust)等。

5) 识别标识

识别标识(location tags)如同每台机器设备的“身份证”，使机器之间可以相互识别和区分。常用的技术如条形码技术、RFID 技术等。标识技术已经被广泛地应用于商业库存

和供应链的管理。

3. 通信网络

通信网络在整个 M2M 技术框架中处于核心地位，包括广域网(无线移动通信网络、卫星通信网络、Internet、公众电话网)、局域网(以太网、无线局域网 WLAN、蓝牙 Bluetooth)、个域网(ZigBee、传感器网络)。

4. 中间件

中间件(middleware)在通信网络和 IT 系统间起桥接作用。中间件包括两部分，即 M2M 网关和数据收集/集成部件。网关可获取来自通信网络的数据，将数据传送给信息处理系统。主要的功能是完成不同通信协议之间的转换。数据收集/集成部件是为了将数据变成有价值的信息，对原始数据进行不同加工和处理，并将结果呈现给需要这些信息的观察者和决策者。这些中间件包括数据分析和商业智能部件、异常情况报告和工作流程部件、数据仓库和存储部件等。M2M 应用按照其实现的功能可以分为自动化、控制、定位、监视、维修、跟踪。

10.3.2　M2M 应用实例

1. 船舶 GPS 监控调度系统

1) 生产调度

各航运企业可利用所建调度中心与船舶进行实时通信，实现船舶运输调度、生产指挥、运力组织、实时了解物流状况等。

2) 防撞预警功能

装有 GPS 船载终端的船舶在设定的预警区范围内相遇，船载终端会发出警报，提示驾驶员注意避让。

3) 快速搜救定位功能

被监控船舶的船载终端设有遇险报警触摸按钮。当船舶遇险时，相关按钮一经触发，将连续发送报警信号到监控中心。监控中心可进行位置跟踪并根据就近船舶的位置，派遣最合适的船舶前往救援。

2. 自动售货机

1) 自动售货机状况检测功能

可远程监测售货机的运行状况，出现故障时告警。

2) 货架状况查询功能

可远程查询售货机内的货物情况，掌握销售动态，及时补货。

3) 电子支付

通过 USSD、短信、WAP 等方式完成货物的订购，通过手机钱包完成支付。

3. 网络冰箱

1) 监测冰箱里面的食物，当某些食物不足的时候发出提示信号。

2) 监测各种美食网站，帮消费者收集菜谱，并向购物清单里自动添加配料。

3) 根据消费者对每一顿饭的评价，冰箱自动判断消费者喜欢吃什么食物。

10.3.3 构建大数据分析

1. 概述

数据分析是指收集、处理数据并获取信息的过程。具体地说，数据分析是建立审计分析模型，对数据进行核对、检查、复算、判断等操作，将被审计数据的现实状态与理想状态进行比较，从而发现审计线索，收集审计证据的过程。通过数据分析，我们可以将隐没在杂乱无章的数据中的信息集中、萃取和提炼，进而找出所研究对象的内在规律。

数据分析有极其广泛的应用范围。在产品的整个生命周期内，数据分析过程是质量管理体系的支持过程，包括从产品的市场调研到售后服务以及最终处置都需要适当运用数据分析，以提升有效性。如一个企业领导人通过市场调查，分析所得数据判定市场动向，从而制订合适的生产及销售计划。

2. 数据分析的基本方法

数据分析的基本方法除了包括较简单的数学运算之外，还包含下述几种常用方法。

1) 统计

统计有合计、总计之意，指对某一现象的有关数据进行收集、整理、计算、分析、解释、表述等。在实际应用中，统计的含义一般包括统计工作、统计资料和统计科学。

(1) 统计工作。统计工作指利用科学方法对相关数据进行收集、整理和分析并提供关于社会经济现象数量资料的工作的总称，是统计的基础。统计工作也称统计实践或统计活动。在现实生活中，统计工作作为一种认识社会经济现象总体和自然现象总体的实践过程，一般包括统计设计、统计调查、统计整理和统计分析 4 个环节。

(2) 统计资料。统计资料又被称为统计信息，是反映一定社会经济现象总体或自然现象总体特征或规律的数字资料、文字资料、图表资料及其他相关资料的总称。统计资料是通过统计工作获得反映社会经济现象的数据资料的总称，反映在统计表、统计图、统计手册、统计年鉴、统计资料汇编、统计分析报告和其他有关统计信息的载体中。统计资料也包括调查取得的原始资料和经过整理、加工的次级资料。

(3) 统计科学。统计科学是统计工作经验的总结和理论概括，是系统化的知识体系，主要研究收集、整理和分析统计资料的理论与方法。统计科学利用概率论建立数学模型，收集所观察系统的数据，进行量化分析与总结，进而推断和预测，为相关决策提供依据和参考。

统计分析的流程是确定分析目标，收集、整理和分析数据，提出分析报告。

2) 快速傅里叶变换

1965 年，Cooley 和 Tukey 提出了计算离散傅里叶变换(DFT)的快速算法——快速傅里叶变换(FFT)。如图 10-6 所示，FFT 根据 DFT 的奇、偶、虚、实等特性，对离散傅里叶变换的算法加以改进，将 DFT 的运算量减少了几个数量级。从此，数字信号处理这门新兴学科也随 FFT 的出现和发展而得到迅速发展。根据对序列分解与选取方法的不同而产生了

FFT 的多种算法，基本算法是基 2DIT 和基 2DIF。FFT 在离散傅里叶反变换、线性卷积和线性等相关方面也有重要应用。

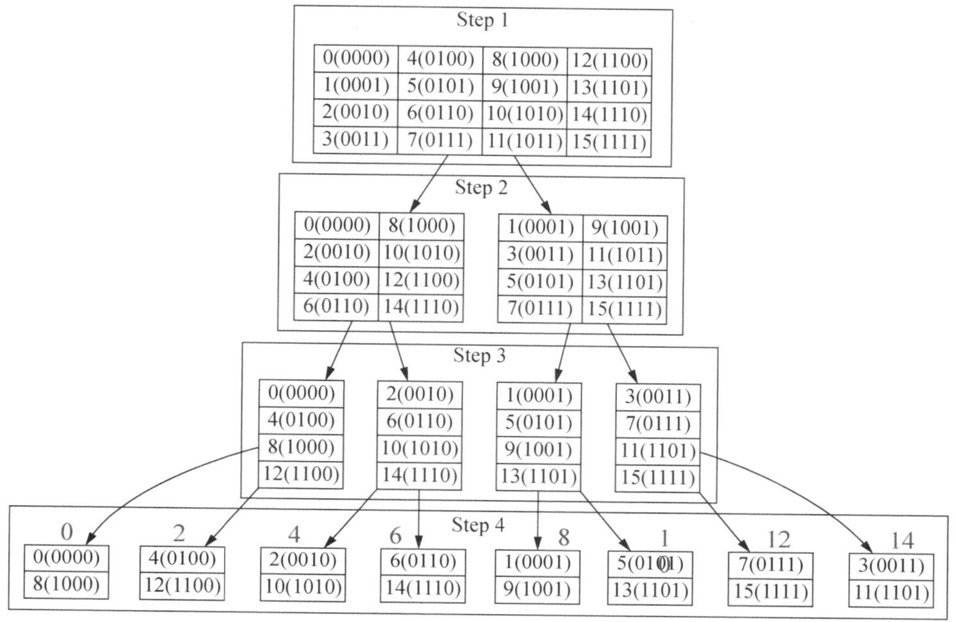

图 10-6　快速傅里叶变换

3) 平滑和滤波

平滑和滤波是低频增强的空间域滤波技术，其目的是模糊和消除噪声。空间域的平滑和滤波一般采用简单平均法求取，就是求邻近像元点的平均亮度值。邻域的大小与平滑的效果直接相关，邻域越大，平滑的效果越好，但邻域过大，平滑会使边缘信息损失增大，从而使输出的图像变得更加模糊，因此须合理选择邻域的大小。

4) 基线和峰值

基线是项目存储库中每个工件版本在特定时期的一个快照，如图 10-7 所示。它可提供一个正式标准，随后的工作都基于此标准，只有经过授权后才能变更这个标准。建立一条初始基线后，每次对其进行的变更都将记录为一个差值，直到建成下一条基线。

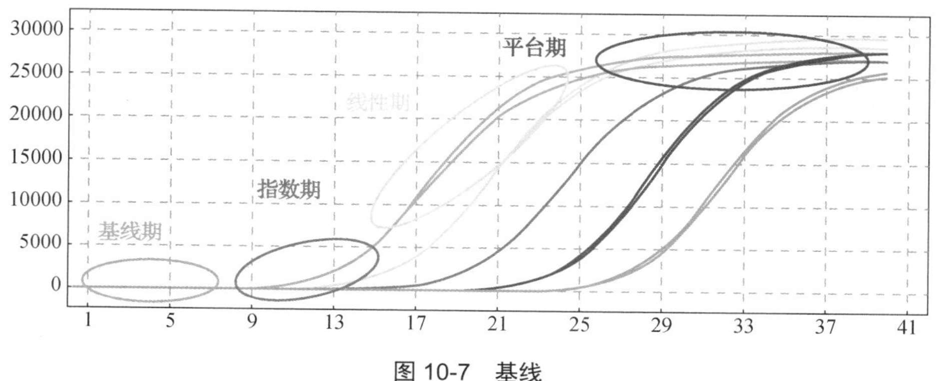

图 10-7　基线

峰值功率就是最高能支持的功率。电源的峰值功率指电源短时间内能达到的最大功率，通常仅能维持 30 s 左右的时间。一般情况下，电源峰值功率可以超过最大输出功率50%左右，硬盘在启动状态下所需要的能量远远大于其正常工作时的数值，因此系统经常利用这一缓冲为硬盘提供启动所需的电流，启动到全速后就会恢复到正常水平。峰值功率没有什么实际意义，因为电源一般不能在峰值输出时稳定工作。

5) 列表与制图

(1) 列表。将实验数据按一定规律用列表方式表达出来是记录和处理实验数据最常用的方法。表格的设计要求对应关系清楚、简单明了，有利于发现相关量之间的物理关系。此外，还要求在表格中注明物理量名称、符号、数量级和单位等；根据需要还可以列出除原始数据以外的计算栏目和统计栏目等；最后还要求写明表格名称，主要测量仪器的型号、量程和准确度等级，有关环境条件参数(如温度、湿度)等。

(2) 制图。制图可以清晰地表达物理量之间的变化关系。从图线上还可以简便求出实验需要的某些结果，如直线的斜率和截距值等，读出没有进行观测的对应点(内插法)，或在一定条件下从图线的延伸部分读到测量范围以外的对应点(外推法)。此外，还可以把某些复杂的函数关系通过一定的变换用直线图表示出来。

3. 数据分析的类型

1) 探索性数据分析

探索性数据分析是指为了获得值得假设的检验手段而对数据进行分析的一种方法，是对传统统计学假设检验手段的补充。探索性数据分析侧重于在数据之中发现新的特征。

2) 定性数据分析

定性数据分析又被称为定性资料分析，是指对定性研究照片、观察结果等非数值型数据(或者资料)的分析。

3) 离线数据分析

离线数据分析可用于较复杂且耗时较多的数据分析和处理。由于大数据的数据量已经远远超出单个计算机的存储和处理能力，离线数据分析通常构建在云计算平台之上，如开源的 Hadoop 的 HDFS 文件系统和 MapReduce 运算框架。Hadoop 机群包含数百台乃至数千台服务器，存储了数 PB 乃至数十 PB 的数据，每天运行着成千上万的离线数据分析作业，每个作业处理几百 MB 到几百 TB 甚至更多的数据，运行时间为几分钟、几个小时、几天甚至更长。

4) 在线数据分析

在线数据分析(OLAP，也称为联机分析处理)可用来处理用户的在线请求，其对响应时间的要求比较高(通常不超过若干秒)。与离线数据分析相比，在线数据分析能够实时处理用户的请求，允许用户随时更改分析的约束和限制条件。尽管与离线数据分析相比，在线数据分析能够处理的数据量要小得多，但随着技术的发展，当前的在线分析系统已经能够实时地处理数千万条甚至数亿条数据记录。传统的在线数据分析系统构建在以关系数据库为核心的数据仓库之上，而在线大数据分析系统则构建在云计算平台的 NoSQLm 系统上。如果没有大数据的在线分析和处理，则无法存储和索引数量庞大的互联网网页，就不会有当今的高效搜索引擎，也不会有构建在大数据处理基础上的微博、博客、社交网络等的蓬勃发展。

4. 数据分析步骤

最初的数据可能杂乱无章且无规律，要通过制图、造表和各种形式的拟合来计算某些特征量，探索规律性的实现形式。这就需要研究用何种方式去寻找和揭示隐含在数据中的规律性。首先可在探索性分析的基础上提出几种模型，再通过进一步的分析从中选择所需的模型。通常可使用数理统计方法对所选定模型或估计的可靠程度和精确程度做出推断。数据分析的具体步骤如下所述。

(1) 识别信息需求。识别信息需求可以为收集数据、分析数据提供清晰的目标，是确保数据分析过程有效性的首要条件。

(2) 收集数据。有目的地收集数据是确保数据分析过程有效的基础，需要对收集数据的内容、渠道、方法进行策划，主要应考虑：①将识别信息需求转化为更具体的要求，如评价供方时，需要收集的数据可能包括其过程能力、测量系统不确定性等相关数据；②明确由谁在何时何处，通过何种渠道和方法收集数据；③记录表应便于使用；④采取有效措施，防止数据丢失和虚假数据对系统的干扰。

(3) 分析数据。分析数据是指将收集到的数据通过加工、整理和分析后，将其转化为有用信息的过程。常用的分析数据方法有排列图、因果图、分层法、调查表、散布图、直方图、控制图、关联图、系统图、矩阵图、KJ 法、计划评审技术、PDPC 法、矩阵数据图。

5. 大数据分析基础

大数据分析是指对规模巨大的数据进行分析，在研究大量数据的过程中寻找有关模式、相关性和其他有用的信息，以帮助需求者更好地适应变化，做出更明智的决策。

1) 可视化分析

大数据分析的使用者有大数据分析专家和普通用户，他们对于大数据分析最基本的要求就是可视化分析，因为可视化分析能够直观地呈现大数据的特点，让数据自己说明，让观者看到结果。

2) 数据挖掘

大数据分析的理论核心就是数据挖掘。各种数据挖掘的算法基于不同的数据类型和格式能更加科学地呈现数据本身的特点，能更快速地处理大数据。如果采用一种算法需要花好几年才能得出结论，那大数据的价值也就无从说起了。可视化是给人看的，数据挖掘是给机器看的。集群、分割、孤立点分析还有其他算法可以使我们深入数据内部去挖掘价值。这些算法不仅能够处理大数据的数据量，也可在一定程度上满足处理大数据的速度要求。

3) 预测性分析

预测性分析可以让分析员根据可视化分析和数据挖掘的结果做出预测性判断。

4) 语义引擎

由于非结构化数据与异构数据的多样性对数据分析提出了新的挑战，因此需要一系列工具去解析、提取、分析数据。语义引擎需要被设计成能够从文档中智能提取信息的模式，使之能从大数据中挖掘出各种不同的特点，通过科学建模和输入新的数据，从而预测

未来的数据。

5) 数据质量和数据管理

大数据分析离不开数据质量和数据管理，高质量数据和有效的数据管理能够保证分析结果的真实性和使用价值。

6. 大数据预测分析

大数据预测分析是大数据技术的核心应用，如电子商务网站通过数据预测顾客是否会购买推荐的产品，信贷公司通过数据预测借款人是否会违约，执法部门通过大数据预测特定地点发生犯罪的可能性，交通部门利用大数据预测交通流量等。预测是人类本能的一部分，只有通过大数据分析才能获取智能的、有价值的信息。越来越多的应用开始运用大数据，大数据的属性描述了不断增长的存储数据的复杂性。大数据预测分析打破了象牙塔里统计学家和数据科学家对预测分析的长期垄断，随着大数据的出现，并整合现有的 BI、CRM、ERP 和其他关键业务系统，大数据预测分析将发挥越来越重要的作用。

1) 大数据预测分析要素

大数据预测分析技术可帮助企业做出正确而果断的业务决策，让客户更称心，同时避免灾难的发生，这是众多数据分析者的最终目标，但是预测分析也是一项困难的任务。实施成功的预测分析依赖于以下各种要素。

(1) 数据质量。数据是预测分析的血液。数据通常来自内部数据源，如客户交易数据和生产数据，但我们还需要补充外部数据源，如行业市场数据、社交网络数据和其他统计数据。与流行的技术观点不同，这些外部数据未必一定是大数据。数据中的变量是否有助于有效预测才是关键所在。总之，数据越多，数据分析的相关度和质量越高，找出原因和结果的可能性也就越大。

(2) 数据科学家。数据科学家必须了解业务需求和业务目标，审视数据，并围绕业务目标制定预测分析规则，例如如何增加电子商务的销售额、如何保持生产线的正常运转、如何防止库存短缺等。数据科学家需要拥有数学、统计学等多方面的知识。

(3) 预测分析软件。数据科学家必须借助预测分析软件来评估分析模型和规则，预测分析软件通过整合统计分析和机器学习算法发挥作用，需要一些专门的大数据处理平台(如 Hadoop)或数据库分析机(如 Oracle Exadata)等来完成。

(4) 运营软件。找到了合适的预测规则并将其植入应用，就能以某种方式产生代码，预测规则也能通过业务规则管理系统和复杂事件处理平台进行优化。

大数据预测分析技术应用非常广泛。大数据将组群分析和回归分析等较常用的工具交到日常管理人员手中，然后可以使用非交易数据来做出战略性的长期业务决定。客户服务代表可以独立决定一个问题客户是否值得保留或者升级，销售人员可以基于人们对零售商在网站上的评价来调整零售商的产品量。大数据并不是要取代传统 BI 工具，而是让 BI 更有价值且更有利于业务发展。在预测中，虽然具有相关性，但并不存在因果关系。如果仔细地查看使用收集到的历史交易数据，就会发现最新定位活动更倾向于参考来自大数据技术处理的结果。

2) 分析社交媒体中的非结构化数据

社交媒体中存在很大的商机，需要结合大数据开源技术、摩尔定律、商品硬件、云计

算以及捕捉和存储大量非交易数据来达到预测目的。预测者可将大数据中非结构化数据(如视频和电子邮件)、来自各种引擎获得的信息(追踪用户对品牌的评价)和现有结构化客户数据结合起来，通过博客和用户论坛与地理数据相关联，然后运用上述技术获得强大的预测能力。

3) 缩短大数据分析时间

运用大数据分析技术可以缩短预测时间，数据科学家过去需要用几个月来建立查询或模型来回答关于供应链或生产计划的业务问题，现在只需要几个小时就可以完成，究其原因是大数据技术可以自动化建模并自动执行。

4) 非结构化数据与数据仓库的数据不同

仅用一种技术完成大数据预测分析比较困难，所以应融合各种技术。传统的数据仓库系统是从关系型数据库中获取数据，而今超过 80%的数据是非结构化数据，无法转化为关系型数据库中的数据，传统的数据仓库技术对非结构化数据的处理无法满足需求。所以，需要存储管理人员更快地跟上技术发展，更新自己的技术和知识结构，提高对大数据的管理和分析能力，从非结构化数据类型中获取有价值的信息。

7. 大数据分析的发展趋势

新的数据分析范型由目标导向，不关心数据的来源和格式，能够无缝处理结构化、非结构化和半结构化数据，其将取代传统的 BI-ETL-EDW 范型。新的数据分析范型能够输出有效信息，提供去黑箱化的预测分析服务，可以面向更广泛的普通群众快速部署分析应用。Hadoop 和 NoSQL 正在占领大数据的管理方式，R 和 Stata 语言冲击了传统的黑箱式分析方法。R 是一种自由软件，是为统计计算和图形显示而设计的语言及环境，其特点是免费且功能强大。Stata 是一个用于分析和管理数据的功能强大的统计分析软件。未来将从以下 3 个方面推动大数据分析技术的进一步发展。

1) 数据管理

Hadoop 已成为企业管理大数据的基础支撑平台。随着 Greenplum Pivotal HD、HortonworksStinger 和 Cloudera 的 Impala 的发布，Hadoop 的技术创新速度正在加快，它可在 Hadoop HDFS 基础之上提供实时、互动的查询服务，将众所周知的 SQL 查询处理与具备指数级扩展能力的 HDFS 存储架构整合到一起。

2) 去黑箱化

预测分析是管理者进行数据化决策的关键。预测分析面临的最大问题是黑箱化问题。随着越来越多的管理者凭借预测分析技术做出重大决策，预测分析技术需要去黑箱化，主要包括应用的数据表示、对底层数学和算法的解释等。去黑箱化有利于管理者掌握数据分析工具，不但可以使管理者看到数据分析结果，还知道如何得到分析结果和分析工具的设计原理等。

3) 应用普及

即使实现了分析的去黑箱化，数据分析应用在企业中的部署依然面临能否发布可复用应用、创建最佳实践、组织范围内的横向协作、无缝重组模型等问题，能否在最终用户中普及应用是数据分析成功的关键。

8. 结语

大数据处理数据的基本理念是用全体代替抽样，用效率代替绝对精确，用相关代替因果。通信、互联网、金融等行业每天会产生巨大的数据量，大数据分析已成为大数据技术中最重要的应用，它可从大数据中提取、挖掘对业务发展有价值的、潜在的知识，找出趋势，为决策层提供有力依据，对促进产品和服务发展起到积极作用，并将有力推动企业内部的科学化、信息化管理。

10.3.4 物联网的数据安全问题

1. 物联网及其应用简介

在计算机和互联网的基础上，人们又提出了物联网这一新概念。物联网是信息化技术进一步发展的产物，物是指物品，联网是指互联网。总体来说，物联网就是通过互联网这种媒介将人与物、物与物相互联系起来。物联网的应用突出了智能化特点，人们只需要输入指令就可以达到操纵物品的目的，给生活带来了很大的方便。一般来说，有互联网存在的地方都可以应用物联网技术。目前，物联网应用最多的领域是家居和医疗，比如智能电视、智能医疗器械等。当然，随着社会的进一步发展，物联网应用的领域也会越来越广泛，对人们生活的影响也会越来越大。但是物联网在发展过程中也遇到了很多问题，其中之一就是隐私数据安全问题。

2. 物联网的基本结构

在物联网技术中，数据是唯一的载体，数据的获取以及传输是应用物联网技术的基本前提。利用感知层来获取信息、网络层来传输信息、应用层来处理信息，便构成了物联网络。在感知层获取信息的过程中会产生大量数据，同样网络层以及应用层也会产生大量数据，如果不对这些数据加以保护，很可能会被不法分子攫取并利用。因此，为了使物联网在我国能更好地被利用，技术人员必须对数据获取和传输采取一定的防护措施。

物联网由感知层、应用层以及网络层 3 部分组成。

(1) 感知层。感知层类似于人体的感觉器官能够接收外来的信号，通常综合运用传感器、二维码、射频识别技术以及全球定位系统等作为工具，就可以识别物品、收集相关数据。目标物品中的相关信息会被收集，然后以数据的方式进行传输，在传输的过程中产生大量的数据节点。

(2) 应用层。在将数据传输到应用层之后，应用层通过控制数据节点发出指令。

(3) 网络层。网络层是一种传输媒介，可用于连接感知层和应用层，感知层对信息采集完毕之后可将其通过网络层传递到感应层。

在人们的日常生活中，马车、货车以及其他运输工具都具有媒介的作用，而在物联网技术中，网络层中的一些工具发挥着类似作用。这些工具主要是以网络融合技术和长距离通信技术为核心。应用层是整个物联网技术中的核心，应用层接收到由感知层获取的信息之后，会对这些信息加以分析，并发出正确的指令，这些指令传输回感知层，由感知层实现相关的操作。由此可见，感知层相当于人类的感觉器官，网络层相当于人类的传导神经，而应用层则相当于人类的神经中枢——大脑，三者相互协调、相互合作共同发挥作用。

3. 物联网的隐私数据安全隐患

数据信息的泄露主要发生在感知层和网络层两个环节，感知层在收集数据的环节最容易造成数据泄露，网络层在数据传输过程中也会产生数据泄露的风险。位置信息的泄露主要发生在感知层和应用层，比如感应器上的节点位置信息、应用射频识别技术需要获取的位置信息以及应用层中用于分析和处理数据的设备位置信息等。不法分子可以利用这些关键部位中存在的技术缺陷获取数据信息、位置信息，并加以利用。如果技术人员不能对这些位置采取安全防护、升级技术等措施，将会对用户造成很大的威胁，极有可能为不法分子的犯罪提供便利。

1) 感知层的隐私数据安全问题

感知层主要进行数据的查询、整合以及传输，运用无线传感网络和射频识别技术来发挥其作用。因此，感知层中的隐私数据安全隐患主要来自两个方面：在感知层进行数据的查询、整合以及传输的过程中，使用无线传感网络和射频识别技术来发挥功能的过程中。无线传感网络是整个物联网技术的核心部分，没有无线传感网络技术的应用就不会产生物联网这一重要产业。无线传感器收集节点数据并将其进行传输，在传输过程中之所以会发生数据泄露，主要是因为无线网络具有很大的开放性，若没有有效的防护手段或者防护手段不足，任何人都可以获取这些信息，就好比一间没有上锁而且无人看守的仓库，任何人都可以进入。

无线传感网络的隐私数据安全隐患主要有数据被窃听、不法分子恶意篡改数据、制造病毒发动网络攻击、获取节点数据信息等。发生任何一种隐私数据泄露事故或者被破坏事件，都会导致整个物联网系统无法正常运行。在射频识别技术中，射频识别电子标签与射频识别阅读器之间依靠相互通信保持联系，而在通信过程中如果传输的隐私数据遭到恶意攻击，就可能会发生数据泄露风险，主要原因是射频识别技术具有可擦写性，将原本的数据编码擦除换成另一种数据编码就会产生不一样的结果，比如在物联网中常出现的伪造射频识别电子标签。在射频识别技术中还有其他安全隐患，比如采用不正当的手段读取标签数据内容、阅读器无法认证标签以及伪造阅读器等。

2) 网络层的隐私数据安全问题

网络层的隐私数据安全问题在近年来才逐渐得到关注，网络层在传输信息的过程中，数据很可能会被窃取、篡改以及重新上传，使应用层发出错误的指令。在各种网络形式中，无线网最容易被窃取信息，比如，个人的身份验证信息被恶意窃取、磁盘操作系统被恶意攻击等。

3) 应用层的隐私数据安全问题

应用层的作用就相当于人类的大脑，需要对接收的信息进行分析和处理。物联网所服务的领域不同，应用层的接收工具就会不同。比如，在智能家居领域，应用层可以是智能家电、普通的生活用品等；在智能医疗中，应用层是各种医疗设备。应用层中包含大量的隐私数据，同样会受到不法分子的攻击。由于应用层工具的复杂多样性，技术人员必须根据不同的工具对隐私数据进行安全防护，不可照搬照抄同一种防护方法。

4. 物联网隐私数据安全策略及其应用

随着物联网技术的提高，物联网隐私数据的安全性也受到了人们的高度重视，加强物联网隐私数据安全主要可以从以下 3 个技术方面入手。

1) 匿名化处理的应用

匿名化处理主要是通过隐藏和修改相关数据的方式，达到使盗窃者无法盗取数据或者无法准确识别相关数据内容的目的。位置服务方面的隐私保护主要是基于匿名化处理的相关技术，通常会采用同态加密技术，利用复杂的数学计算对用户位置信息进行加密，以有效地保护好原始数据，防止用户的位置信息泄露给用户带来危险。无线传感器网络位置的保护主要在于有效保护节点安全，防止节点中的信息被泄露出去，利用匿名化处理技术对节点的位置信息进行遮盖和伪装，能够有效地对无线传感器网络位置的隐私安全进行保护。对于数据查询的隐私保护，多是采用 K-匿名化处理技术，当用户向服务器发送查询请求时，利用 K-匿名化处理的方式能够有效保护网络数据的安全，匿名化技术能够用最简单的方式，利用最少的网络资源，最有效地保护物联网隐私数据安全。

2) 加密技术的应用

对原始数据进行加密，用户要想得到数据就需要拥有解开密码的钥匙，这样能够有效防止原始数据的泄露和丢失。通常采用同态加密技术和多方计算技术，利用同态加密技术能够对加密结果进行处理，而利用多方位计算技术能够对每个输入方单独进行计算，防止影响其他输入方推导输入和输出信息。加密技术主要应用于射频识别技术隐私保护和无线传输网络的保护，射频识别技术隐私保护主要是利用干扰信号和加密技术防止有人非法读取标签，可以利用最少的资源和成来有效地保护使用者的隐私以及阅读器的位置隐私。无线传输网络的保护通常遵循数据聚合隐私保护协议，利用函数计算，再根据不同用户的不同需求采用不同的加密手段进行保护，加密手段的应用能够有效地对物联网隐私数据安全进行保护。

3) 路由协议方法的应用

路由协议方法主要应用于无线传感器网络，以保护无线传感器网络各个节点的安全运行。采用随机配置策略保护节点的位置信息安全，数据输送包不是直接从源节点输送到汇聚节点，而是经过多个节点相互转换，甚至可能会与原方向相反，这样就可以有效地防止位置信息被泄露。

5. 结语

随着物联网应用的领域越来越广泛，隐私泄露的风险也在增高，如何在错综复杂的网络世界保证隐私数据不受侵犯是每一位技术人员需要攻克的难题。想要物联网能够更好地发展，保护物联网的隐私数据安全是基本前提，如果不能很好地解决数据泄露或者被篡改的问题，物联网的发展势必会停滞不前。面对物联网的隐私数据安全问题，技术人员只有从物联网的组成结构出发，找出这 3 个结构中容易发生隐私数据泄露的部位并加以防护，才能有效地保护隐私数据的安全。

练　习　题

一、填空题

1. 云计算，是一种基于________的计算方式，通过这种方式，共享的软硬件资源和信息可以按需提供给计算机和其他设备。

2. 物联网未来发展的核心技术有________、________、________、________。

3. 云计算基础架构资源池，使________、________、________以及对应虚拟化单个产品和技术本身不再是核心。重要的是这些资源的整合，可以形成一个________、________和扩展的资源池；面向云应用实现自动化的________、________、________和________。

4. 大数据的特征有________、________、________、________。

5. M2M 涉及 5 种重要的技术，这 5 种重要技术分别为________、________、________、________、________。

二、简答题

1. 简述物联网和云计算的关系。
2. 简述传统 IT 部署架构及其存在的主要问题。
3. 简述云计算的应用。
4. 大数据的相关技术有哪些？
5. M2M 硬件产品可分为哪几类？
6. 简述数据分析过程。

习 题 答 案

第一章

一、填空题

1. 产业链条长　涉及领域广泛　应用场景复杂
2. 较早　较早　中科院上海微系统　信息技术研究所
3. EPC 标签　解读器　savant 服务器　网络　ONS(对象名称解析)服务器
4. 嵌入式技术　RFID 技术　无线技术　信息融合集成技术
5. 可扩展性　安全性　高可用性　多样性原则　时空性原则　互联性原则
6. 感知层　网络层　应用层

二、单选题

1.B　2.D　3.D　4.B　5.D　6.A　7.A　8.C　9.D　10.A　11.C　12.D　13.B　14.B　15.A

三、判断题

1. √　2. √　3.×　4. √　5. √　6. √　7. √　8. √　9. √　10. √

四、简答题

1. 发展优势：(1)技术优势；(2)政策优势；(3)市场优势。

瓶颈：(1)缺乏统筹规划；(2)核心技术缺位；(3)规模化应用不足，产业链不完善。

2. 物流与仓储、健康与医疗、物流管理、视频监控、数字医疗、智慧城市、智慧农业、智慧交通等。

3. 识读器读出的 EPC 只是一种信息参考(指针)，由这种信息参考从 Internet 找到 IP 地址并获取该地址中存放的相关的物品信息，并采用分布式 Savant 软件系统处理和管理由识读器读取的一连串 EPC 信息。由于在标签上只有一个 EPC 代码，计算机需要知道与该 EPC 匹配的其他信息，这就需要 ONS 来提供一种自动化的网络数据库服务，Savant 将 EPC 传给 ONS，ONS 指示 Savant 到一个保存着产品文件的 PML 服务器查找，该文件可由 Savant 复制，因而文件中的产品信息就能传到供应链上。

4. 感知层是物联网三层体系架构当中最基础的一层，也是最为核心的一层，感知层的作用是通过传感器对物质属性、行为态势、环境状态等各类信息进行大规模、分布式的获取与状态辨识，然后采用协同处理的方式，针对具体的感知任务对多种感知到的信息进行在线计算与控制并做出反馈，是一个万物交互的过程。感知层被看作实现物联网全面感知的核心层，主要功能是信息的采集、传输、加工及转换。

第二章

一、填空题

1. 行业为主　重点切入　有效投入　规模效应
2. 技术挑战　标准挑战　市场挑战　社会挑战
3. 新型的因特网　已有数据的操控　数据采集　交换　交易
4. 发展物联网　维护经济社会稳定　可持续发展
5. 起步阶段　RFID　传感器　M2M　探索　尝试
6. 发展初期　一定差距
7. 完成部署　实现互联　使其智能

二、简答题

1. 现代的物联网是信息技术对工业化原有市场结构不断改造的结果。是以市场为代表的各种经济组织为主体，将信息和智能处理技术运用于经济活动的各个环节，有效地降低了市场和组织内部交易成本，极大地提高了市场交换效率和组织效能。将工业化过程中标准化和规模化的生产模式转换为以智能化制造、精确化管理和个性化服务为主的信息时代的生产和交换模式，可以逐步形成不同于工业化的生产和交换模式，极大地促进社会市场生产效率的提高，对社会经济发展有重大的促进作用。

2. 一是物联网的标准统一趋势，这一趋势将直接影响未来世界各国在科技经济领域的话语权。二是产业链的整合、寡头垄断出现的趋势，这一趋势将严重地威胁我国物联网的健康发展，对我国的市场经济秩序造成破坏性的影响。三是物联网的应用领域由局部向全社会渗透的趋势。四是随着物联网的逐渐普及趋势，信息安全问题呈现更加复杂的局面。

第三章

一、填空题

1. 热敏元件　光敏元件　气敏元件　力敏元件　磁敏元件　湿敏元件　声敏元件　放射线敏感元件　色敏元件　味敏元件
2. 检测　电　传输　处理　存储
3. 敏感元件　传感元件
4. 超声检测　涡流检测　声发射检测　红外检测　激光全息检测
5. 传感器　信号调理　数据采集　信号处理　信号显示　信号输出

二、单选题

1.D　2.A　3.B　4.D　5.C　6.B　7.D

三、简答题

1. 传感器一般由敏感元件、传感元件和测量转换电路组成。敏感元件可直接与被测量

接触，转换成与被测量有确定关系、更易于转换的非电量(如压力转化成位移、流量转化成速度)，传感元件再将这一非电量转换成电参量(如电阻、电容、电感)。传感元件输出的信号幅度很小，而且混杂有干扰信号和噪声，转换电路能够起到滤波、线性化、放大作用，转化成易于测量、处理的电信号。

2. 一个完整的检测系统一般由各种传感器(将非电被测物理或化学成分参量转换成电信号)、信号调理(包括信号转换、信号检波、信号滤波、信号放大等)、数据采集、信号处理、信号显示、信号输出以及系统所需的交、直流稳压电源和必要的输入设备(如拨动开关、按钮、数字拨码盘、数字键盘等)等组成。

传感器是检测系统与被测对象直接发生联系的器件或装置。它的作用是感受指定被测参量的变化并按照一定规律转换成一个相应的便于传递的输出信号。信号调理在检测系统中的作用是对传感器输出的微弱信号进行检波、转换、滤波、放大等，以方便检测系统后续处理或显示。数据采集(系统)在检测系统中的作用是对信号调理后的连续模拟信号离散化并转换成与模拟信号电压幅度相对应的一系列数值信息，同时以一定的方式把这些转换数据及时传递给微处理器或依次自动存储。信号处理模块是现代检测仪表、检测系统进行数据处理和各种控制的中枢环节，其作用与功能和人的大脑类似。通常人们都希望及时知道被测参量的瞬时值、累积值或其随时间的变化情况；输入设备是操作人员和检测仪表或检测系统联系的另一主要环节，可用于输入设置参数、下达有关命令等。

3. 示例：磁检测传感器是把磁场、电流、应力应变、温度、光等外界因素引起敏感元件磁性能变化转换成电信号，并以这种方式来检测相应物理量的器件。

应用：电机工业，电力电子技术，能源管理，计算机技术与信息读写磁头，汽车工业。

第四章

一、填空题

1. 非接触　利用射频信号的空间耦合(电磁感应或者电磁传播)传输
2. Auto-ID Center　Ubiquitous ID Center　ISO 标准体系
3. 操作系统　应用程序　操作系统　数据库

二、单选题

1.B　2.A　3.C　4.B　5.A　6.A　7.C　8.A　9.B　10.A　11.B　12.C　13.D　14.D　15.A　16.B　17.A　18.B　19.C　20.D

三、判断题

1. √　2. √　3. √　4. √　5.×　6. √　7.×　8. √　9.×　10. √

四、问答题

1. 根据标签的供电形式分为有源、无源和半有源系统；根据标签的数据调制方式分为主动式、被动式和半主动式；根据标签的工作频率可以分为低频、高频、超高频、微波系统；根据标签的可读写性分为只读、读写和一次写入屡次读出；根据 RFID 系统标签和阅读器之间的通信工作次序可以分为 TTF 和 RTF 系统。

2. 系统一般都由信号发射机、信号接收机、编程器、天线等部分组成。

(1) 信号发射机。在 RFID 系统中，信号发射机为了不同的应用目的，会以不同的形式存在，典型的形式是标签(TAG)。标签相当于条形码技术中的条形码符号，可用来存储需要识别传输的信息，另外，与条形码不同的是，标签必须能够自动或在外力的作用下，把存储的信息主动发射出去。标签一般是带有线圈、天线、存储器与控制系统的低电集成电路。

(2) 信号接收机。在 RFID 系统中，信号接收机一般叫作阅读器。

阅读器的基本功能就是提供与标签进行数据传输的途径。另外，阅读器还可提供相当复杂的信号状态控制、奇偶错误校验与更正功能等。

(3) 编程器。只有可读可写标签系统才需要编程器。编程器是向标签写入数据的装置。

(4) 天线。天线是标签与阅读器之间传输数据的发射、接收装置。

3. 电感耦合方式的电子标签几乎都是无源工作的，在标签中的微芯片工作所需的全部能量由阅读器发送的感应电磁能提供。高频的强电磁场由阅读器的天线线圈产生，并穿越线圈横截面和线圈的周围空间，以使附近的电子标签产生电磁感应，发射磁场的一小部分磁力线穿过距离阅读器天线线圈一定距离的应答器天线线圈。通过感应，在应答器天线线圈上就会产生电压。应答器的天线线圈和电容器并联构成振荡回路，谐振到阅读器的发射频率。通过该回路的谐振，应答器线圈上的电压达到最大值。应答器线圈上的电压是一个交流信号，因此需要一个整流电路将其转化为直流电压，作为电源供给芯片内部使用。

4. (1) 独立于架构(insulation infrastructure)。

(2) 数据流(data flow)。

(3) 处理流(process flow)。

(4) 标准(standard)。

第五章

一、填空题

1.短距离　2.天线单元　链路控制(固件)单元　链路管理(软件)单元　蓝牙软件(协议栈)单元　3.ZigBee 路由器(ZigBee Router，ZR)　终端设备(ZigBee End Device，ZED)　4.物理层(PHY 层)　媒介层(MAC 层)　网络层(NWK 层)　应用层(APL 层)

二、单选题

1.B　2.C　3.A　4.D　5.A　6.C　7.C　8.C　9.A　10.A　11.B　12.C　13.D　14.A　15.B　16.C　17.A

三、判断题

1. √　2. √　3.×　4.×　5.√

四、简答题

1. 蓝牙系统一般由天线单元、链路控制(固件)单元、链路管理(软件)单元和蓝牙软件(协议栈)单元 4 个功能单元组成。

2. (1) 产生网络层的数据包。当网络层接收到来自应用子层的数据包时，网络层可对数据包进行解析，然后加上适当的网络层包头向 MAC 层传输。

(2) 网络拓扑的路由功能。网络层提供路由数据包的功能，如果包的目的节点是本节点的话，可将该数据包向应用子层发送。如果不是，则可将该数据包转发给路由表中下一节点。

(3) 配置新的器件参数。网络层能够配置合适的协议，比如建立新的协调器并发起建立网络或者加入一个已有的网络。

五、实践题

略

第六章

一、单选题

1.A　2.D　3.B　4.C　5.C　6.C

二、判断题

1. ×　2. √　3. √　4. √　5. √　6.×　7.×　8.×　9.×　10.×

第七章

略

第八章

略

第九章

略

第十章

一、填空题

1.互联网　2.传感器技术　射频识别技术　微机电系统技术　智能嵌入技术　3.计算　存储　网络　有机的　可灵活调度　部署　监控　管理　运维　4.数据量大　类型繁多　价值密度低　速度快时效高　5.机器　M2M 硬件　通信网络　中间件　应用

二、简答题

1. 第一，物联网和云计算是国家非常重视的战略性新兴产业，是国家重点推动跨越式

发展的新一代信息技术产业。物联网产业有很大的市场容量，有巨大的发展潜力，是重大的应用领域。

第二，物联网的形成和发展会产生分布在各处的大量的数据需要协调和处理，云计算对于物联网数据处理具有重要的支持作用。没有云计算，物联网就会成为“物离网”，变为信息孤岛，没有云计算平台支持的物联网价值不大。小范围的传感器数据处理和整合技术早已成熟，如工控领域，这并不是真正的物联网。

第三，对于云计算来说，物联网是一个应用，一个国家重点推动的巨大的应用领域。但从业务层次来看，物联网与其他应用对于云计算来说没有本质区别。云计算不关心具体的应用。物联网产业要真正地蓬勃发展离不开云计算的支撑，物联网项目在上马的时候一定要考虑到后面的支撑平台。

2. 传统 IT 部署架构是“烟囱式”的，或者叫作“专机专用”系统。在这种架构中，在新的应用系统上线的时候，需要分析该应用系统的资源需求，确定基础架构所需计算、存储、网络等设备的规格和数量。

这种部署模式存在的主要问题有以下两点：硬件高配低用；整合困难。

3. 云存储、云服务、云物联、云安全及云办公。

4. 分布式缓存、基于 MPP 的分布式数据库、分布式文件系统、各种 NoSQL 分布式存储方案等。

5. (1) 嵌入式硬件。

(2) 可改装硬件。

(3) 调制解调器。

(4) 传感器。

(5) 识别标识。

6. 统计、列表与作图、数据分析。

参 考 文 献

[1] 尹春林，杨莉，杨政，等. 物联网体系架构综述[J]. 云南电力技术，2019(4).

[2] 杨亲民. 传感器与传感器技术[J]. 电气时代，2000(8)：28.

[3] 黄智伟. 蓝牙硬件电路[M]. 北京：北京航空航天大学出版社，2005.

[4] 赵继文. 传感器与应用电路设计[M]. 北京：科学出版社，2002.

[5] 王光辉. 物联网定位中的隐私保护与精确性研究[D]. 南京：南京邮电大学，2019.

[6] 胡崇岳. 智能建筑自动化技术[M]. 北京：机械工业出版社，1999.

[7] 苏美文. 物联网发展现状及其中国发展模式的战略选择[J]. 技术经济与管理研究，2015(2)：121-124.